建设工程快速识图与诀窍丛书

安装工程快速识图与诀窍

王　旭　主编

中国建筑工业出版社

图书在版编目（CIP）数据

安装工程快速识图与诀窍/王旭主编．—北京：
中国建筑工业出版社，2021.8
（建设工程快速识图与诀窍丛书）
ISBN 978-7-112-26564-0

Ⅰ．①安…　Ⅱ．①王…　Ⅲ．①建筑安装-建筑制图-
识图　Ⅳ．①TU204.21

中国版本图书馆CIP数据核字（2021）第188826号

本书根据《房屋建筑制图统一标准》GB/T 50001—2017、《总图制图标准》GB/T 50103—2010、《暖通空调制图标准》GB/T 50114—2010、《建筑给水排水制图标准》GB/T 50106—2010、《建筑电气制图标准》GB/T 50786—2012等标准编写，主要包括安装工程识图基础、给水排水工程施工图识图诀窍、采暖施工图识图诀窍、通风空调施工图识图诀窍、建筑电气施工图识图诀窍以及安装工程识图实例。本书详细讲解了最新制图标准、识图方法、步骤与诀窍，并配有丰富的识图实例，具有逻辑性、系统性强、内容简明实用、重点突出等特点。

本书可供从事建筑设备安装工程设计工作人员、施工技术人员使用，也可供大中专院校建筑工程相关专业师生学习参考使用。

责任编辑：郭　栋
责任校对：姜小莲

建设工程快速识图与诀窍丛书
安装工程快速识图与诀窍
王　旭　主编
*
中国建筑工业出版社出版、发行（北京海淀三里河路9号）
各地新华书店、建筑书店经销
霸州市顺浩图文科技发展有限公司制版
廊坊市海涛印刷有限公司印刷
*
开本：787毫米×1092毫米　1/16　印张：16¾　字数：418千字
2021年10月第一版　　2021年10月第一次印刷
定价：**49.00**元
ISBN 978-7-112-26564-0
（37911）

编　委　会

主　编: 王　旭

参　编（按姓氏笔画排序）：

万　滨　王　雷　曲春光　张吉娜　张　彤

张　健　庞业周　侯乃军

前言 Preface

安装工程是指为了改善人类生活、生产条件，与建筑物密切联系并相辅相成的所有水、热和电设施的安装建设工程，包括建筑给水排水、暖通空调、建筑电气等，过程是比较复杂的。它需要与建筑、结构等多方面相结合、相协调，这样才能使安装工程的施工恰到好处。在安装工程施工过程中，要求施工单位和施工人员能够看清楚图纸，按照图纸的要求进行设备材料的准备和具体部位的施工。而对于刚参加工作的建筑工程施工人员来说，看懂安装工程施工图显得更为重要。为了能让更多的建筑从业人员掌握相关知识，我们组织编写了这本书。

本书根据《房屋建筑制图统一标准》GB/T 50001—2017、《总图制图标准》GB/T 50103—2010、《暖通空调制图标准》GB/T 50114—2010、《建筑给水排水制图标准》GB/T 50106—2010、《建筑电气制图标准》GB/T 50786—2012 等标准编写，主要包括安装工程识图基础、给水排水工程施工图识图诀窍、采暖施工图识图诀窍、通风空调施工图识图诀窍、建筑电气施工图识图诀窍以及安装工程识图实例。本书详细讲解了最新制图标准、识图方法、步骤与诀窍，并配有丰富的识图实例，具有逻辑性、系统性强、内容简明实用、重点突出等特点。本书可供从事建筑设备安装工程设计工作人员、施工技术人员使用，也可供大中专院校建筑工程相关专业师生学习参考使用。

由于编写经验、理论水平有限，难免有疏漏、不足之处，敬请读者批评指正。

目录 Contents

1 安装工程识图基础

1.1 建筑给水排水工程制图基础

1.1.1 图例

（1）管道类别应以汉语拼音字母表示，管道图例宜符合表 1-1 的要求。

管道图例　　表 1-1

序号	名称	图例	备注
1	生活给水管	—— J ——	—
2	热水给水管	—— RJ ——	—
3	热水回水管	—— RH ——	—
4	中水给水管	—— ZJ ——	—
5	循环冷却给水管	—— XJ ——	—
6	循环冷却回水管	—— XH ——	—
7	热媒给水管	—— RM ——	—
8	热媒回水管	—— RMH ——	—
9	蒸汽管	—— Z ——	
10	凝结水管	—— N ——	—
11	废水管	—— F ——	可与中水原水管合用
12	压力废水管	—— YF ——	—
13	通气管	—— T ——	—
14	污水管	—— W ——	—
15	压力污水管	—— YW ——	—
16	雨水管	—— Y ——	—
17	压力雨水管	—— YY ——	—
18	虹吸雨水管	—— HY ——	—
19	膨胀管	—— PZ ——	—
20	保温管		也可用文字说明保温范围
21	伴热管		也可用文字说明保温范围
22	多孔管		—
23	地沟管		—
24	防护套管		—
25	管道立管	XL-1 平面　XL-1 系统	X 为管道类别 L 为立管 1 为编号

续表

序号	名称	图例	备注	序号	名称	图例	备注
26	空调凝结水管	——KN——	—	28	排水暗沟	坡向	—
27	排水明沟	坡向	—				

注：1. 分区管道用加注角标方式表示。
2. 原有管线可用比同类型的新设管线细一级的线型表示并加斜线，拆除管线则加叉线。

（2）管道附件的图例宜符合表1-2的要求。

管道附件 **表1-2**

序号	名称	图例	备注	序号	名称	图例	备注
1	套管伸缩器		—	13	圆形地漏	平面 系统	通用。如为无水封，地漏应加存水弯
2	方形伸缩器		—	14	方形地漏	平面 系统	—
3	刚性防水套管		—	15	自动冲洗水箱		—
4	柔性防水套管		—	16	挡墩		—
5	波纹管		—	17	减压孔板		—
6	可曲挠橡胶接头	单球 双球	—	18	Y形除污器		—
7	管道固定支架		—	19	毛发聚集器	平面 系统	—
8	立管检查口		—	20	倒流防止器		—
9	清扫口	平面 系统	—	21	吸气阀		—
10	通气帽	成品 蘑菇形	—	22	真空破坏器		—
11	雨水斗	YD- YD- 平面 系统	—	23	防虫网罩		—
12	排水漏斗	平面 系统	—	24	金属软管		—

（3）管道连接的图例宜符合表1-3的要求。

管道连接 **表1-3**

序号	名称	图例	备注	序号	名称	图例	备注
1	法兰连接	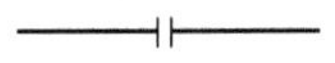	—	6	盲板	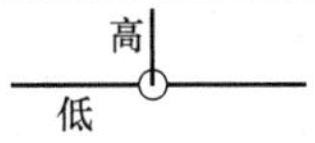 高 低	—
2	承插连接	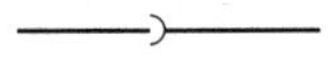	—	7	弯折管	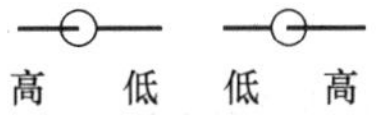 高 低 低 高	—
3	活接头	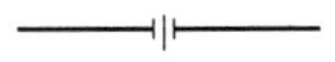	—	8	管道丁字上接	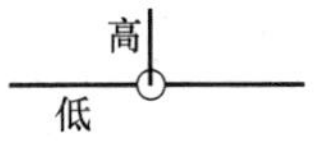 高 低	—
4	管堵		—	9	管道丁字下接	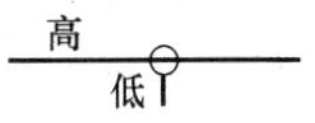 高 低	—
5	法兰堵盖		—	10	管道交叉	 低 高	在下面和后面的管道应断开

（4）管件的图例宜符合表1-4的要求。

管件 **表1-4**

序号	名称	图例	序号	名称	图例
1	偏心异径管	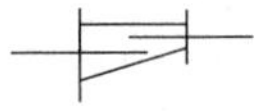	8	90°弯头	
2	同心异径管	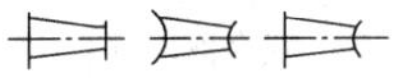	9	正三通	
3	乙字管	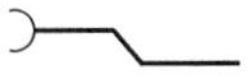	10	TY三通	
4	喇叭口	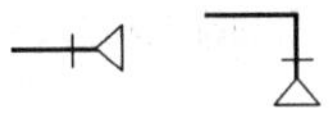	11	斜三通	
5	转动接头	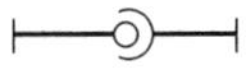	12	正四通	
6	S形存水弯		13	斜四通	
7	P形存水弯		14	浴盆排水管	

（5）阀门的图例宜符合表1-5的要求。

阀门 **表1-5**

序号	名称	图例	备注	序号	名称	图例	备注
1	闸阀	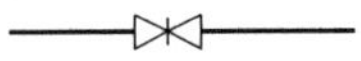	—	4	四通阀	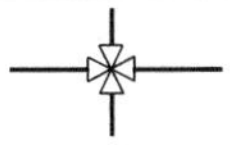	—
2	角阀		—	5	截止阀		—
3	三通阀		—	6	蝶阀	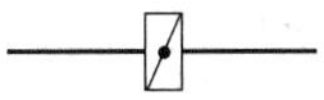	—

续表

序号	名称	图例	备注	序号	名称	图例	备注
7	电动闸阀		—	22	压力调节阀		—
8	液动闸阀		—	23	电磁阀	M	—
9	气动闸阀		—	24	止回阀		—
10	电动蝶阀		—	25	消声止回阀		—
11	液动蝶阀		—	26	持压阀	C	—
12	气动蝶阀		—	27	泄压阀		—
13	减压阀		左侧为高压端	28	弹簧安全阀		左侧为通用
14	旋塞阀	平面 系统	—	29	平衡锤安全阀		—
15	底阀	平面 系统	—	30	自动排气阀	平面 系统	—
16	球阀		—	31	浮球阀	平面 系统	—
17	隔膜阀		—	32	水力液位控制阀	平面 系统	—
18	气开隔膜阀		—	33	延时自闭冲洗阀		—
19	气闭隔膜阀		—	34	感应式冲洗阀		—
20	电动隔膜阀		—	35	吸水喇叭口	平面 系统	—
21	温度调节阀		—	36	疏水器		—

（6）给水配件的图例宜符合表 1-6 的要求。

给水配件 表 1-6

序号	名称	图例	序号	名称	图例
1	水嘴	平面 系统	6	脚踏开关水嘴	
2	皮带水嘴	平面 系统	7	混合水嘴	
3	洒水(栓)水嘴		8	旋转水嘴	
4	化验水嘴		9	浴盆带喷头混合水嘴	
5	肘式水嘴		10	蹲便器脚踏开关	

（7）消防设施的图例宜符合表 1-7 的要求。

消防设施 表 1-7

序号	名称	图例	备注	序号	名称	图例	备注
1	消火栓给水管	XH	—	9	水泵接合器		—
2	自动喷水灭火给水管	ZP	—	10	自动喷洒头（开式）	平面 系统	—
3	雨淋灭火给水管	YL	—	11	自动喷洒头（闭式）	平面 系统	下喷
4	水幕灭火给水管	SM	—	12	自动喷洒头（闭式）	平面 系统	上喷
5	水炮灭火给水管	SP	—	13	自动喷洒头（闭式）	平面 系统	上下喷
6	室外消火栓		—	14	侧墙式自动喷洒头	平面 系统	—
7	室内消火栓（单口）	平面 系统	白色为开启面	15	水喷雾喷头	平面 系统	—
8	室内消火栓（双口）	平面 系统	—	16	直立型水幕喷头	平面 系统	—

续表

序号	名称	图例	备注	序号	名称	图例	备注
17	下垂型水幕喷头	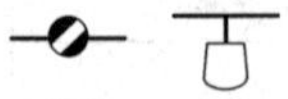 平面 系统	—	24	消防炮	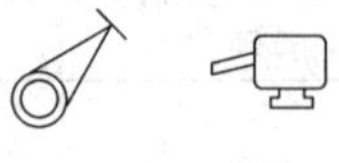 平面 系统	—
18	干式报警阀	 平面 系统	—	25	水流指示器	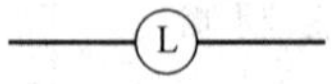 L	—
19	湿式报警阀	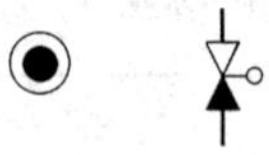 平面 系统	—	26	水力警铃		—
20	预作用报警阀	 平面 系统	—	27	末端试水装置	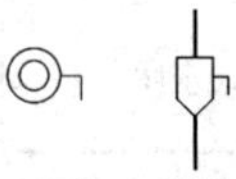 平面 系统	—
21	雨淋阀	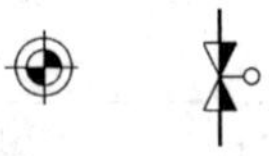 平面 系统	—	28	手提式灭火器		—
22	信号闸阀		—	29	推车式灭火器	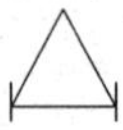	—
23	信号蝶阀	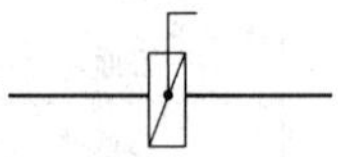	—				

注：1. 分区管道用加注角标方式表示。

2. 建筑灭火器的设计图例可按照现行国家标准《建筑灭火器配置设计规范》GB 50140—2005 的规定确定。

（8）卫生设备及水池的图例宜符合表 1-8 的要求。

卫生设备及水池 **表 1-8**

序号	名称	图例	备注	序号	名称	图例	备注
1	立式洗脸盆		—	5	化验盆、洗涤盆		—
2	台式洗脸盆	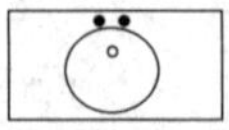	—	6	厨房洗涤盆	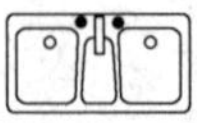	不锈钢制品
3	挂式洗脸盆		—	7	带沥水板洗涤盆		—
4	浴盆	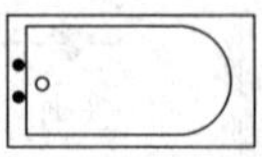	—	8	盥洗盆	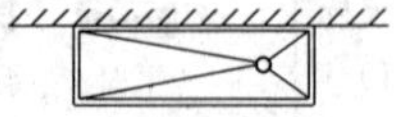	—

续表

序号	名称	图例	备注	序号	名称	图例	备注
9	污水池	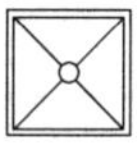	—	13	蹲式大便器	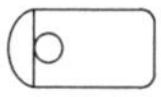	—
10	妇女净身盆		—	14	坐式大便器	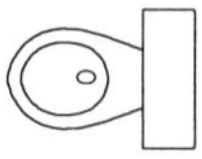	—
11	立式小便器	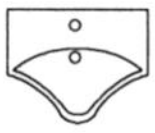	—	15	小便槽	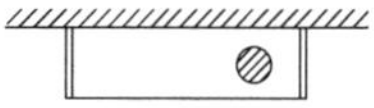	—
12	壁挂式小便器		—	16	淋浴喷头		—

注：卫生设备图例也可以建筑专业资料图为准。

（9）小型给水排水构筑物的图例宜符合表 1-9 的要求。

小型给水排水构筑物 **表 1-9**

序号	名称	图　例	备注
1	矩形化粪池	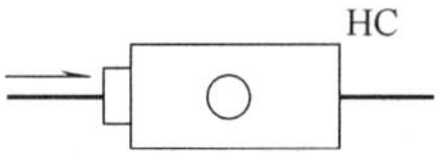 HC	HC 为化粪池
2	隔油池	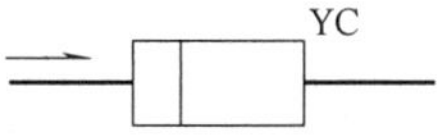 YC	YC 为隔油池代号
3	沉淀池	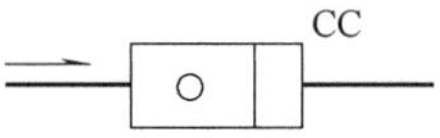 CC	CC 为沉淀池代号
4	降温池	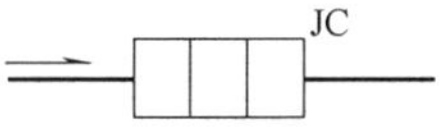 JC	JC 为降温池代号
5	中和池	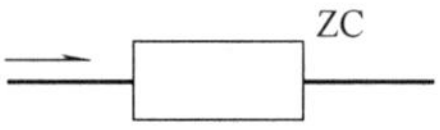 ZC	ZC 为中和池代号
6	雨水口(单箅)		—
7	雨水口(双箅)		—
8	阀门井及检查井	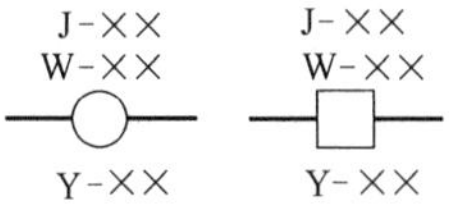 J-×× W-×× Y-××　　J-×× W-×× Y-××	以代号区别管道
9	水封井		—
10	跌水井	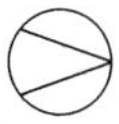	—
11	水表井		—

（10）给水排水设备的图例宜符合表 1-10 的要求。

给水排水设备 **表 1-10**

序号	名称	图例	备注
1	卧式水泵	 或 平面 系统	—
2	立式水泵	 平面 系统	—
3	潜水泵	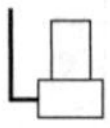	—
4	定量泵		—
5	管道泵	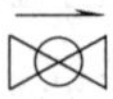	—
6	卧室容积热交换器	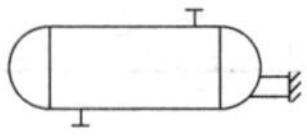	—
7	立式容积热交换器		—
8	快速管式热交换器	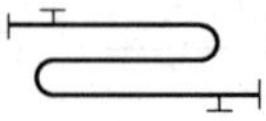	—
9	板式热交换器	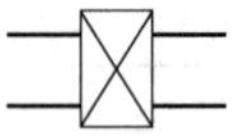	—
10	开水器	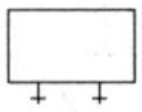	—
11	喷射器	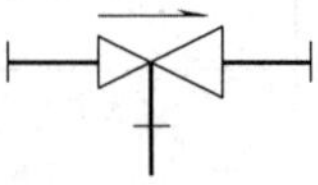	小三角为进水端
12	除垢器		—
13	水锤消除器	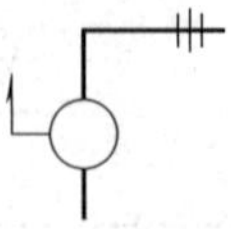	—
14	搅拌器	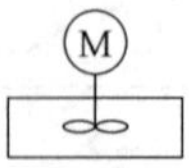 M	—
15	紫外线消毒器	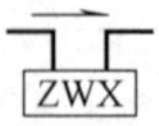 ZWX	—

（11）给水排水专业所用仪表的图例宜符合表 1-11 的要求。

仪表 表 1-11

序号	名称	图例	序号	名称	图例
1	温度计		8	真空表	
2	压力表		9	温度传感器	----T----
3	自动记录压力表		10	压力传感器	----P----
4	压力控制器		11	pH 传感器	----pH----
5	水表		12	酸传感器	----H----
6	自动记录流量表		13	碱传感器	----Na----
7	转子流量计	平面 系统	14	余氯传感器	----Cl----

（12）《建筑给水排水制图标准》GB/T 50106—2010 未列出的管道、设备、配件等图例，设计人员可自行编制并作说明，但不得与《建筑给水排水制图标准》GB/T 50106—2010 相关图例重复或混淆。

1.1.2 图样画法

1. 一般规定

（1）图纸幅面规格、字体、符号等均应符合现行国家标准《房屋建筑制图统一标准》GB/T 50001—2017 的有关规定。图样图线、比例、管径、标高和图例等应符合标准的有关规定。

（2）设计应以图样表示，当图样无法表示时可加注文字说明。设计图纸表示的内容应满足相应设计阶段的设计深度要求。

（3）对于设计依据、管道系统划分、施工要求、验收标准等在图样中无法表示的内容，应按下列规定，用文字说明。

1）有关项目的问题，施工图阶段应在首页或次页编写设计施工说明集中说明。

2）图样中的局部问题，应在本张图纸内以附注形式予以说明。

3）文字说明应条理清晰、简明扼要、通俗易懂。

（4）设备和管道的平面布置、剖面图均应符合现行国家标准《房屋建筑制图统一标准》GB/T 50001—2017 的规定，并应按直接正投影法绘制。

（5）工程设计中，本专业的图纸应单独绘制。在同一个工程项目的设计图纸中，所用的图例、术语、图线、字体、符号、绘图表示方式等应一致。

（6）在同一个工程子项目的设计图纸中，所用的图纸幅面规格应一致。如有困难时，其图纸幅面规格不宜超过2种。

（7）尺寸的数字和计量单位应符合下列规定：

1）图样中尺寸的数字、排列、布置及标注，应符合现行国家标准《房屋建筑制图统一标准》GB/T 50001—2017的规定。

2）单体项目平面图、剖面图、详图、放大图、管径等尺寸应以mm表示。

3）标高、距离、管长、坐标等应以m计，精确度可取至cm。

（8）标高和管径的标注应符合下列规定：

1）单体建筑应标注相对标高，并应注明相对标高与绝对标高的换算关系。

2）总平面图应标注绝对标高，宜注明标高体系。

3）压力流管道应标注管道中心。

4）重力流管道应标注管道内底。

5）横管的管径宜标注在管道的上方；竖向管道的管径宜标注在管道的左侧。斜向管道应按现行国家标准《房屋建筑制图统一标准》GB/T 50001—2017的规定标注。

（9）工程设计图纸中的主要设备器材表的格式，可按图1-1绘制。

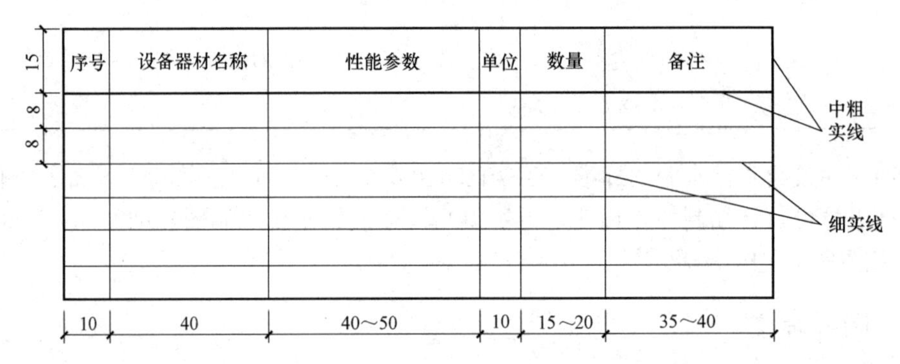

图1-1　主要设备器材表

2. 图号和图纸编排

（1）设计图纸宜按下列规定进行编号：

1）规划设计阶段宜以水规-1、水规-2……以此类推表示。

2）初步设计阶段宜以水初-1、水初-2……以此类推表示。

3）施工图设计阶段宜以水施-1、水施-2……以此类推表示。

4）单体项目只有一张图纸时，宜采用水初—全、水施—全表示，并宜在图纸图框线内的右上角标“全部水施图纸均在此页”字样（图1-2）。

5）施工图设计阶段，本工程各单体项目通用的统一详图宜以水通-1、水通-2……以此类推表示。

（2）设计图纸宜按下列规定编写目录：

1）初步设计阶段工程设计的图纸目录宜以工程项目为单位进行编写。

2）施工图设计阶段工程设计的图纸目录宜以工程项目的单体项目为单位进行编写。

3）施工图设计阶段，本工程各单体项目共同使用的统一详图宜单独进行编写。

（3）设计图纸宜按下列规定进行排列：

1）图纸目录、使用标准图目录、使用统一详图目录、主要设备器材表、图例和设计施工说明宜在前，设计图样宜在后。

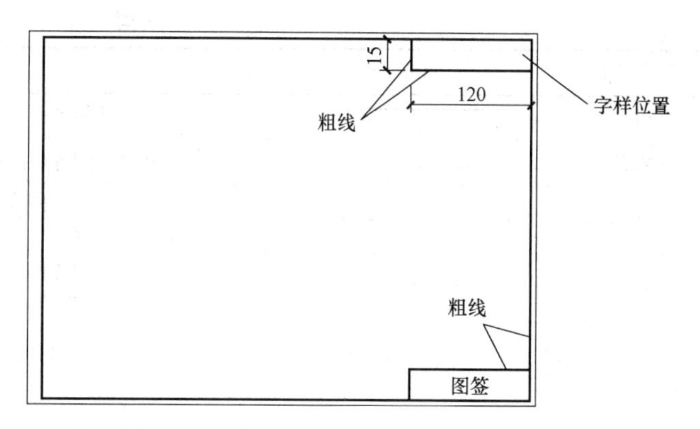

图 1-2　只有一张图纸时的右上角字样位置

2）图纸目录、使用标准图目录、使用统一详图目录、主要设备器材表、图例和设计施工说明在一张图纸内排列不完时，应按所述内容顺序单独成图和编号。

3）设计图样宜按下列规定进行排列：

① 管道系统图在前，平面图、放大图、剖面图、轴测图、详图依次在后编排。

② 管道展开系统图应按生活给水、生活热水、直饮水、中水、污水、废水、雨水、消防给水等依次编排。

③ 平面图中应按地面下各层依次在前，地面上各层由低向高依次编排。

④ 水净化（处理）工艺流程断面图在前，水净化（处理）机房（构筑物）平面图、剖面图、放大图、详图依次在后编排。

⑤ 总平面图应按管道布置图在前，管道节点图、阀门井剖面示意图、管道纵断面图或管道高程表、详图依次在后编排。

3. 图样布置

（1）同一张图纸内绘制多个图样时，宜按下列规定布置：

1）多个平面图时应按建筑层次由低层至高层的、由下而上的顺序布置。

2）既有平面图又有剖面图时，应按平面图在下，剖面图在上或在右的顺序布置。

3）卫生间放大平面图，应按平面放大图在上，从左向右排列，相应的管道轴测图在下，从左向右布置。

4）安装图、详图，宜按索引编号，并宜按从上至下、由左向右的顺序布置。

5）图纸目录、使用标准图目录、设计施工说明、图例、主要设备器材表，按自上而下、从左向右的顺序布置。

（2）每个图样均应在图样下方标注出图名，图名下应绘制一条中粗横线，长度应与图名长度相等，图样比例应标注在图名右下侧横线上侧处。

（3）图样中某些问题需要用文字说明时，应在图面的右下部位用“附注”的形式书写，并应对说明内容分条进行编号。

4. 总图

（1）总平面图管道布置应符合下列规定：

1）建筑物和构筑物的名称、外形、编号、坐标、道路形状、比例和图样方向等，应与总图专业图纸一致，但所用图线应符合表 1-12 的规定。

线型 表 1-12

名称	线型	线宽	用途
粗实线		b	新设计的各种排水和其他重力流管线
粗虚线		b	新设计的各种排水和其他重力流管线的不可见轮廓线
中粗实线		$0.7b$	新设计的各种给水和其他压力流管线；原有的各种排水和其他重力流管线
中粗虚线		$0.7b$	新设计的各种给水和其他压力流管线及原有的各种排水和其他重力流管线的不可见轮廓线
中实线		$0.5b$	给水排水设备、零（附）件的可见轮廓线；总图中新建的建筑物和构筑物的可见轮廓线；原有的各种给水和其他压力流管线
中虚线		$0.5b$	给水排水设备、零（附）件的不可见轮廓线；总图中新建的建筑物和构筑物的不可见轮廓线；原有的各种给水和其他压力流管线的不可见轮廓线
细实线		$0.25b$	建筑的可见轮廓线；总图中原有的建筑物和构筑物的可见轮廓线；制图中的各种标注线
细虚线		$0.25b$	建筑的不可见轮廓线；总图中原有的建筑物和构筑物的不可见轮廓线
单点长画线		$0.25b$	中心线、定位轴线
折断线		$0.25b$	断开界线
波浪线		$0.25b$	平面图中水面线；局部构造层次范围线；保温范围示意线

2）给水、排水、热水、消防、雨水和中水等管道宜绘制在一张图纸内。

3）当管道种类较多，地形复杂，在同一张图纸内将全部管道表示不清楚时，宜按压力流管道、重力流管道等分类适当分开绘制。

4）各类管道、阀门井、消火栓（井）、水泵接合器、洒水栓井、检查井、跌水井、雨水口、化粪池、隔油池、降温池、水表井等，应按《建筑给水排水制图标准》GB/T 50106—2010 第 2 章和第 3 章规定的图例、图线等进行绘制，并按《建筑给水排水制图标准》GB/T 50106—2010 第 2.5.3 条的规定进行编号。

5）坐标标注方法应符合下列规定：

① 以绝对坐标定位时，应对管道起点处、转弯处和终点处的阀门井、检查井等的中心标注定位坐标。

② 以相对坐标定位时，应以建筑物外墙或轴线作为定位起始基准线，标注管道与该基准线的距离。

③ 圆形构筑物应以圆心为基点标注坐标或距建筑物外墙（或道路中心）的距离。

④ 矩形构筑物应以两对角线为基点，标注坐标或距建筑物外墙的距离。

⑤ 坐标线、距离标注线均采用细实线绘制。

6）标高标注方法应符合下列规定：

① 总图中标注的标高应为绝对标高。

② 建筑物标注室内±0.00 处的绝对标高时，应按图 1-3 的方法标注。

③ 管道标高应按（3）的规定标注。

7）管径标注方法应符合下列规定：

① 水煤气输送钢管（镀锌或非镀锌）、铸铁管

47.25(±0.00)

47.25
(±0.00)

图 1-3 室内±0.00 处的绝对标高标注

等管材，管径宜以公称直径 DN 表示；

② 无缝钢管、焊接钢管（直缝或螺旋缝）等管材，管径宜以外径 $D\times$壁厚表示；

③ 铜管、薄壁不锈钢管等管材，管径宜以公称外径 Dw 表示；

④ 建筑给水排水塑料管材，管径宜以公称外径 dn 表示；

⑤ 钢筋混凝土（或混凝土）管，管径宜以内径 d 表示；

⑥ 复合管、结构壁塑料管等管材，管径应按产品标准的方法表示；

⑦ 当设计中均采用公称直径 DN 表示管径时，应有公称直径 DN 与相应产品规格对照表。

⑧ 单根管道时，管径应按图 1-4（a）的方式标注；

⑨ 多根管道时，管径应按图 1-4（b）的方式标注。

8）指北针或风玫瑰图应绘制在总图管道布图图样的右上角。

（2）给水管道节点图宜按下列规定绘制：

1）管道节点图可不按比例绘制，但节点位置、编号、接出管方向应与给水排水管道总图一致。

2）管道应注明管径、管长及泄水方向。

3）节点阀门井的绘制应包括下列内容：

① 节点平面形状和大小。

② 阀门和管件的布置、管径及连接方式。

③ 节点阀门井中心与井内管道的定位尺寸。

4）必要时，节点阀门井应绘制剖面示意图。

5）给水管道节点图图样如图 1-5 所示。

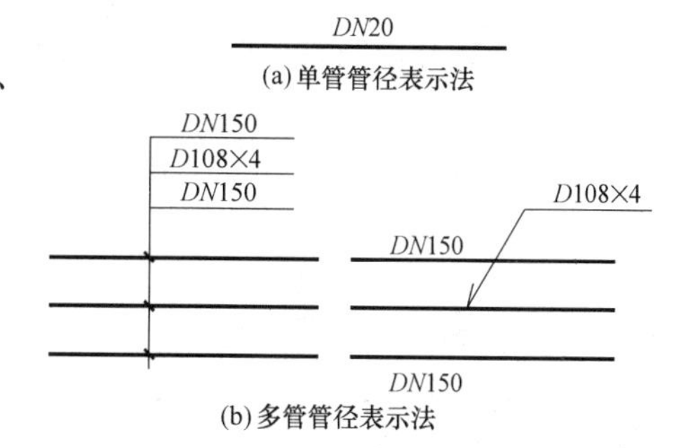

图 1-4　管径表示法

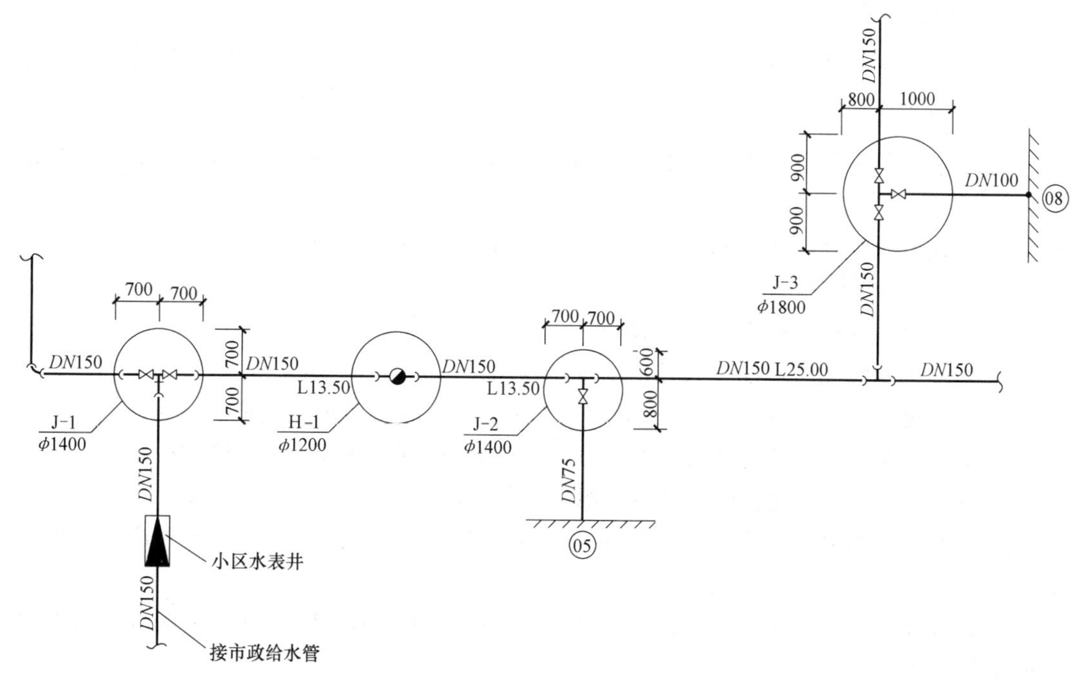

图 1-5　给水管道节点图图样

（3）总图管道布置图上标注管道标高宜符合下列规定：

1）检查井上、下游管道管径无变径且无跌水时，宜按图 1-6（a）的方式标注。

2）检查井内上、下游管道的管径有变化或有跌水时，宜按图 1-6（b）的方式标注。

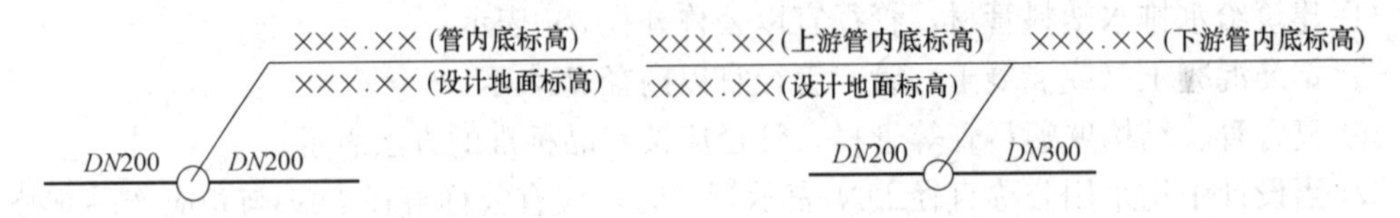

（a）检查井上、下游管道管径无变径且无跌水时管道标高标注

（b）检查井上、下游管道的管径有变化或有跌水时管道标高标注

图 1-6　检查井管道标注

3）检查井内一侧有支管接入时，宜按图 1-7 的方式标注。

4）检查井内两侧均有支管接入时，宜按图 1-8 方式标注。

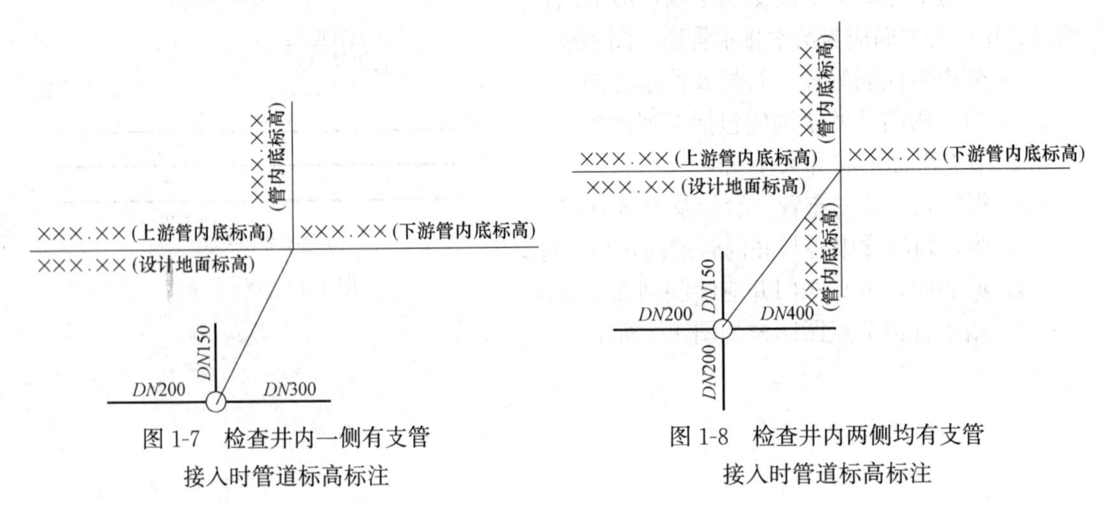

图 1-7　检查井内一侧有支管接入时管道标高标注

图 1-8　检查井内两侧均有支管接入时管道标高标注

（4）设计采用管道纵断面图的方式表示管道标高时，管道纵断面图宜按下列规定绘制：

1）采用管道纵断面图表示管道标高时应包括下列图样及内容：

① 压力流管道纵断面图如图 1-9 所示。

② 重力管道纵断面图如图 1-10 所示。

2）管道纵断面图所用图线宜按下列规定选用：

① 压力流管道管径不大于 400mm 时，管道宜用中粗实线单线表示。

② 重力流管道除建筑物排出管外，不分管径大小均宜以中粗实线双线表示。

③ 图样中平面示意图栏中的管道宜用中粗单线表示。

④ 平面示意图中宜将与该管道相交的其他管道、管沟、铁路及排水沟等按交叉位置给出。

⑤ 设计地面线、竖向定位线、栏目分隔线、检查井、标尺线等宜用细实线，自然地面线宜用细虚线。

3）图样比例宜按下列规定选用：

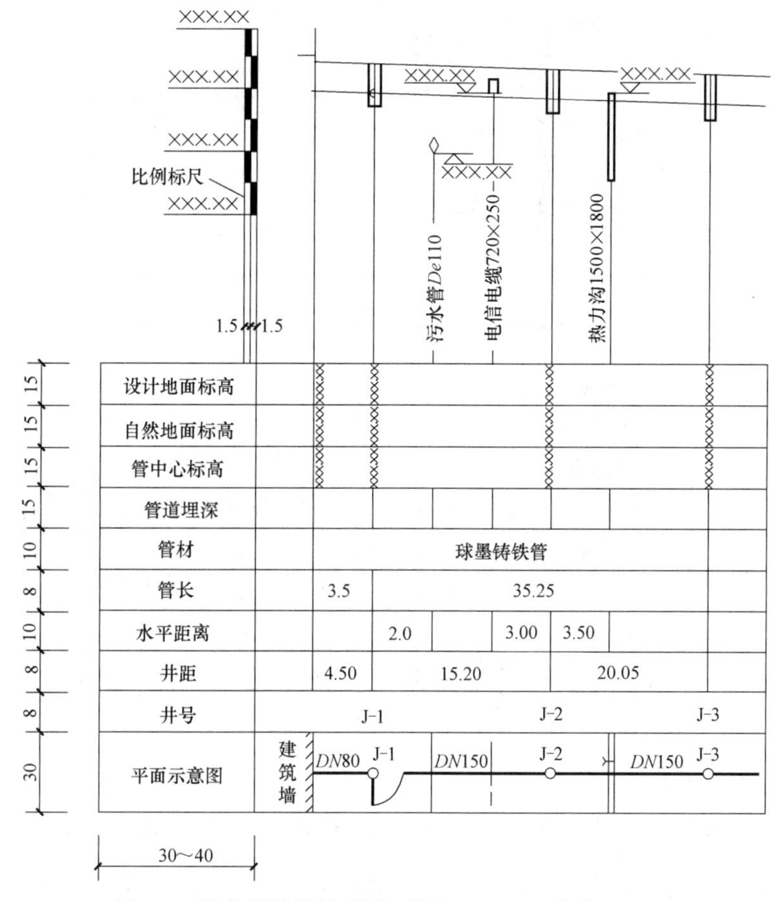

图 1-9 给水管道纵断面图（纵向 1∶500，竖向 1∶50）

① 在同一图样中可采用两种不同的比例。

② 纵向比例应与管道平面图一致。

③ 竖向比例宜为纵向比例的 1/10，并应在图样左端绘制比例标尺。

4）绘制与管道相交叉管道的标高宜按下列规定标注：

① 交叉管道位于该管道上面时，宜标注交叉管的管底标高。

② 交叉管道位于该管道下面时，宜标注交叉管的管顶或管底标高。

5）图样中的“水平距离”栏中应标出交叉管距检查井或阀门井的距离，或相互间的距离。

6）压力流管道从小区引入管经水表后应按供水水流方向先干管后支管的顺序绘制。

7）排水管道以小区内最起端排水检查井为起点，并应按排水水流方向先干管后支管的顺序绘制。

（5）设计采用管道高程表的方法表示管道标高时，宜符合下列规定：

1）重力流管道也可采用管道高程表的方式表示管道敷设标高。

2）管道高程表的格式见表 1-13。

5. 建筑给水排水平面图

（1）建筑给水排水平面图应按下列规定绘制：

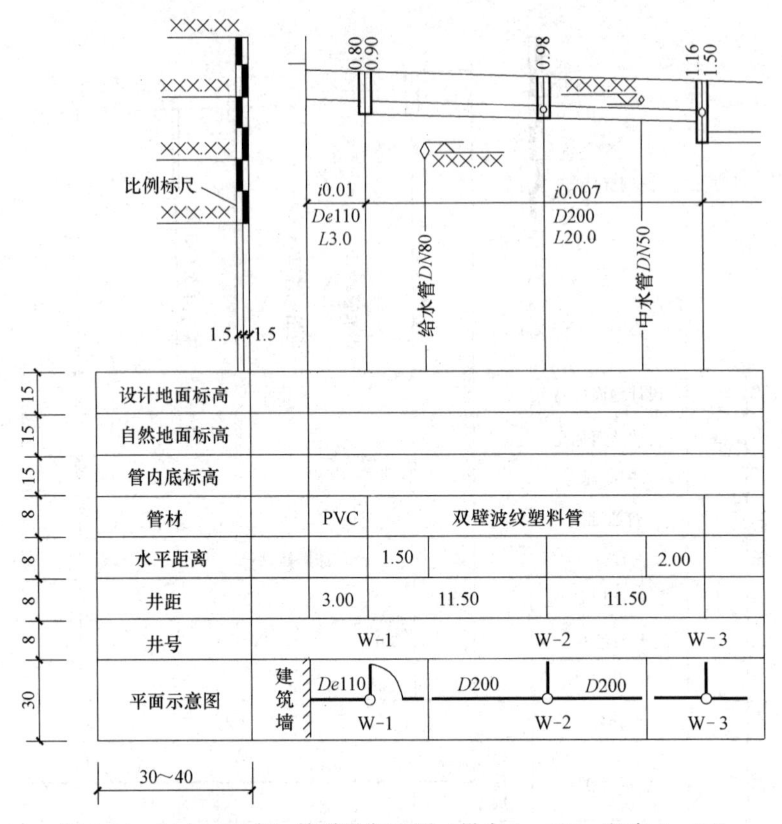

图 1-10 污水（雨水）管道纵断面图（纵向 1∶500，竖向 1∶50）

1）建筑物轮廓线、轴线号、房间名称、楼层标高、门、窗、梁柱、平台和绘图比例等，均应与建筑专业一致，但图线应用细实线绘制。

××管道高程表 **表 1-13**

序号	管段编号		管长（m）	管径（mm）	坡度（%）	管底坡降（m）	管底跌落（m）	设计地面标高（m）		管内底标高（m）		埋深（m）		备注
	起点	终点						起点	终点	起点	终点	起点	终点	

注：表格线型见图 1-1。

2）各类管道、用水器具和设备、消火栓、喷洒水头、雨水斗、立管、管道、上弯或下弯以及主要阀门、附件等，均应按标准规定的图例，以正投影法绘制在平面图上。管道种类较多，在一张平面图内表达不清楚时，可将给水排水、消防或直饮水管分开绘制相应的平面图。

3）各类管道应标注管径和管道中心距建筑墙、柱或轴线的定位尺寸，必要时还应标注管道标高。

4）管道立管应按不同管道代号在图面上自左至右按标准的规定分别进行编号，且不同楼层同一立管编号应一致。消火栓也可分楼层自左至右按顺序进行编号。

5）敷设在该层的各种管道和为该层服务的压力流管道均应绘制在该层的平面图上；敷设在下一层而为本层器具和设备排水服务的污水管、废水管和雨水管应绘制在本层平面图上。如有地下层时，各种排出管、引入管可绘制在地下层平面图上。

6）设备机房、卫生间等另绘制放大图时，应在这些房间内按现行国家标准《房屋建筑制图统一标准》GB/T 50001—2017 的规定绘制引出线，并应在引出线上面注明“详见水施-××”字样。

7）平面图、剖面图中局部部位需另绘制详图时，应在平面图、剖面图与详图上按现行国家标准《房屋建筑制图统一标准》GB/T 50001—2017 的规定绘制被索引详图图样和编号。

8）引入管、排出管应注明与建筑轴线的定位尺寸、穿建筑外墙的标高和防水套管形式，并应按《建筑给水排水制图标准》GB/T 50106—2010 第 2.5.1 条的规定，以管道类别自左至右按顺序进行编号。

9）管道布置不相同的楼层应分别绘制其平面图；管道布置相同的楼层可绘制一个楼层的平面图，并按现行国家标准《房屋建筑制图统一标准》GB/T 50001—2017 的规定标注楼层地面标高。平面图应按《建筑给水排水制图标准》GB/T 50106—2010 第 2.3 节及 2.4 节的规定标注管径、标高和定位尺寸。

10）地面层（±0.000）平面图应在图幅的右上方按现行国家标准《房屋建筑制图统一标准》GB/T 50001—2017 的规定绘制指北针。

11）建筑专业的建筑平面图采用分区绘制时，本专业的平面图也应分区绘制，分区部位和编号应与建筑专业一致，并应绘制分区组合示意图，各区管道相连但在该区中断时，第一区应用“至水施-××”，第二区左侧应用“自水施-××”，右侧应用“至水施-××”方式表示，并应以此类推。

12）建筑各楼层地面标高应以相对标高标注，并应与建筑专业一致。

（2）屋面给水排水平面图应按下列规定绘制：

1）屋面形状、伸缩缝或沉降位置、图面比例、轴线号等应与建筑专业一致，但图线应采用细实线绘制。

2）同一建筑的楼层面如有不同标高时，应分别注明不同高度屋面的标高和分界线。

3）屋面应绘制出雨水汇水天沟、雨水斗、分水线位置、屋面坡向、每个雨水斗的汇水范围，以及雨水横管和主管等。

4）雨水斗应进行编号，每只雨水斗宜注明汇水面积。

5）雨水管应标注管径、坡度。如雨水管仅绘制系统原理图时，应在平面图上标注雨水管起始点及终止点的管道标高。

6）屋面平面图中还应绘制污水管、废水管、污水潜水泵坑等通气立管的位置，并应注明立管编号。当某标高层屋面设有冷却塔时，应按实际设计数量表示。

6. 管道系统图

（1）管道系统图应表示出管道内的介质流经的设备、管道、附件、管件等连接和配置情况。

（2）管道展开系统图应按下列规定绘制：

1）管道展开系统图可不受比例和投影法则限制，可按展开图绘制方法按不同管道种类分别用中粗实线进行绘制，并应按系统编号。一般高层建筑和大型公共建筑宜绘制管道展开系统图。

2）管道展开系统图应与平面图中的引入管、排出管、立管、横干管、给水设备、附件、仪器仪表及用水和排水器具等要素相对应。

3）应绘出楼层（含夹层、跃层、同层升高或下降等）地面线。层高相同时楼层地面线应等距离绘制，并应在楼层地面线左端标注楼层层次和相对应楼层地面标高。

4）立管排列应以建筑平面图左端立管为起点，顺时针方向自左向右按立管位置及编号依次顺序排列。

5）横管应与楼层线平行绘制，并应与相应立管连接，为环状管道时两端应封闭，封闭线处宜绘制轴线号。

6）立管上的引出管和接入管应按所在楼层用水平线绘出，可不标注标高（标高应在平面图中标注），其方向、数量应与平面图一致，为污水管、废水管和雨水管时，应按平面图接管顺序对应排列。

7）管道上的阀门、附件，给水设备、给水排水设施和给水构筑物等，均应按图例示意绘出。

8）立管偏置（不含乙字管和两个45弯头偏置）时，应在所在楼层用短横管表示。

9）立管、横管及末端装置等应标注管径。

10）不同类别管道的引入管或排出管，应绘出所穿建筑外墙的轴线号，并应标注出引入管或排出管的编号。

（3）管道轴测系统图应按下列规定绘制：

1）轴测系统图应以45°正面斜轴测的投影规则绘制。

2）轴测系统图应采用与相对应的平面图相同的比例绘制。当局部管道密集或重叠处不容易表达清楚时，应采用断开绘制画法，也可采用细虚线连接画法绘制。

3）轴测系统图应绘出楼层地面线，并应标注出楼层地面标高。

4）轴测系统图应绘出横管水平转弯方向、标高变化、接入管或接出管以及末端装置等。

5）轴测系统图应将平面图中对应的管道上的各类阀门、附件、仪表等给水排水要素按数量、位置、比例一一绘出。

6）轴测系统图应标注管径、控制点标高或距楼层面垂直尺寸、立管和系统编号，并应与平面图一致。

7）引入管和排出管均应标出所穿建筑外墙的轴线号、引入管和排出管编号、建筑室内地面线与室外地面线，并应标出相应标高。

8）卫生间放大图应绘制管道轴测图。多层建筑宜绘制管道轴测系统图。

（4）卫生间采用管道展开系统图时应按下列规定绘制：

1）给水管、热水管应以立管或入户管为基点，按平面图的分支、用水器具的顺序依次绘制。

2）排水管道应按用水器具和排水支管接入排水横管的先后顺序依次绘制。

3）卫生器具、用水器具给水和排水接管，应以其外形或文字形式予以标注，其顺序、数量应与平面图相同。

4）展开系统图可不按比例绘图。

7. 局部平面放大图、剖面图

（1）局部平面放大图应按下列规定绘制：

1）专业设备机房、局部给水排水设施和卫生间等按《建筑给水排水制图标准》GB/T 50106—2010 第 4.3.1 条规定的平面图难以表达清楚时，应绘制局部平面放大图。

2）局部平面放大图应将设计选用的设备和配套设施，按比例全部用细实线绘制出其外形或基础外框、配电、检修通道、机房排水沟等平面布置图和平面定位尺寸，对设备、设施及构筑物等应按《建筑给水排水制图标准》GB/T 50106—2010 第 2.5.4 条的规定自左向右、自上而下地进行编号。

3）应按图例绘出各种管道与设备、设施及器具等相互接管关系及在平面图中的平面定位尺寸；如管道用双线绘制时应采用中粗实线按比例绘出，管道中心线应用单点长画细线表示。

4）各类管道上的阀门、附件应按图例、按比例、按实际位置绘出，并应标注出管径。

5）局部平面放大图应以建筑轴线编号和地面标高定位，并应与建筑平面图一致。

6）绘制设备机房平面放大图时，应在图签的上部绘制“设备编号与名称对照表”（图 1-11）。

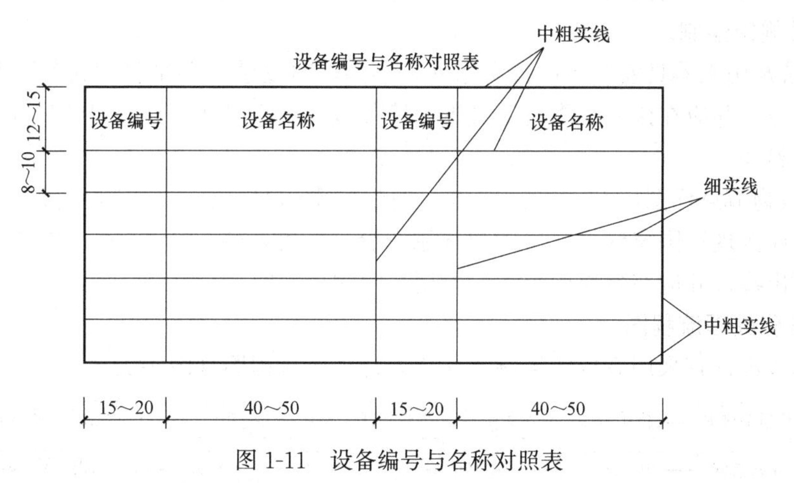

图 1-11　设备编号与名称对照表

7）卫生间如绘制管道展开系统图时，应标出管道的标高。

（2）剖面图应按下列规定绘制：

1）设备、设施数量多，各类管道重叠、交叉多且用轴测图难以表示清楚时，应绘制剖面图。

2）剖面图的建筑结构外形应与建筑结构专业一致，应用细实线绘制。

3）剖面图的剖切位置应选在能反映设备、设施及管道全貌的部位。剖切线、投射方向、剖切符号编号、剖切线转折等，应符合现行国家标准《房屋建筑制图统一标准》GB/T 50001—2017 的规定。

4）剖面图应在剖切面处按直接正投影法绘制出沿投影方向看到的设备和设施的形状、基础形式、构筑物内部的设备设施和不同水位线标高、设备设施和构筑物各种管道连接关系、仪器仪表的位置等。

5）剖面图还应表示出设备、设施和管道上的阀门、附件和仪器仪表等位置及支架（或吊架）形式。剖面图局部部位需要另绘详图时，应标注索引符号，索引符号应按现行国家标准《房屋建筑制图统一标准》GB/T 50001—2017 的规定绘制。

6）应标注出设备、设施、构筑物、各类管道的定位尺寸、标高、管径，以及建筑结构的空间尺寸。

7）仅表示某楼层管道密集处的剖面图，宜绘制在该层平面图内。

8）剖切线应用中粗线，剖切面编号应用阿拉伯数字从左至右顺序编号，剖切编号应标注在剖切线一侧，剖切编号所在侧应为该剖切面的剖示方向。

（3）安装图和详图应按下列规定绘制：

1）无定型产品可供设计选用的设备、附件、管件等应绘制制造详图。无标准图可供选用的用水器具安装图、构筑物节点图等，也应绘制施工安装图。

2）设备、附件、管件等制造详图，应以实际形状绘制总装图，并应对各零部件进行编号，再对零部件绘制制造图。该零部件下面或左侧应绘制包括编号、名称、规格、材质、数量、重量等内容的材料明细表；其图线、符号、绘制方法等应按现行国家标准《机械制图　图样画法　图线》（GB/T 4457.4—2002、《机械制图　剖面区域的表示法》GB/T 4457.5—2013、《机械制图　装配图中零、部件序号及其编排方法》GB/T 4458.2—2003 的有关规定绘制。

3）设备及用水器具安装图应按实际外形绘制，对安装图各部件应进行编号，应标注安装尺寸代号，并应在该安装图右侧或下面绘制包括相应尺寸代号的安装尺寸表和安装所需的主要材料表。

4）构筑物节点详图应与平面图或剖面图中的索引号一致，对使用材质、构造做法、实际尺寸等应按现行国家标准《房屋建筑制图统一标准》GB/T 50001—2017 的规定绘制多层共用引出线，并应在各层引出线上方用文字进行说明。

8. 水净化处理流程图

（1）初步设计宜采用方框图绘制水净化处理工艺流程图（图 1-12）。

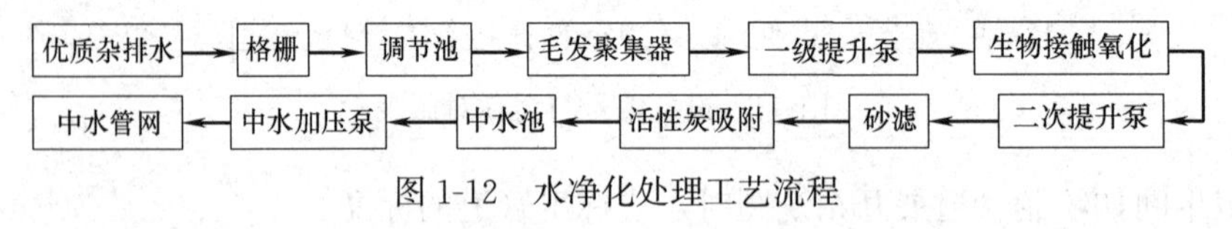

图 1-12　水净化处理工艺流程

（2）施工图设计应按下列规定绘制水净化处理工艺流程断面图：

1）水净化处理工艺流程断面图应按水流方向，将水净化处理各单元的设备、设施、管道连接方式按设计数量全部对应绘出，但可不按比例绘制。

2）水净化处理工艺流程断面图应将全部设备及相关设施按设备形状、实际数量用细实线绘出。

3）水净化处理设备和相关设施之间的连接管道应以中粗实线绘制，设备和管道上的阀门、附件、仪器仪表应以细实线绘制，并应对设备、附件、仪器仪表进行编号。

4）水净化处理工艺流程断面图（图 1-13）应标注管道标高。

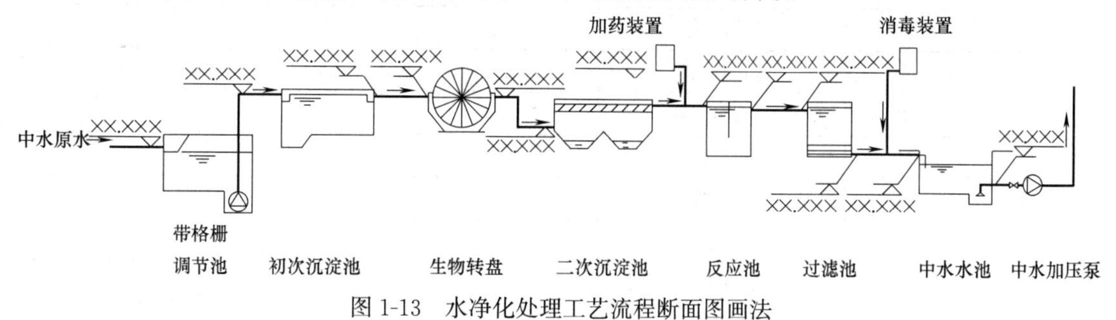

图 1-13 水净化处理工艺流程断面图画法

5）水净化处理工艺流程断面图应绘制设备、附件等编号与名称对照表。

1.2 暖通空调工程制图基础

1.2.1 常用图例

1. 水、汽管道

（1）水、汽管道可用线型区分，也可用代号区分。水、汽管道代号宜按表 1-14 采用。

水、汽管道代号　表 1-14

序号	代号	管道名称	备注
1	RG	采暖热水供水管	可附加 1、2、3 等表示一个代号、不同参数的多种管道
2	RH	采暖热水回水管	可通过实践、虚线表示供、回关系省略字母 G、H
3	LG	空调冷水供水管	—
4	LH	空调冷水回水管	—
5	KRG	空调热水供水管	—
6	KRH	空调热水回水管	—
7	LRG	空调冷、热水供水管	—
8	LRH	空调冷、热水回水管	—
9	LQG	冷却水供水管	—
10	LQH	冷却水回水管	—
11	n	空调冷凝水管	—
12	PZ	膨胀水管	—
13	BS	补水管	—
14	X	循环管	—
15	LM	冷媒管	—
16	YG	乙二醇供水管	—
17	YH	乙二醇回水管	—
18	BG	冰水供水管	—
19	BH	冰水回水管	—
20	ZG	过热蒸汽管	—

续表

序号	代号	管道名称	备注
21	ZB	饱和蒸汽管	可附加1、2、3等表示一个代号、不同参数的多种管道
22	Z2	二次蒸汽管	—
23	N	凝结水管	—
24	J	给水管	—
25	SR	软化水管	—
26	CY	除氧水管	—
27	GG	锅炉进水管	—
28	JY	加药管	—
29	YS	盐溶液管	—
30	XI	连续排污管	—
31	XD	定期排污管	—
32	XS	泄水管	—
33	YS	溢水(油)管	—
34	R_1G	一次热水供水管	—
35	R_1H	一次热水回水管	—
36	F	放空管	—
37	FAQ	安全阀放空管	—
38	O1	柴油供油管	—
39	O2	柴油回油管	—
40	OZ1	重油供油管	—
41	OZ2	重油回油管	—
42	OP	排油管	—

（2）自定义水、汽管道代号不应与表1-14的规定矛盾，并应在相应图面说明。

（3）水、汽管道阀门和附件的图例宜按表1-15采用。

水、汽管道阀门和附件图例 **表1-15**

序号	名称	图　例	备　注
1	截止阀		—
2	闸阀		—
3	球阀		—
4	柱塞阀		—
5	快开阀	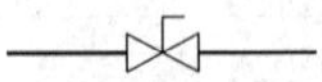	—
6	蝶阀		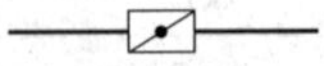
7	旋塞阀		—

续表

序号	名称	图例	备注
8	止回阀		
9	浮球阀		—
10	三通阀		—
11	平衡阀		—
12	定流量阀		—
13	定压差阀		—
14	自动排气阀		—
15	集气罐、放气阀		—
16	节流阀		—
17	调节止回关断阀		水泵出口用
18	膨胀阀		—
19	排入大气或室外		—
20	安全阀	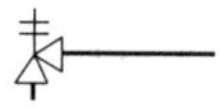	—
21	角阀	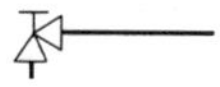	—
22	底阀		—
23	漏斗		—
24	地漏		—
25	明沟排水	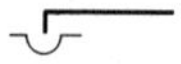	—
26	向上弯头		—
27	向下弯头		—
28	法兰封头或管封		—
29	上出三通	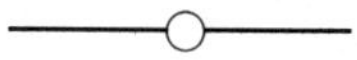	—
30	下出三通		—
31	变径管		—
32	活接头或法兰连接	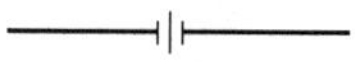	—
33	固定支架	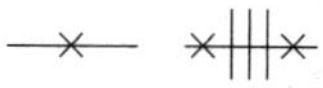	—

续表

序号	名称	图　　例	备　　注
34	导向支架		—
35	活动支架		—
36	金属软管		—
37	可屈挠橡胶软接头		—
38	Y形过滤器		—
39	疏水器		—
40	减压阀		左高右低
41	直通型(或反冲型)除污器		—
42	除垢仪	E	—
43	补偿器		—
44	矩形补偿器		—
45	套管补偿器		—
46	波纹管补偿器		—
47	弧形补偿器		—
48	球形补偿器		—
49	伴热管		—
50	保护套管		—
51	爆破膜		—
52	阻火器		—
53	节流孔板、减压孔板		—
54	快速接头		—
55	介质流向	或	在管道断开处时,流向符号宜标注在管道中心线上,其余可同管径标注位置
56	坡度及坡向	i=0.003 或 i=0.003	坡度数值不宜与管道起、止点标高同时标注。标注位置同管径标注位置

2. 风道

(1) 风道代号宜按表1-16采用。

风道代号 表 1-16

序号	代号	管道名称	备注
1	SF	送风管	—
2	HF	回风管	一、二次回风可附加 1、2 区别
3	PF	排风管	—
4	XF	新风管	—
5	PY	消防排烟风管	—
6	ZY	加压送风管	—
7	PY	排风排烟兼用风管	—
8	XB	消防补风风管	—
9	S(B)	送风兼消防补风风管	—

（2）自定义风道代号不应与表 1-16 的规定矛盾，并应在相应图面说明。

（3）风道、阀门及附件的图例宜按表 1-17 和表 1-19 采用。

风道、阀门及附件图例 表 1-17

序号	名称	图例	备注
1	矩形风管	*** × ***	宽×高(mm)
2	圆形风管	φ ***	φ 直径(mm)
3	风管向上		—
4	风管向下		—
5	风管上升摇手弯		—
6	风管下降摇手弯		—
7	天圆地方		左接矩形风管，右接圆形风管
8	软风管		—
9	圆弧形弯头		—
10	带导流片的矩形弯头		—
11	消声器		
12	消声弯头		—

续表

序号	名称	图例	备注
13	消声静压箱		—
14	风管软接头		—
15	对开多叶调节风阀		—
16	蝶阀		—
17	插板阀		—
18	止回风阀		—
19	余压阀	DPV DPV	—
20	三通调节阀		—
21	防烟、防火阀	*** ***	* * * 表示防烟、防火阀名称代号，代号说明另见表 1-18
22	方形风口		—
23	条缝形风口		—
24	矩形风口		—
25	圆形风口		—
26	侧面风口		—
27	防雨百叶		—
28	检修门	J J	—
29	气流方向		左为通用表示法，中表示送风，右表示回风
30	远程手控盒	B	防排烟用
31	防雨罩		—

防烟、防火阀功能 **表 1-18**

符号	说明
(图形符号)	防烟、防火阀功能表
*** ***	防烟、防火阀功能代号

阀体中文名称	功能 / 阀体代号	1	2	3	4	5	6①	7②	8②	9	10	11③
		防烟防火	风阀	风量调节	阀体手动	远程手动	常闭	电动控制一次动作	电动控制反复动作	70℃自动关闭	280℃自动关闭	阀体动作反馈信号
70℃防烟防火阀	FD④	√	√		√					√		
	FVD④	√	√	√	√					√		
	FDS④	√	√							√		√
	FDVS④	√	√	√	√					√		√
	MED	√	√	√	√			√		√		√
	MEC	√	√		√		√	√		√		√
	MEE	√	√	√	√				√	√		√
	BED	√	√	√	√	√		√		√		√
	BEC	√	√		√	√	√	√		√		√
	BEE	√	√	√	√	√			√	√		√
280℃防烟防火阀	FDH	√	√		√						√	
	FVDH	√	√	√	√						√	
	FDSH	√	√		√						√	√
	FVSH	√	√	√	√						√	√
	MECH	√	√		√		√	√			√	√
	MEEH	√	√	√	√				√		√	√
	BECH	√	√		√	√	√	√			√	√
	BEEH	√	√	√	√	√			√		√	√
板式排烟口	PS	√			√	√	√	√			√	√
多叶排烟口	GS	√			√	√	√	√			√	√
多叶送风口	GP	√			√	√	√	√		√		√
防火风口	GF	√			√					√		

注：① 除表中注明外，其余的均为常开型；且所用的阀体在动作后均可手动复位。
② 消防电源（24V DC），由消防中心控制。
③ 阀体需要符合信号反馈要求的接点。
④ 若仅用于厨房烧煮区平时排风系统，其动作装置的工作温度应当由 70℃改为 150℃。

风口和附件代号 **表 1-19**

序号	代号	图例	备注
1	AV	单层格栅风口，叶片垂直	—
2	AH	单层格栅风口，叶片水平	—

续表

序号	代号	图　例	备　注
3	BV	双层格栅风口，前组叶片垂直	—
4	BH	双层格栅风口，前组叶片水平	—
5	C*	矩形散流器，* 为出风面数量	—
6	DF	圆形平面散流器	—
7	DS	圆形凸面散流器	—
8	DP	圆盘形散流器	—
9	DX*	圆形斜片散流器，* 为出风面数量	—
10	DH	圆环形散流器	—
11	E*	条缝形风口，* 为条缝数	—
12	F*	细叶形斜出风散流器，* 为出风面数量	—
13	FH	门铰形细叶回风口	—
14	G	扁叶形直出风散流器	—
15	H	百叶回风口	—
16	HH	门铰形百叶回风口	—
17	J	喷口	—
18	SD	旋流风口	—
19	K	蛋格形风口	—
20	KH	门铰形蛋格式回风口	—
21	L	花板回风口	—
22	CB	自垂百叶	—
23	N	防结露送风口	冠于所用类型风口代号前
24	T	低温送风口	冠于所用类型风口代号前
25	W	防雨百叶	—
26	B	带风口风箱	—
27	D	带风阀	—
28	F	带过滤网	—

3. 暖通空调设备

暖通空调设备的图例宜按表 1-20 采用。

暖通空调设备图例　　**表 1-20**

序号	名称	图　例	备注
1	散热器及手动放气阀	15　15　15	左为平面图画法，中为剖面图画法，右为系统图（Y 轴测）画法
2	散热器及温控阀	15　15	—
3	轴流风机		—

续表

序号	名称	图　例	备注
4	轴(混)流式管道风机	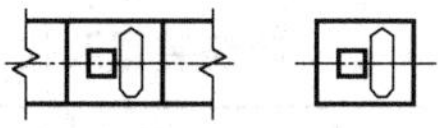	—
5	离心式管道风机	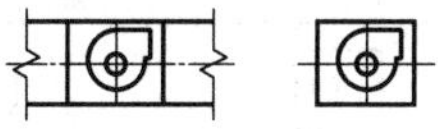	—
6	吊顶式排气扇	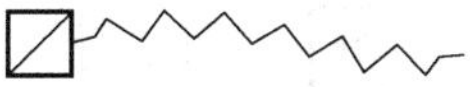	—
7	水泵	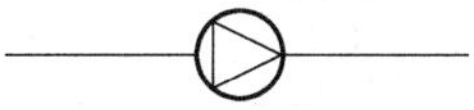	—
8	手摇泵	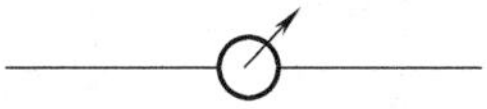	—
9	变风量末端	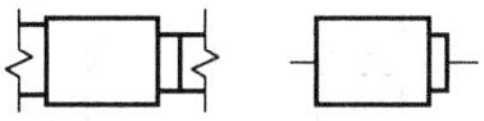	—
10	空调机组加热、冷却盘管		从左到右分别为加热、冷却及双功能盘管
11	空气过滤器		从左至右分别为粗效、中效及高效
12	挡水板		—
13	加湿器	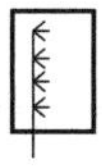	—
14	电加热器		—
15	板式换热器	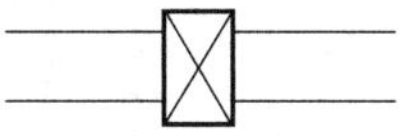	—
16	立式明装风机盘管	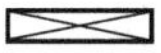	—
17	立式暗装风机盘管		—
18	卧式明装风机盘管	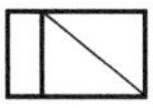	—
19	卧式暗装风机盘管	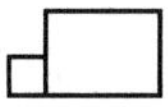	—
20	窗式空调器	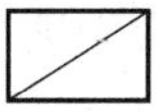	—
21	分体空调器	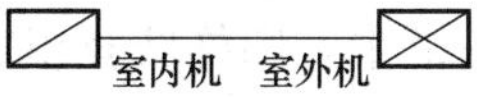 室内机　室外机	—
22	射流诱导风机	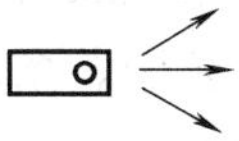	—
23	减振器		左为平面图画法，右为剖面图画法

4. 调控装置及仪表

调控装置及仪表的图例宜按表 1-21 采用。

调控装置及仪表图例 **表 1-21**

序号	名称	图例	序号	名称	图例
1	温度传感器	T	14	弹簧执行机构	
2	湿度传感器	H	15	重力执行机构	
3	压力传感器	P	16	记录仪	
4	压差传感器	ΔP	17	电磁（双位）执行机构	
5	流量传感器	F	18	电动（双位）执行机构	
6	烟感器	S	19	电动（调节）执行机构	
7	流量开关	FS	20	气动执行机构	
8	控制器	C	21	浮力执行机构	
9	吸顶式温度感应器	T	22	数字输入量	DI
10	温度计		23	数字输出量	DO
11	压力表		24	模拟输入量	AI
12	流量计	F.M	25	模拟输出量	AO
13	能量计	E.M			

注：各种执行机构可与风阀、水阀组合表示相应功能的控制阀门。

1.2.2 图样画法

1. 一般规定

（1）各工程、各阶段的设计图纸应满足相应的设计深度要求。

（2）设计图纸编号应独立。

（3）在同一套工程设计图纸中，图样线宽组、图例、符号等应一致。

（4）在工程设计中，宜依次表示图纸目录、选用图集（纸）目录、设计施工说明、图例、设备及主要材料表、总图、工艺图、系统图、平面图、剖面图、详图等；如单独成图时，其图纸编号应按所述顺序排列。

（5）图样需用的文字说明，宜以“注：”“附注：”或“说明：”的形式在图纸右下方、标题栏的上方书写，并应用“1、2、3……”进行编号。

（6）一张图幅内绘制平、剖面等多种图样时，宜按平面图、剖面图、安装详图，从上至下、从左至右的顺序排列；当一张图幅绘有多层平面图时，宜按建筑层次由低至高、由下而上的顺序排列。

（7）图纸中的设备或部件不便用文字标注时，可进行编号。图样中仅标注编号时，其名称宜以“注：”“附注：”或“说明：”表示。如需表明其型号（规格）、性能等内容时，宜用“明细表”表示（图 1-14）。

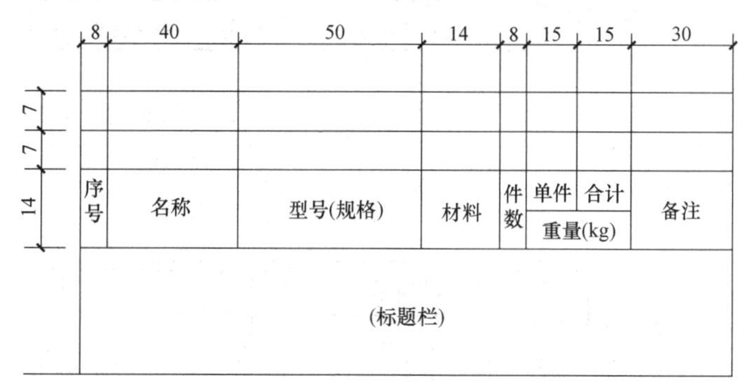

图 1-14 明细栏示例

（8）要求、数量、备注栏；材料表应至少包括序号（或编号）、材料名称、规格或物理性能、数量、单位、备注栏。

2. 管道和设备布置平面图、剖面图及详图

（1）管道和设备布置平面图、剖面图应以直接正投影法绘制。

（2）用于暖通空调系统设计的建筑平面图、剖面图，应用细实线绘出建筑轮廓线和与暖通空调系统有关的门、窗、梁、柱、平台等建筑构配件，并应标明相应定位轴线编号、房间名称、平面标高。

（3）管道和设备布置平面图应按假想除去上层板后俯视规则绘制，其相应的垂直剖面图应在平面图中标明剖切符号（图 1-15）。

（4）剖视的剖切符号应由剖切位置线、投射方向线及编号组成，剖切位置线和投射方向线均应以粗实线绘制。剖切位置线的长度宜为 6～10mm；投射方向线长度应短于剖切位置线，宜为 4～6mm；剖切位置线和投射方向线不应与其他图线相接触；编号宜用阿拉伯数字，并宜标在投射方向线的端部；转折的剖切位置线，宜在转角的外顶角处加注相应编号。

（5）断面的剖切符号应用剖切位置线和编号表示。剖切位置线宜为长度 6～10mm 的粗实线；编号可用阿拉伯数字、罗马数字或小写拉丁字母，标在剖切位置线的一侧，并应表示投射方向。

（6）平面图上应标注设备、管道定位（中心、外轮廓）线与建筑定位（轴线、墙边、柱边、柱中）线间的关系；剖面图上应注出设备、管道（中、底或顶）标高。必要时，还应注出距该层楼（地）板面的距离。

（7）剖面图，应在平面图上选择反映系统全貌的部位垂直剖切后绘制。当剖切的投射方向为向下和向右，且不致引起误解时，可省略剖切方向线。

（8）建筑平面图采用分区绘制时，暖通空调专业平面图也可分区绘制。但分区部位应

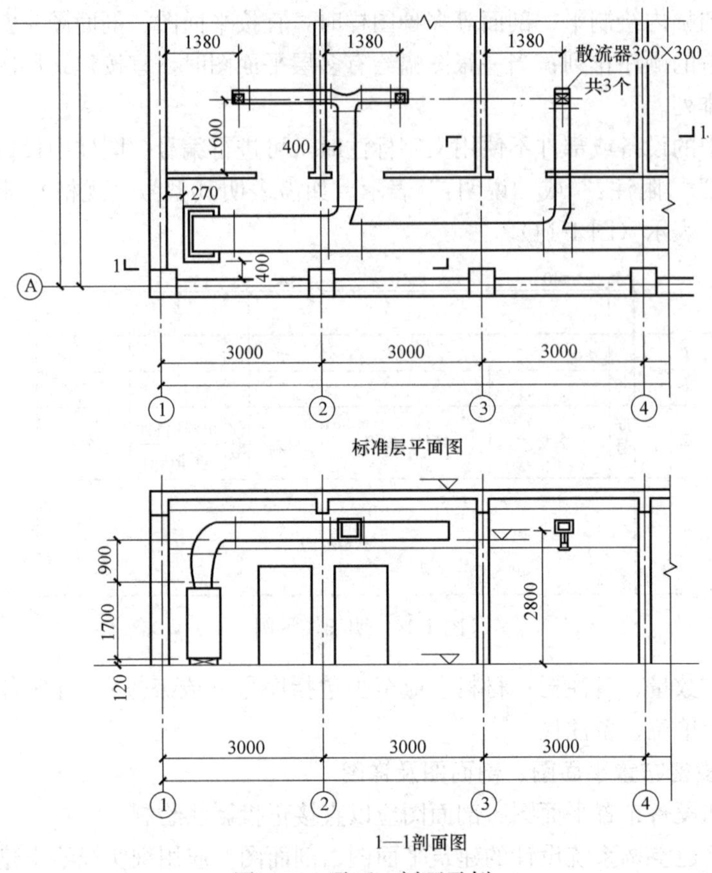

图 1-15 平面、剖面示例

与建筑平面图一致，并应绘制分区组合示意图。

(9) 除方案设计、初步设计及精装修设计外，平面图、剖面图中的水、汽管道可用单线绘制，风管不宜用单线绘制。

(10) 平面图、剖面图中的局部需另绘详图时，应在平面图、剖面图上标注索引符号。索引符号的画法如图 1-16 所示。

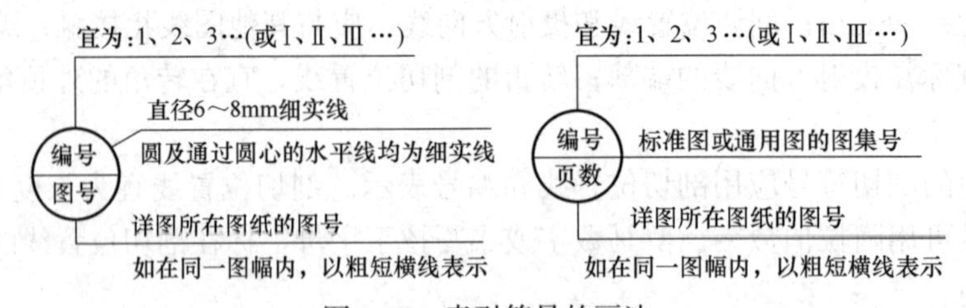

图 1-16 索引符号的画法

(11) 当表示局部位置的相互关系时，在平面图上应标注内视符号（图 1-17）。

3. 管道系统图、原理图

(1) 管道系统图应能确认管径、标高及末端设备，可按系统编号分别绘制。

(2) 管道系统图采用轴测投影法绘制时，宜采用与相应的平面图一致的比例，按正等轴测或正面斜二轴测的投影规则绘制，可按现行国家标准《房屋建筑制图统一标准》

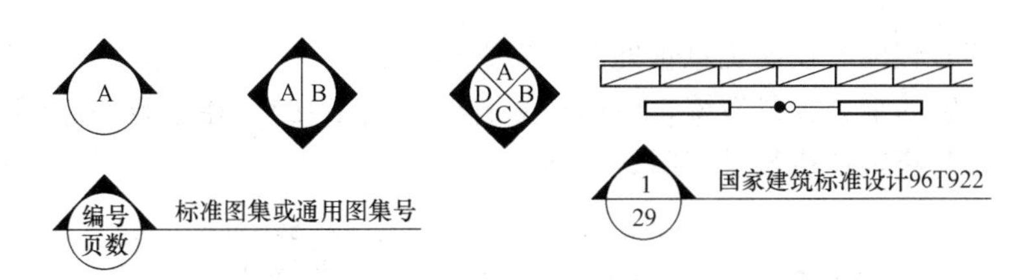

图 1-17 内视符号画法

GB/T 50001—2017 绘制。

（3）在不致引起误解时，管道系统图可不按轴测投影法绘制。

（4）管道系统图的基本要素应与平、剖面图相对应。

（5）水、汽管道及通风、空调管道系统图均可用单线绘制。

（6）系统图中的管线重叠、密集处，可采用断开画法。断开处宜以相同的小写拉丁字母表示，也可用细虚线连接。

（7）室外管网工程设计宜绘制管网总平面图和管网纵剖面图。

（8）原理图可不按比例和投影规则绘制。

（9）原理图基本要素应与平面图、剖视图及管道系统图相对应。

4. 系统编号

（1）一个工程设计中同时有供暖、通风、空调等两个及以上的不同系统时，应进行系统编号。

（2）暖通空调系统编号、入口编号，应由系统代号和顺序号组成。

（3）系统代号用大写拉丁字母表示（表 1-22），顺序号用阿拉伯数字表示如图 1-18 所示。当一个系统出现分支时，可采用图 1-18（b）的画法。

系统代号 **表 1-22**

序号	字母代号	系统名称	序号	字母代号	系统名称
1	N	(室内)供暖系统	9	H	回风系统
2	L	制冷系统	10	P	排风系统
3	R	热力系统	11	XP	新风换气系统
4	K	空调系统	12	JY	加压送风系统
5	J	净化系统	13	PY	排烟系统
6	C	除尘系统	14	P(PY)	排风兼排烟系统
7	S	送风系统	15	RS	人防送风系统
8	X	新风系统	16	RP	人防排风系统

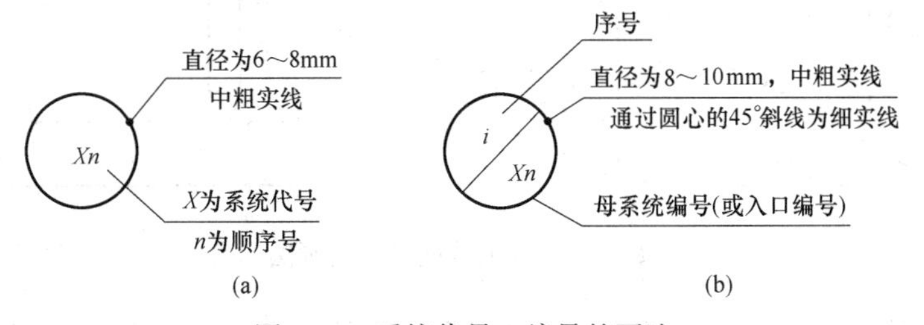

图 1-18 系统代号、编号的画法

（4）系统编号宜标注在系统总管处。

（5）竖向布置的垂直管道系统，应标注立管号（图 1-19）。在不致引起误解时，可只标注序号，但应与建筑轴线编号有明显区别。

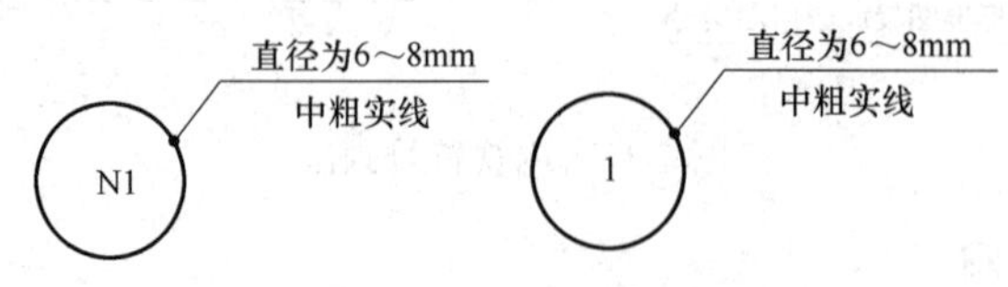

图 1-19 立管号的画法

5. 管道标高、管径压力、尺寸标注

（1）在无法标注垂直尺寸的图样中，应标注标高。标高应以 m 为单位，并应精确到 cm 或 mm。

（2）标高符号应以直角等腰三角形表示。当标准层较多时，可只标注与本层楼（地）板面的相对标高（图 1-20）。

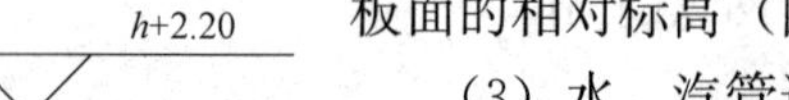

图 1-20 相对标高的画法

（3）水、汽管道所注标高未予说明时，应表示为管中心标高。

（4）水、汽管道标注管外底或顶标高时，应在数字前加“底”或“顶”字样。

（5）矩形风管所注标高应表示管底标高；圆形风管所注标高应表示管中心标高。当不采用此方法标注时，应进行说明。

（6）低压流体输送用焊接管道规格应标注公称通径或压力。公称通径的标记应由字母“*DN*”后跟一个以毫米表示的数值组成；公称压力的代号应为“*PN*”。

（7）输送流体用无缝钢管、螺旋缝或直缝焊接钢管、铜管、不锈钢管，当需要注明外径和壁厚时，应用“*D*（或 ϕ）外径×壁厚”表示。在不致引起误解时，也可采用公称通径表示。

（8）塑料管外径应用“*de*”表示。

（9）圆形风管的截面定型尺寸应以直径“ϕ”表示，单位应为 mm。

（10）矩形风管（风道）的截面定型尺寸应以“*A*×*B*”表示。“*A*”应为该视图投影面的边长尺寸，“*B*”应为另一边尺寸。*A*、*B* 单位均应为 mm。

（11）平面图中无坡度要求的管道标高可标注在管道截面尺寸后的括号内。必要时，应在标高数字前加“底”或“顶”的字样。

（12）水平管道的规格宜标注在管道的上方；竖向管道的规格宜标注在管道的左侧。双线表示的管道，其规格可标注在管道轮廓线内（图 1-21）。

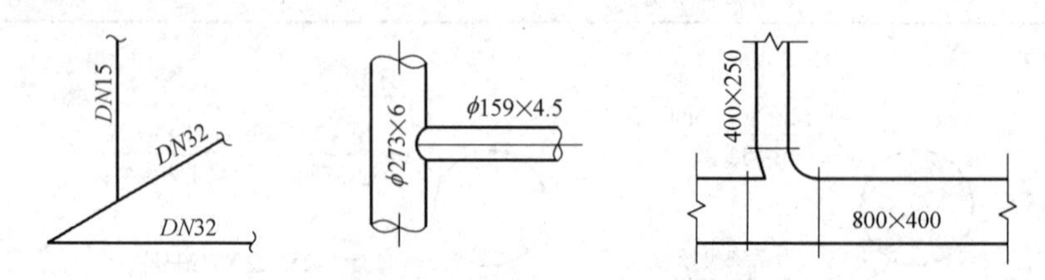

图 1-21 管道截面尺寸的画法

（13）当斜管道不在图 1-22 所示 30°范围内时，其管径（压力）、尺寸应平行标在管道的斜上方。不用图 1-22 的方法标注时，可用引出线标注。

（14）多条管线的规格标注方法如图 1-23 所示。

（15）风口表示方法如图 1-24 所示。

（16）图样中尺寸标注应按现行国家标准的有关规定执行。

（17）平面图、剖面图上如需标注连续排列的设备或管道的定位尺寸和标高时，应至少有一个误差自由段（图 1-25）。

（18）挂墙安装的散热器应说明安装高度。

（19）设备加工（制造）图的尺寸标注应按现行国家标准《机械制图 尺寸注法》GB/T 4458.4 的有关规定执行。焊缝应按现行国家标准《技术制图 焊缝符号的尺寸、比例及简化表示法》GB/T 12212 的有关规定执行。

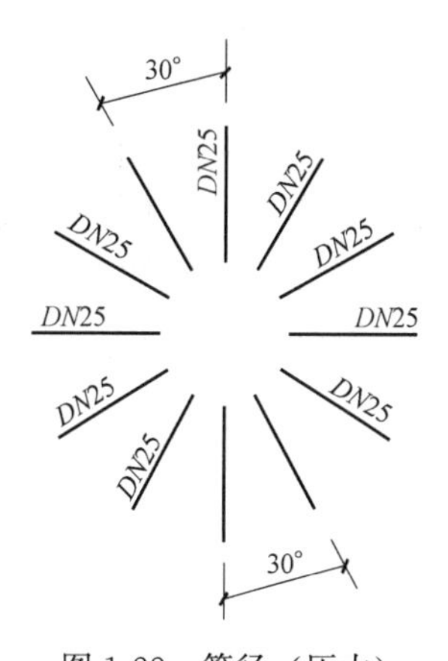

图 1-22 管径（压力）的标注位置

6. 管道转向、分支、重叠及密集处的画法

（1）单线管道转向的画法如图 1-26 所示。

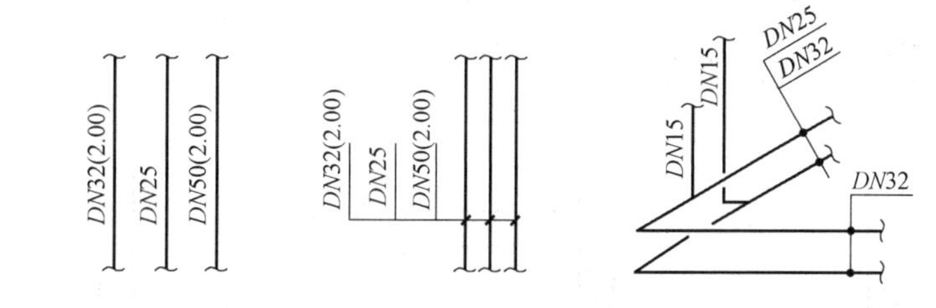

图 1-23 多条管线规格的画法

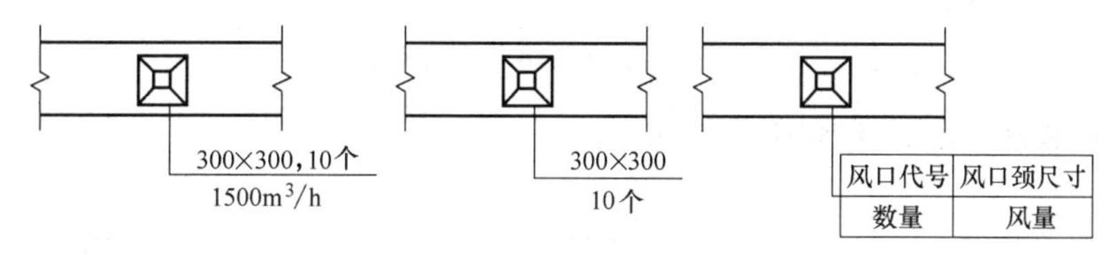

图 1-24 风口、散流器的表示方法

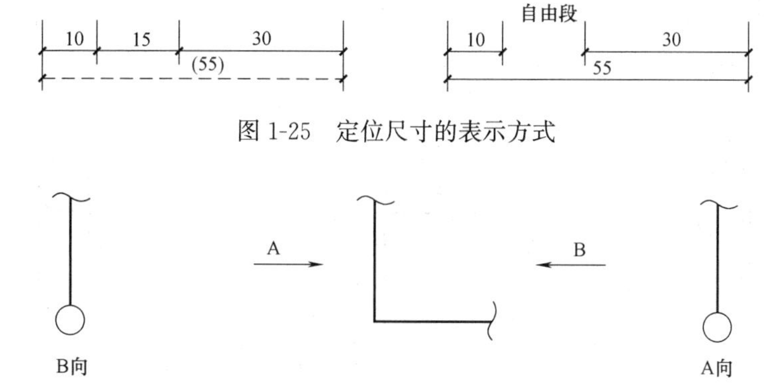

图 1-25 定位尺寸的表示方式

图 1-26 单线管道转向的画法

（2）双线管道转向的画法如图 1-27 所示。

（3）单线管道分支的画法如图 1-28 所示。

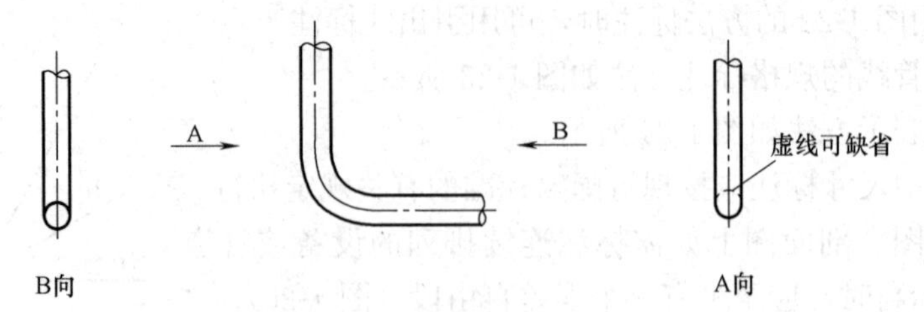

图 1-27 双线管道转向的画法

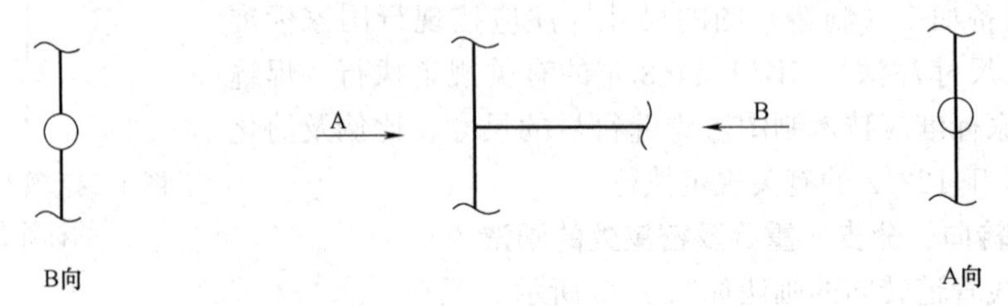

图 1-28 单线管道分支的画法

(4) 双线管道分支的画法如图 1-29 所示。

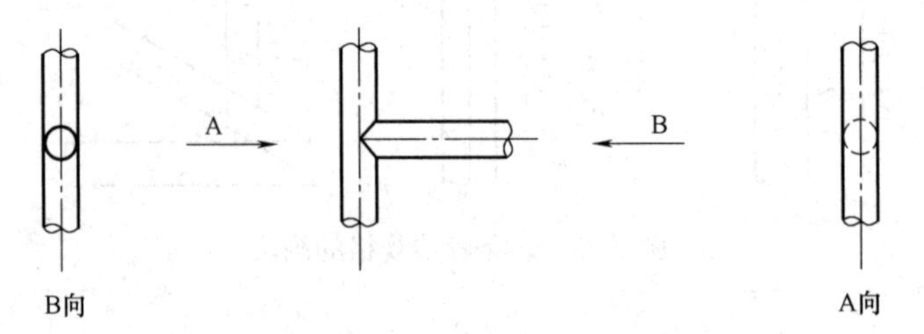

图 1-29 双线管道分支的画法

(5) 送风管转向的画法如图 1-30 所示。

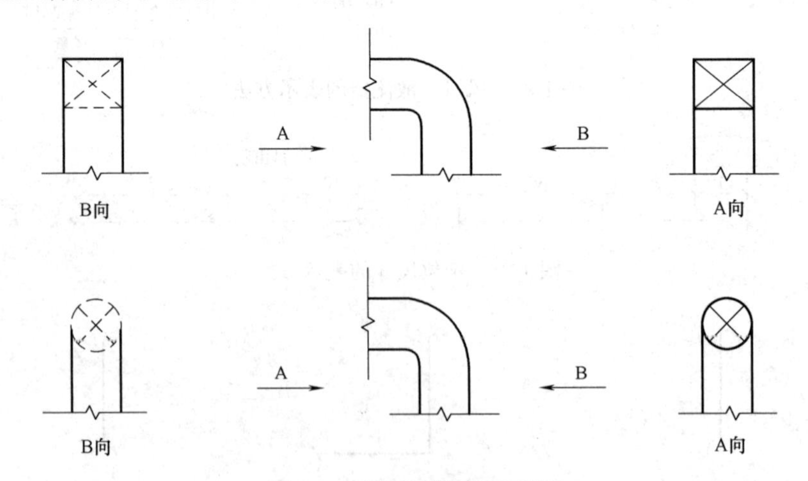

图 1-30 送风管转向的画法

(6) 回风管转向的画法如图 1-31 所示。

(7) 平面图、剖视图中管道因重叠、密集需断开时，应采用断开画法（图 1-32）。

(8) 管道在本图中断，转至其他图面表示（或由其他图面引来）时，应注明转至（或

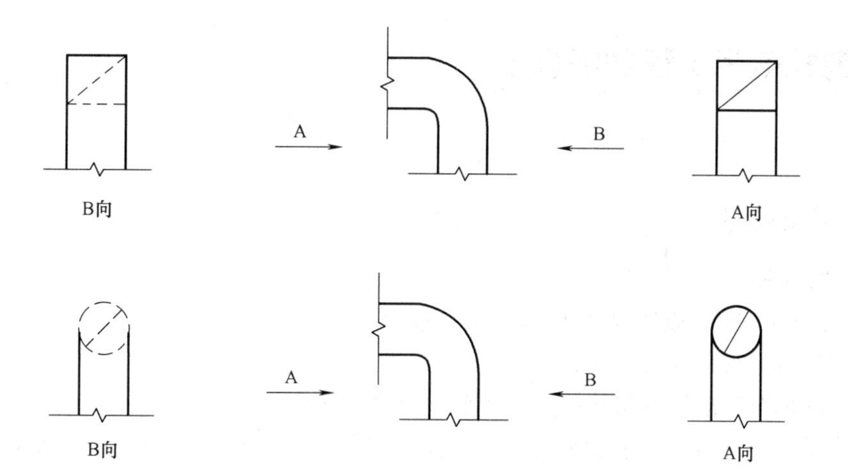

图 1-31　回风管转向的画法

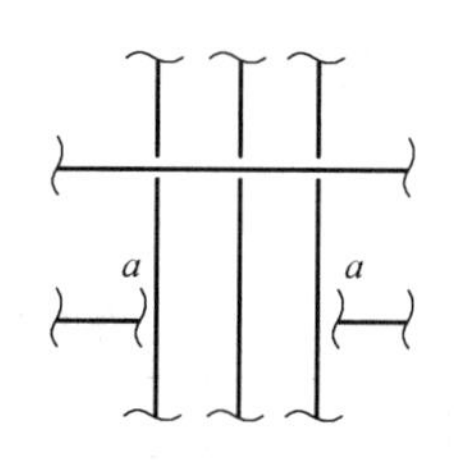

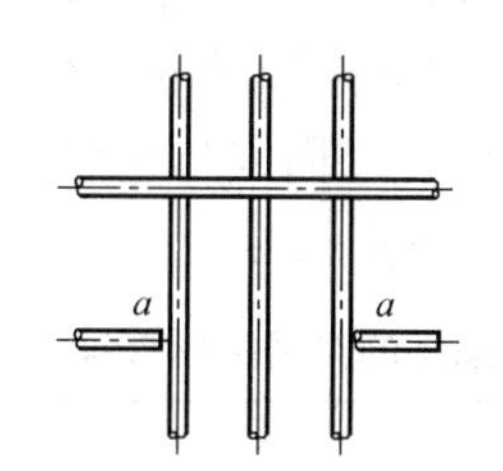

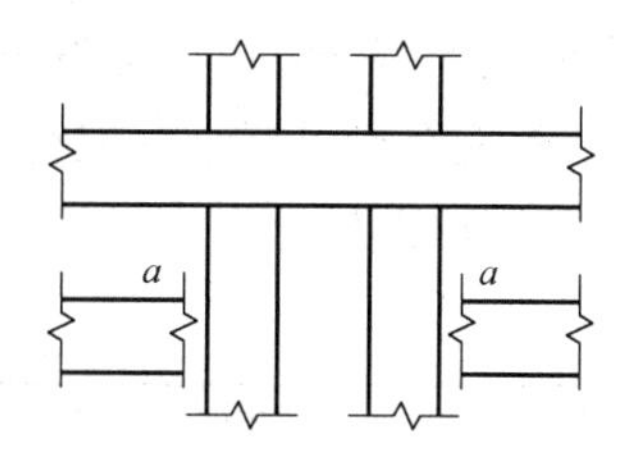

图 1-32　管道断开的画法

来自的）的图纸编号（图 1-33）。

（9）管道交叉的画法如图 1-34 所示。

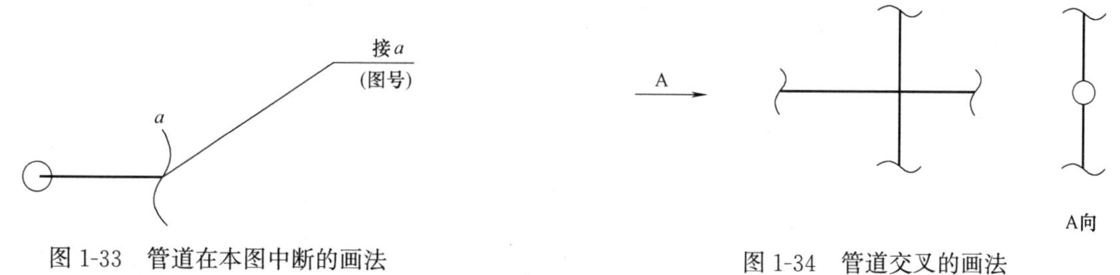

图 1-33　管道在本图中断的画法

图 1-34　管道交叉的画法

（10）管道跨越的画法如图 1-35 所示。

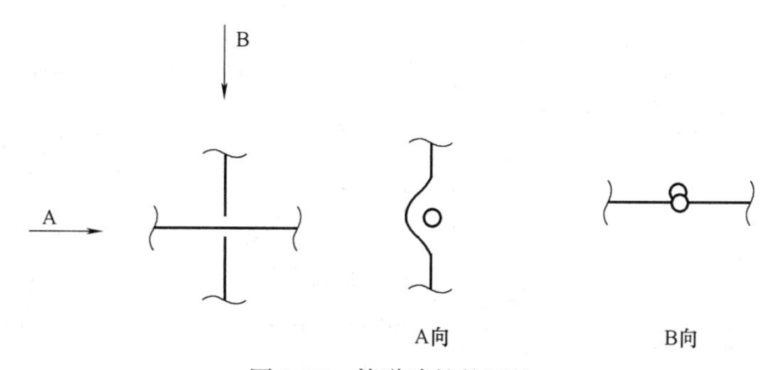

图 1-35　管道跨越的画法

1.3 建筑电气工程制图基础

1.3.1 常用符号

1. 图形符号

(1) 图样中采用的图形符号应符合下列规定：

1) 图形符号可放大或缩小；

2) 当图形符号旋转或镜像时，其中的文字宜为视图的正向；

3) 当图形符号有两种表达形式时，可任选用其中一种形式，但同一工程应使用同一种表达形式；

4) 当现有图形符号不能满足设计要求时，可按图形符号生成原则产生新的图形符号；新产生的图形符号宜由一般符号与一个或多个相关的补充符号组合而成；

5) 补充符号可置于一般符号的里面、外面或与其相交。

(2) 强电图样宜采用表 1-23 的常用图形符号。

强电图样的常用图形符号 表 1-23

序号	常用图形符号		说明	应用类别
	形式 1	形式 2		
1		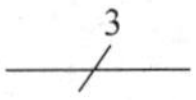 3	导线组(示出导线数，如示出三根导线)	电路图、接线图、平面图、总平面图、系统图
2			软连接	
3			端子	
4	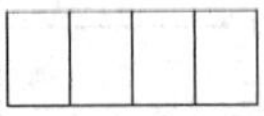		端子板	电路图
5	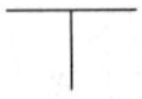		T 型连接	电路图、接线图、平面图、总平面图、系统图
6	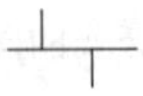	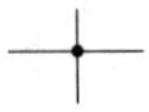	导线的双 T 连接	
7			跨接连接(跨越连接)	
8			阴接触件(连接器的)、插座	电路图、接线图、系统图
9			阳接触件(连接器的)、插头	电路图、接线图、平面图、系统图
10			定向连接	
11	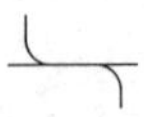		进入线束的点(本符号不适用于表示电气连接)	电路图、接线图、平面图、总平面图、系统图
12	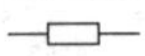		电阻器，一般符号	
13			电容器，一般符号	

续表

序号	常用图形符号		说明	应用类别
	形式 1	形式 2		
14			半导体二极管，一般符号	电路图
15			发光二极管(LED)，一般符号	
16			双向三极闸流晶体管	
17			PNP 晶体管	
18			电机，一般符号，见注 2	电路图、接线图、平面图、系统图
19	 M 3～		三相笼式感应电动机	电路图
20	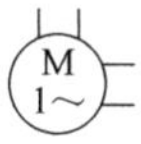 M 1～		单相笼式感应电动机，有绕组分相引出端子	
21	 M 3～		三相绕线式转子感应电动机	
22			双绕组变压器，一般符号(形式 2 可表示瞬时电压的极性)	电路图、接线图、平面图、总平面图、系统图 形式 2 只适用电路图
23	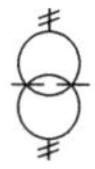	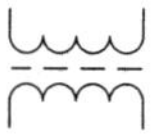	绕组间有屏蔽的双绕组变压器	
24			一个绕组上有中间抽头的变压器	
25			星形-三角形连接的三相变压器	电路图、接线图、平面图、总平面图、系统图 形式 2 只适用电路图
26	 4	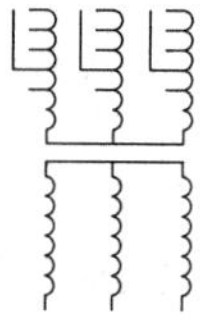	具有 4 个抽头的星形-星形连接的三相变压器	
27	 3	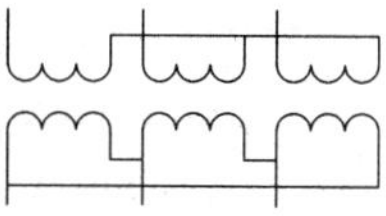	单相变压器组成的三相变压器，星形-三角形连接	
28	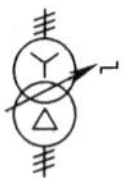	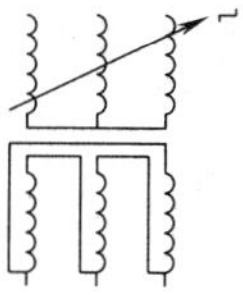	具有分接开关的三相变压器，星形-三角形连接	电路图、接线图、平面图、系统图 形式 2 只适用电路图

续表

序号	常用图形符号		说明	应用类别
	形式 1	形式 2		
29		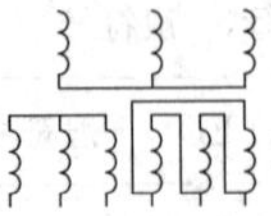	三相变压器，星形-星形-三角形连接	电路图、接线图、系统图 形式 2 只适用电路图
30		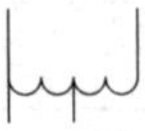	自耦变压器，一般符号	电路图、接线图、平面图、总平面图、系统图 形式 2 只适用电路图
31			单相自耦变压器	电路图、接线图、系统图 形式 2 只适用电路图
32		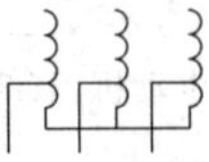	三相自耦变压器，星形连接	
33			可调压的单相自耦变压器	
34		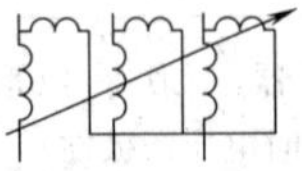	三相感应调压器	
35			电抗器，一般符号	
36			电压互感器	
37		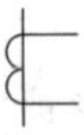	电流互感器，一般符号	电路图、接线图、平面图、总平面图、系统图 形式 2 只适用电路图
38	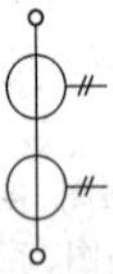		具有两个铁心，每个铁心有一个次级绕组的电流互感器，见注 3，其中形式 2 中的铁心符号可以略去	电路图、接线图、系统图 形式 2 只适用电路图
39	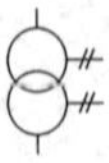		在一个铁心上具有两个次级绕组的电流互感器，形式 2 中的铁心符号必须画出	
40	 3	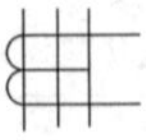	具有三条穿线一次导体的脉冲变压器或电流互感器	
41	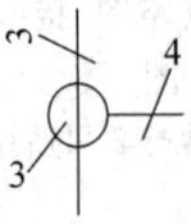 3 4 3	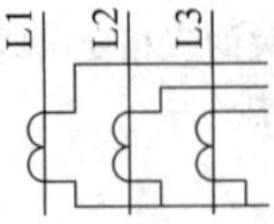 L1 L2 L3	三个电流互感器	

续表

序号	常用图形符号		说明	应用类别
	形式 1	形式 2		
42	3, 4, 4, 3	L1 L2 L3	具有两个铁心，每个铁心有一个次级绕组的三个电流互感器，见注 3	电路图、接线图、系统图 形式 2 只适用电路图
43	3, 3, 2, L1、L3	L1 L2 L3	两个电流互感器，导线 L1 和导线 L3；三个次级引线引出	
44	3, 3, 3, 2, L1、L3	L1 L2 L3	具有两个铁心，每个铁心有一个次级绕组的两个电流互感器，见注 3	
45	○		物件，一般符号	电路图、接线图、平面图、系统图
46	□			
47	注4			
48	~ / u		有稳定输出电压的变换器	电路图、接线图、系统图
49	f1 / f2		频率由 f1 变到 f2 的变频器（f1 和 f2 可用输入和输出频率的具体数值代替）	电路图、系统图
50			直流/直流变换器	电路图、接线图、系统图
51			整流器	
52			逆变器	
53			整流器/逆变器	
54	⊣⊢		原电池，长线代表阳极，短线代表阴极	

续表

序号	常用图形符号		说明	应用类别
	形式1	形式2		
55	G		静止电能发生器，一般符号	电路图、接线图、平面图、系统图
56	G		光电发生器	电路图、接线图、系统图
57	I△		剩余电流监视器	
58			动合（常开）触点，一般符号；开关，一般符号	电路图、接线图
59			动断（常闭）触点	
60			先断后合的转换触点	
61			中间断开的转换触点	
62			先合后断的双向转换触点	
63			延时闭合的动合触点（当带该触点的器件被吸合时，此触点延时闭合）	
64			延时断开的动合触点（当带该触点的器件被释放时，此触点延时断开）	
65			延时断开的动断触点（当带该触点的器件被吸合时，此触点延时断开）	
66			延时闭合的动断触点（当带该触点的器件被释放时，此触点延时闭合）	电路图、接线图
67			自动复位的手动按钮开关	
68			无自动复位的手动旋转开关	
69			具有动合触点且自动复位的蘑菇头式的应急按钮开关	
70			带有防止无意操作的手动控制的具有动合触点的按钮开关	
71			热继电器，动断触点	

续表

序号	常用图形符号		说明	应用类别
	形式 1	形式 2		
72	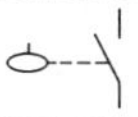		液位控制开关，动合触点	电路图、接线图
73			液位控制开关，动断触点	
74	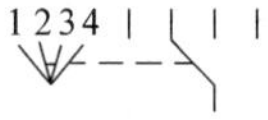 1234		带位置图示的多位开关，最多四位	电路图
75			接触器；接触器的主动合触点（在非操作位置上触点断开）	电路图、接线图
76			接触器；接触器的主动断触点（在非操作位置上触点闭合）	
77			隔离器	
78			隔离开关	
79			带自动释放功能的隔离开关（具有由内装的测量继电器或脱扣器触发的自动释放功能）	
80			断路器，一般符号	
81			带隔离功能断路器	
82	 I△		剩余电流动作断路器	
83	 I△		带隔离功能的剩余电流动作断路器	
84	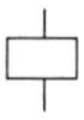		继电器线圈，一般符号；驱动器件，一般符号	
85	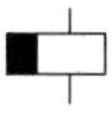		缓慢释放继电器线圈	电路图、接线图
86	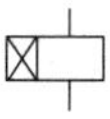		缓慢吸合继电器线圈	
87			热继电器的驱动器件	
88			熔断器，一般符号	
89			熔断器式隔离器	
90			熔断器式隔离开关	

续表

序号	常用图形符号		说明	应用类别
	形式1	形式2		
91			火花间隙	电路图、接线图
92			避雷器	
93			多功能电器，控制与保护开关电器(CPS，该多功能开关器件可通过使用相关功能符号表示可逆功能、断路器功能、隔离功能、接触器功能和自动脱扣功能。当使用该符号时，可省略不采用的功能符号要素)	电路图、系统图
94			电压表	电路图、接线图、系统图
95			电度表(瓦时计)	
96			复费率电度表(示出二费率)	
97			信号灯，一般符号，见注5	电路图、接线图、平面图、系统图
98			音响信号装置，一般符号(电喇叭、电铃、单击电铃、电动汽笛)	
99			蜂鸣器	
100			发电站，规划的	总平面图
101			发电站，运行的	
102			热电联产发电站，规划的	
103			热电联产发电站，运行的	总平面图
104			变电站、配电所，规划的(可在符号内加上任何有关变电站详细类型的说明)	
105			变电站、配电所，运行的	
106			接闪杆	接线图、平面图、总平面图、系统图
107			架空线路	总平面图
108			电力电缆井/人孔	
109			手孔	

续表

序号	常用图形符号		说明	应用类别
	形式1	形式2		
110			电缆梯架、托盘和槽盒线路	平面图、总平面图
111			电缆沟线路	
112			中性线	电路图、平面图、系统图
113			保护线	
114			保护线和中性线共用线	
115			带中性线和保护线的三相线路	
116			向上配线或布线	平面图
117			向下配线或布线	
118			垂直通过配线或布线	
119			由下引来配线或布线	
120			由上引来配线或布线	
121			连接盒,接线盒	
122		MS	电动机启动器,一般符号	电路图、接线图、系统图 形式2用于平面图
123		SDS	星-三角启动器	
124		SAT	带自耦变压器的启动器	电路图、接线图、系统图 形式2用于平面图
125		ST	带可控硅整流器的调节-启动器	
126			电源插座、插孔,一般符号(用于不带保护极的电源插座),见注6	平面图
127	3		多个电源插座(符号表示三个插座)	
128			带保护极的电源插座	

续表

序号	常用图形符号		说明	应用类别
	形式 1	形式 2		
129			单相二、三极电源插座	
130			带保护极和单极开关的电源插座	
131			带隔离变压器的电源插座(剃须插座)	
132			开关,一般符号(单联单控开关)	
133			双联单控开关	
134			三联单控开关	
135	*n*		*n* 联单控开关,$n>3$	
136			带指示灯的开关(带指示灯的单联单控开关)	
137			带指示灯双联单控开关	平面图
138			带指示灯的三联单控开关	
139	*n*		带指示灯的 *n* 联单控开关,$n>3$	
140	t		单极限时开关	
141	SL		单极声光控开关	
142			双控单极开关	
143			单极拉线开关	
144			风机盘管三速开关	

续表

序号	常用图形符号		说明	应用类别
	形式1	形式2		
145			按钮	平面图
146			带指示灯的按钮	
147			防止无意操作的按钮(例如借助于打碎玻璃罩进行保护)	
148			灯,一般符号	
149	E		应急疏散指示标志灯	
150			应急疏散指示标志灯(向右)	
151			应急疏散指示标志灯(向左)	
152			应急疏散指示标志灯(向左、向右)	
153			专用电路上的应急照明灯	
154			自带电源的应急照明灯	
155			荧光灯,一般符号(单管荧光灯)	
156			二管荧光灯	
157			三管荧光灯	
158	n		多管荧光灯,$n>3$	
159			单管格栅灯	
160			双管格栅灯	
161			三管格栅灯	
162			投光灯,一般符号	

续表

序号	常用图形符号		说明	应用类别
	形式 1	形式 2		
163			聚光灯	平面图
164			风扇;风机	

注：1. 当电气元器件需要说明类型和敷设方式时，宜在符号旁标注下列字母：EX—防爆；EN—密闭；C—暗装。
2. 当电机需要区分不同类型时，符号“★”可采用下列字母表示：G—发电机；GP—永磁发电机；GS—同步发电机；M—电动机；MG—能作为发电机或电动机使用的电机；MS—同步电动机；MGS—同步发电机-电动机等。
3. 符号中加上端子符号（○）表明是一个器件，如果使用了端子代号，则端子符号可以省略。
4. ▭可作为电气箱（柜、屏）的图形符号，当需要区分其类型时，宜在▭内标注下列字母：LB—照明配电箱；ELB—应急照明配电箱；PB—动力配电箱；EPB—应急动力配电箱；WB—电度表箱；SB—信号箱；TB—电源切换箱；CB—控制箱、操作箱。
5. 当信号灯需要指示颜色，宜在符号旁标注下列字母：YE—黄；RD—红；GN—绿；BU—蓝；WH—白。如果需要指示光源种类，宜在符号旁标注下列字母：Na—钠气；Xe—氙；IN—白炽灯；Hg—汞；I—碘；EL—电致发光的；ARC—弧光；IR—红外线的；FL—荧光的；UV—紫外线的；LED—发光二极管。
6. 当电源插座需要区分不同类型时，宜在符号旁标注下列字母：1P—单相；3P—三相；1C—单相暗敷；3C—三相暗敷；1EX—单相防爆；3EX—三相防爆；1EN—单相密闭；3EN—三相密闭。
7. 当灯具需要区分不同类型时，宜在符号旁标注下列字母：ST—备用照明；SA—安全照明；LL—局部照明灯；W—壁灯；C—吸顶灯；R—筒灯；EN—密闭灯；G—圆球灯；EX—防爆灯；E—应急灯；L—花灯；P—吊灯；BM—浴霸。

(3) 强电图样的常用图形符号宜符合下列规定：

1) 通信及综合布线系统图样宜采用表 1-24 的常用图形符号。

通信及综合布线系统图样的常用图形符号 **表 1-24**

序号	常用图形符号		说明	应用类别
	形式 1	形式 2		
1	MDF		总配线架(柜)	系统图、平面图
2	ODF		光纤配线架(柜)	
3	IDF		中间配线架(柜)	
4	BD	BD	建筑物配线架(柜)(有跳线连接)	系统图
5	FD	FD	楼层配线架(柜)(有跳线连接)	

续表

序号	常用图形符号		说明	应用类别
	形式1	形式2		
6	CD		建筑群配线架(柜)	平面图、系统图
7	BD		建筑物配线架(柜)	
8	FD		楼层配线架(柜)	
9	HUB		集线器	
10	SW		交换机	
11	CP		集合点	
12	LIU		光纤连接盘	
13	TP	TP	电话插座	
14	TD	TD	数据插座	
15	TO	TO	信息插座	
16	nTO	nTO	n孔信息插座,n为信息孔数量,例如:TO—单孔信息插座;2TO—二孔信息插座	
17	MUTO		多用户信息插座	

2)火灾自动报警系统图样宜采用表1-25的常用图形符号。

火灾自动报警系统图样的常用图形符号 **表1-25**

序号	常用图形符号		说明	应用类别
	形式1	形式2		
1	★ 见注1		火灾报警控制器*	平面图、系统图
2	★ 见注2		控制和指示设备*	
3			感温火灾探测器(点型)	
4	N		感温火灾探测器(点型、非地址码型)	
5	EX		感温火灾探测器(点型、防爆型)	

续表

序号	常用图形符号		说明	应用类别
	形式1	形式2		
6			感温火灾探测器(线型)	平面图、系统图
7			感烟火灾探测器(点型)	
8	N		感烟火灾探测器(点型、非地址码型)	
9	EX		感烟火灾探测器(点型、防爆型)	
10			感光火灾探测器(点型)	
11			红外感光火灾探测器(点型)	
12			紫外感光火灾探测器(点型)	
13			可燃气体探测器(点型)	
14			复合式感光感烟火灾探测器(点型)	
15			复合式感光感温火灾探测器(点型)	
16			线型差定温火灾探测器	
17			光束感烟火灾探测器(线型,发射部分)	
18			光束感烟火灾探测器(线型,接受部分)	
19			复合式感温感烟火灾探测器(点型)	
20			光束感烟感温火灾探测器(线型,发射部分)	
21			光束感烟感温火灾探测器(线型,接受部分)	
22			手动火灾报警按钮	
23			消火栓启泵按钮	
24			火警电话	
25			火警电话插孔(对讲电话插孔)	
26			带火警电话插孔的手动报警按钮	

续表

序号	常用图形符号		说明	应用类别
	形式1	形式2		
27			火警电铃	平面图、系统图
28			火灾发声警报器	
29			火灾光警报器	
30			火灾声光警报器	
31			火灾应急广播扬声器	
32		L	水流指示器(组)	
33	P		压力开关	
34	70℃		70℃动作的常开防火阀	
35	280℃		280℃动作的常开排烟阀	
36	280℃		280℃动作的常闭排烟阀	
37			加压送风口	
38	SE		排烟口	

注：1. 当火灾报警控制器需要区分不同类型时，符号"★"可采用下列字母：C—集中型火灾报警控制器；Z—区域型火灾报警控制器；G—通用火灾报警控制器；S—可燃气体报警控制器。
2. 当控制和指示设备需要区分不同类型时，符号"★"可采用下列字母表示：RS—防火卷帘门控制器；RD—防火门磁释放器；I/O—输入/输出模块；I—输入模块；O—输出模块；P—电源模块；T—电信模块；SI—短路隔离器；M—模块箱；SB—安全栅；D—火灾显示盘；FI—楼层显示盘；CRT—火灾计算机图形显示系统；FPA—火警广播系统；MT—对讲电话主机；BO—总线广播模块；TP—总线电话模块。

3）有线电视及卫星电视接收系统图样宜采用表1-26的常用图形符号。

有线电视及卫星电视接收系统图样的常用图形符号　　表1-26

序号	常用图形符号		说明	应用类别
	形式1	形式2		
1			天线，一般符号	电路图、接线图、平面图、总平面图、系统图
2			带馈线的抛物面天线	
3			有本地天线引入的前端（符号表示一条馈线支路）	平面图、总平面图
4			无本地天线引入的前端（符号表示一条输入和一条输出通路）	

续表

序号	常用图形符号		说明	应用类别
	形式 1	形式 2		
5			放大器、中继器一般符号（三角形指向传输方向）	电路图、接线图、平面图、总平面图、系统图
6			双向分配放大器	
7			均衡器	平面图、总平面图、系统图
8			可变均衡器	
9	A		固定衰减器	电路图、接线图、系统图
10	A		可变衰减器	
11		DEM	解调器	接线图、系统图 形式 2 用于平面图
12		MO	调制器	
13		MOD	调制解调器	
14			分配器，一般符号（表示两路分配器）	电路图、接线图、平面图、系统图
15			分配器，一般符号（表示三路分配器）	
16			分配器，一般符号（表示四路分配器）	
17			分支器，一般符号（表示一个信号分支）	
18			分支器，一般符号（表示两个信号分支）	
19			分支器，一般符号（表示四个信号分支）	
20			混合器，一般符号（表示两路混合器，信息流从左到右）	
21	TV	TV	电视插座	平面图、系统图

4）广播系统图样宜采用表 1-27 的常用图形符号。

广播系统图样的常用图形符号 **表 1-27**

序号	常用图形符号	说明	应用类别
1		传声器，一般符号	系统图、平面图
2	注1	扬声器，一般符号	

续表

序号	常用图形符号	说明	应用类别
3		嵌入式安装扬声器箱	平面图
4	注1	扬声器箱、音箱、声柱	
5		号筒式扬声器	系统图、平面图
6		调谐器、无线电接收机	接线图、平面图、总平面图、系统图
7	注2	放大器，一般符号	
8	M	传声器插座	平面图、总平面图、系统图

注：1. 当扬声器箱、音箱、声柱需要区分不同的安装形式时，宜在符号旁标注下列字母：C—吸顶式安装；R—嵌入式安装；W—壁挂式安装。
2. 当放大器需要区分不同类型时，宜在符号旁标注下列字母：A—扩大机；PRA—前置放大器；AP—功率放大器。

5）安全技术防范系统图样宜采用表 1-28 的常用图形符号。

安全技术防范系统图样的常用图形符号 **表 1-28**

序号	常用图形符号		说明	应用类别
	形式 1	形式 2		
1			摄像机	平面图、系统图
2			彩色摄像机	
3			彩色转黑白摄像机	
4			带云台的摄像机	平面图、系统图
5	OH		有室外防护罩的摄像机	
6	IP		网络（数字）摄像机	
7	IR		红外摄像机	
8	IR⊗		红外带照明灯摄像机	
9	H		半球形摄像机	
10	R		全球摄像机	
11			监视器	
12			彩色监视器	

续表

序号	常用图形符号		说明	应用类别
	形式1	形式2		
13			读卡器	
14	KP		键盘读卡器	
15			保安巡逻打卡器	
16			紧急脚挑开关	
17			紧急按钮开关	
18			门磁开关	
19	B		玻璃破碎探测器	
20	A		振动探测器	
21	IR		被动红外入侵探测器	
22	M		微波入侵探测器	
23	IR/M		被动红外/微波双技术探测器	
24	Tx IR Rx		主动红外探测器(发射、接收分别为Tx、Rx)	平面图、系统图
25	Tx M Rx		遮挡式微波探测器	
26	L		埋入线电场扰动探测器	
27	C		弯曲或振动电缆探测器	
28	LD		激光探测器	
29			对讲系统主机	
30			对讲电话分机	
31			可视对讲机	
32			可视对讲户外机	
33			指纹识别器	
34	M		磁力锁	
35	E		电锁按键	

续表

序号	常用图形符号		说明	应用类别
	形式1	形式2		
36	EL（菱形）		电控锁	平面图、系统图
37	 （圆形内圆角矩形符号）		投影机	

6）建筑设备监控系统图样宜采用表1-29的常用图形符号。

建筑设备监控系统图样的常用图形符号 **表1-29**

序号	常用图形符号		说明	应用类别
	形式1	形式2		
1	T（方框）		温度传感器	电路图、平面图、系统图
2	P（方框）		压力传感器	
3	M（方框）	H（方框）	湿度传感器	
4	PD（方框）	ΔP（方框）	压差传感器	
5	GE * （圆）		流量测量元件（*为位号）	
6	GT * （圆）		流量变送器（*为位号）	
7	LT * （圆）		液位变送器（*为位号）	
8	PT * （圆）		压力变送器（*为位号）	
9	TT * （圆）		温度变送器（*为位号）	
10	MT * （圆）	HT * （圆）	湿度变送器（*为位号）	
11	GT * （圆）		位置变送器（*为位号）	
12	ST * （圆）		速率变送器（*为位号）	
13	PDT * （圆）	ΔPT * （圆）	压差变送器（*为位号）	
14	IT * （圆）		电流变送器（*为位号）	

续表

序号	常用图形符号		说明	应用类别
	形式1	形式2		
15	UT * (圆形)		电压变送器(*为位号)	电路图、平面图、系统图
16	ET * (圆形)		电能变送器(*为位号)	
17	A/D		模拟/数字变换器	
18	D/A		数字/模拟变换器	
19	HM		热能表	
20	GM		燃气表	
21	WM		水表	
22	Ⓜ-⧖		电动阀	
23	M-⧖		电磁阀	

(4) 图样中的电气线路可采用表1-30的线型符号绘制。

图样中的电气线路线型符号 **表1-30**

序号	线型符号		说　明
	形式1	形式2	
1	S	——S——	信号线路
2	C	——C——	控制线路
3	EL	——EL——	应急照明线路
4	PE	——PE——	保护接地线
5	E	——E——	接地线
6	LP	——LP——	接闪线、接闪带、接闪网
7	TP	——TP——	电话线路
8	TD	——TD——	数据线路
9	TV	——TV——	有线电视线路
10	BC	——BC——	广播线路
11	V	——V——	视频线路

续表

序号	线型符号		说　明
	形式1	形式2	
12	GCS	——GCS——	综合布线系统线路
13	F	——F——	消防电话线路
14	D	——D——	50V以下的电源线路
15	DC	——DC——	直流电源线路
16	（光缆符号）		光缆，一般符号

（5）绘制图样时，宜采用表1-31的电气设备标注方式表示。

电气设备的标注方式　　表1-31

序号	标注方式	说　明
1	$\frac{a}{b}$	用电设备标注 a——参照代号 b——额定容量(kW或kV·A)
2	—a+b/c 注1	系统图电气箱(柜、屏)标注 a——参照代号 b——位置信息 c——型号
3	—a 注1	平面图电气箱(柜、屏)标注 a——参照代号
4	a　b/c　d	照明、安全、控制变压器标注 a——参照代号 b/c——一次电压/二次电压 d——额定容量
5	$a-b\frac{c\times d\times L}{e}f$ 注2	灯具标注 a——数量 b——型号 c——每盏灯具的光源数量 d——光源安装容量 e——安装高度(m) "—"表示吸顶安装 L——光源种类，当信号灯需要指示颜色，宜在符号旁标注下列字母：YE—黄；RD—红；GN—绿；BU—蓝；WH—白。如果需要指示光源种类，宜在符号旁标注下列字母：Na—钠气；Xe—氙；Ne—氖；IN—白炽灯；Hg—汞；I—碘；EL—电致发光的；ARC—弧光；IR—红外线的；FL—荧光的；UV—紫外线的；LED—发光二极管 f——安装方式，见表1-34
6	$\frac{a\times b}{c}$	电缆梯架、托盘和槽盒标注 a——宽度(mm) b——高度(mm) c——安装高度(m)

续表

序号	标注方式	说　明
7	a/b/c	光缆标注 a——型号 b——光纤芯数 c——长度
8	ab－c(d×e＋f×g)i－jh 注 3	线缆标注 a——参照代号 b——型号 c——电缆根数 d——相导体根数 e——根导体截面(mm^2) f——N、PE 导体根数 g——N、PE 导体截面(mm^2) i——敷设方式和管径，见表 1-32 j——敷设部位，见表 1-33 h——安装高度(m)
9	a－b(c×2×d)e－f	电话线缆标注 a——参照代号 b——型号 c——导体对数 d——导体直径(mm) e——敷设方式和管径(mm)，见表 1-32 f——敷设部位，见表 1-33

注：1. 前缀“—”在不会引起混淆时可省略。

2. 对于照明灯具，宜在其图形符号附近标注灯具的数量、光源数量、光源安装容量、安装高度、安装方式。

3. 当电源线缆 N 和 PE 分开标注时，应先标注 N 后标注 PE（线缆规格中的电压值在不会引起混淆时可省略）。

2. 文字符号

（1）图样中线缆敷设方式、敷设部位和灯具安装方式的标注宜采用表 1-32～表 1-34 的文字符号。

线缆敷设方式标注的文字符号　　表 1-32

名　称	文字符号	名　称	文字符号
穿低压注体输送用焊接钢管(钢导管)敷设	SC	电缆梯架敷设	CL
穿普通碳素钢电线套管敷设	MT	金属槽盒敷设	MR
穿可挠金属电线保护套管敷设	CP	塑料槽盒敷设	PR
穿硬塑料导管敷设	PC	钢索敷设	M
穿阻燃半硬塑料导管敷设	FPC	直埋敷设	DB
穿塑料波纹电线管敷设	KPC	电缆沟敷设	TC
电缆托盘敷设	CT	电缆排管敷设	CE

（2）供配电系统设计文件的标注宜采用表 1-35 的文字符号。

（3）设备端子和导体宜采用表 1-36 的标志和标识。

线缆敷设部位标注的文字符号 **表 1-33**

名　称	文字符号	名　称	文字符号
沿或跨梁(屋架)敷设	AB	暗敷设在顶板内	CC
沿或跨柱敷设	AC	暗敷设在梁内	BC
沿吊顶或顶板面敷设	CE	暗敷设在柱内	CLC
吊顶内敷设	SCE	暗敷设在墙内	WC
沿墙面敷设	WS	暗敷设在地板或地面下	FC
沿屋面敷设	RS		

灯具安装方式标注的文字符号 **表 1-34**

名　称	文字符号	名　称	文字符号
线吊式	SW	吊顶内安装	CR
链吊式	CS	墙壁内安装	WR
管吊式	DS	支架上安装	S
壁装式	W	柱上安装	CL
吸顶式	C	座装	HM
嵌入式	R		

供配电系统设计文件标注的文字符号 **表 1-35**

文字符号	名称	单位	文字符号	名称	单位
U_n	系统标称电压,线电压(有效值)	V	I_c	计算电流	A
U_r	设备的额定电压,线电压(有效值)	V	I_{st}	启动电流	A
I_r	额定电流	A	I_p	尖峰电流	A
f	频率	Hz	I_s	整定电流	A
P_r	额定功率	kW	I_k	稳态短路电流	kA
P_n	设备安装功率	kW	$\cos\varphi$	功率因数	—
P_c	计算有功功率	kW	u_{kr}	阻抗电压	%
Q_c	计算无功功率	kvar	i_p	短路电流峰值	kA
S_c	计算视在功率	kV・A	S''_{KQ}	短路容量	MV・A
S_r	额定视在功率	kV・A	K_d	需要系数	—

设备端子和导体的标志和标识 **表 1-36**

导　体		文字符号	
		设备端子标志	导体和导体终端标识
交流导体	第 1 线	U	L1
	第 2 线	V	L2
	第 3 线	W	L3
	中性导体	N	N
直流导体	正极	＋或 C	L＋
	负极	－或 D	L－
	中间点导体	M	M
保护导体		PE	PE
PEN 导体		PEN	PEN

（4）电气设备常用参照代号宜采用表 1-37 的字母代码。

电气设备常用参照代号的字母代码 **表 1-37**

项目	设备、装置和元件名称	参照代号的字母代码	
		主类代码	含子类代码
两种或两种以上的用途或任务	35kV 开关柜	A	AH
	20kV 开关柜		AJ
	10kV 开关柜		AK
	6kV 开关柜		—
	低压配电柜		AN
	并联电容器箱(柜、屏)		ACC
	直流配电箱(柜、屏)		AD
	保护箱(柜、屏)		AR
	电能计量箱(柜、屏)		AM
	信号箱(柜、屏)		AS
	电源自动切换箱(柜、屏)		AT
	动力配电箱(柜、屏)		AP
	应急动力配电箱(柜、屏)		APE
	控制、操作箱(柜、屏)		AC
	励磁箱(柜、屏)		AE
	照明配电箱(柜、屏)		AL
	应急照明配电箱(柜、屏)		ALE
	电度表箱(柜、屏)		AW
	弱电系统设备箱(柜、屏)		—
把某一输入变量(物理性质、条件或事件)转换为供进一步处理的信号	热过载继电器	B	BB
	保护继电器		BB
	电流互感器		BE
	电压互感器		BE
	测量继电器		BE
	测量电阻(分流)		BE
	测量变送器		BE
	气表、水表		BF
	差压传感器		BF
	流量传感器		BF
	接近开关、位置开关		BG
	接近传感器		BG
	时针、计时器		BK
	湿度计、湿度测量传感器		BM
	压力传感器		BP

续表

项目	设备、装置和元件名称	参照代号的字母代码	
		主类代码	含子类代码
把某一输入变量（物理性质、条件或事件）转换为供进一步处理的信号	烟雾（感烟）探测器	B	BR
	感光（火焰）探测器		BR
	光电池		BR
	速度计、转速计		BS
	速度变换器		BS
	温度传感器、温度计		BT
	麦克风		BX
	视频摄像机		BX
	火灾探测器		—
	气体探测器		
	测量变换器		
	位置测量传感器		BG
	液位测量传感器		BL
材料、能量或信号的存储	电容器	C	CA
	线圈		CB
	硬盘		CF
	存储器		CF
	磁带记录仪、磁带机		CF
	录像机		CF
提供辐射能或热能	白炽灯、荧光灯	E	EA
	紫外灯		EA
	电炉、电暖炉		EB
	电热、电热丝		EB
	灯、灯泡		—
	激光器		
	发光设备		
	辐射器		
直接防止（自动）能量流、信息流、人身或设备发生危险的或意外的情况，包括用于防护的系统和设备	热过载释放器	F	FD
	熔断器		FA
	安全栅		FC
	电涌保护器		FC
	接闪器		FE
	接闪杆		FE
	保护阳极（阴极）		FR

续表

项　　目	设备、装置和元件名称	参照代号的字母代码	
		主类代码	含子类代码
启动能量流或材料流，产生用作信息载体或参考源的信号。生产一种新能量、材料或产品	发电机	G	GA
	直流发电机		GA
	电动发电机组		GA
	柴油发电机组		GA
	蓄电池、干电池		GB
	燃料电池		GB
	太阳能电池		GC
	信号发生器		GF
	不间断电源		GU
处理(接收、加工和提供)信号或信息(用于防护的物体除外，见F类)	继电器	K	KF
	时间继电器		KF
	控制器(电、电子)		KF
	输入、输出模块		KF
	接收机		KF
	发射机		KF
	光耦器		KF
	控制器(光、声学)		KG
	阀门控制器		KH
	瞬时接触继电器		KA
	电流继电器		KC
	电压继电器		KV
	信号继电器		KS
	瓦斯保护继电器		KB
	压力继电器		KPR
提供驱动用机械能(旋转或线性机械运动)	电动机	M	MA
	直线电动机		MA
	电磁驱动		MB
	励磁线圈		MB
	执行器		ML
	弹簧储能装置		ML
提供信息	打印机	P	PF
	录音机		PF
	电压表		PV
	告警灯、信号灯		PG
	监视器、显示器		PG

续表

项目	设备、装置和元件名称	参照代号的字母代码	
		主类代码	含子类代码
提供信息	LED(发光二极管)	P	PG
	铃、钟		PB
	计量表		PG
	电流表		PA
	电度表		PJ
	时钟、操作时间表		PT
	无功电度表		PJR
	最大需用量表		PM
	有功功率表		PW
	功率因数表		PPF
	无功电流表		PAR
	(脉冲)计数器		PC
	记录仪器		PS
	频率表		PF
	相位表		PPA
	转速表		PT
	同位指示器		PS
	无色信号灯		PG
	白色信号灯		PGW
	红色信号灯		PGR
	绿色信号灯		PGG
	黄色信号灯		PGY
	显示器		PC
	温度计、液位计		PG
受控切换或改变能量流、信号流或材料流(对于控制电路中的信号,见K类和S类)	断路器	Q	QA
	接触器		QAC
	晶闸管、电动机启动器		QA
	隔离器、隔离开关		QB
	熔断器式隔离器		QB
	熔断器式隔离开关		QB
	接地开关		QC
	旁路断路器		QD
	电源转换开关		QCS
	剩余电流保护断路器		QR
	软启动器		QAS

续表

项目	设备、装置和元件名称	参照代号的字母代码	
		主类代码	含子类代码
受控切换或改变能量流、信号流或材料流(对于控制电路中的信号,见K类和S类)	综合启动器	Q	QCS
	星-三角启动器		QSD
	自耦降压启动器		QTS
	转子变阻式启动器		QRS
限制或稳定能量、信息或材料的运动或流动	电阻器、二极管	R	RA
	电抗线圈		RA
	滤波器、均衡器		RF
	电磁锁		RL
	限流器		RN
	电感器		—
把手动操作转变为进一步处理的特定信号	控制开关	S	SF
	按钮开关		SF
	多位开关(选择开关)		SAC
	启动按钮		SF
	停止按钮		SS
	复位按钮		SR
	试验按钮		ST
	电压表切换开关		SV
	电流表切换开关		SA
保持能量性质不变的能量变换,已建立的信号保持信息内容不变的变换,材料形态或形状的变换	变频器、频率转换器	T	TA
	电力变压器		TA
	DC/DC 转换器		TA
	整流器、AC/DC 变换器		TB
	天线、放大器		TF
	调制器、解调器		TF
	隔离变压器		TF
	控制变压器		TC
	整流变压器		TR
	照明变压器		TL
	有载调压变压器		TLC
	自耦变压器		TT
保护物体在一定的位置	支柱绝缘子	U	UB
	强电梯架、托盘和槽盒		UB
	瓷瓶		UB
	弱电梯架、托盘和槽盒		UG
	绝缘子		—

续表

项目	设备、装置和元件名称	参照代号的字母代码	
		主类代码	含子类代码
从一地到另一地导引或输送能量、信号、材料或产品	高压母线、母线槽	W	WA
	高压配电线缆		WB
	低压母线、母线槽		WC
	低压配电线缆		WD
	数据总线		WF
	控制电缆、测量电缆		WG
	光缆、光纤		WH
	信号线路		WS
	电力(动力)线路		WP
	照明线路		WL
	应急电力(动力)线路		WPE
	应急照明线路		WLE
	滑触线		WT
连接物	高压端子、接线盒	X	XB
	高压电缆头		XB
	低压端子、端子板		XD
	过路接线盒、接线端子箱		XD
	低压电缆头		XD
	插座、插座箱		XD
	接地端子、屏蔽接地端子		XE
	信号分配器		XG
	信号插头连接器		XG
	(光学)信号连接		XH
	连接器		—
	插头		—

(5) 常用辅助文字符号宜按表 1-38 执行。

常用辅助文字符号 **表 1-38**

文字符号	中文名称	文字符号	中文名称
A	电流	AUX	辅助
AC	交流	ASY	异步
A、AUT	自动	A	模拟
ACC	加速	B、BRK	制动
ADD	附加	BC	广播
ADJ	可调	BK	黑

续表

文字符号	中文名称	文字符号	中文名称
BU	蓝	IND	感应
BW	向后	L	左
C	控制	L	限制
CCW	逆时针	L	低
CD	操作台(独立)	LL	最低(较低)
CO	切换	LA	闭锁
CW	顺时针	M	主
D	延时、延迟	M	中
D	差动	M、MAN	手动
D	数字	MAX	最大
D	降	MIN	最小
DC	直流	MC	微波
DCD	解调	MD	调制
DEC	减	MH	人孔(人井)
DP	调度	MN	监听
DR	方向	MO	瞬间(时)
DS	失步	MUX	多路复用的限定符号
E	接地	NR	正常
EC	编码	OFF	断开
EM	紧急	ON	闭合
EMS	发射	OUT	输出
EX	防爆	O/E	光电转换器
F	快速	P	压力
FA	事故	P	保护
FB	反馈	PL	脉冲
FM	调频	PM	调相
FW	正、向前	PO	并机
FX	固定	PR	参量
G	气体	R	记录
GN	绿	R	右
H	高	R	反
HH	最高(较高)	RD	红
HH	手孔	RES	备用
HV	高压	R、RST	复位
IN	输入	RTD	热电阻
INC	增	RUN	运转

续表

文字符号	中文名称	文字符号	中文名称
S	信号	T	力矩
ST	启动	TM	发送
S、SET	置位、定位	UPS	不间断电源
SAT	饱和	V	真空
STE	步进	V	速度
STP	停止	V	电压
SYN	同步	U	升
SY	整步	VR	可变
SP	设定点	WH	白
T	温度	YE	黄
T	时间		

（6）电气设备辅助文字符号宜按表 1-39 和表 1-40 执行。

强电设备辅助文字符号 **表 1-39**

文字符号	中文名称	文字符号	中文名称
DB	配电屏(箱)	EPS	应急电源装置(箱)
UPS	不间断电源装置(箱)	MEB	总等电位端子箱
LEB	局部等电位端子箱	WB	电度表箱
SB	信号箱	IB	仪表箱
TB	电源切换箱	MS	电动机启动器
PB	动力配电箱	SDS	星-三角启动器
EPB	应急动力配电箱	SAT	自耦降压启动器
CB	控制箱、操作箱	ST	软启动器
LB	照明配电箱	HDR	烘手器
ELB	应急照明配电箱		

弱电设备辅助文字符号 **表 1-40**

文字符号	中文名称	文字符号	中文名称
DDC	直接数字控制器	KY	操作键盘
BAS	建筑设备监控系统设备箱	STB	机顶盒
BC	广播系统设备箱	VAD	音量调节器
CF	会议系统设备箱	DC	门禁控制器
SC	安防系统设备箱	VD	视频分配器
NT	网络系统设备箱	VS	视频顺序切换器
TP	电话系统设备箱	VA	视频补偿器
TV	电视系统设备箱	TG	时间信号发生器
HD	家居配线箱	CPU	计算机

续表

文字符号	中文名称	文字符号	中文名称
HC	家居控制器	DVR	数字硬盘录像机
HE	家居配电箱	DEM	解调器
DEC	解码器	MO	调制器
VS	视频服务器	MOD	调制解调器

(7) 信号灯和按钮的颜色标识宜分别按表 1-41 和表 1-42 执行。

信号灯的颜色标识 **表 1-41**

名称/状态	颜色标识	说明
危险指示	红色(RD)	—
事故跳闸		
重要的服务系统停机		
起重机停止位置超行程		
辅助系统的压力/温度超出安全极限		
警告指示	黄色(YE)	
高温报警		
过负荷		
异常指示		
安全指示	绿色(GN)	
正常指示		核准继续运行
正常分闸(停机)指示		设备在安全状态
弹簧储能完毕指示		
电动机降压启动过程指示	蓝色(BU)	
开关的合(分)或运行指示	白色(WH)	单灯指示开关运行状态;双灯指示开关合时运行状态

按钮的颜色标识 **表 1-42**

名　称	颜 色 标 识
紧停按钮	红色(RD)
正常停和紧停合用按钮	
危险状态或紧急指令	
合闸(开机)(启动)按钮	绿色(GN)、白色(WH)
分闸(停机)按钮	红色(RD)、黑色(BK)
电动机降压启动结束按钮	白色(WH)
复位按钮	
弹簧储能按钮	蓝色(BU)
异常、故障状态	黄色(YE)
安全状态	绿色(GN)

（8）导体的颜色标识宜按表 1-43 执行。

导体的颜色标识 **表 1-43**

导体名称	颜色标识
交流导体的第 1 线	黄色（YE）
交流导体的第 2 线	绿色（GN）
交流导体的第 3 线	红色（RD）
中性导体 N	淡蓝色（BU）
保护导体 PE	绿/黄双色（GNYE）
PEN 导体	全长绿/双黄色（GNYE），终端另用淡蓝色（BU）标志或 全长淡蓝色（BU），终端另用绿/黄双色（GNYE）标志
直流导体的正极	棕色（BN）
直流导体的负极	蓝色（BU）
直流导体的中间点导体	淡蓝色（BU）

1.3.2 图样画法

1. 一般规定

（1）同一个工程项目所用的图纸幅面规格宜一致。

（2）同一个工程项目所用的图形符号、文字符号、参照代号、术语、线型、字体、制图方式等应一致。

（3）图样中本专业的汉字标注字高不宜小于 3.5mm，主导专业工艺、功能用房的汉字标注字高不宜小于 3.0mm，字母或数字标注字高不应小于 2.5mm。

（4）图样宜以图的形式表示，当设计依据、施工要求等在图样中无法以图表示时，应按下列规定进行文字说明：

1）对于工程项目的共性问题，宜在设计说明里集中说明；

2）对于图样中的局部问题，宜在本图样内说明。

（5）主要设备表宜注明序号、名称、型号、规格、单位、数量，可按表 1-44 绘制。

主要设备表 **表 1-44**

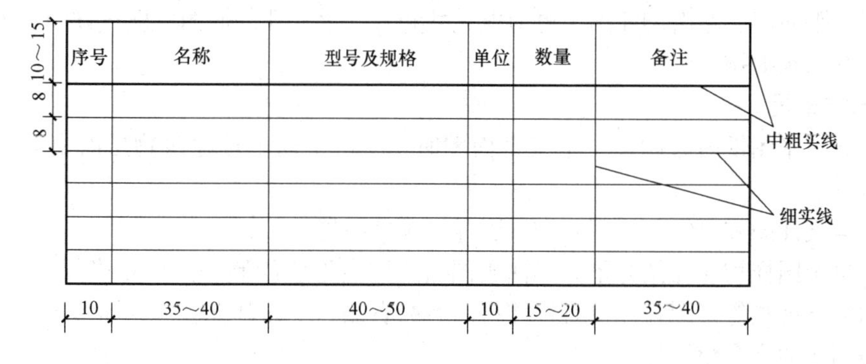

（6）图形符号表宜注明序号、名称、图形符号、参照代号、备注等。建筑电气专业的主要设备表和图形符号表宜合并，可按表 1-45 绘制。

主要设备、图形符号表 表 1-45

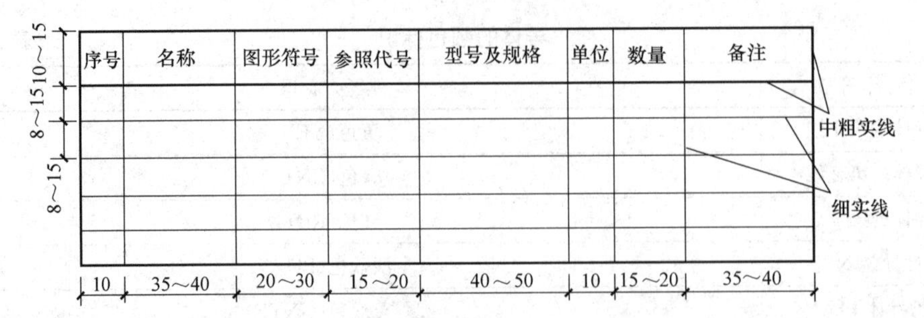

(7) 电气设备及连接线缆、敷设路由等位置信息应以电气平面图为准，其安装高度统一标注不会引起混淆时，安装高度可在系统图、电气平面图、主要设备表或图形符号表的任一处标注。

2. 图号和图纸编排

(1) 设计图纸应有图号标识。图号标识宜表示出设计阶段、设计信息、图纸编号。

(2) 设计图纸应编写图纸目录，并宜符合下列规定：

1) 初步设计阶段工程设计的图纸目录宜以工程项目为单位进行编写；

2) 施工图设计阶段工程设计的图纸目录宜以工程项目或工程项目的各子项目为单位进行编写；

3) 施工图设计阶段各子项目共同使用的统一电气详图、电气大样图、通用图，宜单独进行编写。

(3) 设计图纸宜按下列规定进行编排：

1) 图纸目录、主要设备表、图形符号、使用标准图目录、设计说明宜在前，设计图样宜在后；

2) 设计图样宜按下列规定进行编排：

① 建筑电气系统图宜编排在前，电路图、接线图（表）、电气平面图、剖面图、电气详图、电气大样图、通用图宜编排在后；

② 建筑电气系统图宜按强电系统、弱电系统、防雷、接地等依次编排；

③ 电气平面图应按地面下各层依次编排在前，地面上各层由低向高依次编排在后。

(4) 建筑电气专业的总图宜按图纸目录、主要设备表、图形符号、设计说明、系统图、电气总平面图、路由剖面图、电力电缆井和人（手）孔剖面图、电气详图、电气大样图、通用图依次编排。

3. 图样布置

(1) 同一张图纸内绘制多个电气平面图时，应自下而上按建筑物层次由低向高顺序布置。

(2) 电气详图和电气大样图宜按索引编号顺序布置。

(3) 每个图样均应在图样下方标注出图名，图名下应绘制一条中粗横线（0.7b），长度宜与图名长度相等。图样比例宜标注在图名的右侧，字的基准线应与图名取平；比例的字高宜比图名的字高小一号。

(4) 图样中的文字说明宜采用“附注”形式书写在标题栏的上方或左侧，当“附注”内容较多时，宜对“附注”内容进行编号。

4. 系统图

(1) 电气系统图应表示出系统的主要组成、主要特征、功能信息、位置信息、连接信息等。

(2) 电气系统图宜按功能布局、位置布局绘制，连接信息可采用单线表示。

(3) 电气系统图可根据系统的功能或结构（规模）的不同层次分别绘制。

(4) 电气系统图宜标注电气设备、路由（回路）等的参照代号、编号等，并应采用用于系统的图形符号绘制。

5. 电路图

(1) 电路图应便于理解电路的控制原理及其功能，可不受元器件实际物理尺寸和形状的限制。

(2) 电路图应表示元器件的图形符号、连接线、参照代号、端子代号、位置信息等。

(3) 电路图应绘制主回路系统图。电路图的布局应突出控制过程或信号流的方向，并可增加端子接线图（表）、设备表等内容。

(4) 电路图中的元器件可采用单个符号或多个符号组合表示。同一项工程同一张电路图，同一个参照代号不宜表示不同的元器件。

(5) 电路图中的元器件可采用集中表示法、分开表示法、重复表示法表示。

(6) 电路图中的图形符号、文字符号、参照代号等宜按 1.3.1 执行。

6. 接线图（表）

(1) 建筑电气专业的接线图（表）宜包括电气设备单元接线图（表）、互连接线图（表）、端子接线图（表）、电缆图（表）。

(2) 接线图（表）应能识别每个连接点上所连接的线缆，并应表示出线缆的型号、规格、根数、敷设方式、端子标识，宜表示出线缆的编号、参照代号及补充说明。

(3) 连接点的标识宜采用参照代号、端子代号、图形符号等表示。

(4) 接线图中元器件、单元或组件宜采用正方形、矩形或圆形等简单图形表示，也可采用图形符号表示。

(5) 线缆的颜色、标识方法、参照代号、端子代号、线缆采用线束的表示方法等应符合 1.3.1 的规定。

7. 电气平面图

(1) 电气平面图应表示出建筑物轮廓线、轴线号、房间名称、楼层标高、门、窗、墙体、梁柱、平台和绘图比例等，承重墙体及柱宜涂灰。

(2) 电气平面图应绘制出安装在本层的电气设备、敷设在本层和连接本层电气设备的线缆、路由等信息。进出建筑物的线缆，其保护管应注明与建筑轴线的定位尺寸、穿建筑外墙的标高和防水形式。

(3) 电气平面图应标注电气设备、线缆敷设路由的安装位置、参照代号等，并应采用用于平面图的图形符号绘制。

(4) 电气平面图、剖面图中局部部位需另绘制电气详图或电气大样图时，应在局部部位处标注电气详图或电气大样图编号，在电气详图或电气大样图下方标注其编号和比例。

(5) 电气设备布置不相同的楼层应分别绘制其电气平面图；电气设备布置相同的楼层可只绘制其中一个楼层的电气平面图。

（6）建筑专业的建筑平面图采用分区绘制时，电气平面图也应分区绘制，分区部位和编号宜与建筑专业一致，并应绘制分区组合示意图。各区电气设备线缆连接处应加标注。

（7）强电和弱电应分别绘制电气平面图。

（8）防雷接地平面图应在建筑物或构筑物建筑专业的顶部平面图上绘制接闪器、引下线、断接卡、连接板、接地装置等的安装位置及电气通路。

（9）电气平面图中电气设备、线缆敷设路由等图形符号和标注方法应符合相关规定。

8. 电气总平面图

（1）电气总平面图应表示出建筑物和构筑物的名称、外形、编号、坐标、道路形状、比例等，指北针或风玫瑰图宜绘制在电气总平面图图样的右上角。

（2）强电和弱电宜分别绘制电气总平面图。

（3）电气总平面图中电气设备、路灯、线缆敷设路由、电力电缆井、人（手）孔等图形符号和标注方法应符合相关规定。

给水排水工程施工图识图诀窍

2.1 室内给水排水系统工程施工图

2.1.1 室内给水系统

1. 室内给水系统的分类

根据供水对象的不同，结合外部给水系统情况，给水系统可分为下列几种：

（1）生活给水系统　生活给水是提供人们日常生活中所需的饮用、烹饪、洗涤、淋浴和其他生活用途的用水。其中，又可按直接进入人体或与人体接触，用于洗涤、冲厕、清洗地面等分为两类用水。前者水质必须达到国家规定生活饮用水卫生标准，后者水质满足杂用水（或称中水）水质标准即可。近年来，一些缺水城市已推广实施分质供水。

（2）生产给水系统　生产给水是指在生产过程中所需的产品工艺用水、冷却用水、洗涤用水等。由于生产过程和设备的不同，此类用水的水质要求差异较大，因此，生产给水系统必须满足生产工艺对水量、水质、水压及安全方面的要求。

（3）消防给水系统　消防给水是指提供建筑物灭火设施用水。消防给水可用于灭火和控制火势蔓延。消防用水对水质的要求不高，但必须满足《建筑设计防火规范》GB 50016对水量和水压的要求。

（4）组合给水系统　以上三种给水系统，可根据具体情况，考虑技术、经济和安全条件，组合成不同的共用系统，如生活与消防给水系统；生产与消防给水系统；生产、生活与生产给水系统、生活与消防共用给水系统。

2. 室内给水系统的组成

一般情况下，室内给水系统由下列各部分组成，见图2-1。

（1）引入管。自室外给水管将水引入室内的管段，又称进户管。

（2）水表节点。安装在引入管上的水表及其前后设置的阀门和泄水装置的总称，如图2-2所示。

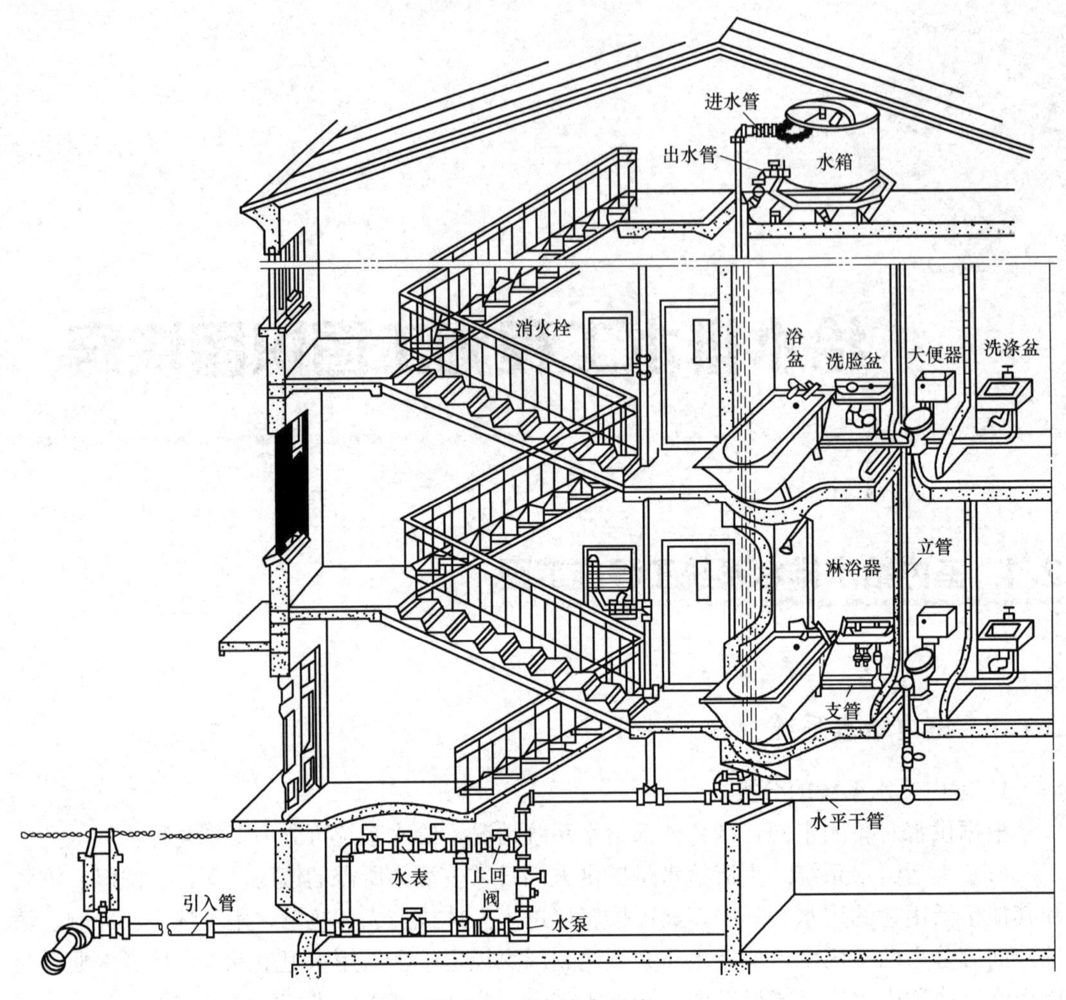

图 2-1 室内给水系统

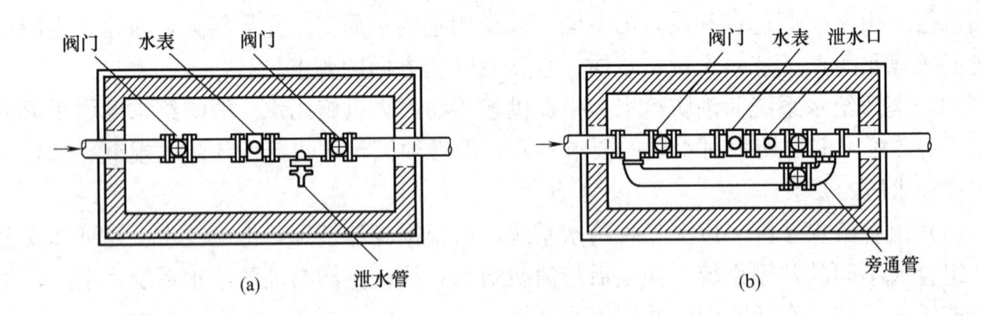

图 2-2 水表节点

(a) 无旁通管的水表节点；(b) 有旁通管的水表节点

(3) 给水管道包括水平或垂直干管、立管、横支管等。

(4) 给水附件。管道系统中调节和控制水量的各类阀门。

(5) 加压和贮水设备。在室外给水管网水量、压力不足或室内对安全供水、水压稳定有要求时，需在给水系统中设置水泵、气压给水设备和水池、水箱等各种加压、贮水设备。

3. 室内给水方式

（1）直接给水方式　建筑物内部只设有给水管道系统，不设增压及贮水设备，室内给水管道系统与室外供水管网直接相连，利用室外管网压力直接向室内给水系统供水，即直接给水方式，如图 2-3 所示。

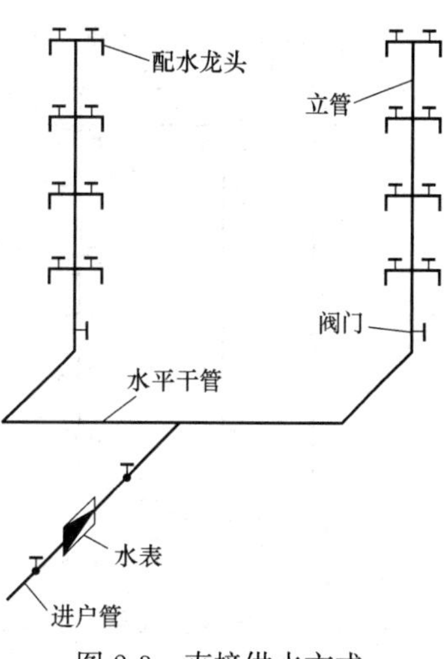

图 2-3　直接供水方式

（2）单设水箱给水方式　单设水箱给水方式如图 2-4 所示，其适用于室外管网水压出现周期性不足、室内用水要求水压稳定且允许设置水箱的建筑物。在室外管网水压周期性不足的多层建筑中，也可以采用如图 2-5 所示的给水方式，即建筑物下面几层由室外管网直接供水，建筑物上面几层采用有水箱的给水方式，这样可以减小水箱的容积。

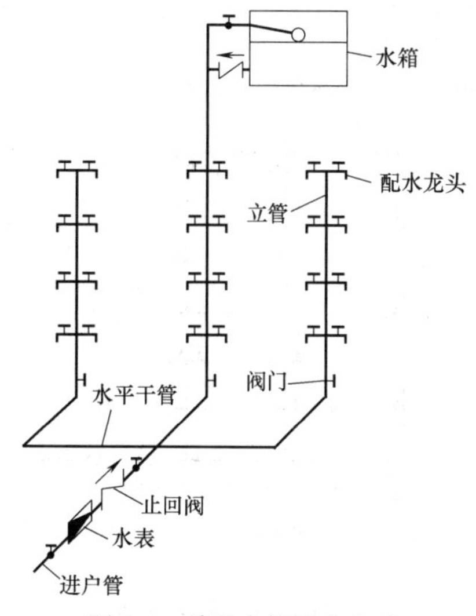

图 2-4　单设水箱给水方式

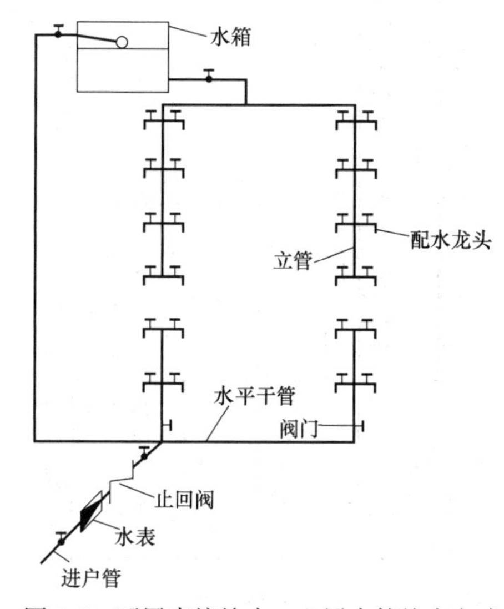

图 2-5　下层直接给水、上层水箱给水方式

（3）设水池、水泵、水箱联合给水方式　当室外给水管网水压经常性不足、室内用水不均匀、室外管网不允许水泵直接吸水并且建筑物允许设置水箱时，通常采用水池、水泵、水箱联合给水方式，如图 2-6 所示。

（4）设气压设备的给水方式　利用密闭压力水罐取代水泵水箱联合给水方式中的高位水箱，形成气压给水方式，如图 2-7 所示。

（5）设变频调速设备的给水方式　变频调速给水设备主要由微机控制器、变频调速器、水泵机组、压力传感器（或电触点压力表）四部分组成。变频调速给水设备的控制方式有恒压变量与变压变量两种。恒压变量控制方式通常采用多泵并联的工作模式，如图 2-8 所示。

（6）竖向分区给水方式　如图 2-9 所示为多层建筑分区给水方式。根据各分区之间的相互关系，高层建筑给水方式可分为串联给水方式、并联给水方式和减压给水方式。

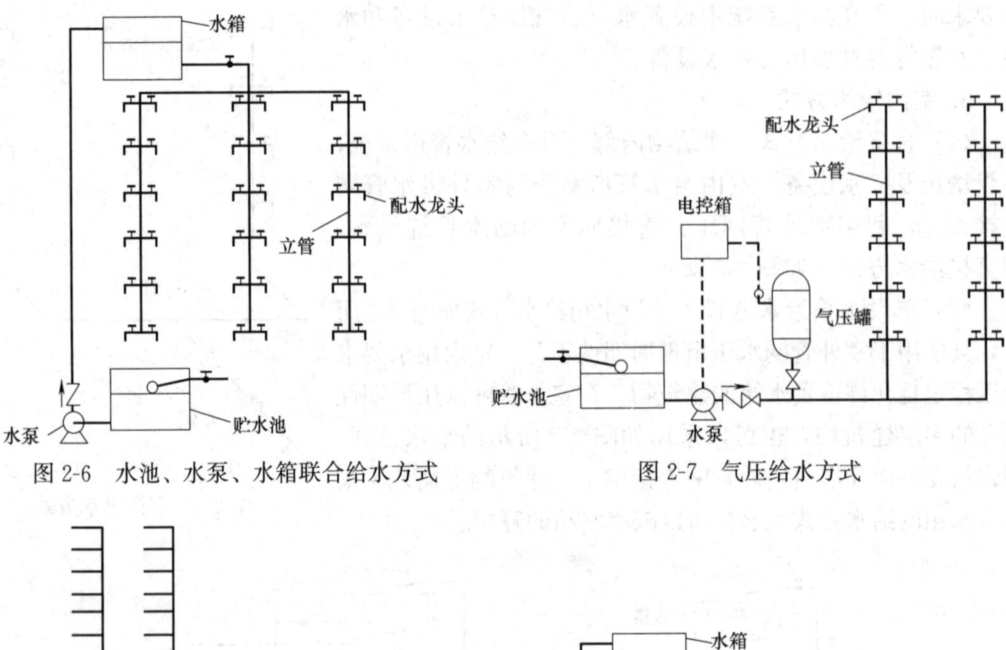

图 2-6　水池、水泵、水箱联合给水方式　　图 2-7　气压给水方式

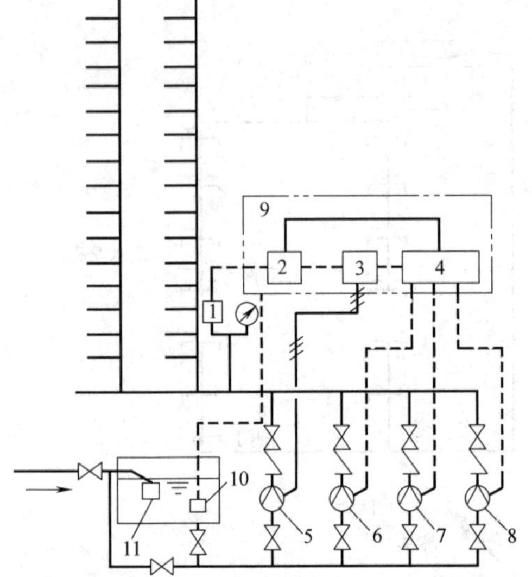

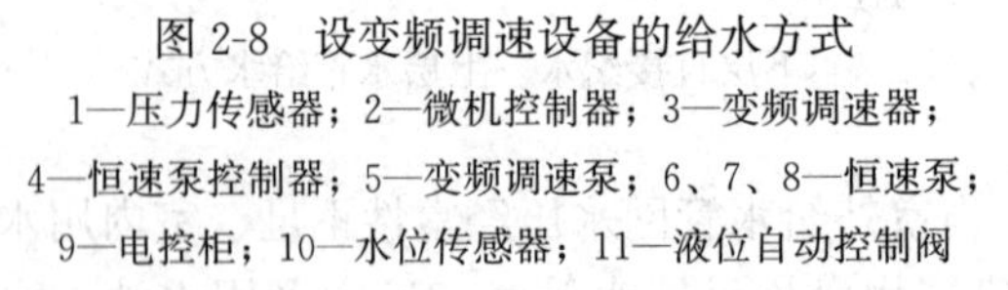

图 2-8　设变频调速设备的给水方式

1—压力传感器；2—微机控制器；3—变频调速器；
4—恒速泵控制器；5—变频调速泵；6、7、8—恒速泵；
9—电控柜；10—水位传感器；11—液位自动控制阀

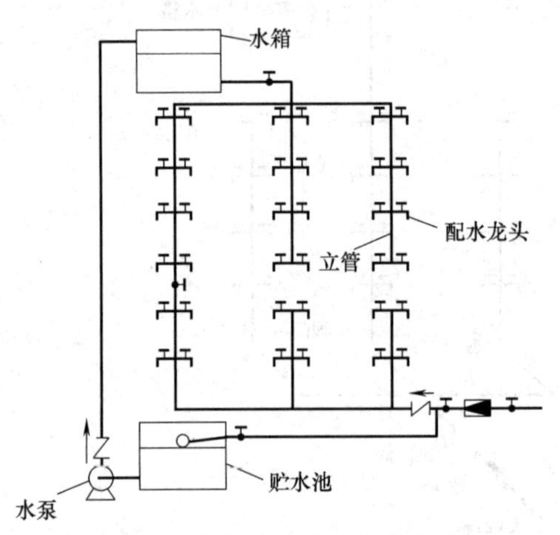

图 2-9　多层建筑分区给水方式

1）串联给水方式。串联给水方式的各分区均设有水泵和水箱，上区的水泵从下区的水箱中抽水。如图 2-10 所示。

2）并联给水方式。并联给水方式如图 2-11 所示。这种给水方式广泛应用在允许分区设置水箱的各类高度不超过 100m 的高层建筑中。采用这种给水方式供水，水泵宜采用相同型号、不同级数的多级水泵，并应尽可能利用外网水压直接向下层供水。

对于分区不多的高层建筑，当电价较低时也可以采用单管并联给水方式，如图 2-12 所示。采用这种给水方式供水，低区水箱进水管上应设置减压阀，以防浮球阀损坏和减缓水锤作用。

3）减压给水方式。减压给水方式分为减压水箱给水方式和减压阀给水方式，如图 2-13

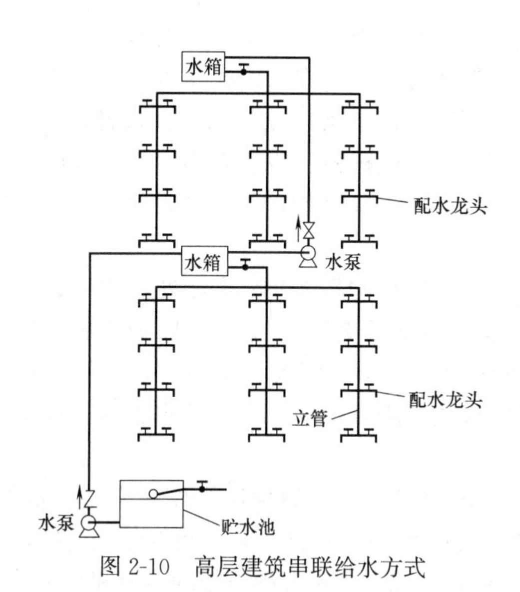

图 2-10 高层建筑串联给水方式

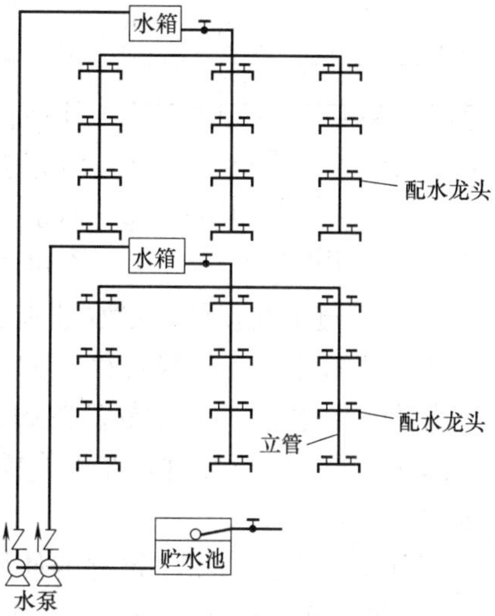

图 2-11 高层建筑并联给水方式

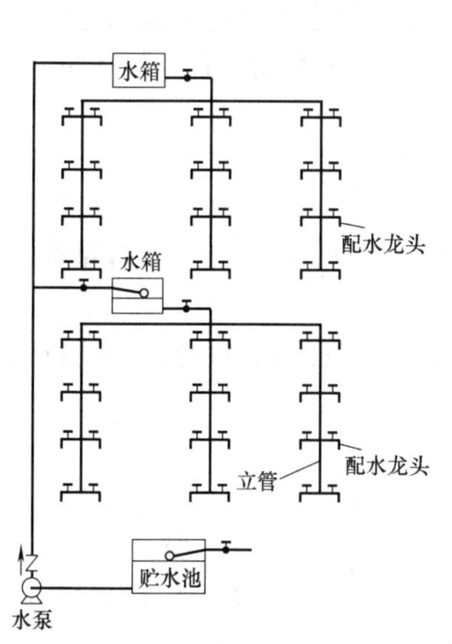

图 2-12 单管并联给水方式

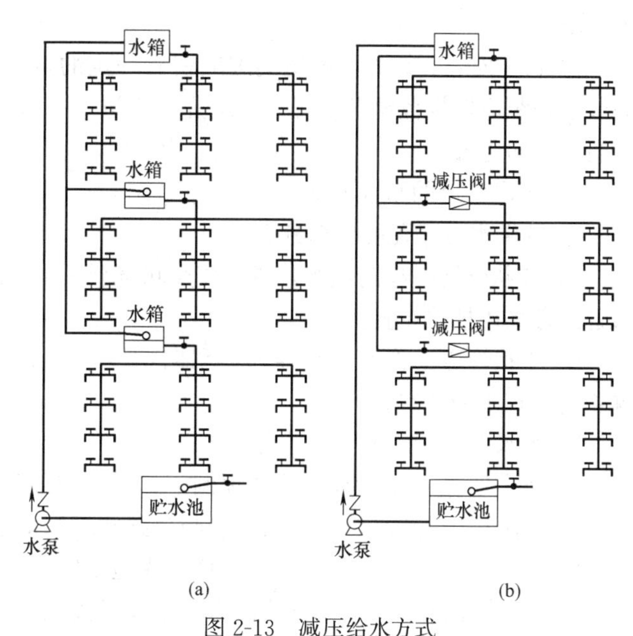

图 2-13 减压给水方式

(a) 水箱减压方式；(b) 减压阀减压方式

所示。这两种方式的共同点是建筑物的用水由设置在底层的水泵一次性提升到屋顶总水箱，再由此水箱依次向下区减压供水。

4. 给水管道的布置与敷设

(1) 给水管道的布置

1) 基本要求。给水管道的布置受建筑结构、用水要求、配水点和室外给水管道的位置以及其他设备工程管线位置等因素的影响。进行管道布置时，不但要处理和协调好与各种相关因素的关系，还应符合以下基本要求。

① 确保供水安全和良好的水力条件，力求经济、合理。管道尽可能与墙、梁、柱平

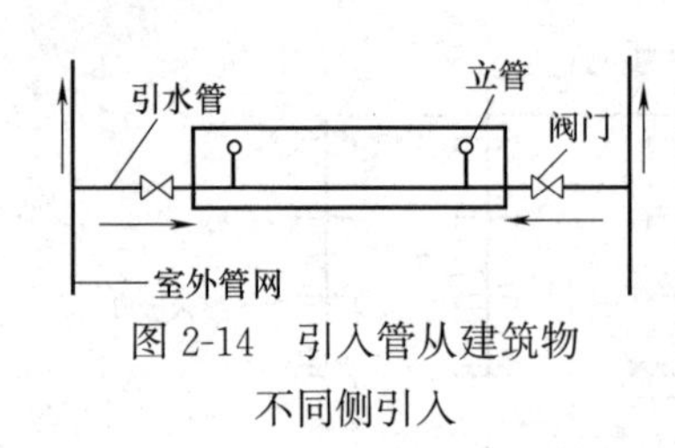

图 2-14 引入管从建筑物不同侧引入

行，呈直线走向，宜采用枝状布置力求管线简短，以减小工程量，降低造价。不允许间断供水的建筑，应从室外环状管网不同管段设 2 条或 2 条以上引入管，在室内将管道连成环状或贯通树枝状进行双向供水，如图 2-14 所示，若无可能，可采取设贮水池或增设第二水源等安全供水措施。

② 保护管道不受损坏。给水埋地管应避免布置在可能受重物压坏处，如穿过生产设备基础、伸缩缝、沉降缝等处。如遇特殊情况必须穿越时，应采取保护措施。为防止管道腐蚀，给水管不允许布置在烟道、风道内，不允许穿大、小便槽，当干管与小便槽端部净距小于 0.5m 时，在小便槽端部应有建筑隔断措施。生活给水管道不能敷设在排水沟内。

③ 不影响生产安全和建筑物的使用。管道不要布置在妨碍生产操作和交通运输处，也不要布置在遇水易引起燃烧、爆炸或损坏的原料设备和产品之上，不得穿过配电间，不宜穿过橱窗壁柜、吊柜等设施和从机械设备上通过，以免影响各种设施的功能和设备的起吊维修。

④ 利于安装、维修。管道周围应留有一定的空间，给水管道与其他管道和建筑结构的最小净距应按规范要求留置。管道井当需进入维修时，其通道宽度不宜小于 0.6m，维修门应开向走廊。

2）给水管道的布置形式

① 按供水可靠程度要求分类

A. 枝状管道：单向供水，供水安全可靠性差，但节省管材，造价低。一般建筑内给水管网宜采用枝状布置。

B. 环状管道：管道相互连通，双向供水，安全可靠，但管线长造价高。高层建筑、重要建筑宜采用环状布置。

② 按水平干管的敷设位置分类

A. 上行下给：干管设在顶层顶棚下、吊顶内或技术夹层中，由上向下供水的为上行下给式，适用于设置高位水箱的居住与公共建筑和地下管线较多的工业厂房。

B. 下行上给：干管埋地、设在底层或地下室中，由下向上供水的为下行上给式，适用于利用室外给水管网水压直接供水的工业与民用建筑。

C. 中分式：水平干管设在中间技术层内或中间某层吊顶内，由中间向上、下两个方向供水的为中分式，适用于屋顶用作露天茶座、舞厅或设有中间技术层的高层建筑。

（2）给水管道的敷设

1）敷设形式。给水管道的敷设有明装、暗装两种形式。

① 明装：即管道外露，其优点是安装维修方便、造价低，但外露的管道影响美观，表面易结露、积灰尘，一般用于对卫生、美观没有特殊要求的建筑。

② 暗装：即管道隐蔽，如敷设在管道井、技术层、管沟、墙槽、顶棚或夹壁墙壁中，直接埋地或埋在楼板的垫层里，其优点是管道不影响室内的美观、整洁，但施工复杂，维修困难，造价高。适用于对卫生、美观要求较高的建筑，如宾馆、高级公寓和要求无尘、洁净的车间、试验室、无菌室等。

2）敷设要求

① 给水横管穿承重墙或基础、立管穿楼板时，均应预留孔洞，暗装管道在墙中敷设时，也应预留墙槽，以避免临时打洞、刨槽影响建筑结构的强度。

② 引入管进入建筑内的常见做法，如图 2-15 所示。在地下水位高的地区，引入管穿地下室外墙或基础时，应采取防水措施，如设防水管套等。

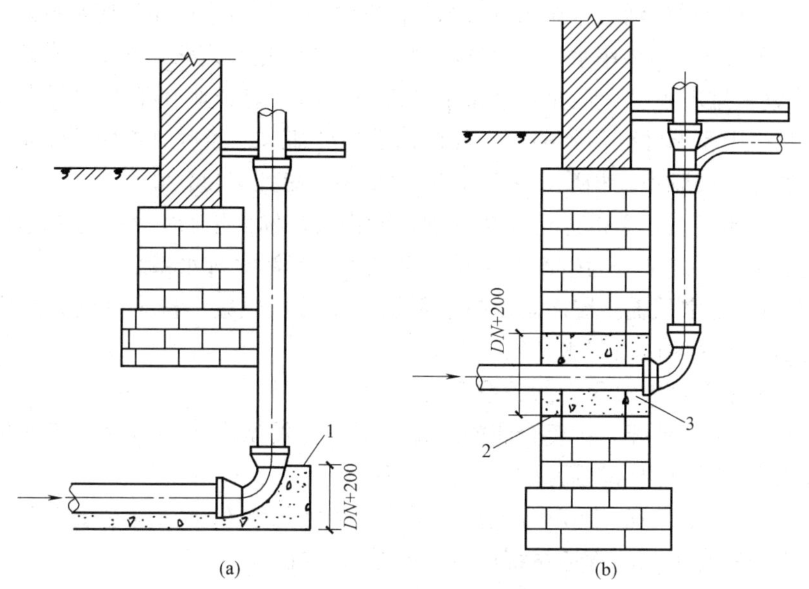

图 2-15　引入管进入建筑内的常见做法

（a）浅基础；（b）深基础

1—C5.5 混凝土支座；2—黏土；3—M5 水泥砂浆封口

③ 室外埋地引入管要防止地面活荷载和冰冻的影响，车行道下管顶覆土厚度不宜小于 0.7m，并应敷设在冰冻线以下 0.2m。建筑内埋地管在无活荷载和冰冻影响时，其管顶离地面高度不宜小于 0.3m。当将交联聚乙烯管或聚丁烯管用作埋地管时，应将其设在管套内，其分支处应采用分水器。

④ 给水横管穿过预留洞时，管顶上部净空不得小于建筑物的沉降量，以保护管道不因建筑的沉降而造损坏，其净空一般不小于 0.10m。

⑤ 给水横管应敷设在地下室、技术层、吊顶或管沟内，并有坡度为 0.002～0.005 的坡向泄水装置；立管可敷设在管道井内，冷水管应在热水管右侧；给水管道与其他管道同沟或共架敷设时，宜敷设在排水管、冷冻管的上面或热水管、蒸汽管的下面；给水管不宜与输送易燃、可燃或有害的液体或气体的管道同沟敷设；通过铁路或地下构筑物下的给水管道，宜敷设在套管内。

⑥ 管道在空间敷设时，必须采取固定措施，以确保施工方便与安全供水。给水钢质立管一般每层需安装一个管卡；当层高大于 5.0m 时，则每层必须安装两个管卡。

2.1.2　室内排水系统

1. 室内排水系统的分类

室内排水系统的任务，是将建筑物内用水设备、卫生器具和车间生产设备产生的污废水，以及屋面上的雨水、雪水加以收集后，通过室内排水管道及时顺畅地排至室外排水管网中去。

（1）按污废水来源分类

1）生活排水系统。生活排水系统指排出居住建筑、公共建筑及工业企业生活间的污水与废水。有时，由于污废水处理、卫生条件或小区中水回用的需要，将生活排水系统又进一步分为排出冲洗便器的生活污水排水系统与排出盥洗、洗涤废水的生活废水排水系统。生活废水经过处理后，可作为杂用水，用以冲洗厕所、浇洒绿地和道路、冲洗汽车等。

2）工业废水排水系统。工业废水排水系统指排出工业企业在生产过程中产生的污废水。在工业生产中受到轻度污染的水，如机械设备冷却水，经过简单处理能做杂用水或回用或排放，称为生产废水；相反，在工业生产过程中受到严重污染的水，如印染厂排水、屠宰场排水，水质很差，必须进行严格处理才能排放，称为生产污水。根据这种污废水分类，工业废水排水系统又分为生产废水排水系统和生产污水排水系统。

3）屋面雨水排水系统。屋面雨水排水系统主要负责收集、排出落到大跨度屋面的雨水，防止雨水汇集屋面造成漏水。

（2）按污废水在排放过程中的关系分类

1）污废合流排水系统。污废合流排水系统指生活污水和生活废水、工业生产污水和工业生产废水在建筑物内合流后排放的排水系统。

2）污废分流排水系统。污废分流排水系统指生活污水和生活废水或工业生产污水和工业生产废水分别在不同的管道系统内排放的排水系统。

2. 室内排水系统的组成

室内排水系统如图 2-16 所示。一般由污废水收集器、排水管系统、通气管、清通设备、抽升设备、污水局部处理设备等部分组成。

（1）污废水收集器

污废水收集器是室内排水系统的起点，是指用来收集污废水的器具。如室内的卫生器具、工业废水的排水设备及雨水斗等。

（2）排水管系统

排水管系统由器具排水管、排水横支管、排水立管、排水干管、排出管等组成。

1）器具排水管。连接一个卫生器具和排水横支管的排水短管，以防止排水管道中的有害气体进入室内。器具排水管上设有水封装置（如 S 形存水弯和 P 形存水弯等）。

2）排水横支管。是指连接两个或两个以上卫生器具排水支管的水平排水管。排水横支管应有一定的坡度坡向立管，尽量不拐弯直接与立管相连。

3）排水立管。排水立管是指连接排水横支管的垂直排水管的过水部分。

4）排水干管。排水干管是连接两个或两个以上排水立管的总横管，一般埋在地下与排出管连接。

5）排出管。即室内污水出户管，它是室内排水系统与室外排水系统的连接管道。排出管与室外排水管道连接处应设置排水检查井。粪便污水一般先进入化粪池，再经过检查井排入室外排水管道。

（3）通气管道系统

通气管是指排水立管上部不过水部分。对于层数不多，卫生器具较少的建筑物，仅设

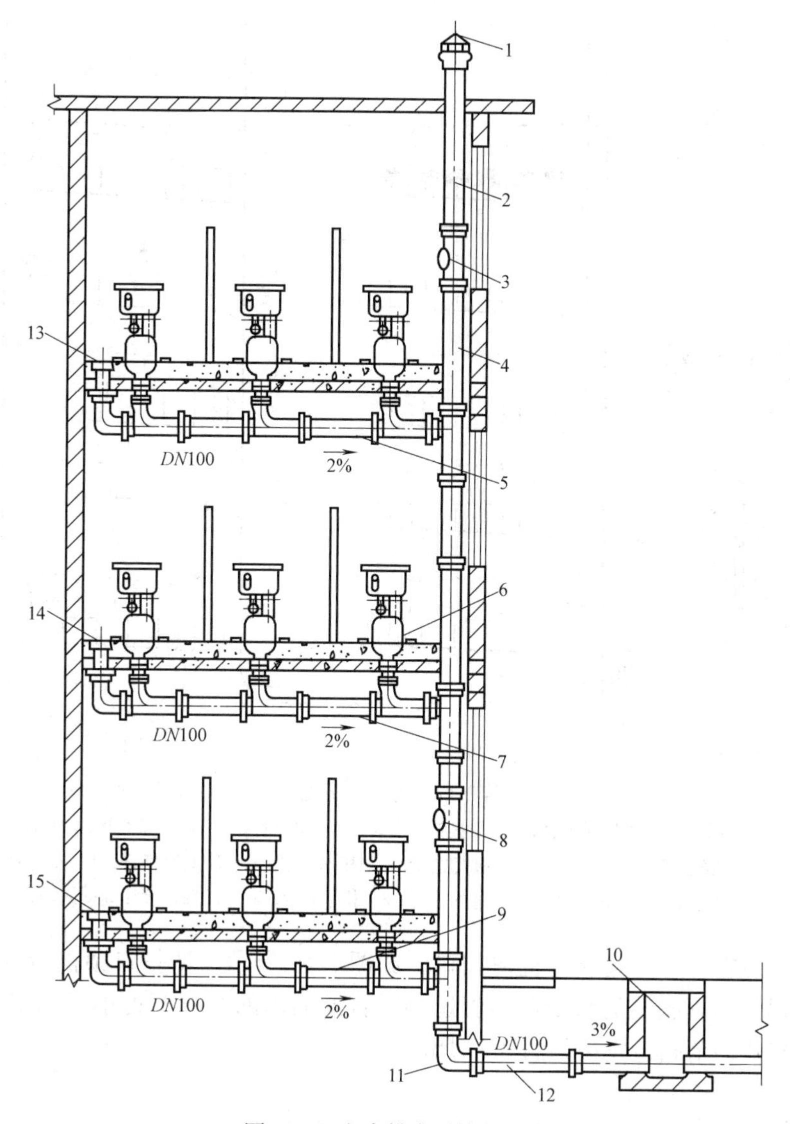

图 2-16 室内排水系统的组成

1—风帽；2—通气管；3—检查口；4—排水立管；5、7、9—排水横支管；6—大便器；8—检查口；10—检查井；11—出户大旁管；12—排水管；13、14、15—清扫口

排水立管上部延伸出屋顶的通气管。对于层数多、卫生器具数量多的室内排水系统，以上的方法不足以稳压时，应设通气管系统，如图 2-17 所示。

此外，标准高时还应设器具通气管。通气管顶部应设通气帽，防止杂物进入管道，如图 2-18 所示。冬季采暖室外空气温度低于－15℃的地区，应设镀锌薄钢板风帽；高于－15℃地区，应设钢丝球。

（4）清通设备

为了清通室内排水管道，应在排水管道的适当部位设置清扫口、检查口和室内检查井等。

1）清扫口。当排水横支管上连接两个或两个以上的大便器、三个或三个以上的其他

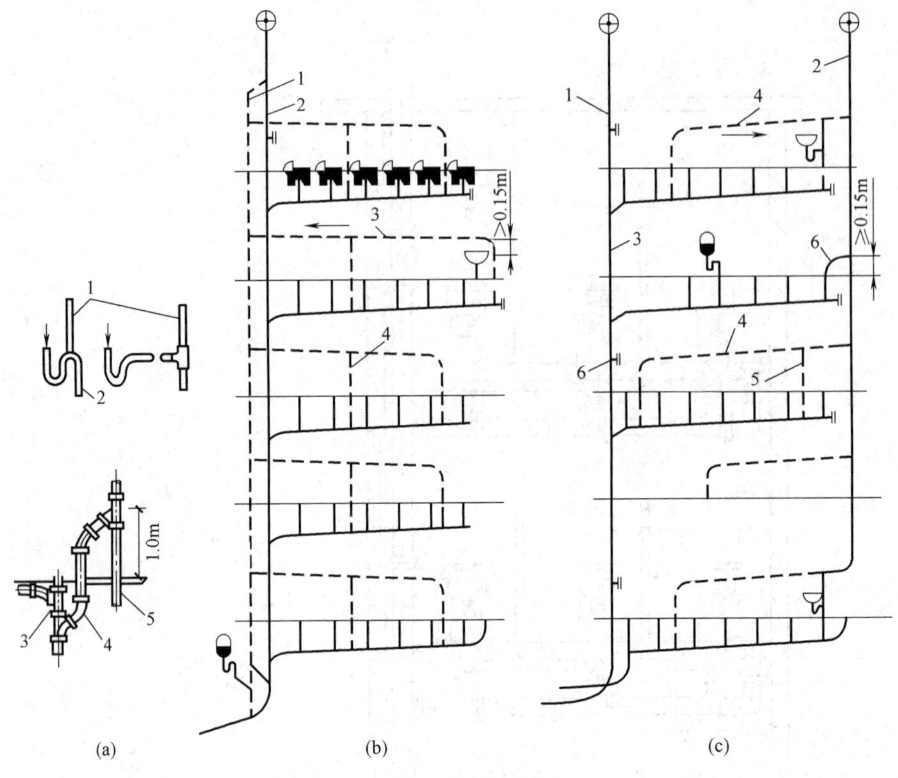

图 2-17 通气管系统

(a) 结合通气管：1—器具通风管；2—器具排水管；3—污水立管；4—结合通气管；5—通气立管

(b) 排水、通气立管同边设置：1—主通气立管；2—排水立管；3—环形通气管；4—安全通气管

(c) 排水、通气立管分开设置：1—透气管；2—副通气立管；3—排水立管；4—环形通气管；5—安全通气管；6—检查口

卫生器具时，应在横管的起端设置清扫口，如图 2-19 所示。清扫口顶面应与地面相平，且仅单向清通。横管起端的清扫口与管道相垂直的墙面的距离不得小于 0.15m，以便于拆装和清通操作。清扫口安装如图 2-20 所示。

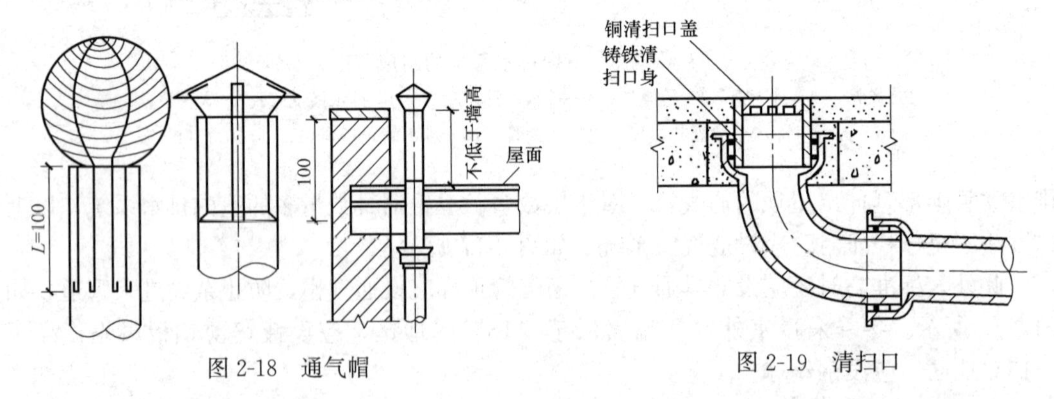

图 2-18 通气帽

图 2-19 清扫口

2）检查口。检查口是一个带盖的开口配件，拆开盖板即可清通管道，如图 2-21 所示。检查口通常设在排水立管上，可以每隔一层设一个，但在底层和有卫生器具的最高层必须设置。检查口安装时，应使盖板向外，并与墙面成 45°夹角，检查口中心距地面 1m，并且至少高出该楼层卫生器具上边缘 0.15m。

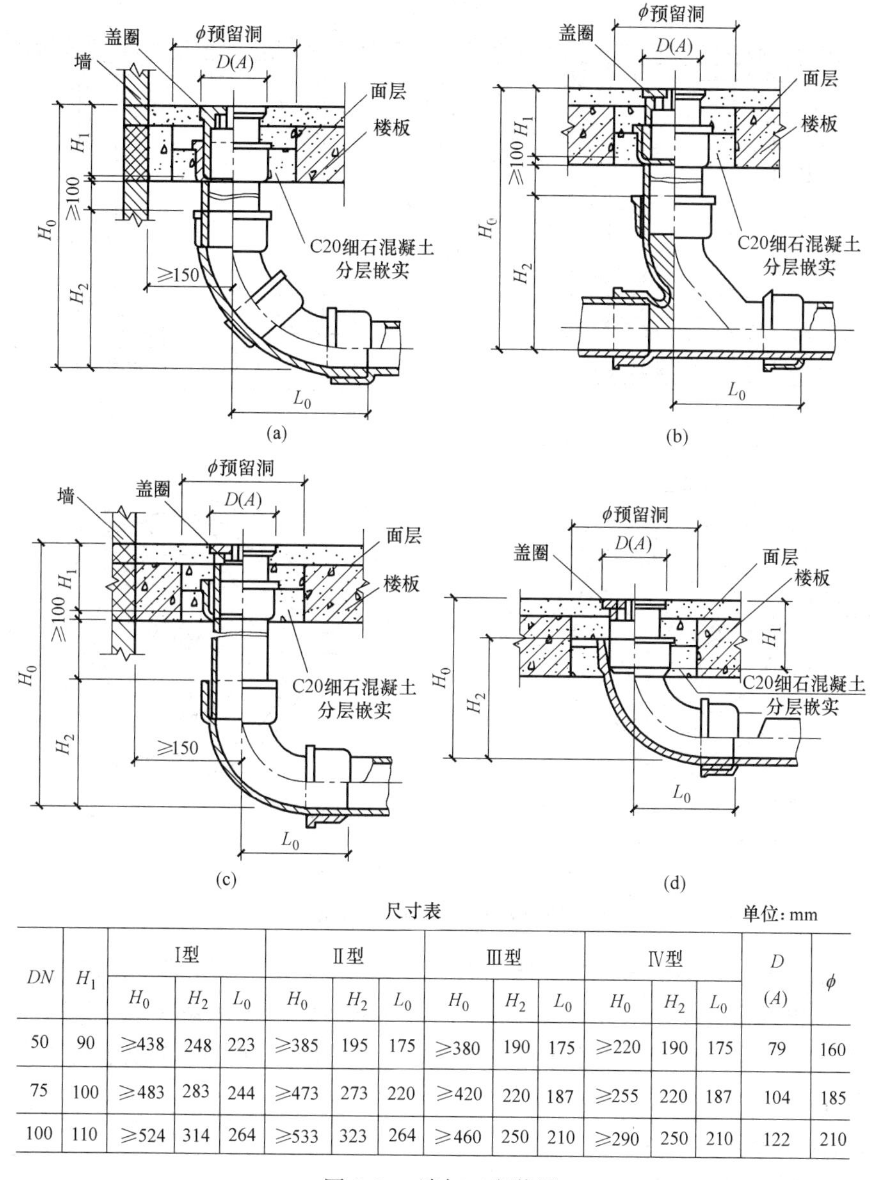

尺寸表　　单位：mm

DN	H_1	Ⅰ型			Ⅱ型			Ⅲ型			Ⅳ型			D (A)	φ
		H_0	H_2	L_0	H_0	H_2	L_0	H_0	H_2	L_0	H_0	H_2	L_0		
50	90	≥438	248	223	≥385	195	175	≥380	190	175	≥220	190	175	79	160
75	100	≥483	283	244	≥473	273	220	≥420	220	187	≥255	220	187	104	185
100	110	≥524	314	264	≥533	323	264	≥460	250	210	≥290	250	210	122	210

图 2-20　清扫口安装图

（a）Ⅰ型；（b）Ⅱ型；（c）Ⅲ型；（d）Ⅳ型

3）室内检查井。对于不散发有害气体或大量蒸汽的工业废水管道，在管道转弯、变径、改变坡度和连接支管处，可在建筑物内设检查井。在直线管段上，排除生产废水时，检查井的间距不得大于 30m；排除生产污水时，检查井的间距不得大于 20m。对于生活污水排水管道，在室内不宜设置检查井。室内检查井如图 2-22 所示。

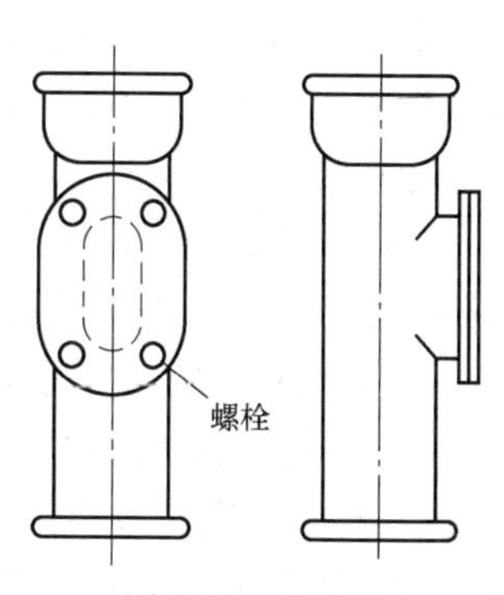

图 2-21　检查口

（5）抽升设备　民用和公共建筑地下室，人防建筑、高层建筑地下技术层等污（废）水不能自流排出至室外，必须设置污水抽升设备，以保持建筑物内的良好卫生。

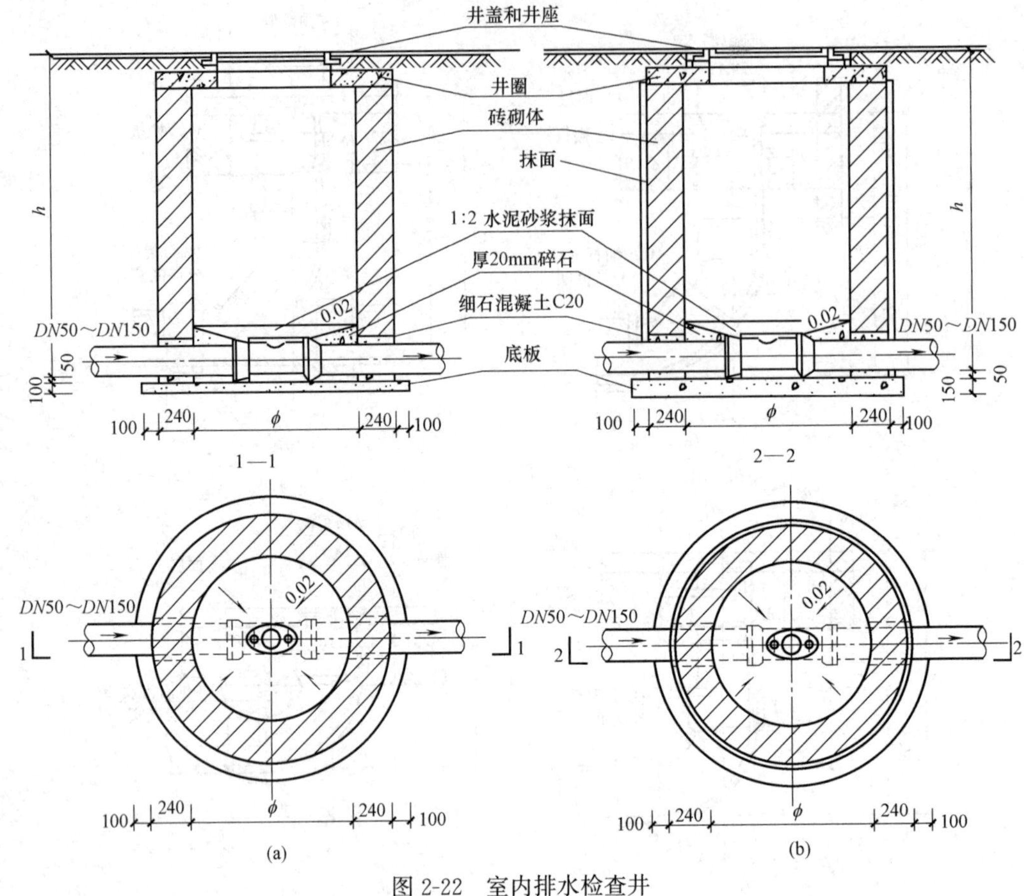

图 2-22 室内排水检查井

(a) 用于无地下水；(b) 用于有地下水

（6）污水局部处理构筑物　当室外无生活污水或工业废水专用排水系统，而又必须对建筑物内所排出的污（废）水进行处理后才允许排入合流制作水系统或直接排入水体时；或有排水系统但排出污（废）水中某些物质危害下水道时，应在建筑物内或附近设置局部处理构筑物。

3. 室内排水方式

室内排水系统有分流式和合流式两种方式。

（1）分流式

将生活污水、工业废水及雨水分别设置管道系统排出建筑物外，称为分流式排水系统。分流式排水系统的布置形式如图 2-23 所示。

（2）合流式

若将性质相近的污水、废水管道组合起来合用一套排水系统，则称合流式排水系统。合流式排水系统的布置形式，如图 2-24 所示。

4. 排水管道的布置与敷设

（1）排水管道的布置

1）布置原则。室内排水管道系统的布置直接关系着人们生活和生产，为了创造一个良好的生活和生产环境，室内排水管道的布置应遵循以下原则：

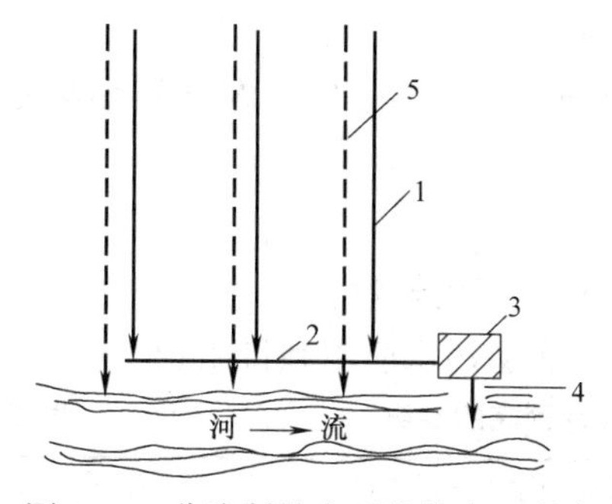

图 2-23 分流制排水系统的布置形式

1—污水干管；2—污水主干管；3—污水处理厂；
4—出水口；5—雨水干管

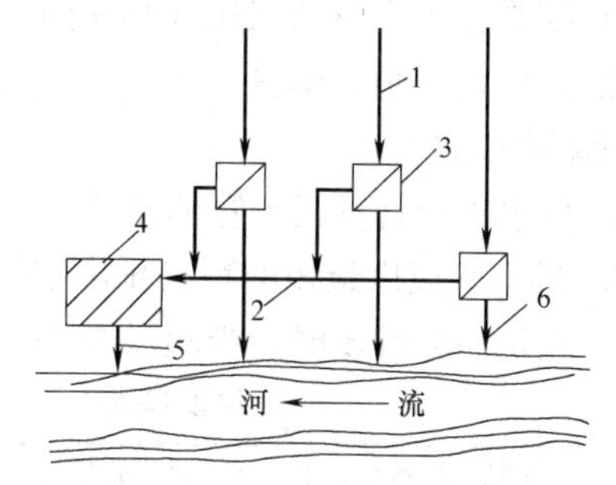

图 2-24 截流式合流制排水系统的布置形式

1—合流干管；2—截流主干管；3—溢流井；
4—污水处理厂；5—出水口；6—溢流出水口

① 卫生器具及生产设备中的污废水应就近排入立管。

② 使用安全、可靠，不影响室内环境卫生。

③ 便于安装、维修及清通。

④ 管道尽量避振、避震、避基础及伸缩缝、沉降缝。

⑤ 在配电间、卧室等处不宜设管道。

⑥ 管线尽量横平竖直，沿梁、柱走，使总管线最短，工程造价低。

⑦ 占地面积小，美观。

⑧ 防止水质污染。

⑨ 管道位置不得妨碍生产操作、交通运输或建筑物的使用。

2）布置要求。在布置和敷设室内排水管道时，不仅要保证管道内良好的水力条件，便于维护和管理，而且还要保护管道不易受损坏，保证生产和使用安全及经济、美观。

① 卫生器具的布置。

A. 根据各类卫生间和厕所的平面尺寸，确定合适的卫生器具类型和布置间距，既要使用方便，又要保证管线短，排水通畅，便于维护管理。

B. 为使卫生器具方便，使其功能正常发挥，卫生器具的安装高度应满足相关要求。

C. 地漏应设在地面最低处、易于溅水的卫生器具附近。

② 排水横支管的布置。

A. 排水横支管不宜太长，尽量少转弯，同一根支管连接的卫生器具不宜过多。

B. 排水横支管不得穿过沉降缝、伸缩缝、变形缝、烟道和风道。

C. 排水横支管不得穿过有特殊卫生要求的房间和遇水会发生灾害的房间，如食品加工车间、通风室和变电室等。

D. 排水横支管距楼板和墙应有一定的距离，便于安装和维修。

E. 高层建筑中，管径不小于 110mm 的明敷塑料排水横支管接入管道井时，应在穿越管道井处设置阻火装置，阻火装置一般采用防火套管或阻火圈。

③ 排水立管的布置。

A. 排水立管应靠近排水量大、水中杂质多、最脏的排水点处，如大便器等。

B. 排水立管不得布置在卧室、病房，也不宜靠近与卧室相邻的内墙。

C. 排水立管宜靠近外墙，以减少埋地管长度，便于清通和维护。

D. 塑料排水立管与家用灶具净距不得小于 0.4m。

E. 高层建筑中，塑料排水立管明敷且其管径不小于 110mm 时，在立管穿越楼层处应设置阻火装置。

④ 排水出户管及横干管的布置。

A. 排出管应以最短的距离排出室外，且尽量避免在室内转弯。

B. 建筑层数较多时，当超过表 2-1 中的数值时，底层污水应单独排出。

最低横支管与立管连接处至立管管底的距离 **表 2-1**

立管连接卫生器具层数(层)	垂直距离(m)	立管连接卫生器具层数(层)	垂直距离(m)
≤4	0.45	13～19	3.00
5～6	0.75	≥20	6.00
7～12	1.20		

C. 埋地管不得穿越生产设备基础，不得布置在可能受重物压坏处。

D. 埋地管穿越承重墙和基础处，应预留洞口，且管顶上部净空不得小于建筑物的沉降量，一般不宜小于 0.15m。

E. 湿陷性黄土地区的排出管应设在地沟内，并应设检漏井。

F. 当排出管穿过地下室或地下构筑物的外墙时，应采取防水措施；如在管道穿越处，则应预埋刚性或柔性防水套管。

G. 塑料排水横干管不宜穿越防火分区隔墙和防火墙；当不可避免确需穿越时，应在管道穿越墙体处的两侧设置阻火装置。

⑤ 伸顶通气管的布置。

A. 生活污水管道和散发有毒、有害气体的生产污水管道应设伸顶通气管。通气管高出屋面不得小于 0.3m，且应大于最大积雪厚度，通气管顶端应装设风帽或网罩；屋顶有隔热层时，应从隔热层板面算起。

B. 通气管口周围 4m 以内有门窗时，通气管口应高出窗顶 0.6m 或引向无门窗一侧。

C. 经常有人停留的平屋面上，通气管口应高出屋面 2m，并应根据防雷要求装设防雷装置。

D. 通气管口不宜设在建筑物挑出部分（如阳台和雨篷等）的下面。

（2）排水管道的敷设

室内排水管道的敷设方式有明装和暗装两种。

1）明装。明装是指管道沿墙、梁、柱直接敷设在室内，排水管道的管径相对于给水管管径较大，又常需清通修理，因此，应以明装为主。明装的优点是安装、维修、清通方便，工程造价低，但是不够美观，且由于暴露在室内，易积灰、结露而影响环境卫生。

2）暗装。对室内美观程度要求高的建筑物或管道种类较多时，应采用暗敷设的方式。立管可装设在管道井内，或用装饰材料掩盖，横支管可装设在管槽内，或敷设在平吊顶装饰空间隐蔽处理。大型建筑物的排水管道应尽量利用公共管沟或管廊。

5. 雨水排水系统

（1）建筑雨水排水系统的分类

1）按建筑物内部是否有雨水管道分类

① 按建筑物内部是否有雨水管道，分为内排水系统和外排水系统两类。

② 按照雨水排至室外的方法，内排水系统又分为架空管内排水系统和埋地管内排水系统。

架空管内排水系统：雨水通过室内架空管道直接排至室外的排水管（渠），室内不设埋地管的内排水系统称。架空管内排水系统排水安全，可避免室内冒水，但需用金属管材多，易产生凝结水，管系内不能排入生产废水。

埋地管内排水系统：雨水通过室内埋地管道排至室外，室内不设架空管道的内排水系统。

2）按雨水在管道内的流态分类

① 重力无压流（也称堰流斗系统）：雨水通过自由堰流入管道，在重力作用下附壁流动，管内压力正常。

② 重力半有压流（也称87式雨水斗系统）：管内气水混合，在重力和负压抽吸双重作用下流动。

③ 压力流（也称虹吸式系统）：管内充满雨水，主要在负压抽吸作用下流动。

3）按屋面的排水条件分类

① 檐沟排水：当建筑屋面面积较小时，在屋檐下设置汇集屋面雨水的沟槽。

② 天沟排水：在面积大且曲折的建筑物屋面设置汇集屋面雨水的沟槽，将雨水排至建筑物的两侧。

③ 无沟排水：降落到屋面的雨水沿屋面径流，直接流入雨水管道。

4）按出户埋地横干管是否有自由水面分类

① 敞开式排水系统：是非满流的重力排水，管内有自由水面，连接埋地干管的检查井是普通检查井。敞开式排水系统可接纳生产废水，省去生产废水埋地管，但暴雨时会出现检查井冒水现象，雨水会漫流到室内地面，造成危害。

② 密闭式排水系统：是满流压力排水，连接埋地干管的检查井内用密闭的三通连接，室内不会发生冒水现象。

5）按一根立管连接的雨水斗数量分类

按一根立管连接的雨水斗数量，分为单斗和多斗雨水排水系统。在条件允许的情况下，应尽量采用单斗排水。

① 单斗系统一般不设悬吊管，多斗系统中悬吊管将雨水斗和排水立管连接起来。

② 在重力无压流和重力半有压流状态下，由于互相干扰，多斗系统中每个雨水斗的泄流量小于单斗系统的泄流量。

（2）雨水外排水系统

1）檐沟外排水（水落管外排水）。对一般的居住建筑、屋面面积较小的公共建筑及单跨的工业建筑，雨水多采用屋面檐沟汇集，然后流入外墙的水落管排至屋墙边地面或明沟内。若排入明沟，再经雨水口、连接管引到雨水检查井，如图2-25所示。水落管在民用建筑中多为镀锌薄钢板或混凝土制成，但近年来随着屋面形式及材料的革新，有的用预制混凝土制成。水落管用镀锌铁皮管、铸铁管、玻璃钢或UPVC管制作，截面为长方形或圆形（管径约为100～150mm）。水落管设置间距应根据由降雨量

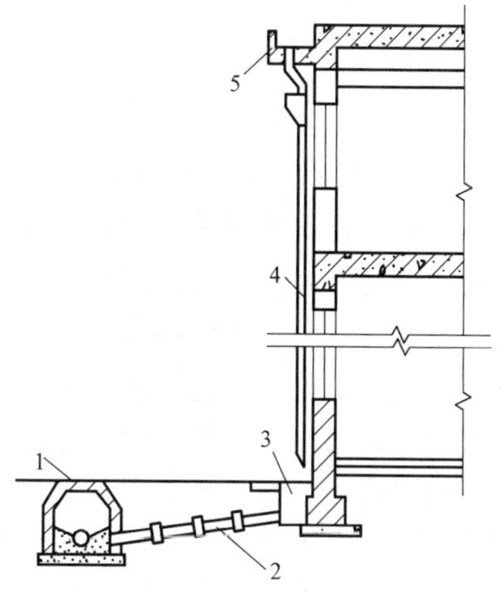

图2-25　檐沟外排水
1—检查井；2—连接管；3—雨水口；4—水落管；5—檐沟

及管道通水能力确定的一根水落管服务的屋面面积而定。按经验，水落管间距在民用建筑上为8～16m一根，工业建筑可为18～24m一根。

2）天沟外排水。对于大型屋面的建筑和多跨厂房，通常采用长天沟外排水系统排除屋面的雨雪水，天沟外排水是指利用屋面构造上所形成的天沟本身容量和坡度，使雨雪水向建筑物两端（山墙、女儿墙方向）泄放，并经墙外立管排至地面或雨水道。这种排水方式的优点是可消除厂房内部检查井冒水的问题，而且可减少管道埋深。但若设计不善或施工质量不佳，将会发生天沟渗漏的问题。

(3) 雨水内排水系统

内排水系统主要由雨水斗、悬吊管、立管、地下雨水沟管及清通设备等组成。图2-26所示为内排水系统结构示意图。对于大屋面面积的工业厂房，尤其是屋面有天窗、多跨度、锯齿形屋面或壳形屋面等工业厂房，采用檐沟外排水或天沟外排水排除屋面雨水有较大困难，所以必须在建筑物设置雨水管系统。对建筑的立面处理要求较高的建筑物，也应设置室内雨水管系统。另外，对于高层大面积平屋顶民用建筑，均应采用内排水方式。

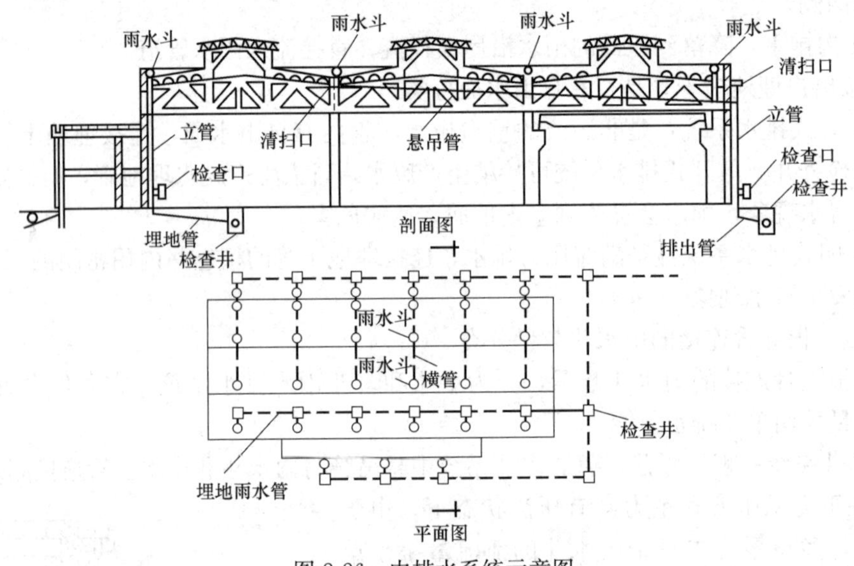

图2-26 内排水系统示意图

1）雨水斗。雨水斗的作用是最大限度地迅速排除屋面雨雪水，并将粗大杂物阻挡下来。为此，要求选用导水通畅、水流平稳、通过流量大、天沟水位低、水流中排气量小的雨水斗。目前，我国常用的雨水斗有65型和79型，如图2-27所示。

2）悬吊管。当厂房内地下有大量机器设备基础和各种管线或其他生产工艺要求不允许雨水井冒水时，不能设计埋地横管，必须采用悬吊在屋架下的雨水管。悬吊管可直接将雨水经立管输送至室外的检查井及排水管网。悬吊管采用铸铁管，用铁箍、吊环等固定在建筑物的框架、梁和墙上。

此外，为满足水力条件及便于经常的维修清通，需有不小于0.003的坡度。在悬吊管的端头及长度大于15m的悬吊管，应装设检查口或带法兰盘的三通，其间距不得大于20m，位置宜靠近柱、墙。

3）立管。雨水立管一般直沿墙壁或柱子明装。立管上应装设检查口，检查口中心至

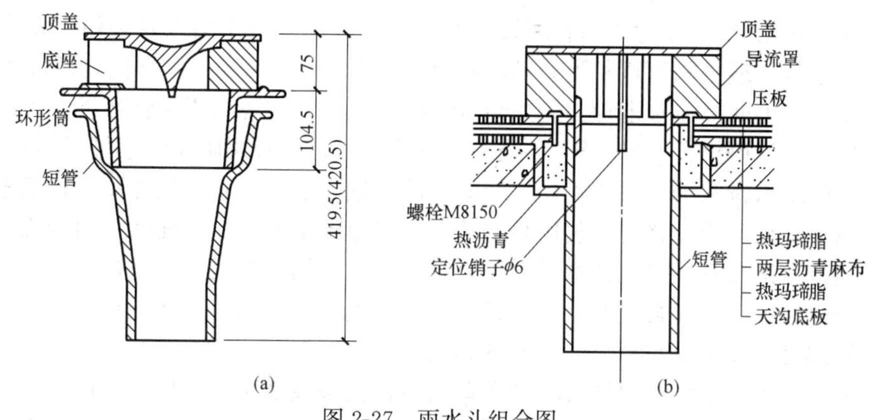

图 2-27 雨水斗组合图

(a) 69 型雨水斗；(b) 79 型雨水斗

地面的高度一般为 1m。雨水立管一般采用铸铁管，用石棉水泥接口。在可能受到振动的地方采用焊接钢管焊接接口。

4）排出管。排出管的管径不得小于立管的管径。排出管管材宜采用铸铁管，石棉水泥接口。当排出管穿越地下室墙壁时，应采取防水措施。

5）埋地横管与检查井。埋地横管与雨水立管的连接可用检查井，也可用管道配件。检查井的进出管道的连接应尽量使进、出管的轴线成一直线，至少其交角不得小于 135°，在检查井内还应设置高流槽，以改善水流状态。埋地横管可采用混凝土或钢筋混凝土管，或带釉的陶土管。对室内地面下不允许设置检查井的建筑物，可采用悬吊管直接排除室外，或者用压力流排水的方式。检查井内设有盖堵的三通做检修用。

2.1.3 室内给水排水施工图

1. 室内给水排水管道平面布置图

室内给水排水管道平面布置图是施工图纸中最基本和最重要的图纸，常用比例是 1∶100 和 1∶50，它主要表明建筑物内给水和排水管道及有关卫生器具或用水设备的平面布置。这种布置图上的线条都是示意性的，同时管配件（如活接头、内外螺纹、外接头等）通常不画出来，因此在识读图纸时还必须熟悉给水排水管道的施工工艺。在识读管道平面布置图时，应掌握的主要内容和注意事项如下：

（1）查明卫生器具、用水设备和升压设备的类型、数量、安装位置、定位尺寸。卫生器具和各种设备通常是用图例画出来的，它只能说明器具和设备的类型，而不能具体表示各部尺寸及构造，因此，在识读时必须结合有关详图或技术资料，弄清楚这些器具和设备的构造、接管方式及尺寸。应记住常用的卫生器具的构造和安装尺寸，以便配管时心中有数，做到配管准确无误。

（2）弄清楚给水引入管和污水排出管的平面位置、走向、定位尺寸、与室外给水排水管网的连接形式、管径及坡度等。给水引入管通常自用水量最大或不允许间断供水的地方引入，这样可使大口径管道最短，供水可靠。给水引入管上一般都装设有阀门。阀门如果设在室外阀门井内，在平面图上就能完整地表示出来，这时要查明阀门的型号及距建筑物的距离。污水排出管与室外排水总管的连接是通过检查井来实现的，要了解排出管的长度，即外墙至检查井的距离。排出管在检查井内通常取管顶平连接（排出管与检查井上的排水管管顶标高相同），以免排出管埋设过深或产生倒流。给水引入管和污水排出管通常都注上系统编号，编号和管道种类分别写在直径约为8～10mm的圆圈内，圆圈内过圆心画一水平线，线上面标注管道种类。如给水系统写“给”或写汉语拼音字母“J”，污水系统写“污”或写汉语拼音字母“W”。线下面标注编号，编号用阿拉伯字母书写。

（3）查明给水排水干管、立管、支管的平面位置与走向、管径尺寸及立管编号。从平面图上可以清楚地查明管路是明装还是暗装，以确定施工方法。平面图上的管线虽然是示意性的，但有一定比例，因此估算材料可以结合详图，用比例尺度量进行计算。每个系统内立管较少时，仅在引入管处进行系统编号；只有当立管较多时，才在每个立管旁边进行编号。立管编号标注方法与系统编号基本相同。

（4）消防给水管道要查明消火栓的布置、口径大小及消防箱的形式与设置。消火栓通常装在消防箱内，也可以装在消防箱外面。当装在消防箱外面时，消火栓应靠近消防箱安装，消防箱底距地面1.35m。消防箱有明装、暗装和单门、双门之分，识读时要加以注意。除了普通消防管道系统外，在物资仓库、厂房和公共建筑等重要部位，常常设有自动喷洒灭火装置或水幕灭火装置，如果碰到这类系统，除了弄清管路布置、管径、连接方法外，还要查明喷头的型号、构造和安装要求。

（5）在给水管道上设置水表时，必须查明水表的型号、安装位置以及水表前后阀门的设置情况。

（6）对于室内排水管道，还要查明清通设备的布置情况。有时为了便于通扫，在适当的位置设置有门弯头和有门三通（即设有清扫口的弯头和三通），在识读时也要加以考虑。对于大型厂房特别要注意是否设有检查井，检查井进出管的连接方向也要弄清楚。对于雨水管道，要查明雨水斗的型号及布置情况，并结合详图弄清楚雨水斗与天沟的连接方式。

现以图2-28～图2-31为例，说明某中学办公楼管道平面图的读图方法和步骤。

（1）从图中可以看出，该办公楼共有四层，要了解各层给水排水平面图中，哪些房间布置有配水器具和卫生设备，以及这些房间的卫生设备又是怎样布置的。从管道平面图中可以看出，该建筑为南、北朝向的四层建筑，用水设备集中在每层的盥洗室和男、女厕所内。在盥洗室内有3个放水龙头的盥洗槽和1个污水池，在女厕所内有1个蹲式大便器，在男厕所内有2个蹲式大便器和1个小便槽。

（2）根据底层管道平面图（图2-28）的系统索引符号可知：给水管道系统有$\frac{J}{1}$；污水管道系统有$\frac{W}{12}$、$\frac{W}{13}$。

给水管道系统$\frac{J}{1}$的引入管穿墙后进入室内，在男、女厕所内各有一根立管，并对立管进行编号，如JL-1从管道平面图中可以看出立管的位置，并能看出每根立管上承接的配水器具和卫生设备。如JL-2供应盥洗间内的盥洗槽及污水池共四个水龙头的用水，以及女厕所内的蹲式大便器和男厕所内小便槽的冲洗用水。

污水管道系统$\frac{W}{12}$承接男厕所内两个蹲便器的污水；$\frac{W}{13}$承接男厕所内小便槽和地漏的污水、女厕所内蹲式大便器和地漏的污水以及盥洗室内盥洗槽和污水池的污水。

（3）从各楼层、地面的标高，可以看出各层高度。厕所、厨房的地面一般较室内主要地面的标高低一些，这主要是为了防止污水外溢。如底层室内地面标高为±0.000m，盥洗间为－0.020m。

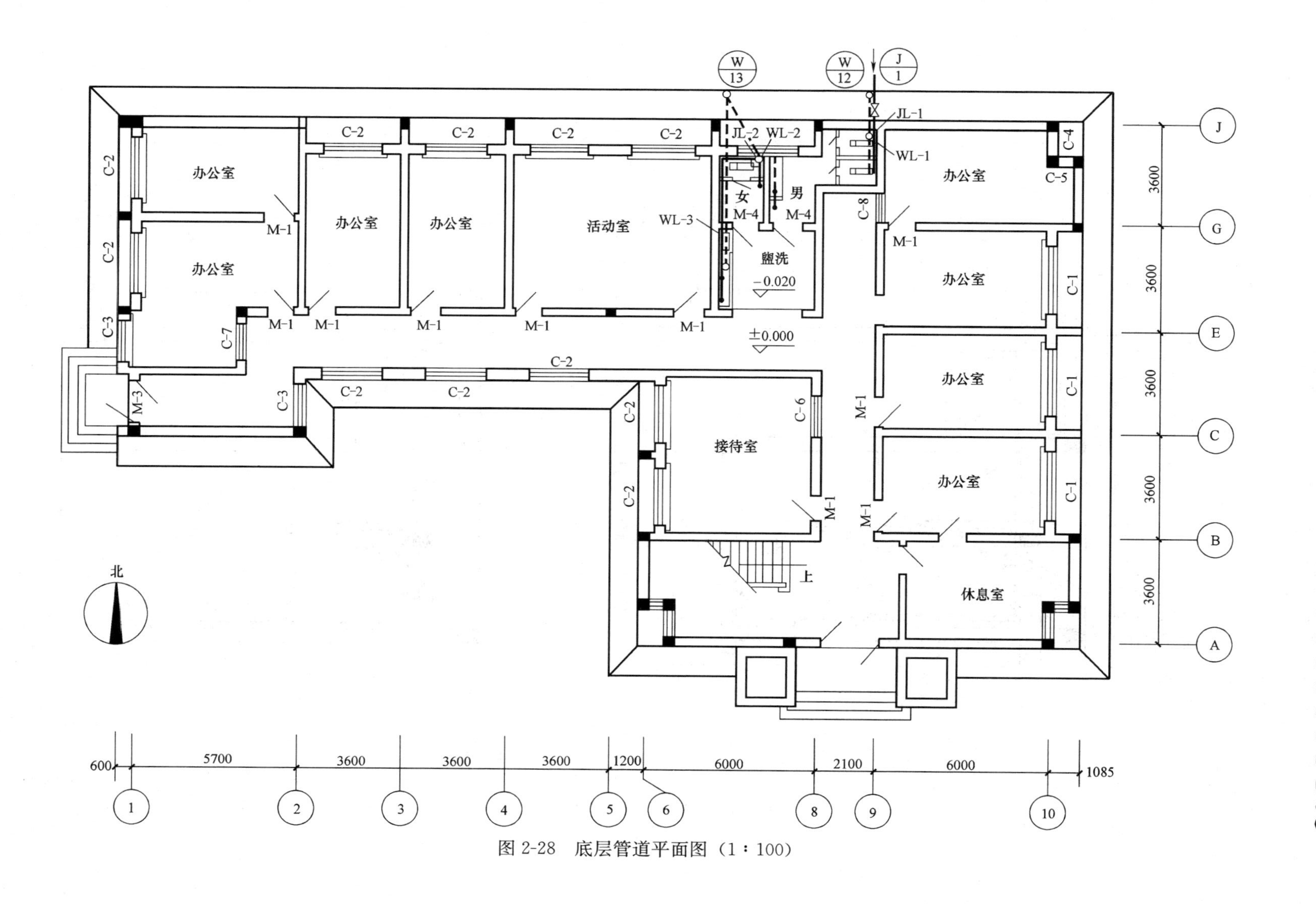

图 2-28 底层管道平面图（1：100）

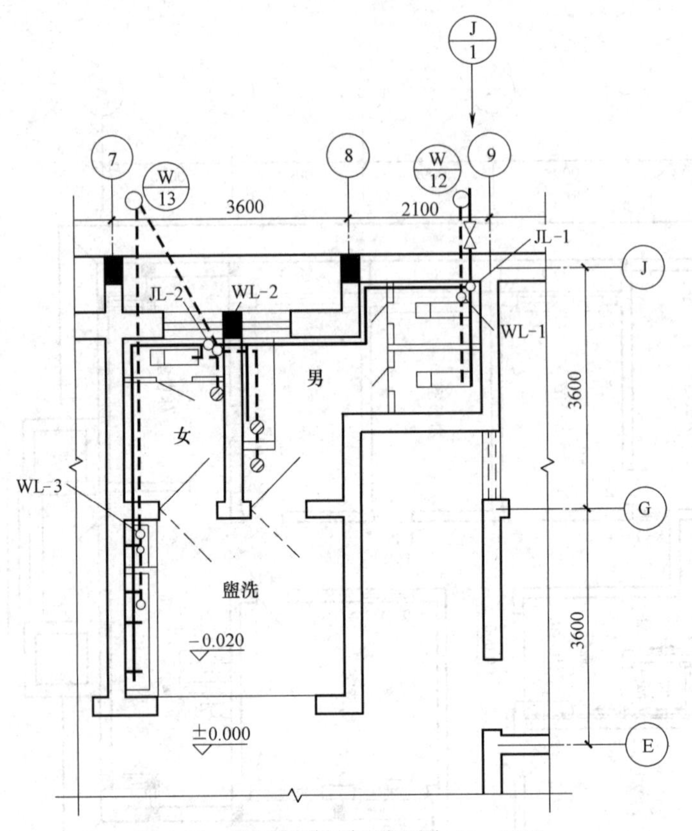

图 2-29 底层管道局部平面图（1∶100）

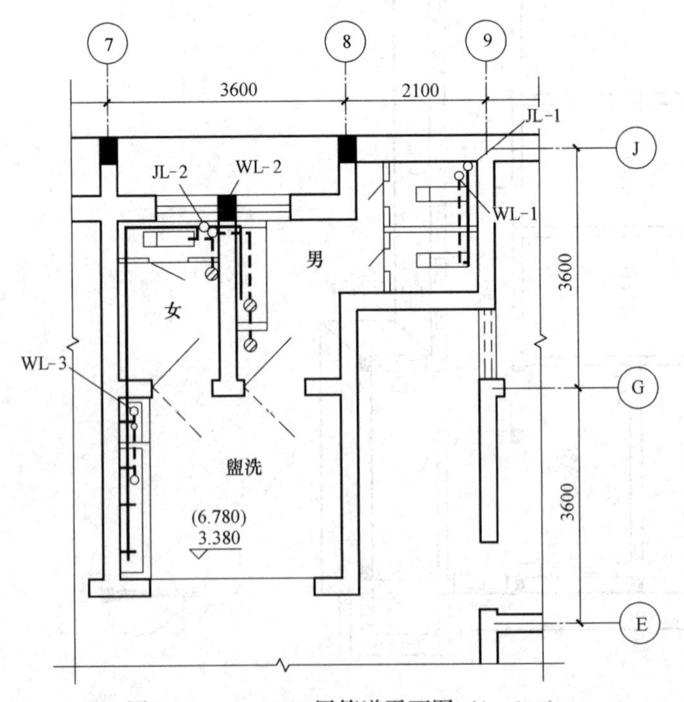

图 2-30 二（三）层管道平面图（1∶100）

2. 室内给水排水管道系统图

室内给水和排水管道系统轴测图通常采用斜等轴测图形式，主要表明管道的立体走向，其内容主要包括：

（1）表明自引入管、干管、立管、支管至用水设备或卫生器具的给水管道的空间走向和布置情况。

（2）表明自卫生器具至污水排出管的空间走向和布置情况。

（3）管道的规格、标高、坡度，以及系统编号和立管编号。

（4）水箱、加热器、热交换器、水泵等设备的接管情况、设置标高、连接方式。

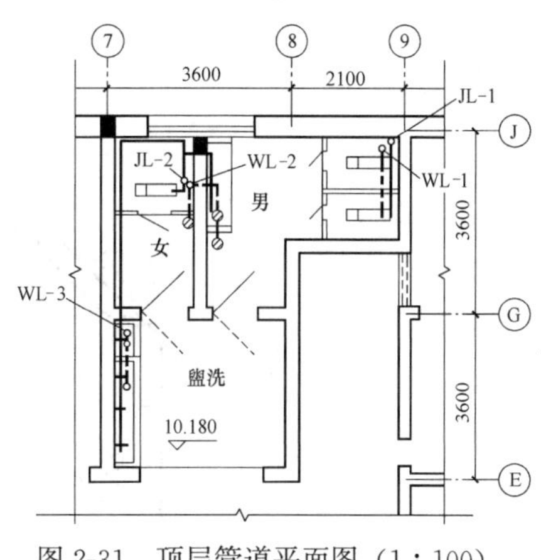

图 2-31　顶层管道平面图（1∶100）

（5）管道附近的设置情况。

（6）排水系统通气管设置方式，与排水管道之间的连接方式，伸顶通气管上的通气帽的设置及标高。

（7）室内雨水管道系统的雨水斗与管道连接形式，雨水斗的分布情况，以及室内地下检查井设置情况。

现以图 2-32 为例，说明某大学教学楼卫生间给水排水施工图的读图方法和步骤。

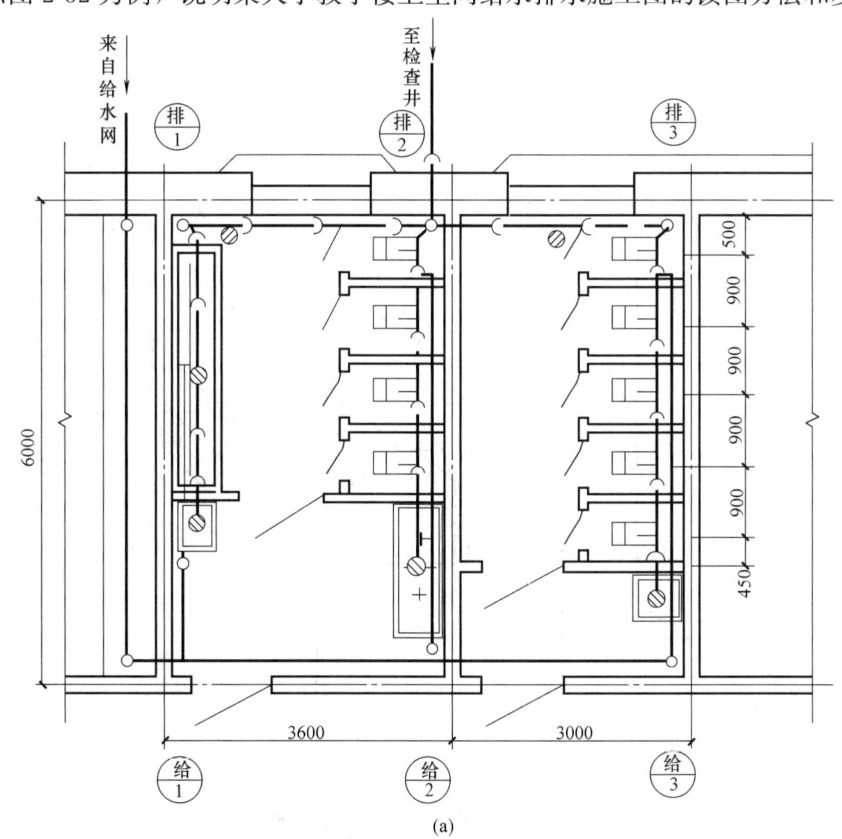

图 2-32　某大学教学楼卫生间给水排水施工图（一）

（a）平面图

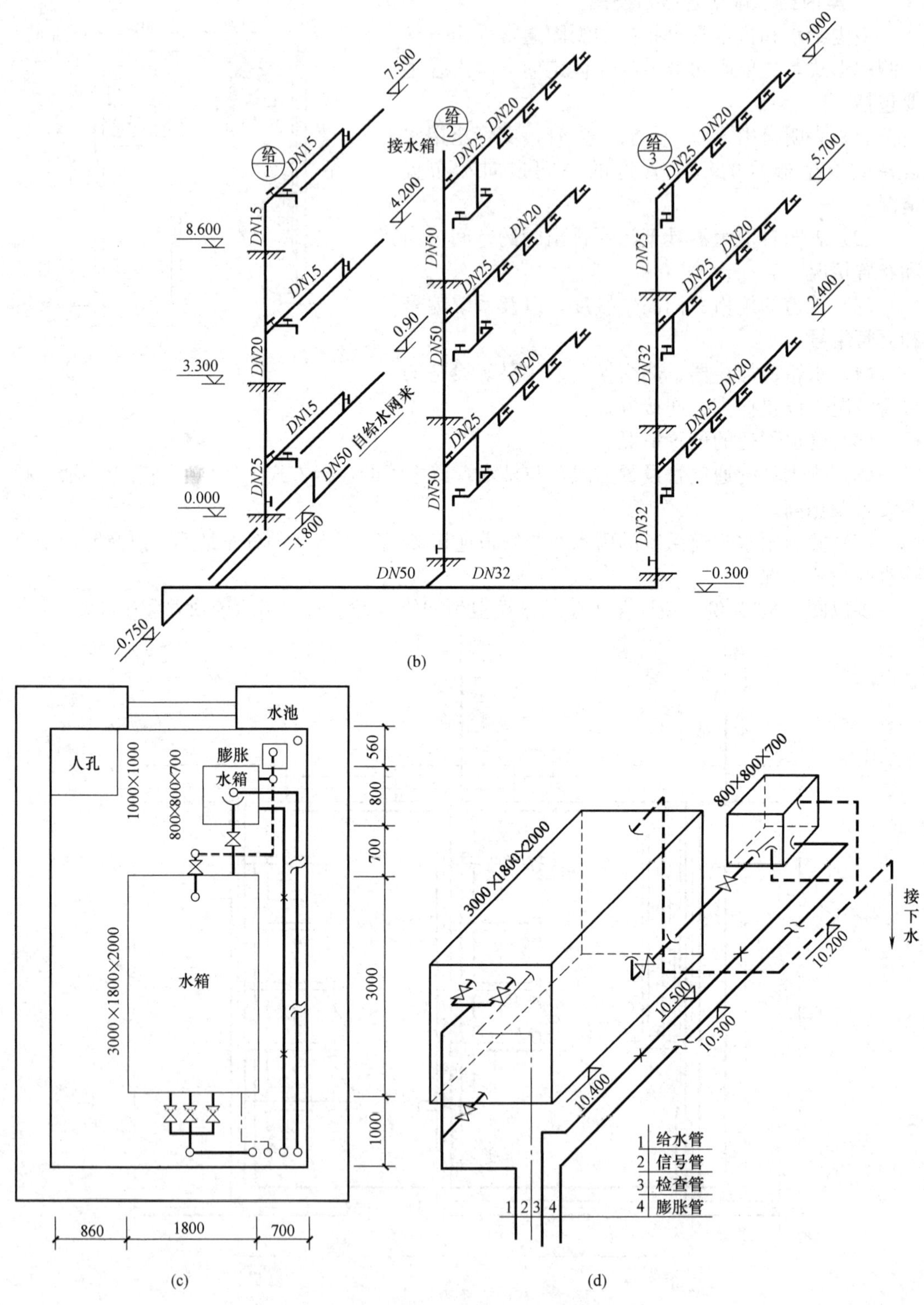

图 2-32 某大学教学楼卫生间给水排水施工图（二）

（b）给水轴测图；（c）水箱平面图；（d）水箱间轴测图

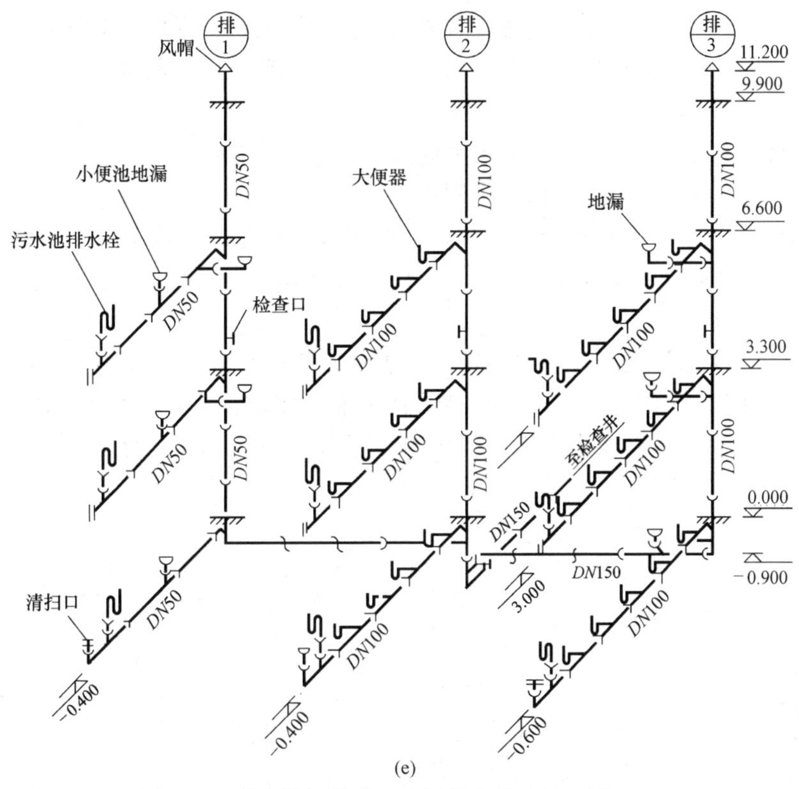

(e)

图 2-32 某大学教学楼卫生间给水排水施工图（三）

(e) 排水轴测图

(1) 先看平面图，每层有男女厕所一间，朝北面，男厕所内设高位水箱冲洗的蹲式大便器 4 个，盆洗槽 1 个，拖布池 1 个，多孔冲洗式小便槽 1 个，地面设地漏 1 个，女厕所内设蹲式大便器 5 个，拖布池 1 个，地面设地漏 1 个。从一层平面图上看给水引入管，引入管从北侧左上角部底下进入。

(2) 对照平面图看给水系统图。引入管从－1.800m 处穿外墙引入，转弯上升至－0.300m 高处（即底层楼板下面）往前延伸即为水平干管，再由干管接出 3 根立管，且在水箱底部与出水管连接。出水管上装止回阀，立管 2 既是进水管，又是出水管。水箱设在水箱间内，水箱间的位置在男厕所上部的屋顶上。

(3) 通过系统图，可以看出各管管径、标高，根据节点间管径的标注可以按比例尺量出各管长，根据螺纹连接可计算各管件的名称、数量和规格。

2.2 室外给水排水系统工程施工图

2.2.1 室外给水系统

1. 室外给水工程的组成

室外给水工程是为了满足城乡居民及工业生产等用水需要而建造的工程设施，它所供给的水在水质、水量和水压方面应适应各种用户的不同要求，因此，室外给水工程的任务是从水源取水，并将其净化到所要求的水质标准后，经输配水管网系统送往用户。

（1）水源

给水水源可分为两大类，即地下水和地面水。地下水包括泉水、井水、喀斯特溶洞水等；地面水包括江水、河水、湖水、水库水等。

1）以地面水为水源的室外给水系统。以地下水为水源的给水系统，常用大口井或深管井等取水。如果地下水水质符合生活饮用水卫生标准，可省去处理构筑物。其系统如图 2-33 所示。

2）以地表水为水源的室外给水系统。地表水是指存在于地壳表面、暴露于大气中如江、河、湖泊和水库等的水源。地表水易受到污染，含杂质较多，水质和水温都不稳定，但水量充沛。图 2-34 是以地表水为水源的给水系统，其与地下取水方式的系统相比较，组成比较复杂。

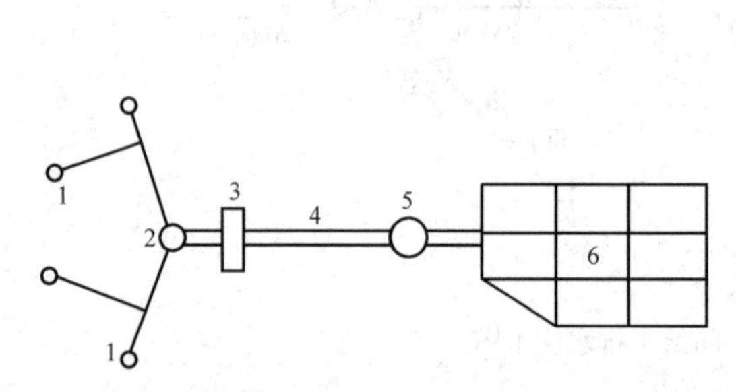

图 2-33 地下水源给水系统

1—管井；2—集水池；3—泵站；4—输水管；5—水塔；6—管网

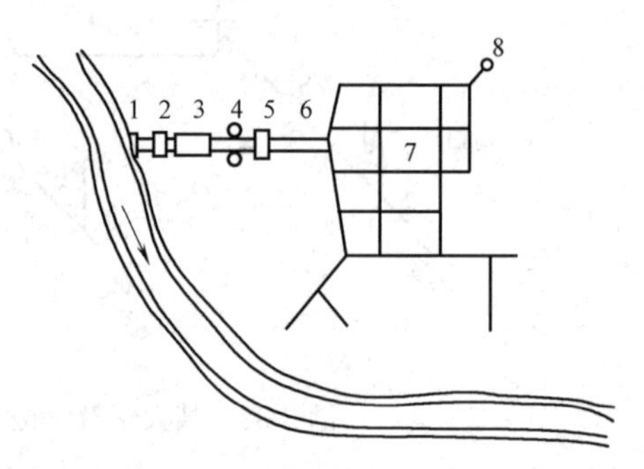

图 2-34 用地表水源的城市给水系统示意

1—取水构筑物；2—一级泵站；3—处理构筑物；4—清水池；5—二级泵站；6—干管；7—管网；8—水塔

（2）取水工程

在河流岸边和湖泊水库岸边建造提取所需要的水量的构筑物，便是取水工程。取水工程主要包括取水头部、管道、水泵站建筑、水泵设备、配电及其他附属设备。

取水工程要解决的是从天然水源中取（集）水的方法以及取水构筑物的构造形式等问题。地下水取水构筑物的形式，与地下水埋深、含水层厚度等水文地质条件有关。管井是室外给水系统中广泛采用的地下水取水构筑物，常用管井的直径在 150～600mm 的范围，井深在 300m 以内，适用于取水量大、含水层厚度在 5m 以上而埋藏深度大于 15m 的情况；大口井通常井径在 3～10m，井深在 30m 以内，适用于含水层较薄而埋藏较浅的情况；渗渠用于含水层更薄而埋藏更浅的情况。

（3）净水工程

净水工程是以地面为水源的生产水的工厂。由于江河湖水不仅浑浊，而且有各种细菌，无法直接应用于生活和生产，因此，必须经净水处理成满足生活和生产需要的水质标准。生产过程中需要建造净化设备，如加药设备、混合反应设备、沉淀过滤设备、加氯灭菌设备等。

地面水的净化工艺流程，应根据水源水质和用水对水质的要求确定。一般以供给饮用水为目的的工艺流程，主要包括四个部分，即混凝、沉淀、过滤及消毒。图 2-35 是以地面水为水源的自来水厂平面布置图例。它是由生产构筑物、辅助构筑物和合理的道路布置等组成。

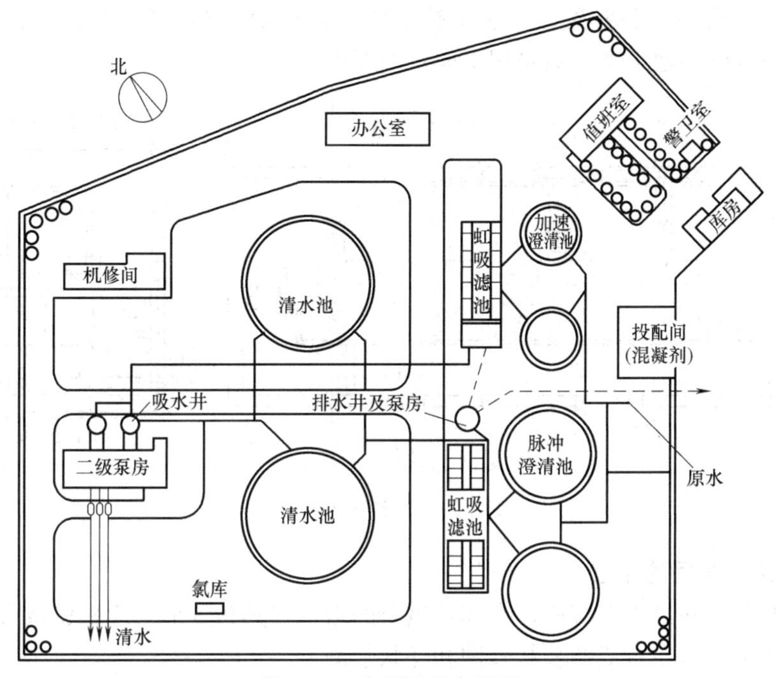

图 2-35　水厂平面布置图

（4）输配水工程

输配水工程通常包括输水管道、配水管网及调节构筑物等，净化后的水以足够的水量和水压输送给用水户，需要建筑足够数量的输水管道、配水管图和水泵站，建造水池和水塔等调节构筑物。地面水给水系统的组成如图 2-36 所示。

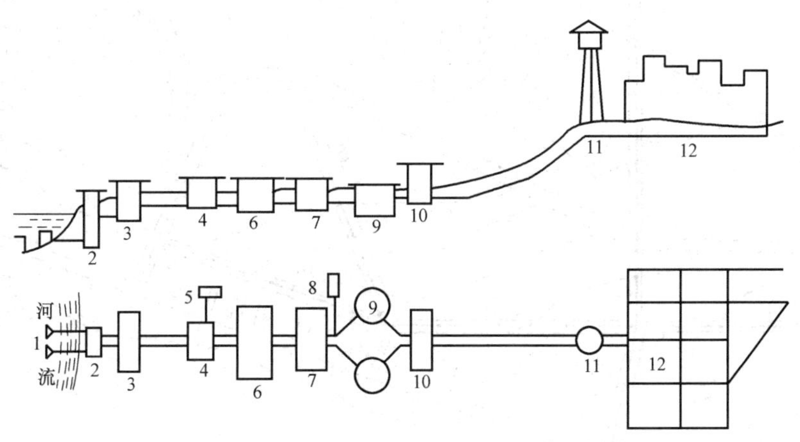

图 2-36　地面水源给水系统

1—取水头；2—取水建筑；3——级泵站；4—混合反应；5—加药；6—沉淀；7—过滤；8—加氯；9—清水池；10—二级泵站；11—水塔；12—管网

（5）泵站

泵站是将整个给水系统连为一体的枢纽，是确保给水系统正常运行的关键。在给水系统中，通常将水源的取水泵站称为一级泵站，而将连接清水池和输配水系统的送水泵站称为二级泵站。

泵站的主要设备有水泵及其引水装置、配套电机及配电设备和起重设备等。图 2-37 为一个设有平台的半地下室二级泵房平面及剖面图。

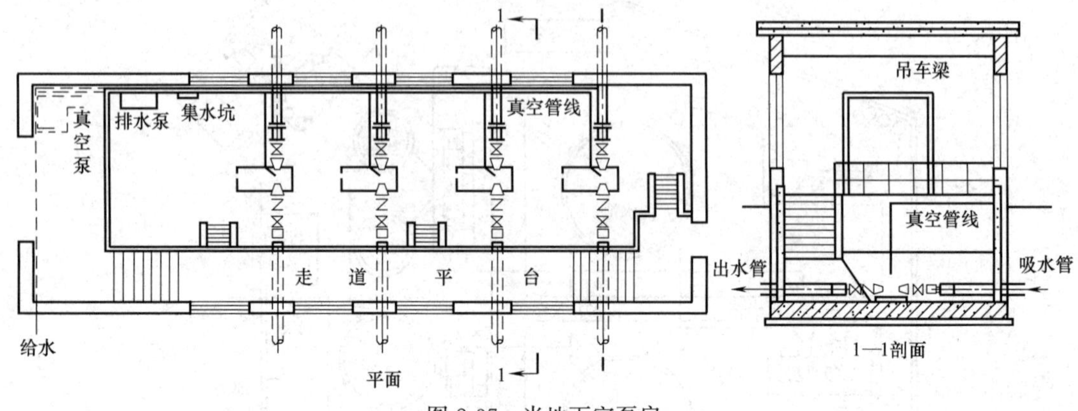

图 2-37 半地下室泵房

2. 室外给水管网的布置

室外给水管网在给水系统中占有非常重要的地位，其布置形式应根据城市规划、用户分布及用水要求，可布置成树枝状管网和环状管网。

（1）树枝状管网

树枝状配水管网管线同树枝一样，向水区伸展，它的管线总长度短，构造简单，投资较省，但当某处管道损坏时，则该处以后靠此管供水处将全部停水，因此，供水可靠性差，如图 2-38 所示。

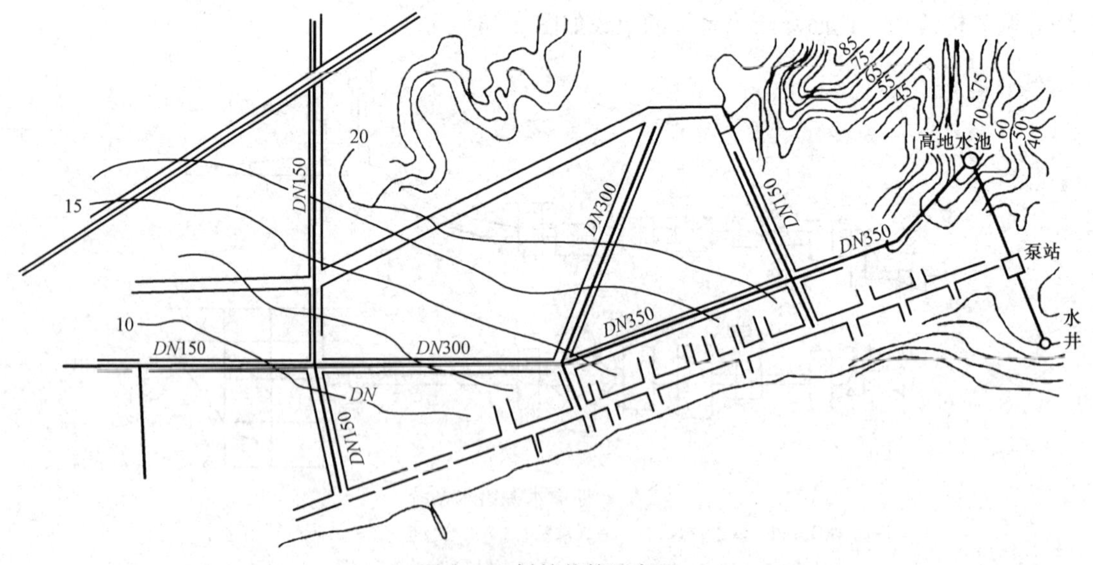

图 2-38 树枝状管网布置

（2）环状管网

环状管网是指供水干管间互相连通而形成的闭合管路，如图 2-39 所示。但管线总长度比枝状管网长，管网中阀门多，基建投资相应增加。在实际工程中，往往将枝状管网和环状管网结合起来进行布置。可根据具体情况，在主要给水区采用环状管网，在边远地区采用枝状管网。不管枝状管网还是环状管网，都应将管网中的主干管道布置在两侧用水量较大的地区，并以最短的距离向最大的用水户供水。

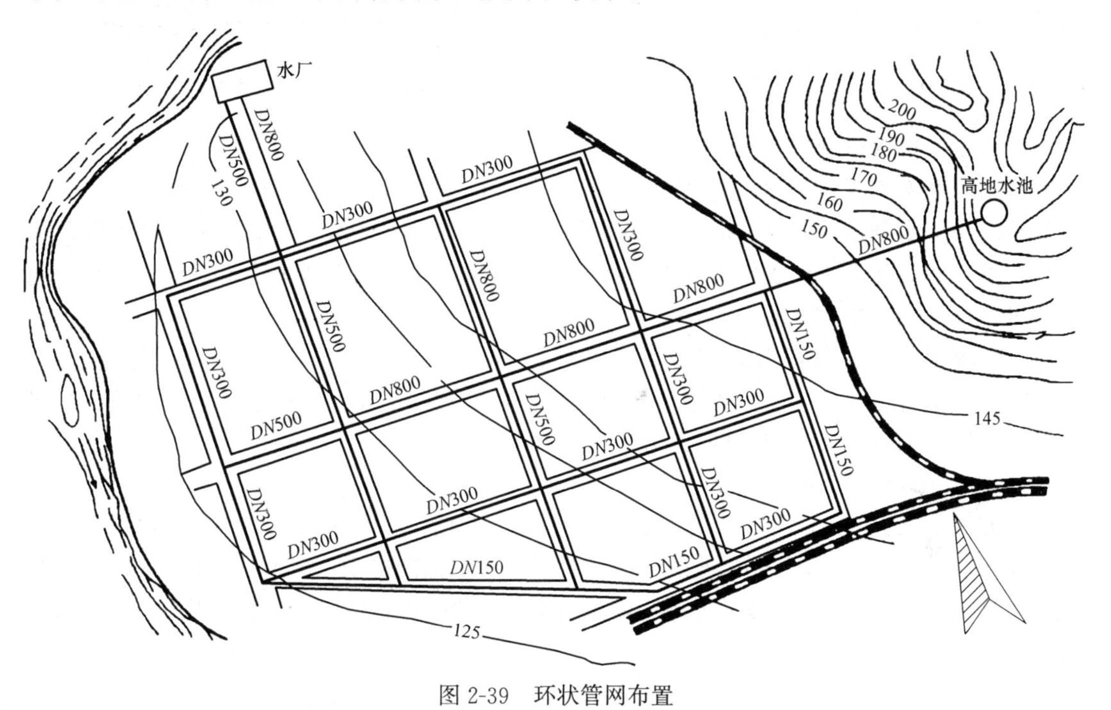

图 2-39　环状管网布置

2.2.2　室外排水系统

1. 室外排水系统体制

室外排水工程是将建筑物内排出的生活污水、工业废水和雨水有组织地按一定的系统汇集起来，经处理符合排放标准后再排入水体，或灌溉农田，或回收再利用。

（1）室外排水体制的分类

生活污水、工业废水和雨水是采用同一个管道系统来排除，或是采用两个或两个以上各自独立的管道系统来排除，这种不同排除方式所形成的排水系统称作排水体制。排水体制一般分为合流制与分流制两种类型。

1）合流制。合流制是将生活污水、工业废水和雨水排泄到同一个管渠内的系统，如图 2-40 所示。其特点是将其中的污水和雨水不经过处理就直接就近排入水体，由于污水未经处理即排放出去，常常使得受纳水体受到严重的污染。

2）分流制。分流制排水系统如图 2-41 所示。分流制排水系统是将生活污水、工业废水和雨水分别在两个或两个以上各自独立的管渠内排除的系统。排除生活污水、工业废水或城市污水的系统称为污水排水系统；排除雨水的系统称为雨水排水系统。其优点是污水能得到全部处理；管道水力条件较好；可分期修建。主要缺点是降雨初期的雨水对水体仍有污染。我国新建城市和工矿区多采用分流制。对于分期建设的城市，可先设置污水排水系统，待城市发展成型后，再增设雨水排水系统。

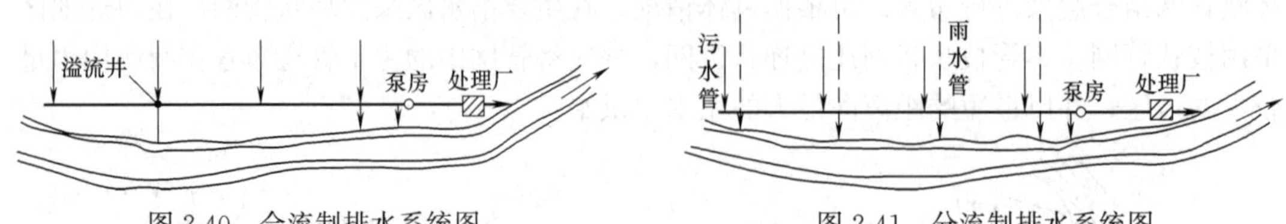

图 2-40 合流制排水系统图　　图 2-41 分流制排水系统图

(2) 室外排水体制的选择

排水体制的选择是一项很复杂很重要的工作，应根据城市及工矿企业的规划、环境保护的要求、污水利用的情况、原有排水设施、水质、水量、地形、气象和水体等条件，从全局出发，在满足环境保护的前提下，通过技术、经济比较综合考虑确定，条件不同的地区也可采用不同的排水体制。

2. 室外排水管道接口形式

室外排水管道接口主要有水泥砂浆抹带接口、钢丝网水泥砂浆抹带接口、承插口水泥砂浆接口以及沥青砂柔性接口四种形式。

(1) 水泥砂浆抹带接口

水泥砂浆抹带接口，一般适用于雨水管道接口，如图 2-42 所示。从图中可以看出，水泥砂浆抹带接口时，抹第一道砂浆时，应使管缝在管带范围居中，厚度约为带厚的 1/3，并压实使其与管粘结牢固。在表面划出线槽，待第一层砂浆初凝后抹第二层，用弧形抹子捋压成形。

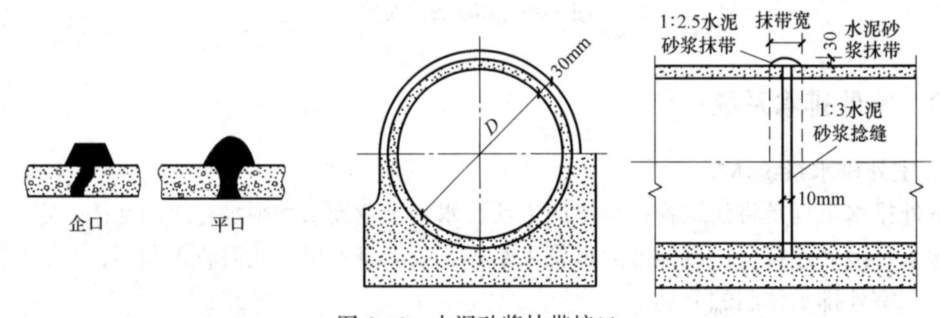

图 2-42 水泥砂浆抹带接口

(2) 钢丝网水泥砂浆抹带接口

钢丝网水泥砂浆抹带接口形式如图 2-43 所示。从图中可以看出，用钢丝网水泥砂浆抹带接口时，钢丝网留出搭接长度，搭接长度不小于 100mm。钢丝网一般为 20 号 10mm×10mm 钢丝网，绑丝为 20 号或 22 号镀锌绑丝。抹第一层砂浆时应压实，与管壁粘牢，厚 15mm 左右，待底层砂浆稍晾有浆皮儿后，将两片钢丝网包拢，使其挤入砂浆浆皮中，用绑丝扎牢。同时，要把所有的钢丝网头向下折塞入网内，保持网表面平整。第一层水泥砂浆初凝后，再抹第二层水泥砂浆，抹带完成后立即养护。

(3) 承插口水泥砂浆接口

承插口水泥砂浆接口，如图 2-44 所示。用承插口水泥砂浆接口时，承口下部座满 1：2 水泥砂浆。安装第二节管接口缝隙用 1：2 水泥砂浆填捣密实，口部抹成斜面。

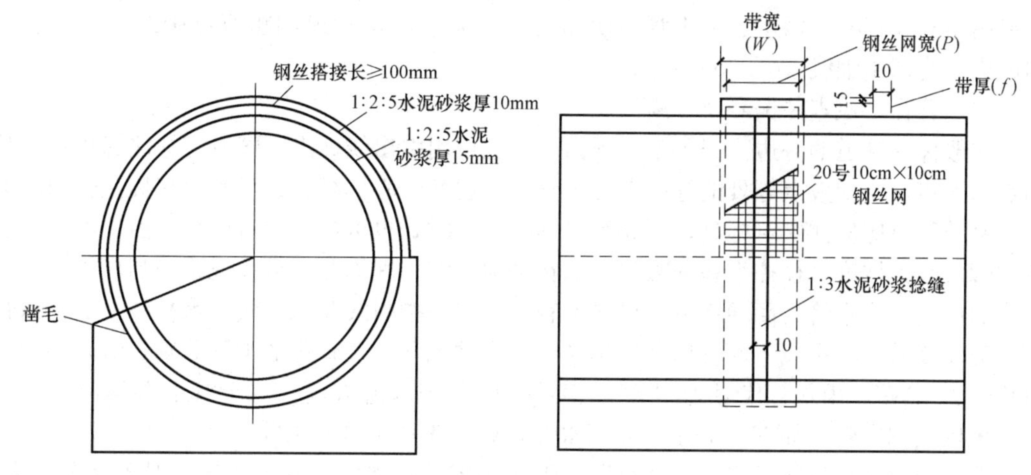

图 2-43　钢丝网水泥砂浆抹带接口

（4）沥青砂浆柔性接口

沥青砂浆接口形式如图 2-45 所示。

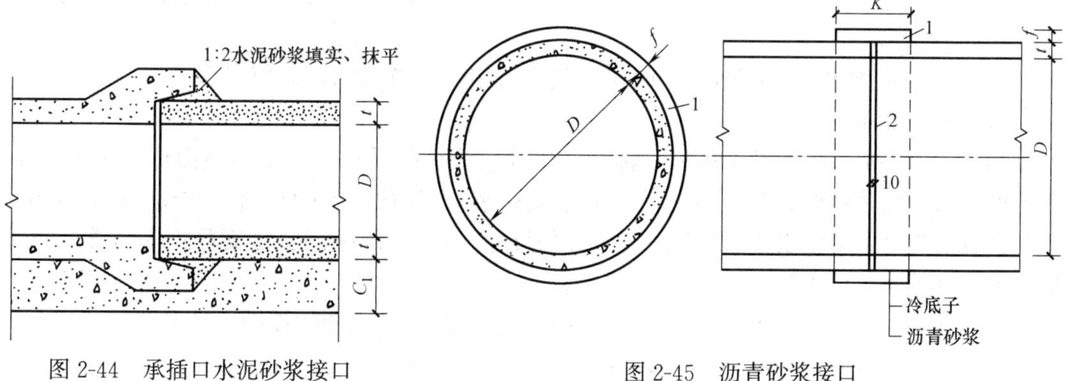

图 2-44　承插口水泥砂浆接口

图 2-45　沥青砂浆接口

1—沥青砂浆管带；2—1∶3 水泥砂浆；D—管直径；

f—沥青砂浆厚度；K—沥青砂浆层宽度

2.2.3　室外给水排水施工图

1. 室外给水排水总平面图

室外给水排水总平面图主要表示建筑物室内外管道的连接和室外管道的布置情况。

（1）比例

室外给水排水总平面图主要以能显示清楚该小区范围内的室外管道布置即可，常用 1∶500～1∶2000，视具体需要而定，一般可采用与该区建筑总平面图相同的比例。

（2）建筑物及各种附属设施

小区内的房屋、道路、草地、广场、围墙等，均可按建筑总平面图的图例，用 0.25b 的细实线画出其外框。但在房屋的屋角上，须画上小黑点以表示该建筑物的层数，点数即为层数。

（3）管道及附属设备

给水管道，污水、废水管道，雨水管道均用粗实线（b）绘制，并在其上分别标以 J、W、F、Y 等字母以示区别。不过，本书为表达清楚起见，对管道线型规定如下：即给水管道用粗实线（b），污水、废水管道用粗虚线（b），雨水管道用粗双点画线（b）表示，附属构筑物都用细线（$0.25b$）画出。

（4）管径、检查井编号及标高

一般标在管道的旁边。当无空余图面时，也可用引出线标出。管道应标注起止点、转角点、连接点、变坡点等处的标高。给水管宜标注管中心标高；排水管道宜标注管内底标高。室外管道应标注绝对标高，当无绝对标高资料时，也可标注相对标高。由于给水管是压力管，且无坡度，往往沿地面敷设，如在平地中统一埋深时，可在说明中列出给水管管中心的标高。排水管为简便起见，可在检查井处引一指引线及水平线，水平线上面标以管道种类及编号；水平线下面标以井底标高。检查井编号应按管道的类别分别自编，如污水管代号为“W”，雨水管代号为“Y”。编号顺序可按水流方向，自干管上游编向干管下游，再依次编支管，如 Y-4 表示 4 号雨水井，W-1 表示 1 号污水井。

管道及附属构筑物的定位尺寸可以以附近房屋的外墙面为基准注出。对于复杂工程，可以用标注建筑坐标来定位。

（5）指北针或风玫瑰图

为表示房间的朝向，在给水排水总平面图上应画出指北针（或风玫瑰图）。以细实线（$0.25b$）画一直径 $\phi 24$ 的圆圈，内画三角形指北针（指针尾部宽 3mm），以显示该房屋的朝向。

（6）图例

在室外给水排水总平面图上，应列出该图所用的所有图例，以便于识读。

（7）施工说明

施工说明一般有以下几个内容：标高、尺寸、管径的单位；与室内地面标高±0.000m 相当的绝对标高值；管道的设置方式（明装或暗装）；各种管道的材料及防腐、防冻措施；卫生器具的规格，冲洗水箱的容积；检查井的尺寸；所套用的标准图的图号；安装质量的验收标准；其他施工要求等。

现以图 2-46 为例，说明某学校室外给水排水管道总平面图的读图方法和步骤。

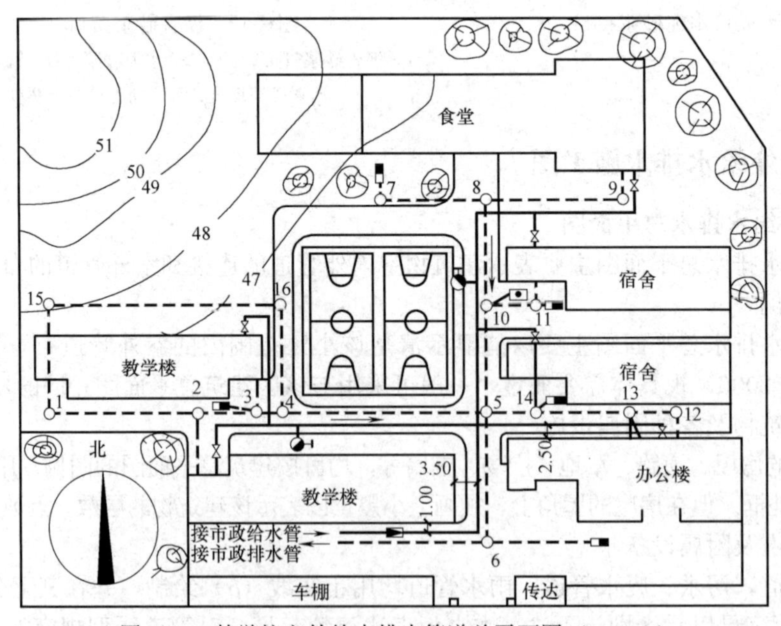

图 2-46 某学校室外给水排水管道总平面图（1∶500）

（1）该办公楼的给水管道从南面的原有引入管引入，管中心距教学楼南墙 1.00m，管径为 *DN*100，其上先接一水表井，井内装有总水表及总控制阀门，该管在距教学楼东墙 3.50m 处转弯，管径仍为 *DN*100，延伸至该办公楼北墙 2.50m 处转弯，管径为 *DN*50，其上接一根支管 *DN*50 至该办公楼。

（2）该办公楼的污水管道分别接入污水检查井 W-12 和 W-13，两检查井用 *DN*150 的管道连接，经管道 *DN*150 向西，后变径为 *DN*300 向南向西与市政管网相接。从图中可以看出，排水管从上游向下游越来越低，以利于污水的排出。

2. 室外给水排水平面图

室外给水排水管道平面图主要表示一个厂区、地区（或街区）给水排水布置情况。识图的主要内容和注意事项如下：

1）查明管路平面布置与走向。通常用粗实线表示给水管道，用粗虚线表示排水管道，用直径 2～3mm 的小圆表示检查井。给水管道的走向是从大管径到小管径，通向建筑物的；排水管的走向则是从建筑物出来到检查井，各检查井之间从高标高到低标高，管径是从小到大的。

2）室外给水管道要查明消火栓、水表井、阀门井的具体位置。当管路上有泵站、水池、水塔以及其他构筑物时，要查明这些构筑物的位置、管道进出的方向，以及各构筑物上管道、阀门及附件的设置情况。

3）要了解给水排水管道的埋深及管径。管道标高往往标注绝对标高，识图时要清楚地面的自然标高，以便计算管道的埋设深度。室外给水排水管道的标高通常是按管底来标注的。

4）室外排水管道识读时，特别要注意检查井的位置和检查井进出管的标高。当没有标高标注时，可用坡度计算出管道的相对标高。当排水管道有局部污水处理构筑物时，还要查明这些构筑物的位置，进出接管的管径、距离以及坡度等，必要时应查看有关的详图，进一步弄清构筑物的构造以及构筑物上的配管情况。

现以图 2-47 为例，说明某办公楼室外给水排水平面图的读图方法和步骤。

（1）给水系统

原有给水管道是从东面市政给水管网引入的管中心距离锅炉房 2.5m，管径为 *DN*75。其上设一水表 BJ1，内装水表及控制水阀。给水管一直向西再折向南，沿途分设支管分别接入锅炉房（*DN*50）、库房（*DN*25）、试验车间（*DN*40×2）、科研楼（*DN*32×2），并设置了三个室外消火栓。

新建给水管道则是由科研楼东侧的原有给水管阀门井 J3（预留口）接出，向东再向北引入新建办公楼，管径为 *DN*32，管中心标高 3.10m。

（2）排水系统

根据市政排水管网提供的条件采用分流制，分为污水和雨水两个系统分别排放。其中，污水系统原有污水管道是分两路汇集至化粪池的进水井。北路：连接锅炉房、库房和试验车间的污水排出管，由东向西接入化粪池（P5、P1-P2-P3-P4-HC）；南路：连接科研楼污水排出管向北排入化粪池（P6-HC）。新建污水管道是办公楼污水排出管由南向西再向北排入化粪池（P7-P8-P9-HC）。汇集到化粪池的污水经化粪池预处理后，从出水井排入附近市政污水管。

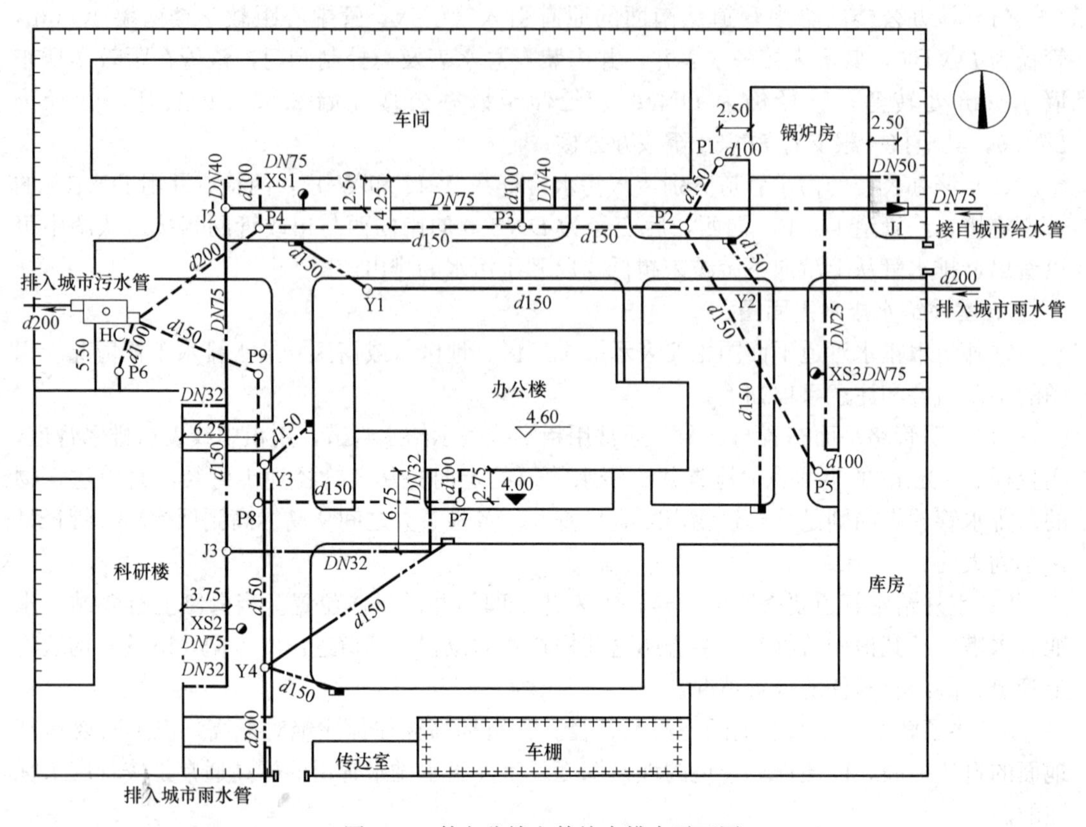

图 2-47　某办公楼室外给水排水平面图

(3) 雨水系统

各建筑物屋面雨水经房屋雨水管流至室外地面，汇合庭院雨水经路边雨水口进入雨水管道，然后经由两路 Y1-Y2 向东和 Y3-Y4 向南排入城市雨水管。

3. 室外给水排水纵断面图

由于地下管路种类繁多，布置复杂，为了更好地表示给水排水管道的纵断面布置情况，有些工程还需绘制管道纵断面图。识读时应该掌握的主要内容和注意事项如下：

1) 查明管道、检查井的纵断面情况。有关数据均列在图纸下面的表格中，一般应列有检查井编号及距离、管道埋深、管底标高、地面标高、管道坡度和管道直径等。

2) 由于管道长度方各比直径方向大得多，绘制纵断面图时，纵横向采用不同的比例。横向比例，城市（或居住区）为 1：5000 或 1：10000；工矿企业为 1：1000 或 1：2000；纵向比例为 1：100 或 1：200。

现以图 2-48 为例，说明某新建办公楼室外排水管道纵断面图的读图方法和步骤。

1) 此段新建排水管道采用混凝土基础，设计地面标高为 4.00m，管段编号分别为 P7、P8、P9、HC，P7 段排水管道管径 $d=100$，设计管内底标高为 3.30m，管段水平距离为 2.00m，管径坡度 $i=0.02$；P8 段排水管道管径 $d=150$，设计管内底标高为 3.07m，管段水平距离为 16.00m，管径坡度 $i=0.01$；P9 段排水管道管径 $d=150$，设计管内底标高为 2.97m，管段水平距离为 10.00mm，管径坡度 $i=0.01$；HC 段排水管道管径 $d=150$，设计管内底标高为 2.66m，管段水平距离为 11.00m，管径坡度 $i=0.01$。

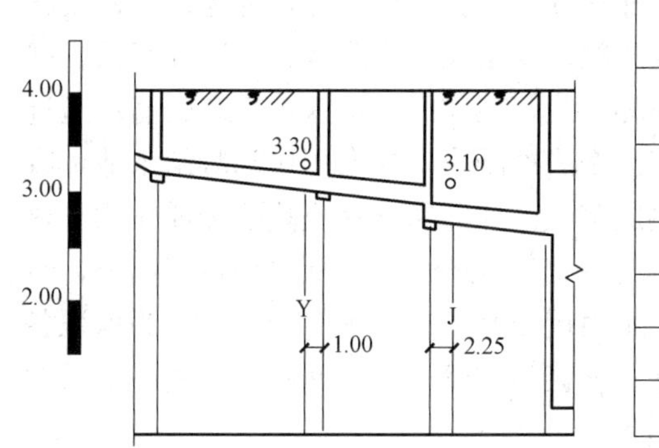

自然地面标高	
设计地面标高	4.00
设计管内底标高	3.30 3.26 3.23 3.07 2.97 2.77 2.66
管径坡度	d100 i0.02 d150 i0.01
平面距离	2.00 16.00 10.00 11.00
编号	P7 P8 P9 HC
管道基础	混凝土基础

图 2-48 某新建办公楼室外排水管道纵断面图

2）同时，还表明了与排水管道相交叉的雨水管（标高 3.30m）和给水管（标高 3.10m）的相对位置关系。

2.3 室内热水供应系统工程施工图

2.3.1 室内热水供应系统的组成

如图 2-49 所示，热水供应系统主要由热媒系统（包括热源、水加热管和热媒管网）、

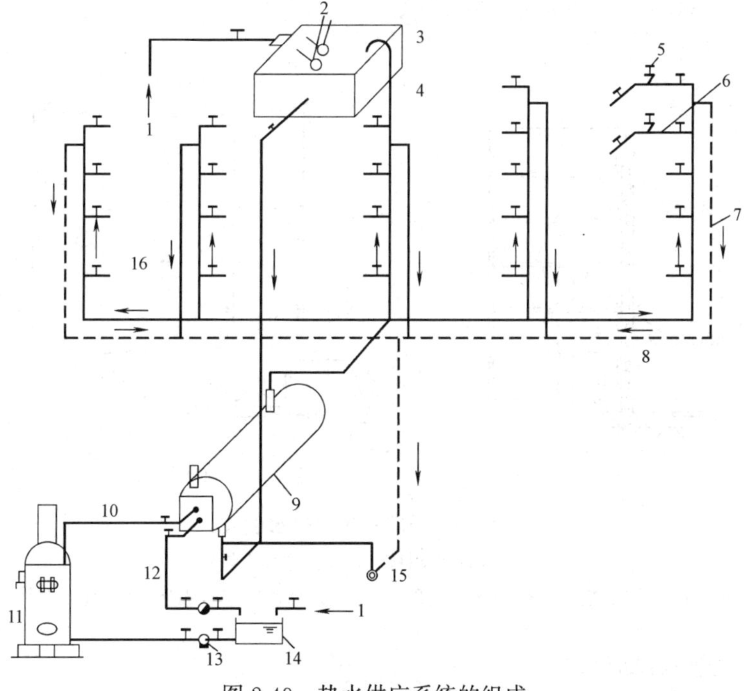

图 2-49 热水供应系统的组成

1—冷水；2—浮球阀；3—给水箱；4—透气管；5—配水龙头；6—配水支管；7—回水立管；8—回水干管；9—加热器；10—蒸气管；11—锅炉；12—凝结水管；13—凝结水泵；14—凝结水池；15—热水循环水泵；16—配水立管

热水供水系统（包括热水配水管网和回水管网）和附件（包括蒸汽、热水的控制附件及管道的连接附件，如：温度自动调节、疏水器、减压阀、安全阀、膨胀罐、管道补偿器、闸阀、水嘴）三大部分组成。热媒系统也称第一循环系统，工作时，由锅炉生产的蒸汽通过热媒管网送到水加热器加热冷水，经过热交换蒸汽变成冷凝水，靠余压送到凝结水池，冷凝水和新补充的软化水经循环泵送回锅炉再加热成蒸汽。如此循环完成热的传递作用。热水供水系统也称第二循环系统，工作时，被加热到一定温度的热水，从水加热器出来，经配水管网送到各个热水配水点，而水加热器的冷水由屋顶水箱或给水管网补给。为保证各用水点随时都有规定水温的热水，在立管和水平干管甚至支管上设置回水管，使一定量的热水在管道中循环流动，以补充管网所散失的热量。

2.3.2 室内热水供应系统的分类

室内热水供应系统按照其供应范围的大小，可分为局部热水供应系统、集中热水供应系统和区域性热水供应系统三类。

（1）局部热水供应系统

局部热水供应系统是采用各种小型加热设备在用水场所就地加热，供局部范围内的一个或几个用水点使用的热水系统。局部热水供应系统适用于热水用水点少、热水用水量较小且较分散的建筑。图 2-50（a）为局部热水供热系统示意图。

（2）集中热水供应系统

集中热水供应系统是利用加热设备集中加热冷水后通过输配系统送至一幢或多幢建筑中的热水配水点，为保证系统热水温度需设循环回水管，将暂时不用的部分热水再送回加热设备。图 2-50（b）为集中热水供应系统。

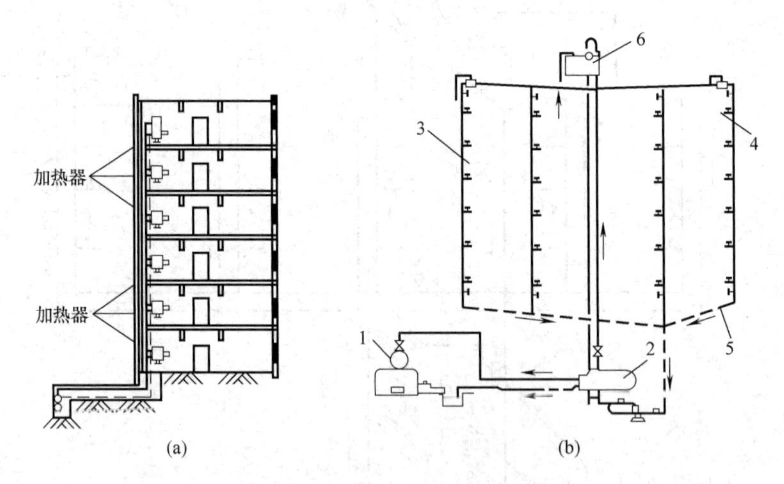

图 2-50 局部和集中热水供应

（a）局部热水供应；（b）集中热水供应

1—锅炉；2—热交换器；3—输配水管网；4—热水配水点；5—循环回水管；6—冷水箱

（3）区域性热水供应系统

区域性热水供应系统以集中供热热力网中的热媒为热源，由热交换设备加热冷水，然后经过输配系统供给建筑群各热水用水点使用。这种系统热效率最高，但一次性投资大，有条件的应优先采用。

上述三种类型的热水供应系统，以区域性热水供应系统热效率最高，因此，如果条件允许，应该优先采用区域性热水供应系统。此外，如有余热或废热可以利用，则应尽可能利用余热或废热来加热水，以供用户使用。

2.3.3 室内热水供应系统方式

室内热水系统供应方式有局部热水供应方式、集中热水供应方式及区域性热水供应方式三种。

1. 局部热水供应方式

局部热水供应方式有炉灶加热、小型单管快速加热、汽-水直接混合加热、管式太阳能热水装置四种。

(1) 炉灶加热方式

炉灶加热方式是利用炉灶炉膛余热加热水的供应方式。它适用于单户或单个房间（如卫生所的手术室）需用热水的建筑，其基本组成有加热套管或盘管、储水箱及配水管三部分，如图 2-51 (a) 所示。选用这种方式要求卫生间尽量靠近设有炉灶的厨房、开水间等，方可使装置及管道紧凑、热效率高。

(2) 小型单管快速加热和汽-水直接混合加热方式

在室外有蒸汽管道，室内仅有少量卫生器具使用热水，可以选用这种方式。小型单管快速加热用的蒸汽可利用高压蒸汽也可利用低压蒸汽。采用高压蒸汽时，蒸汽的表压不宜超过 0.25MPa，以避免发生意外的烫伤人体事故。混合加热一定要使用低于 0.07MPa 的低压锅炉。这两种局部热水供应方式的缺点是调节水温困难，如图 2-51 (b)、(c) 所示。

(3) 管式太阳能热水装置（器）的供应方式

它利用太阳照向地球表面的辐射热，将保温箱内盘管或排管中的冷水加热后，送到贮水箱或贮水罐以供使用。这是一种节约燃料且不污染环境的热水供应方式，但在冬季日照时间短或阴雨天气时效果较差，需要备有其他热源和设备使水加热，如图 2-51 (d) 所示。太阳能热水器的管式加热器和热水箱可分别设置在屋顶上或屋顶下，也可设在地面上，如图 2-51 (e)～(h) 所示。

2. 集中热水供应方式

集中热水供应方式有下行上给全循环供水方式、上行下给式全循环管网方式、干管下行上给半循环管网方式、不设循环管道的上行下给管网方式四种方式。

(1) 下行上给全循环供水方式

干管下行上给全循环供水方式，由两大循环系统组成，如图 2-52 (a) 所示。

1) 第一循环系统。锅炉、水加热器、凝结水箱、水泵及热媒管道等构成第一循环系统，其作用是制备热水。

2) 第二循环系统。主要由上部贮水箱、冷水管、热水管、循环管及水泵等构成，其作用是输配热水。锅炉生产的蒸汽，经蒸汽管进入容积式水加热器的盘管，把热量传给冷水后变为冷凝水，经疏水器与凝结水管流入凝结水池，然后用凝结水泵送入锅炉加热，继续产生蒸汽。冷水自给水箱经冷水管从下部进入水加热器，热水从上部流出，经敷设在系统下部的热水干管和立管、支管分送到各用水点。为了能经常保证所要求的热水温度，设

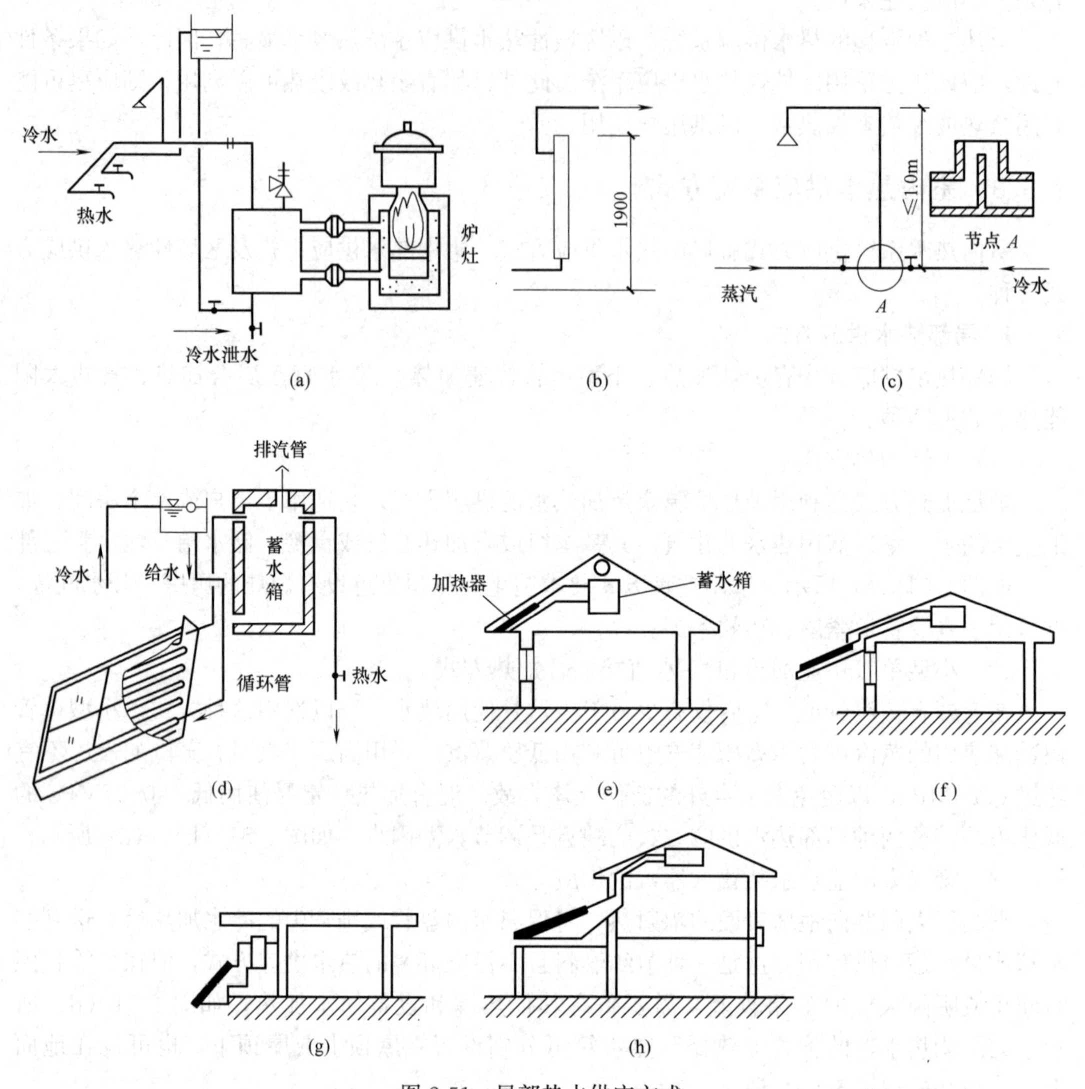

图 2-51 局部热水供应方式

（a）炉灶加热；（b）小型单管快速加热；（c）汽-水直接混合加热；（d）管式太阳能热水装置
（e）管式加热器在屋顶；（f）管式加热器充当窗户遮篷；（g）管式加热器在地面上；（h）管式加热器在单层屋顶上

置了循环干管和立管，以水泵为循环动力，使热水经常循环流动，不致因管道散热而降低水温。该系统适用于热水用水量大、要求较高的建筑。

（2）上行下给式全循环管网方式

将热水输配干管敷设在系统上部，此时循环立管是由每根热水立管下部延伸而成。这种方式一般适用在五层以上，并且对热水温度的稳定性要求较高的建筑。因配水管与回水管之间的高差较大，往往可以采用不设循环水泵的自然循环系统。这种系统的缺点是不便维护和检修管道，如图 2-52（b）所示。

（3）下行上给半循环管网方式

干管下行上给半循环管网方式，适用于对水温的稳定性要求不高的五层以下建筑物，比全循环方式节省管材，如图 2-52（c）所示。

（4）不设循环管道的上行下给管网方式

不设循环管道的上行下给管网方式，适用于浴室、生产车间等建筑物内。这种方式的优点是节省管材，缺点是每次供应热水前需排泄掉管中冷水，如图 2-52（d）所示。

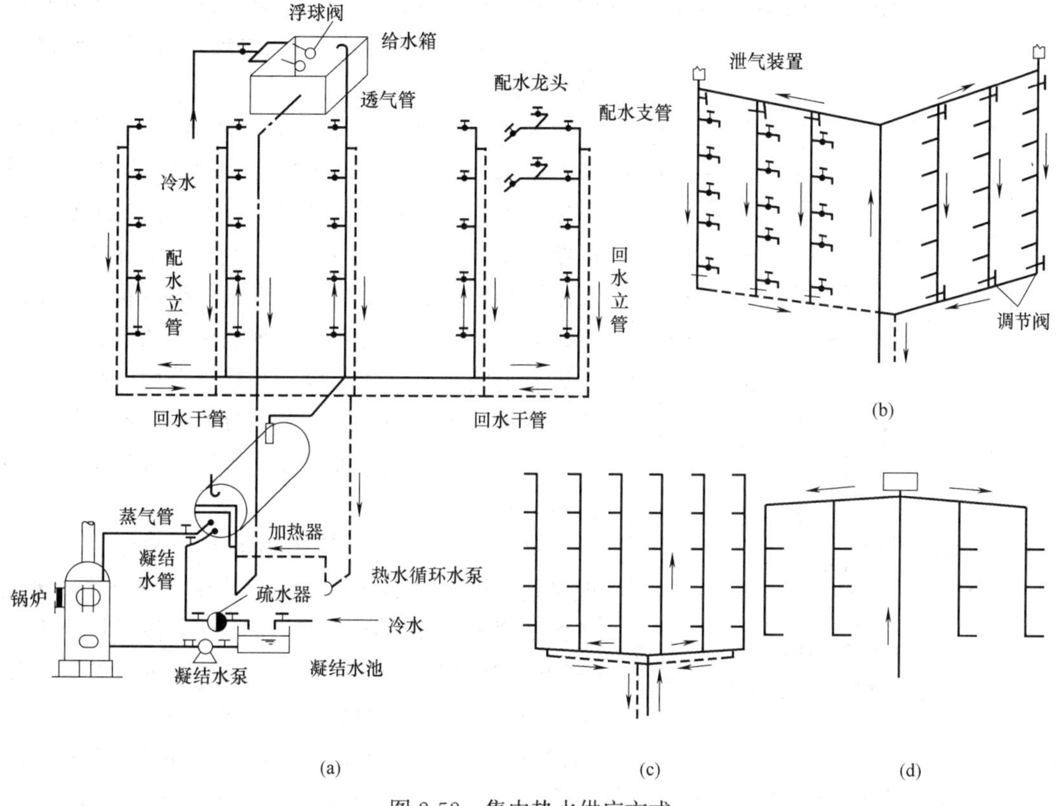

图 2-52　集中热水供应方式

（a）下行上给式全循环管网；（b）上行下给式全循环管网；（c）下行上给式半循环管网；（d）上行下给式管网

3. 区域热水供应方式

区域热水供应方式如图 2-53 所示。水在区域性锅炉房或热交换站集中加热，通过市政热水管网输送至整个建筑群、城市街道或整个工业企业的热水供应系统。

区域性热水供应方式，除热源形式不同外其他内容均与集中热水供应方式无异。室内热水供应系统与室外热力网路的连接方式同供暖系统与室外热网的连接方式。

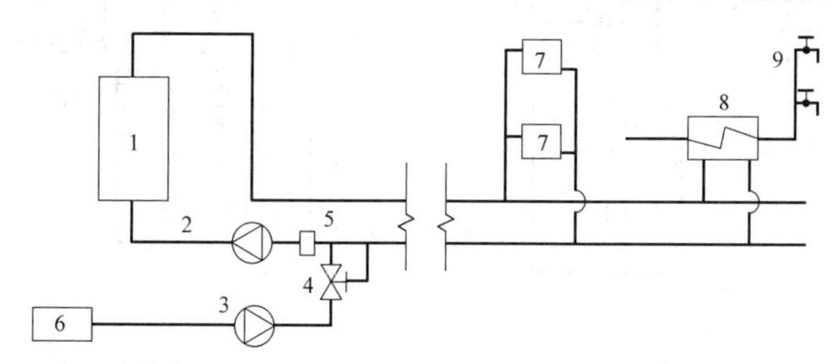

图 2-53　区域热水供应系统

1—热水锅炉；2—循环水泵；3—补给水泵；4—压力调节阀；5—除污器；6—补充水处理装置；7—供暖散热器；8—生活热水加热器；9—生活用热水

2.3.4 高层建筑热水供应系统

1. 分区供水方式

高层建筑热水系统同冷水系统一样应采用竖向分区供水。主要有三种分区供水方式：

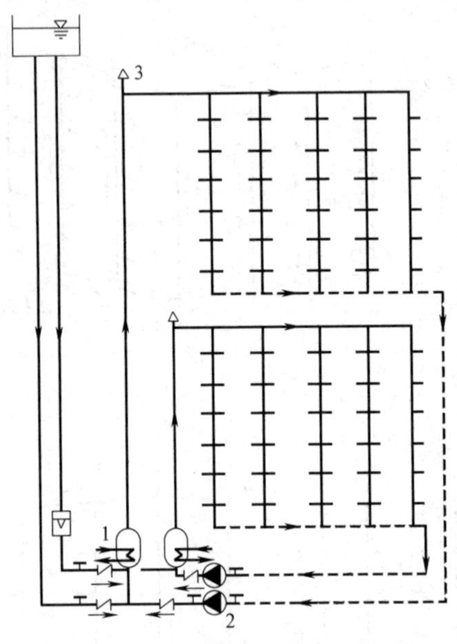

图 2-54 集中设置水加热器、分区设置热水管网的供水方式

1—水加热器；2—循环水泵；3—排气阀

（1）集中设置水加热器、分区设置热水管网的供水方式

如图 2-54 所示。各区热水配水循环管网自成系统，水加热器、循环水泵集中设在底层或地下设备层，各区所设置的水加热器或贮水器的进水由同区给水系统供给。其优点是：各区供水自成系统，互不影响，供水安全可靠；设备集中设置，便于维修、管理。其缺点是：高区水加热器和配、回水主立管管材需承受高压，设备和管材费用较高。因此该分区形式不宜用于多于 3 个分区的高层建筑。

（2）分散设置水加热器、分区设置热水管网的供水方式

如图 2-55 所示。各区热水配水循环管网也自成系统，但各区的加热设备和循环水泵分散设置在各区的设备层中。图 2-55（a）所示各区均为上配下回热水供应图式，图 2-55（b）所示为各区采用上配下回与下配上回混设的热水供应图式。该方式的优点是：供水安全、可靠，且水加热器按各区水压选用，承压均衡且回水立管短；其缺点是：设备分散设置不但要占用一定的建筑面积，维修管理也不方便且热媒管线较长。

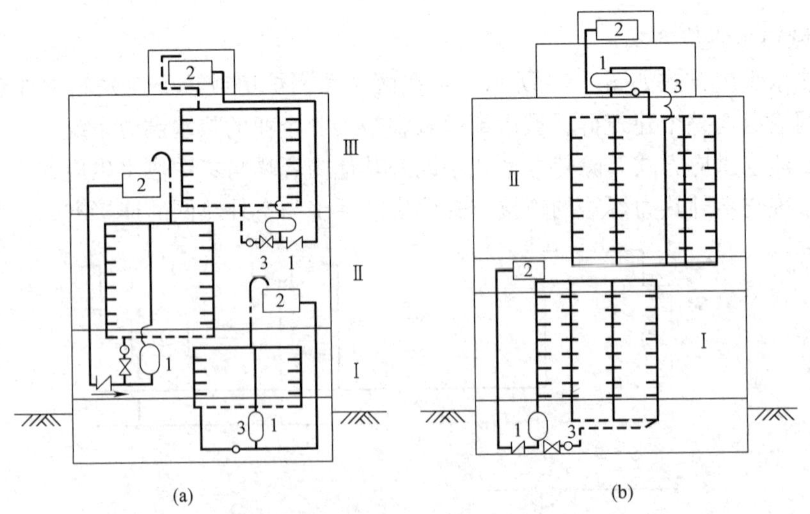

图 2-55 分散设置水加热器、分区设置热水管网的供水方式

（a）各区系统均为上配下回方式；（b）各区系统混合设置

1—水加热器；2—给水箱；3—循环水泵

(3) 分区设置减压阀、分区设置热水管网的供水方式

高层建筑热水供应系统采用减压阀分区时，减压阀不能装在高低区共用的热水供水干管上，而应按图 2-56～图 2-58 的图式设置减压阀。

1) 图 2-56 为高低区分设水加热器的系统。两区水加热器均由高区冷水高位水箱供水，低区热水供应系统的减压阀设在低区水加热器的冷水供水管上。该系统适用于低区热水用水点较多，且设备用房有条件分区设水加热器的情况。

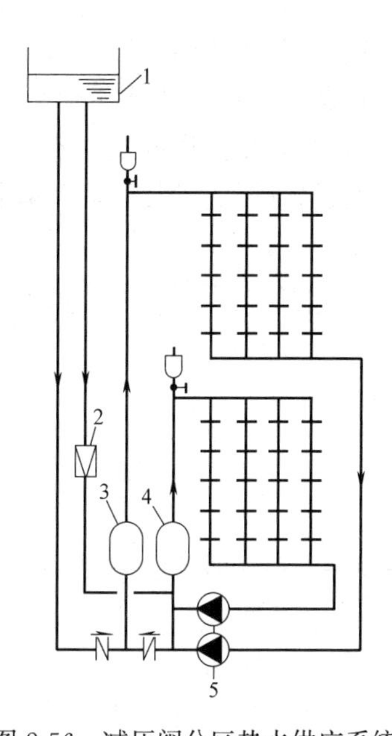

图 2-56 减压阀分区热水供应系统

1—冷水补水箱；2—减压阀；3—高区水加热器；4—低区水加热器；5—循环泵

2) 图 2-57 为高低区共用水加热器的系统，低区热水供水系统的减压阀设在各用水支管上。该系统适用于低区热水用水点不多，用水量不大且分散，以及对水温要求不严（如理发室、美容院）的建筑。高低区回水管汇合点 C 处的回水压力由调节回水管上的阀门平衡。

3) 图 2-58 为高低区共用水加热器系统的另一种图式，高低区共用供水立管，低区分户供水支管上设减压阀。该系统适用于高层住宅、办公楼等高低区只能设一套水加热设备或热水用量不大的热水供应系统。

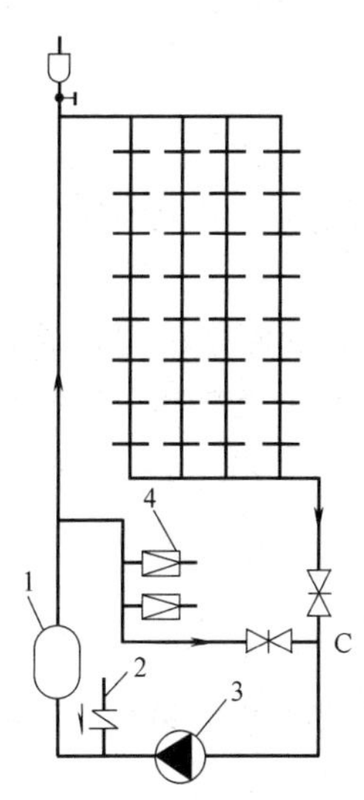

图 2-57 支管设减压阀热水供应系统

1—水加热器；2—冷水补水管；3—循环泵；4—减压阀

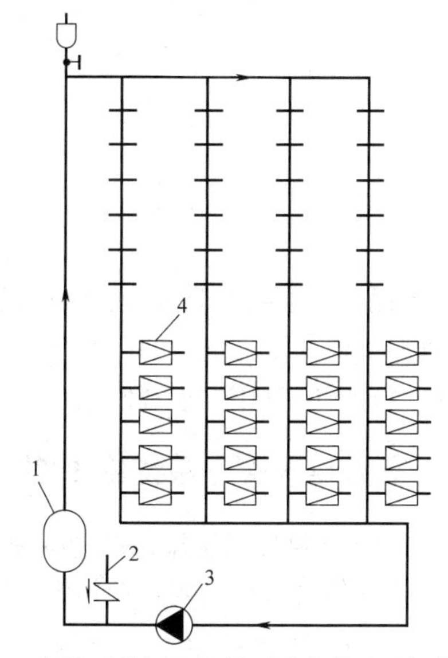

图 2-58 高低区共用立管低区设支管减压阀热水系统

1—水加热器；2—冷水补水管；3—循环泵；4—减压阀

2. 管网布置图

一般高层建筑热水供应的范围大，热水供应系统的规模也较大，为确保系统运行时的良好工况，进行管网布置与敷设时应注意以下几点：

1）当分区范围超过 5 层时，为使各配水点随时得到设计要求的水温，应采用全循环或立管循环方式；当分区范围小，但立管数多于 5 根时，应采用干管循环方式。

2）为防止循环流量在系统中流动时出现短流，影响部分配水点的出水温度，可在回水管上设置阀门。通过调节阀门的开启度，平衡各循环管路的水头损失和循环流量。若因管网系统大，循环管路长，用阀门调节效果不明显时，可采用同程式管网布置形式，如图 2-59 和图 2-60 使循环流量通过各循环管路的流程相当，可避免短流现象，利于保证各配水点所需水温。

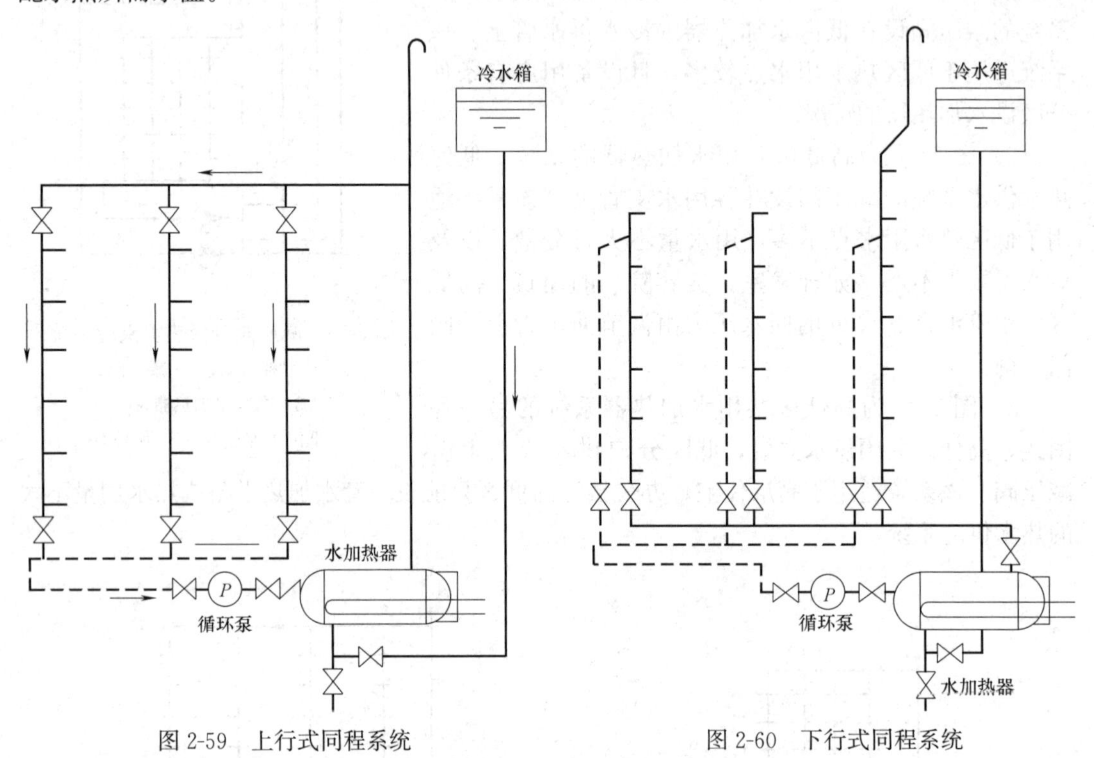

图 2-59 上行式同程系统　　图 2-60 下行式同程系统

3）为提高供水的安全可靠性，尽量减小管道附件检修时的停水范围，或充分利用热水循环管路提供的双向供水的有利条件，放大回水管管径，使其与配水管径接近，当管道出现故障时，可临时作配水管使用。

2.3.5 室内热水供应系统施工图

1. 室内热水供应系统施工图的构成

室内热水供应系统主要包括热媒系统、热水系统及附件热水供应系统。工程图样可分为平面图、系统图和详图。

（1）平面图

热水平面图是反映热水管道及设备平面布置的图样。

热水供应系统平面图的内容主要包括：

1）热水器具的平面位置、规格、数量及敷设方式。

2）热水管道系统的干管、立管、支管的平面位置、走向，立管编号。

3）热水管管上阀门、固定支架、补偿器等的平面位置。

4）与热水系统有关的设备的平面位置、规格、型号及设备连接管的平面布置。

5）热水引入管、入口地沟情况，热媒的来源、流向与室外热水管网的连接。

6）管道及设备安装所需的预留洞、预埋件、管沟等，搞清与土建施工的关系和要求。

（2）系统图

热水的管道系统图反映了热水供应系统管道在空间的布置形式，清楚地表明了干管与立管，以及立管、支管与用水器具之间的连接方式。

热水供应系统图的内容主要包括：

1）热水引入管的标高、管径及走向。

2）管道附件安装的位置、标高、数量、规格等。

3）热水管道的横干管、横支管的空间走向、管径、坡度等。

4）热水立管当超过1根时，应进行编号，并应与平面图编号相对应。

5）管道设备安装预留洞及管沟尺寸、规格等。

2. 热水供应系统图识图方法

1）粗看图纸封面。了解热水供应建筑的名称、设计单位和设计日期。

2）从图纸目录中了解施工图纸的设计张数、设计内容。

3）了解设计说明上的内容，掌握建筑高度、层数、室外热源的位置和距离等内容，特别要了解图样中所选用的管材、管件、阀门等的质量要求和连接方式。

4）平面图识图。在平面图中观察热水干管、循环回水干管的布置，热水用具和连接热水器的立管、横支管。然后从底层平面图上看热水的引入管位置，室外、室内地沟的位置与连接。

5）系统图识图。一般和平面图对照看，从水加热器开始，到热水干管、立管、用水器具，对热水供应系统给水方式和循环方式，循环管网的空间走向，横干管、立管的位置走向及管道连接，热水附件的安装位置及标高、管径、坡度等进行了解。

6）根据设计图样或标准图样，详查卫生器具的安装，管道穿墙、穿楼板的做法。查看设计图样上所表示的管道防腐绝热的施工方法和所选用的材料等。

现以图2-61和图2-62为例，说明某单位浴室热水供应系统施工图的读图方法和步骤。

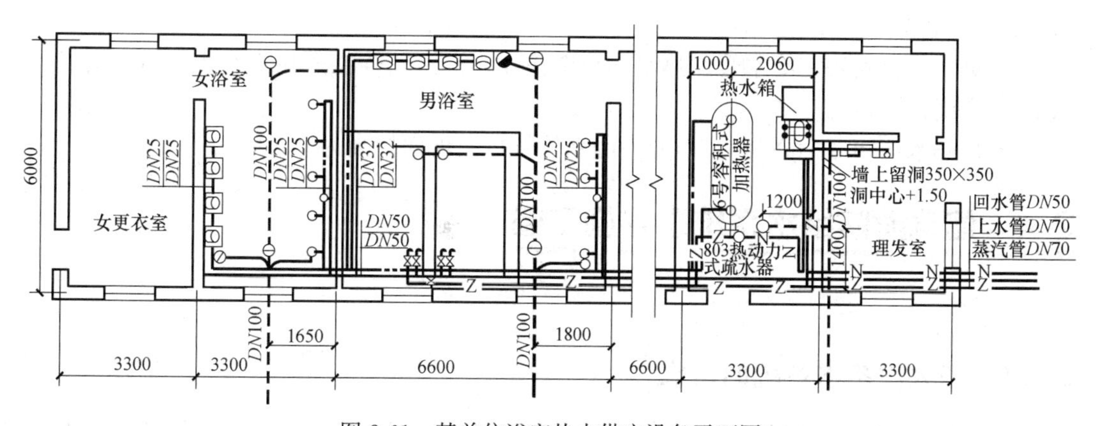

图2-61　某单位浴室热水供应设备平面图

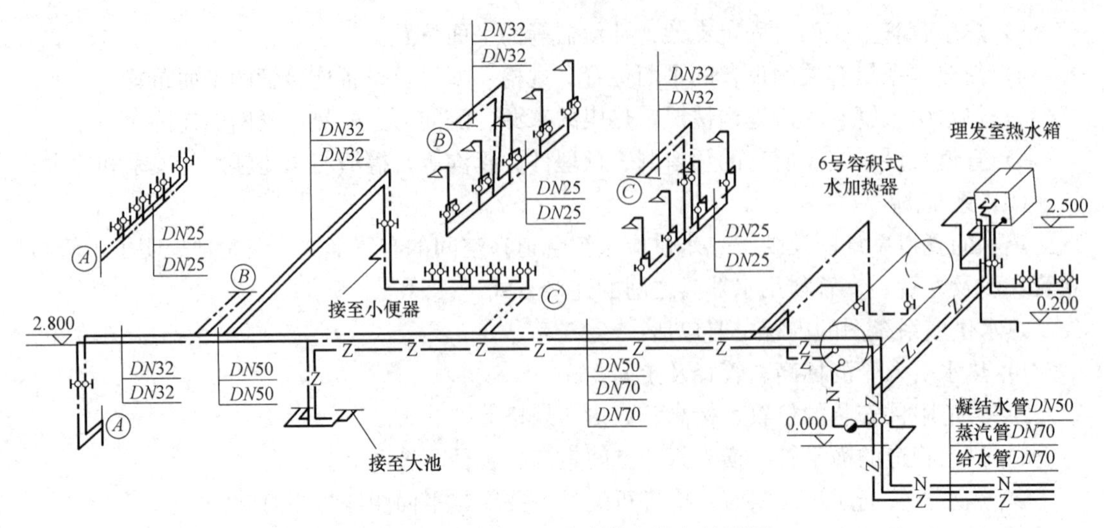

图 2-62 某单位浴室热水供应设备轴测图

图 2-61 中：

1）右边进来有给水管 *DN*70、蒸汽管 *DN*70，凝结水管 *DN*50，给水管以点画线—·—线型表示，蒸汽管以—Z—线型表示，蒸汽凝结水管以—N—表示。

2）给水管从右到左进入男浴室、女浴室和 6 号容积式换热器，从容积式换热器上封头的下面进入。

3）蒸汽管进入容积式换热器下封头的进口处，且在其进口处下安装有疏水阀产生的凝结水管返回给水管、蒸汽管的进户管外，另外蒸汽管进入男浴室的两浴池内。

4）经换热器产生的热水以—··—线型进入男女浴室的淋浴喷头以及女浴室洗脸盆处，男女浴室用水设备均有冷热水的水温调节。

5）在换热器房间内有加热水箱，给水管和蒸汽管进入加热水箱直接加热，热水箱内、热理发室内两个洗脸盆用热水，同时这两个洗脸盆也有冷水管供热水水温调节。

6）女浴室有五个淋浴喷头和四个洗脸盆，男浴室有四个淋浴喷头和两个浴池，理发室内有两个洗脸盆。

图 2-62 中：

1）地面标高为±0.000m，蒸汽总管、给水总管、热水总管架空敷设，标高为 2.800m，属于上行下给式。

2）进入男、女浴室冷水管、热水管与洗脸盆、淋浴器连接采用下行上给式，并可看到干管、支管的管径。

3）加热水箱箱底标高为 2.500m，溢水管管口离地面标高为 0.200m。

2.4 建筑消防给水系统工程施工图

2.4.1 消火栓给水系统的组成

消火栓给水系统在建筑物内广泛使用，主要用于扑灭初期火灾。它主要由消火栓设备、消防水源、消防给水管道、消火栓及消防箱组成，如图 2-63 所示。

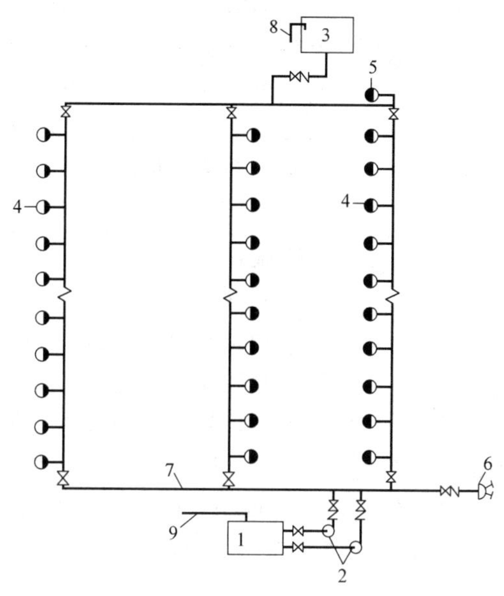

图 2-63 消火栓给水系统的组成

1—消防水池；2—水泵；3—高位水箱；4—消火栓；5—试验消火栓；6—水泵接合器；7—消防干管；8—给水管；9—引入管

1. 消火栓设备

消火栓设备是消火栓给水系统中重要的灭火装置，是消火栓系统终端用水的控制装置，其主要由水枪、水带、消火栓组成。

(1) 水枪

水枪是重要的灭火工具，用铜、铝合金或塑料组成，作用是产生灭火需要的充实水柱。图 2-64 为直流水枪的形式，图 2-65 为水枪充实水柱示意图。

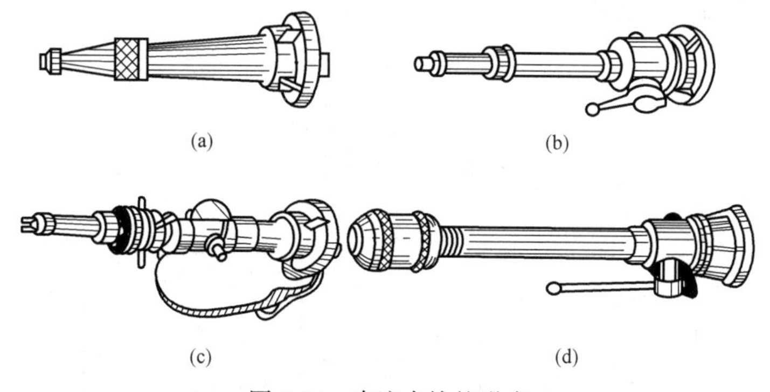

图 2-64 直流水枪的形式

(a) 直流水枪；(b) 直流开关水枪；(c) 直流开花水枪；(d) 直流喷雾水枪

(2) 消火栓

消火栓是具有内扣式接头的角形截止阀，它的进水口端与消防立管相连，出水口端与水带相连，图 2-66 为单出口室内消火栓。

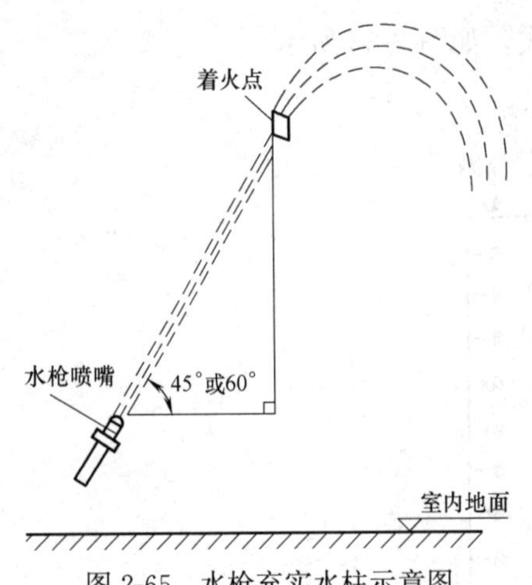

图 2-65 水枪充实水柱示意图

2. 消防水箱

消防水箱的作用是满足扑救初期火灾时的用水量和水压要求。消防水箱一般设置在建筑物顶部，采用重力自流的供水方式，以确保消防水箱在任何情况下都能自流供水。消防水箱宜与生活或生产高位水箱合用，目的在于保证水箱内水的流动。消防水池与生活水箱合用时，应采取消防用水不被动用的措施，见图 2-67。

3. 消防管道

消防管道主要包括引入管、消防干管、消防立管以及相应阀门等的管道配件。引入管与室外给水管连接，将水引至室内消防系统。室内消防给水管道应布置成环状，当室内消火栓数量少于 10 个且室内消防用水量小于 15L/s 时，可采用枝状管网。室内消防给水环状管网的进水管或引入管不应少于两根，当其中一根发生故障时，其余的进水管或引入管应能保证消防用水量和水压的要求。

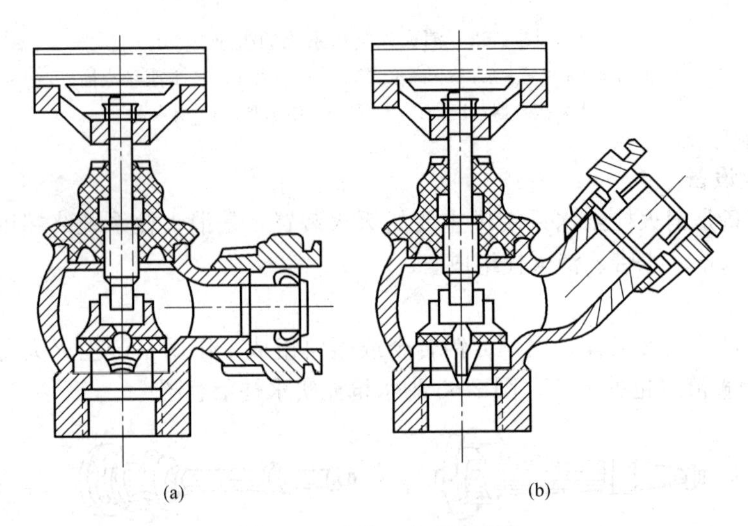

图 2-66 单出口室内消火栓

(a) 直角单出口式；(b) 45°单出口式

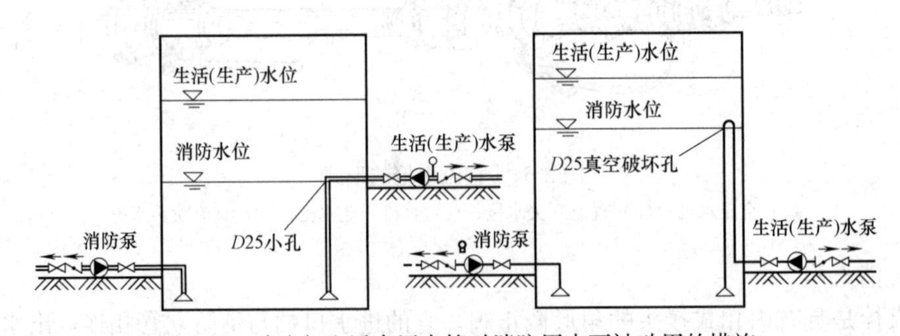

图 2-67 消防与生活合用水箱时消防用水不被动用的措施

4. 水泵接合器

水泵接合器是连接消防车向室内消防给水系统加压供水的装置，是应急备用设备，水泵接合器的一端与室内消防给水管道连接，另一端供消防车向室内消防管道供水，有地上、地下和墙壁式三种，如图 2-68 所示。

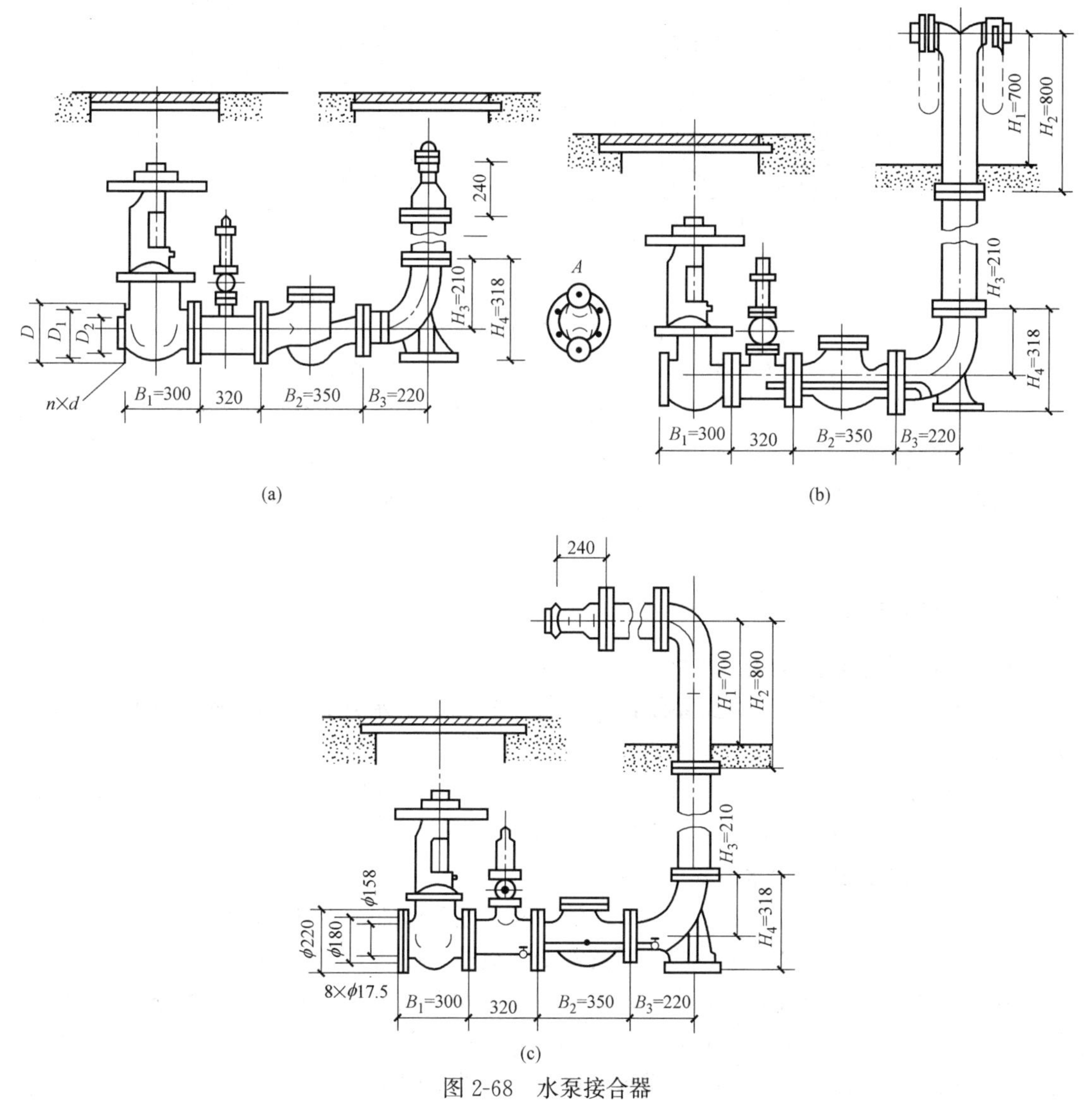

图 2-68 水泵接合器

(a) 地下式水泵接合器；(b) 地上式水泵接合器；(c) 墙壁式水泵接合器

5. 消防水喉

在设有空气调节系统的旅馆、办公大楼内，通常在室内消火栓旁还应配备一支自救式的小口径消火栓（消防水喉）。这种水喉设备对扑灭初期火星非常有效。消防水喉设备如图 2-69 所示。

6. 增压设备

消火栓给水系统的加压设备采用水泵，消防系统中设置的水泵称为消防泵。消防水泵用于满足消防给水所需的水量和水压。

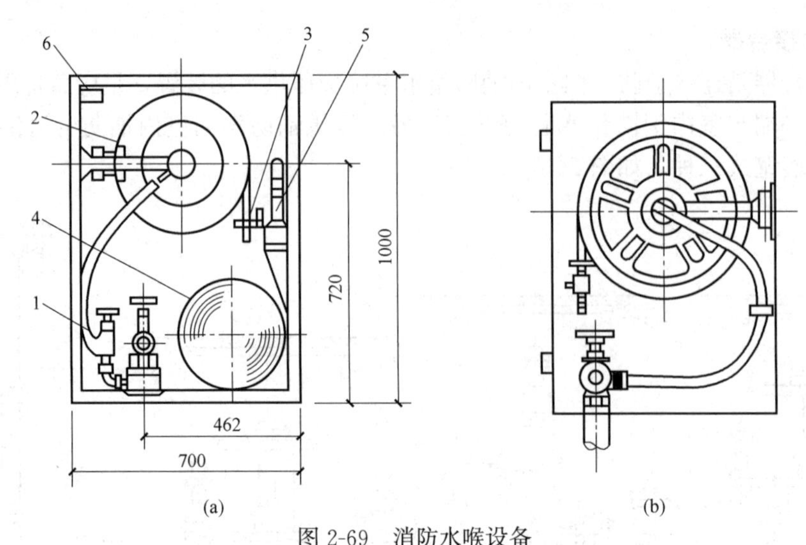

图 2-69 消防水喉设备

(a) 自救式小口径消火栓设备；(b) 消防软管卷盘

1—小口径消火栓；2—卷盘；3—小口径直流开关水枪；4—ϕ65 输水衬胶水带；5—大口径直流水枪；6—控制按钮

7. 屋顶消火栓

屋顶消火栓即试验用消火栓，供消火栓给水系统检查和试验之用，以确保消火栓系统随时能正常运行。

2.4.2 消火栓给水方式

1. 直接供水的消火栓给水方式

直接供水的消火栓给水方式系统由引入管、阀门、给水立管、消火栓、试验消火栓、水泵接合器及消防干管组成，如图 2-70 所示。

直接供水的消火栓给水方式适用于室外管网所提供的水量、水压，在任何时候均能满足室内消火栓给水系统所需水量、水压的情况。

2. 设水箱的消火栓给水方式

设水箱的消火栓给水系统主要由室内消火栓、消防竖管、干管、进户管、水表、止回阀、普通管及阀门、水箱、水泵接合器及安全阀组成，如图 2-71 所示。

在水压变化较大的城市或居住区，宜采用单设水箱的室内消火栓给水系统。当生活、生产用水量达到最大，室外管网无法保证室内最不利点消火栓的压力和流量时，由水箱出水满足消防要求；而当生活、生产用水量较小，室外管网压力又较大时，可向高位水箱补水。这种方式管网应独立设置，水箱可以与生活、生产合用，但必须保证贮存 10min 的消防用水量，同时还应设水泵接合器。

3. 设有消防泵和水箱的消火栓给水方式

当室外管网的压力和流量经常不能满足室内消防给水系统所需的水量和水压时，宜采用设有消防水泵和水箱的消火栓给水系统，该系统主要由室内消火栓、消防竖管、干管、进户管、水表、弯通管及阀门、止回阀、水箱、水泵、水泵接合器及安全阀组成，如图 2-72 所示。消防用水与生活、生产用水合并的室内消火栓给水系统，其消防泵应保证供应生活、生产、消防用水的最大秒流量，并应满足室内管网最不利点消火栓的水压。水箱应贮存 10min 的消防用水量。

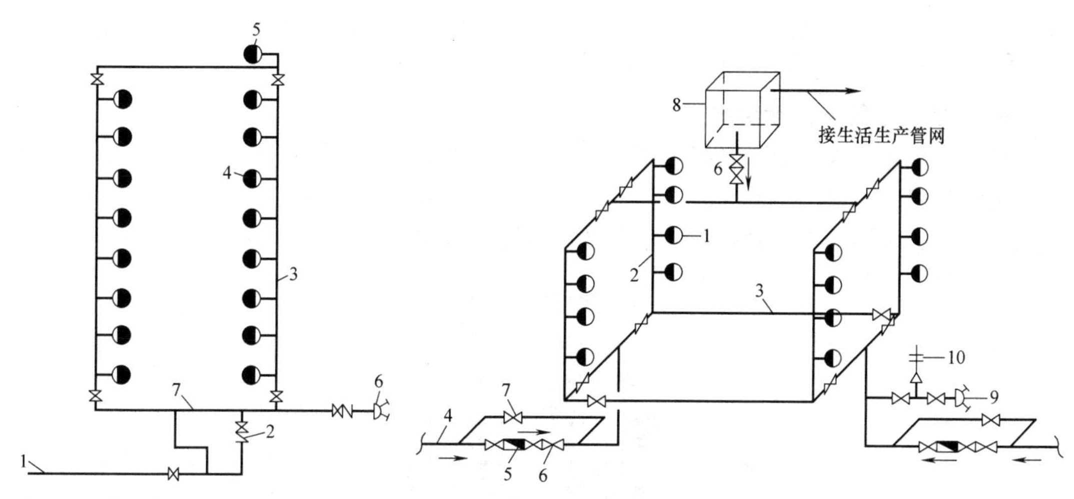

图 2-70 直接供水的消火栓给水原理图

1—引入管；2—阀门；3—给水立管；4—消火栓；5—试验消火栓；6—水泵接合器；7—消防干管

图 2-71 设水箱的消火栓给水方式

1—消火栓；2—消防竖管；3—干管；4—进户管；5—水表；6—止回阀；7—普通管及阀门；8—水箱；9—水泵接合器；10—安全阀

4. 不分区消火栓给水方式

不分区消火栓给水系统主要由生活、生产水泵，消防水泵，消火栓和水泵远距离启动按钮、阀门、止回阀、水泵接合器、安全阀、屋顶消火栓、高位水箱，至生活、生产管网，贮水池，来自城市管网及浮水阀组成，如图 2-73 所示。

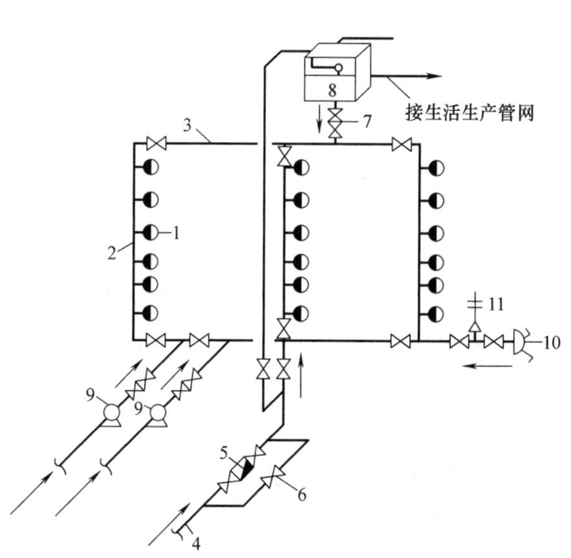

图 2-72 设有消防泵和水箱的室内消火栓给水系统

1—消火栓；2—消防竖管；3—干管；4—进户管；5—水表；6—弯通管及阀门；7—止回阀；8—水箱；9—水泵；10—水泵接合器；11—安全阀

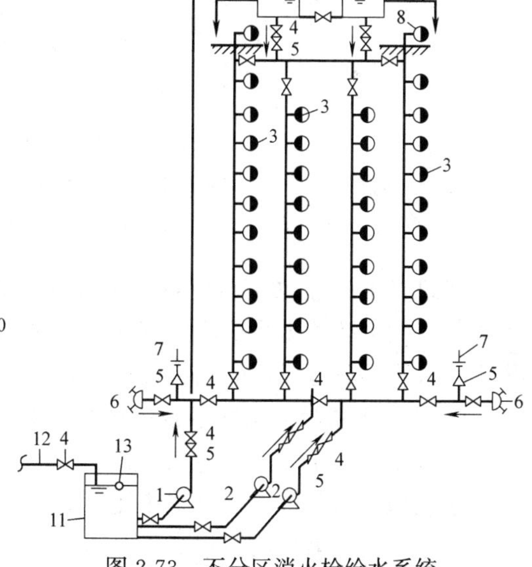

图 2-73 不分区消火栓给水系统

1—生产水泵；2—消防水泵；3—按钮；4—阀门；5—止回阀；6—水泵接合器；7—安全阀；8—屋顶消火栓；9—高位水箱；10—生活、生产管网；11—贮水池；12—城市管网；13—浮水阀建筑高度大于 24m 但不超过 50m，室内消火栓栓口处静水压力超过 0.8MPa 的建筑工程室内消火栓灭火系统，仍可得到消防车通过水泵接合器向室内管网供水，以加强室内消防给水系统工作。系统可采用不分区的消火栓灭火系统。

5. 分区供水的消火栓给水方式

分区供水的消火栓给水系统主要由生活、生产水泵、二区消防泵、一区消防泵、消火栓及远距离启动水泵按钮、阀门、止回阀、水泵接合器、安全阀、一区水箱、二区水箱、屋顶消火栓、生活、生产管网口、水池及城市管网组成，如图 2-74 所示。

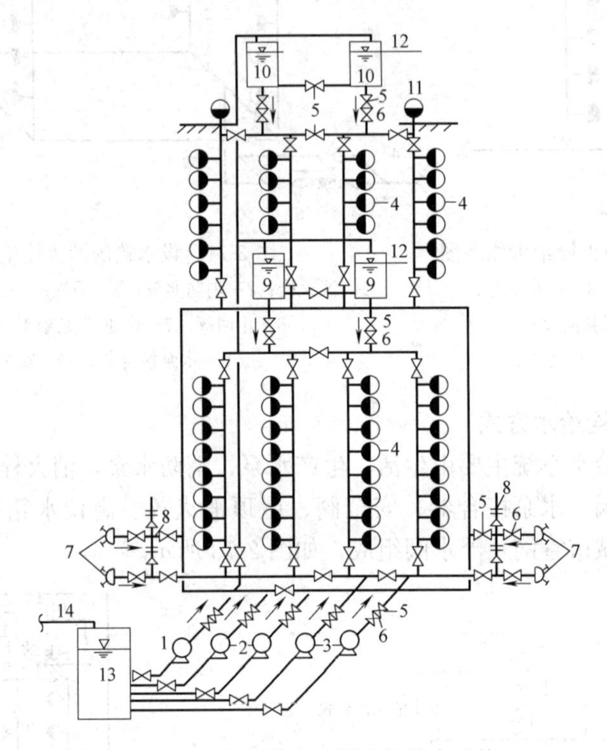

图 2-74 分区供水的消火栓给水系统

1—生活、生产水泵；2—二区消防泵；3—一区消防泵；4—水泵按钮；5—阀门；6—止回阀；7—水泵接合器；8—安全阀；9—一区水箱；10—二区水箱；11—屋顶消火栓；12—生活、生产管网口；13—水池；14—城市管网

建筑高度超过 50m 或室内消火栓栓口处，静压大于 0.8MPa 时，消防车已难于协助灭火，室内消防给水系统应具有扑灭建筑物内大火的能力。为了加强供水安全和保证火场供水，宜采用分区供水的消火栓给水系统。

6. 高层建筑消防给水系统的分区方式

消防给水系统分为消防泵分区［图 2-75（a)］和减压阀分区［图 2-75（b)］两种方式，采用减压阀分区时，宜采用比例式减压阀，阀前阀后均应设压力表，且不超过两个分区，每个分区的减压阀不得少于两组。

7. 高层建筑不分区消防供水方式

高层建筑不分区消防供水系统主要由水池、消防水泵、水箱、消火栓、试验消火栓、水泵接合器、水池进水管、水箱进水管组成，如图 2-76 所示。水箱的设置高度应满足最不利点消火栓或喷头所需的压力。

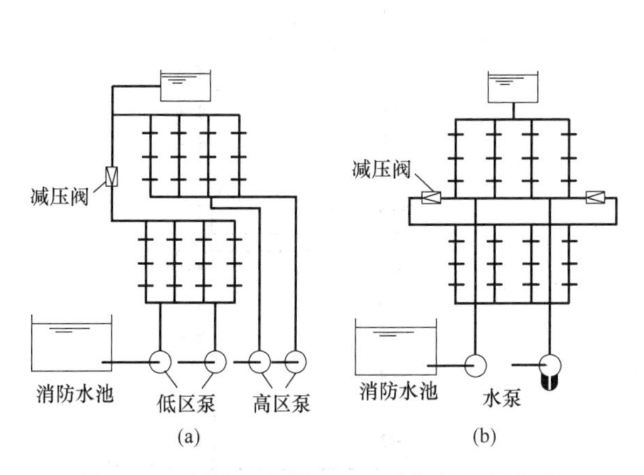

图 2-75　高层建筑消防给水系统的分区方式

(a) 消防泵分区方式；(b) 减压阀分区方式

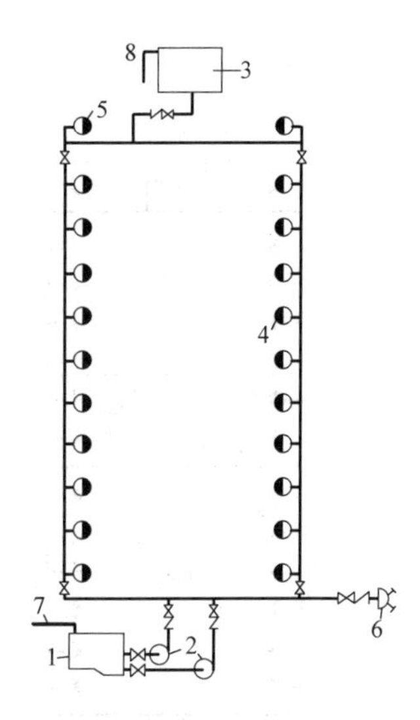

图 2-76　高层建筑不分区消防供水方式

1—水池；2—消防水泵；3—水箱；
4—消火栓；5—试验消火栓；6—水泵接合器；
7—水池进水管；8—水箱进水管

不分区的系统即整栋建筑采用一个消防给水系统，供各层消防设备用水。

8. 高层建筑并联分区消防供水方式

高层建筑并联分区消防供水系统主要由水池、Ⅰ区消防水泵、Ⅱ区消防水泵、Ⅰ区水箱、Ⅱ区水箱、Ⅰ区水泵接合器、Ⅱ区水泵接合器、水池进水管、水箱进水管组成，如图 2-77 所示。

并联供水方式适用于分区数在 3 个分区以下，且允许设置高位水箱的建筑中。

9. 高层建筑串联分区消防供水方式

高层建筑串联消防供水系统主要由水池、Ⅰ区消防水泵、Ⅱ区消防水泵、Ⅰ区水箱、Ⅱ区水箱、水泵接合器、水池进水管、水箱进水管组成，如图 2-78 所示。

串联供水方式适用于建筑高度大于 100m 的高层建筑中。

10. 设稳压泵的高层建筑消防供水方式

设稳压泵的建筑高层消防供水系统主要由水池、Ⅰ区消防水泵、Ⅱ区消防水泵、稳压泵、Ⅰ区水泵接合器、Ⅱ区水泵接合器、水孔进水管、水箱、气压罐组成，如图 2-79 所示。

水箱设置高度不能满足最不利点消火栓或喷头所需的压力时，采用设稳压泵的消防供水方式，须在系统中设增压或稳压设备。

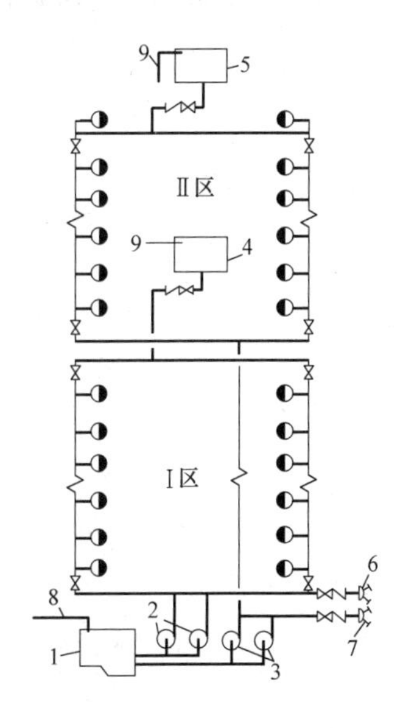

图 2-77　高层建筑并联分区消防供水方式

1—水池；2—Ⅰ区消防水泵；
3—Ⅱ区消防水泵；4—Ⅰ区水箱；
5—Ⅱ区水箱；6—Ⅰ区水泵接合器；
7—Ⅱ区水泵接合器；8—水池进水管；
9—水箱进水管

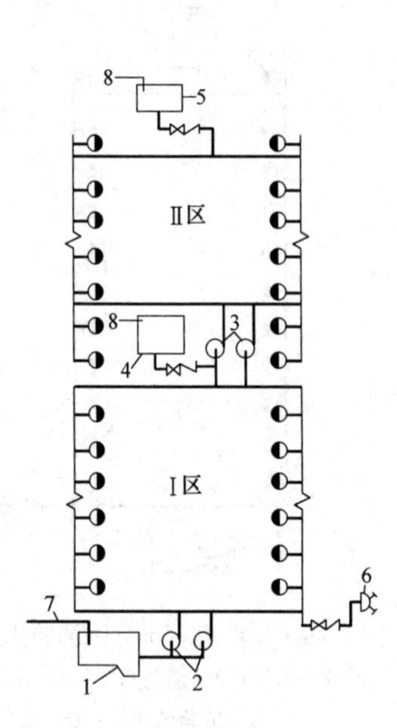

图 2-78　高层建筑串联分区消防供水方式

1—水池；2—Ⅰ区消防水泵；3—Ⅱ区消防水泵；
4—Ⅰ区水箱；5—Ⅱ区水箱；6—水泵接合器；
7—水池进水管；8—水箱进水管

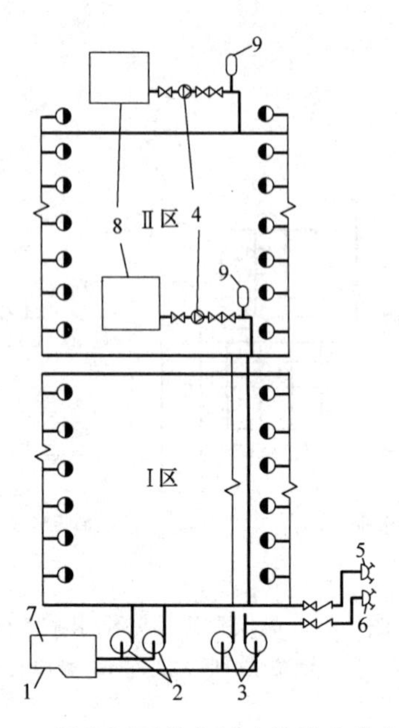

图 2-79　设稳压泵的高层建筑消防供水方式

1—水池；2—Ⅰ区消防水泵；3—Ⅱ区消防水泵；
4—稳压泵；5—Ⅰ区水泵接合器；6—Ⅱ区水泵接合器；
7—水孔进水管；8—水箱；9—气压罐

采暖施工图识图诀窍

3.1 室内采暖工程施工图

3.1.1 室内采暖系统的种类

在人们的生产和生活中，要求室内保持一定的温度。冬季比较寒冷的地区，在室外气温低于室内温度，室内的热量不断地传向室外。若室内无采暖设备，室内温度就会降到人们所要求的温度以下。

采暖就是将热量以某种方式供给建筑物，以保持一定的室内温度。图 3-1 为集中供热系统示意图。

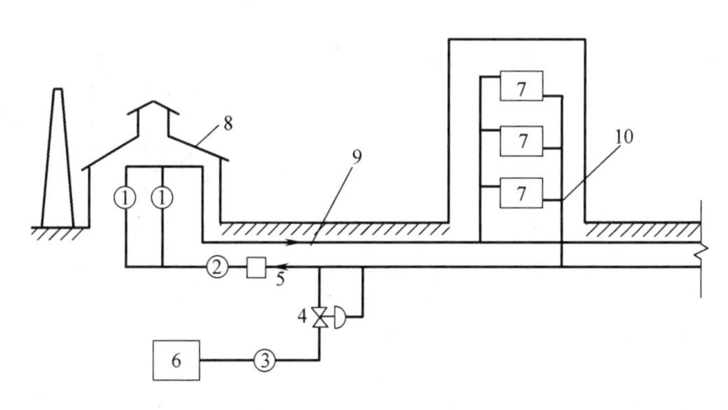

图 3-1 集中供热系统

1—热水锅炉；2—循环水泵；3—补给水泵；4—压力调节阀；5—除污器；6—补充水处理装置；7—采暖散热器；8—集中采暖锅炉房；9—室外输热管道；10—室内采暖系统

1. 热水采暖系统

热水采暖系统是目前广泛使用的一种采暖系统，适用于民用建筑与工业建筑；按照系统循环的动力，可分为自然循环热水采暖系统和机械循环热水采暖系统。

（1）自然循环热水采暖系统

如图 3-2 所示，自然循环热水采暖系统由加热中心（锅炉）、散热设备、供水管道（图中实线所示）、回水管道（图中虚线所示）和膨胀水箱等组成。膨胀水箱设于系统最高处，以容纳水受热膨胀而增加的体积，同时兼有排气作用。系统充满水后，水在加热设备中逐渐被加热，水温升高而密度变小，同时受自散热设备回来密度较大的回水驱动，热水在供水干管上升流入散热设备，在散热设备中热水放出热量，温度降低，水表观密度增加，沿回水管流回加热设备，再次被加热。水被连续不断地加热、散热、流动循环。这种循环被称作自然循环（或重力循环）。仅依靠自然循环作用压力作为动力的热水采暖系统称作自然循环热水采暖系统。自然循环热水采暖系统主要分为单管和双管两类，如图 3-2 所示。

在没有设置集中采暖系统的住宅建筑，居民往往采用较为实用的简易散热器采暖系统。图 3-3 为一例简易散热器采暖系统：高于膨胀水箱的透气管解决了水平管排气问题；置于炉口的再加热器加大了循环动力。加热设备如图 3-4、图 3-5 所示，是在普通的燃煤取暖炉内加设水套或盘管，这样既能达到取暖的目的，又不耽误烧水做饭。

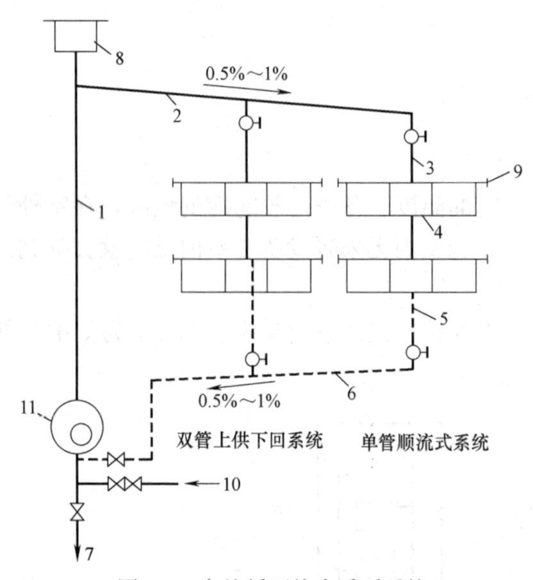

图 3-2 自然循环热水采暖系统

1—总立管；2—供水干管；3—供水立管；4—散热器支管；5—回水立管；6—回水干管；7—泄水管；8—膨胀水箱；9—散热器放风阀；10—充水管；11—锅炉

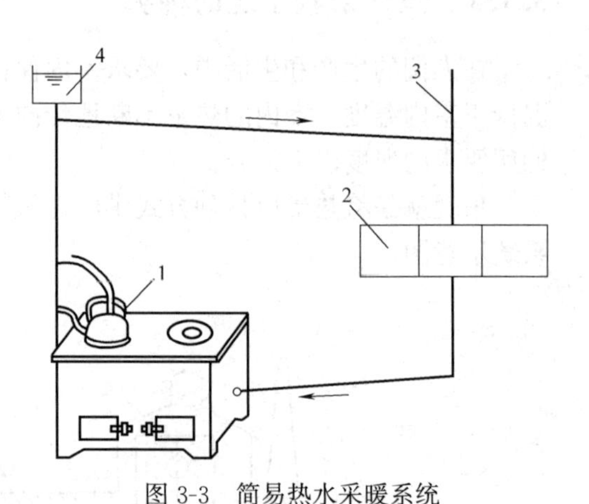

图 3-3 简易热水采暖系统

1—再加热器；2—散热器；3—通气管；4—膨胀水箱

（2）机械循环热水采暖系统

机械循环热水采暖系统是依靠水泵提供的动力克服流动阻力使热水流动循环的系统。它的循环作用压力比自然循环系统大得多且种类多，应用范围也更广泛。

1）系统的组成。如图 3-6 所示为机械循环热水供暖系统的图示。这种系统是由热水锅炉、供水管路、散热器、回水管路、循环水泵、膨胀水箱、集气罐（排气装置）、控制附件等组成。机械循环系统与自然循环系统相比，最为明显的不同是增设了循环水泵和集气罐，另外膨胀水箱的安装位置也有所不同。循环水泵是驱动系统循环的动力所在，通常

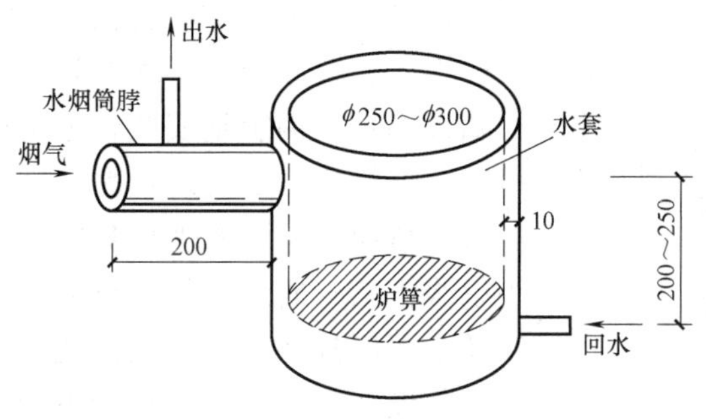

图 3-4 水套式加热设备

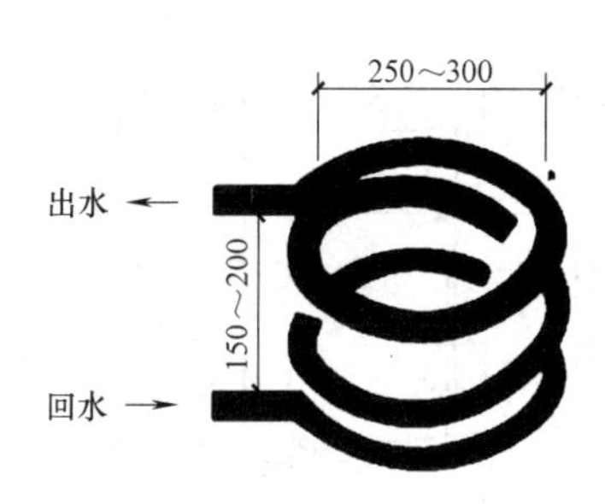

图 3-5 加热盘管示意图

位于回水干管上；膨胀水箱的设置地点仍是供暖系统的最高点，但只起着容纳系统中多余膨胀水的作用。膨胀水箱的连接管连接在循环水泵的吸入口处，这样可以使整个供暖系统均处于正压工作状态，从而避免系统中热水因汽化影响其正常的循环。为保证系统运行正常，需要及时顺利地排除系统中的空气。所有供暖管网的布置与敷设应有利于将空气排入管网的最高点——集气罐中，如图 3-6 中所示。在这种机械循环上供下回式供暖系统中，供水干管沿着水流方向应有向上的坡度，便于将系统中的空气聚集在干管末端的集气罐内。

2）系统的形式。机械循环热水供暖系统有双管上行下回式、双管下行下回式、单管水平式、单管垂直式及上行上回和下行上回（倒流）等形式。水平单管同垂直单管相比，省管材、管子穿楼板少、造价低、施工容易。但应解决好串接式管子热伸长的问题，避免接头漏水。

① 双管上行下回式。双管上行下回式，如图 3-7 所示。只需要注意与自然循环双管系统的区别便可，其他相同。

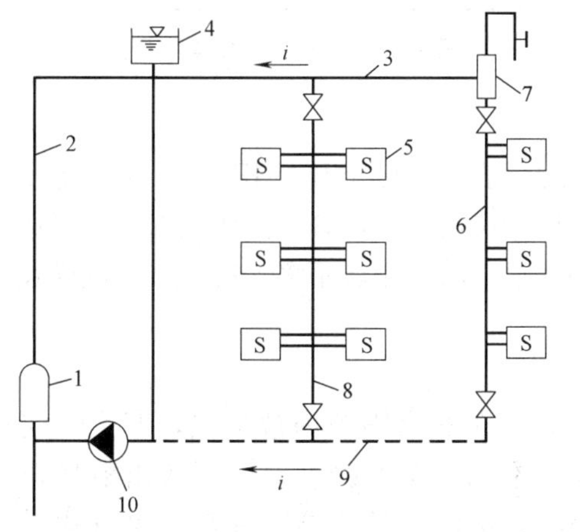

图 3-6 机械循环热水供暖系统示意图（单管式）

1—热水锅炉；2—供水总立管；3—供水干管；
4—膨胀水箱；5—散热器；6—供水立管；7—集气罐；
8—回水立管；9—回水干管；10—循环水泵（回水泵）

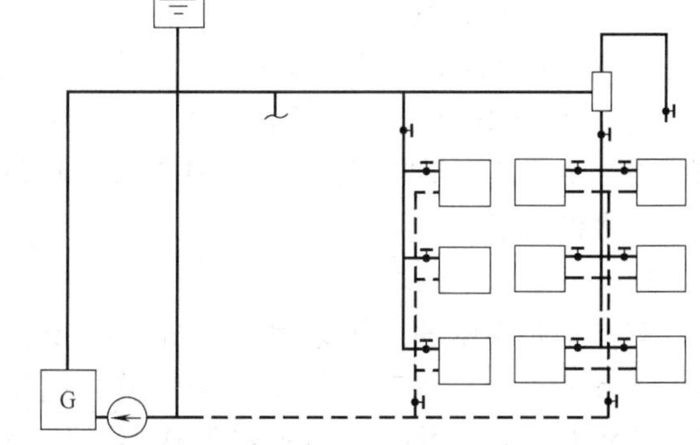

图 3-7 机械循环双管上行下回式

② 双管下行下回式。双管下行下回式，如图 3-8 所示。它与双管上行下回式的不同之处在于供水干管也敷设在最底层散热器的下部。排气方法可以采用在散热器上部设放气

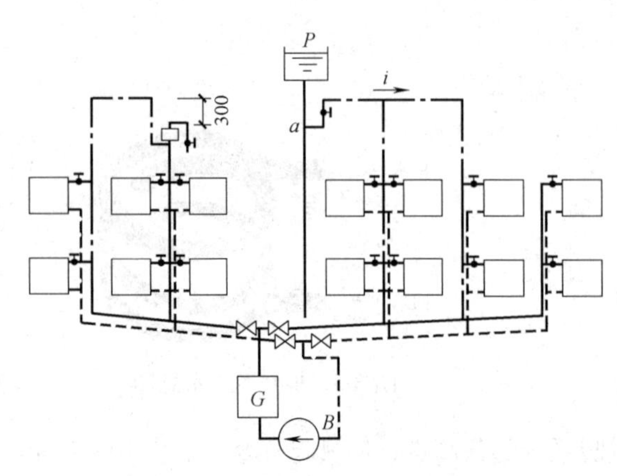

图 3-8　机械循环双管下行下回式

阀。其优点是：减少了主立管长度，管路热损失较小，上下层冷热不均的问题不突出，可随楼层自下而上地安装，施工进度快，可装一层使用一层；缺点是：排气较复杂、造价增加、运行管理不够方便。

为解决上行式管道敷设上可能出现的困难以及上下层冷热不均匀的问题，可将供水干管敷设在中间楼层的顶棚下面，即中分式系统。

③ 单管垂直式。单管垂直式，如图 3-9 所示。图左侧为顺序式，右侧为跨越式。单管水平式，如图 3-10 所示。

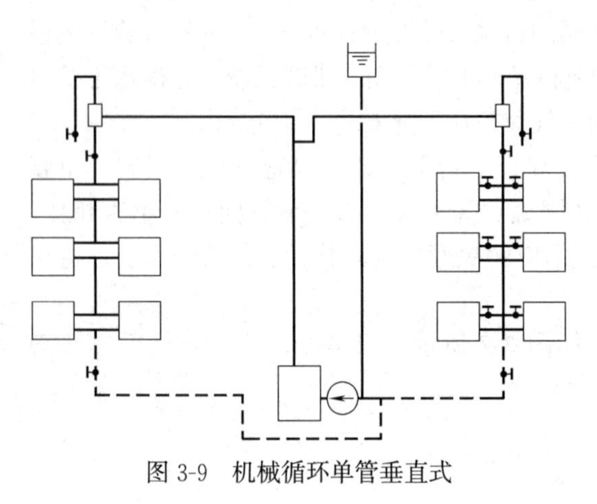
图 3-9　机械循环单管垂直式

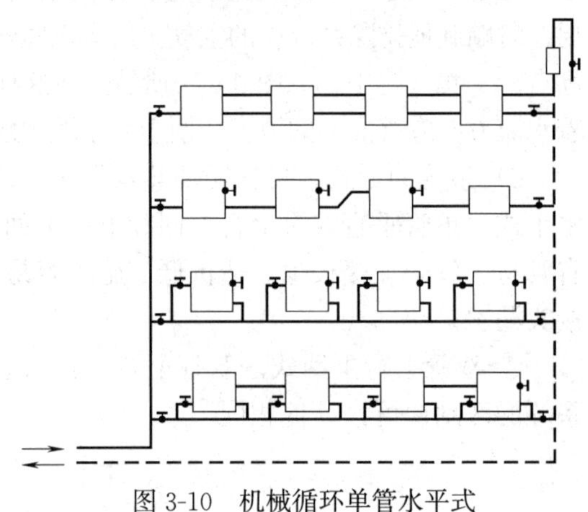
图 3-10　机械循环单管水平式

2. 蒸汽采暖系统

蒸汽采暖系统以水蒸气作为热媒。当蒸汽压力（表压）低于 0.7MPa 时，称为低压蒸汽；高于 0.7MPa 时，称为高压蒸汽。低压蒸汽用于民用建筑供暖，高压蒸汽用于工业建筑供暖。由于蒸汽供暖存在的问题比较多，缺陷明显，故采用者不多，有很多蒸汽供暖已改为热水供暖了。

（1）系统工作原理

蒸汽采暖系统的工作原理，如图 3-11 所示。水在蒸汽锅炉内被加热，产生一定压力的饱和蒸汽，蒸汽靠自身压力在管道内流动。饱和水蒸气凝结时，可放出数量很大的汽化潜热，这个热量可以通过散热器传给房间。蒸汽在散热器里冷却放出汽化潜热后变为冷凝水，经凝结水管回到锅炉，再继续加热产生新的蒸汽，这样可以连续不断地工作。

（2）低压蒸汽采暖系统

1）系统的组成。锅炉产生的低压蒸汽经主立管、干管、立支管进入到散热器，放出汽化潜热以后，经装在散热器出口的回水盒和凝结水管连接，靠重力流入开式凝结水箱，然后再用水泵送入锅炉。双管上行式低压蒸汽供暖系统，如图 3-12 所示。

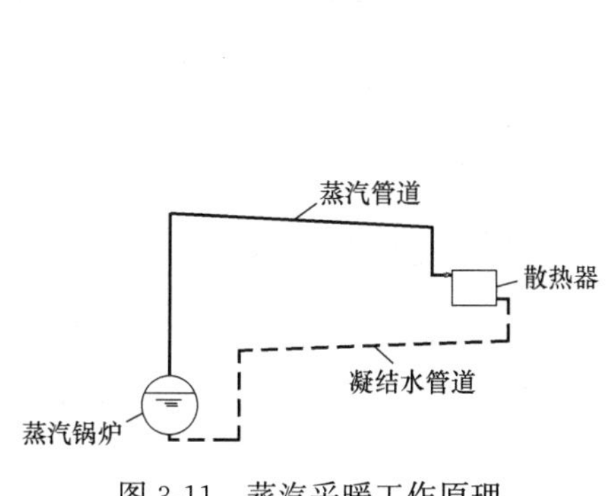

图 3-11 蒸汽采暖工作原理

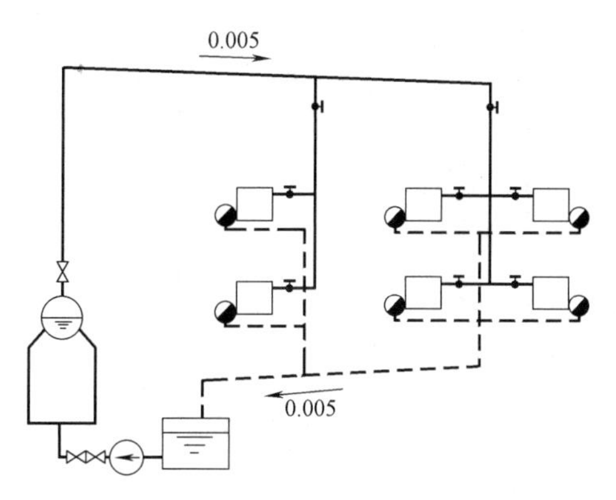

图 3-12 双管上形式低压蒸汽供暖系统

为了能顺利地排出凝结水，蒸汽与凝结水水平干管均敷设有 0.3%～0.5%沿流向下降的坡度，且在每组散热器出口装低压疏水器（亦称回水盒）。其作用是阻汽疏水，确保蒸汽能在散热器内充分凝结放热，凝结水和空气可顺利通过；当蒸汽进入时波纹箱膨胀，阀孔关闭，阻止蒸汽通过。为了排除散热器内空气，可以在距散热器底部三分之一高度处装自动放气门。凝结水干管过门时，上部作为空气管，以保证凝结水畅通。

2）系统的形式。低压蒸汽采暖系统主要有以下几种基本形式：

① 双管上分式。双管上分式蒸汽采暖系统，如图 3-13 所示，系统的蒸汽干管同凝结水管完全分开。蒸汽干管敷设在顶层房间的顶棚下或吊顶上。

② 双管下分式。双管下分式蒸汽采暖系统，如图 3-14 所示。蒸汽干管与凝结水干管敷设在底层地面下专用的采暖地沟里，蒸汽通过立管向上供汽。

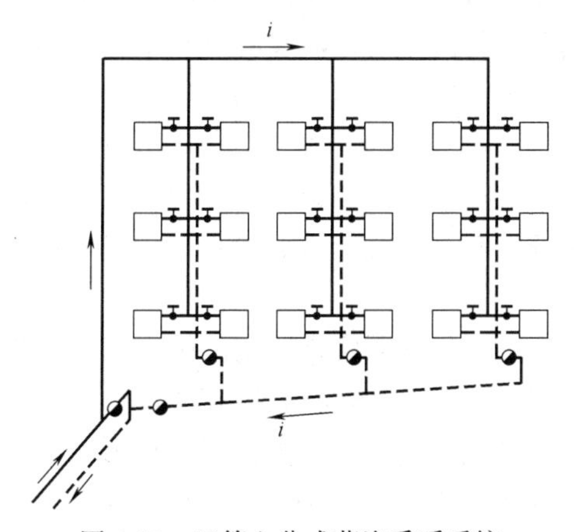

图 3-13 双管上分式蒸汽采暖系统

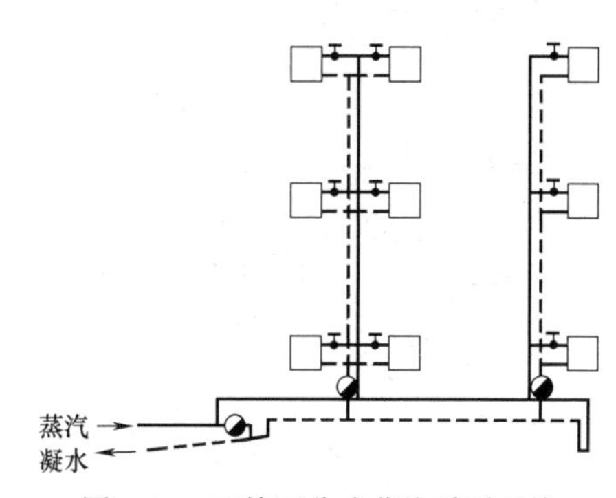

图 3-14 双管下分式蒸汽采暖系统

③ 双管中分式。双管中分式蒸汽采暖系统，如图 3-15 所示。多层建筑的蒸汽采暖系统，在顶层顶棚下面和底层地面不能敷设干管时采用。

④ 重力回水式。凝结水依靠重力直接回锅炉，如图 3-16 所示。这种系统要求锅炉房位置很低，锅炉内水面高度要比凝结水干管至少低 2.25m。

3）高压蒸汽采暖系统。工业厂房引入口和高压蒸汽供暖系统，如图 3-17 所示。蒸汽先进人第一分汽缸，由此分出管道供生产用汽，再经减压阀降到低压进入第二分汽缸，由此分出管道供暖用汽。

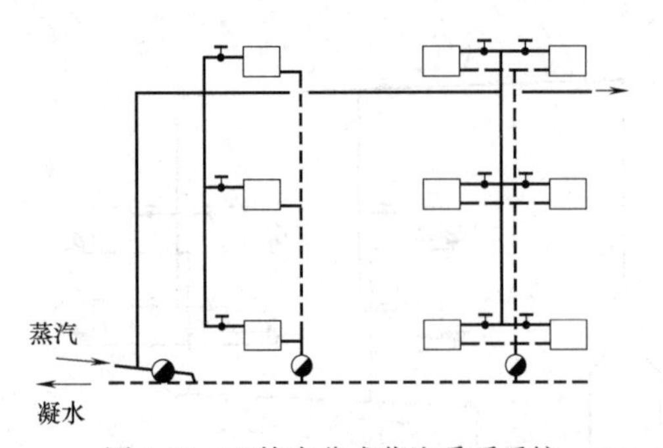

图 3-15 双管中分式蒸汽采暖系统

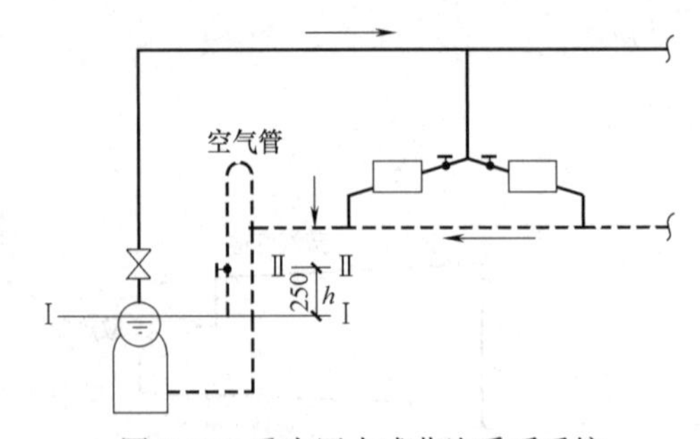

图 3-16 重力回水式蒸汽采暖系统

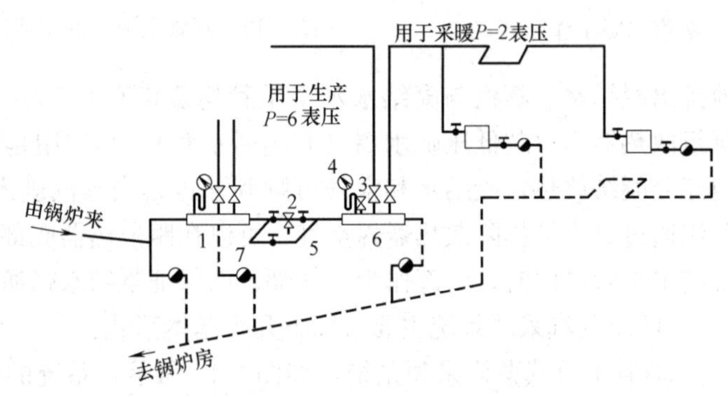

图 3-17 高压蒸汽供暖系统

1—第一分汽缸；2—减压阀；3—安全阀；4—压力表；5—旁通管；6—第二分汽缸；7—疏水器

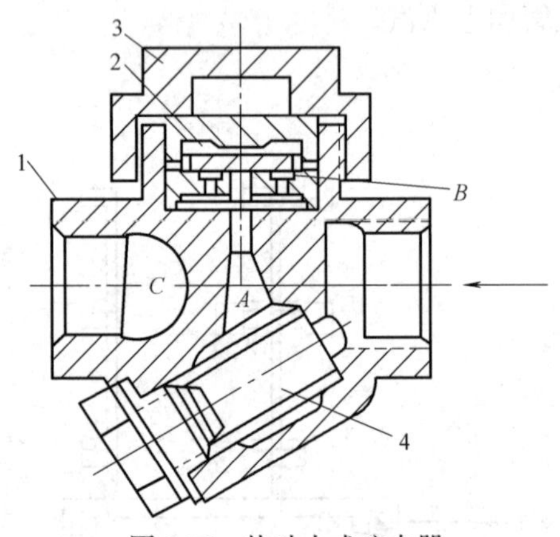

图 3-18 热动力式疏水器

1—阀体；2—阀板；3—阀盖；4—过滤器

高压蒸汽疏水和低压蒸汽不同，它不是在每组散热器上装回水盒，而在凝结水干管末端集中装设高压疏水器。凝结水流动是有压力的，经过疏水器后还有一定的余压，靠余压可以把凝结水通过室外管道输送回到锅炉房。并且，在蒸汽管入口最低点和分汽缸下应装疏水器，以便排除凝结水。

高压蒸汽供暖系统常采用的疏水器有倒吊筒式和热动力式等，热动力式疏水器，如图 3-18 所示。凝结水及空气经过阀孔 A、环形槽 B，从孔 C 排出。当蒸汽流入时，阀板将关闭，使凝结水不能通过。

高压蒸汽供暖系统常采用上分下回式。蒸汽干管的坡度：汽水同向流动时，$i=0.003$；汽水反向流动时，$i \geqslant 0.005$。凝结水干管的坡度：$i=0.003$。因高压蒸汽温度高，故应特别注意管子受热膨胀的问题，必须按设计要求装设伸缩器。

3. 热风供暖系统

热风供暖系统中，首先对空气进行加热处理，然后送入供暖房间放热，达到维持或提高室温的目的。加热空气的设备称为空气加热器，它是利用蒸汽或热水通过金属壁传热而使空气获得热量。常用空气加热器有 SR2、SRL 两种型号，分别为钢管绕钢片和钢管绕铝片的热交换器。如图 3-19 所示为 SRL 型空气加热器外形图。此外，还可利用高温烟气加热空气，这种设备称为热风炉。

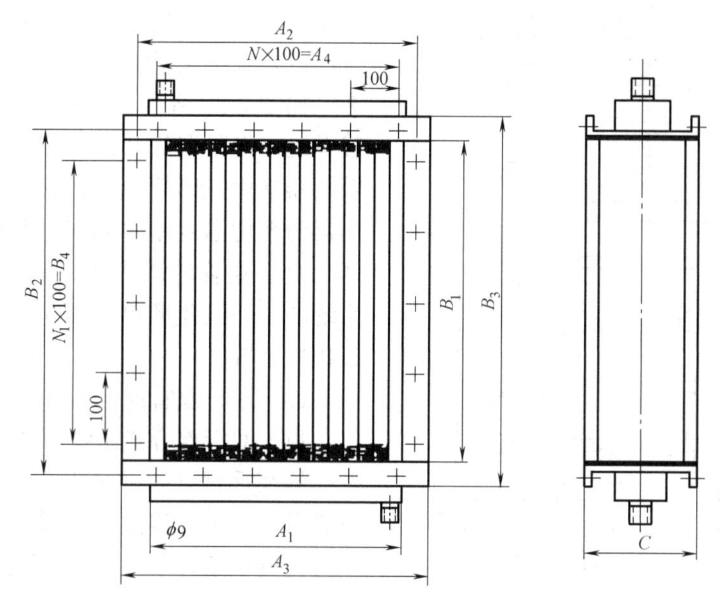

图 3-19 SRL 型空气加热器外形图

热风供暖有集中送风、管道送风、暖风机等多种形式。采用室内空气再循环的热风暖系统时，最常用的是暖风机供暖方式。

如图 3-20 所示为 NA 型暖风机外形图，它用蒸汽或热水来加热空气。

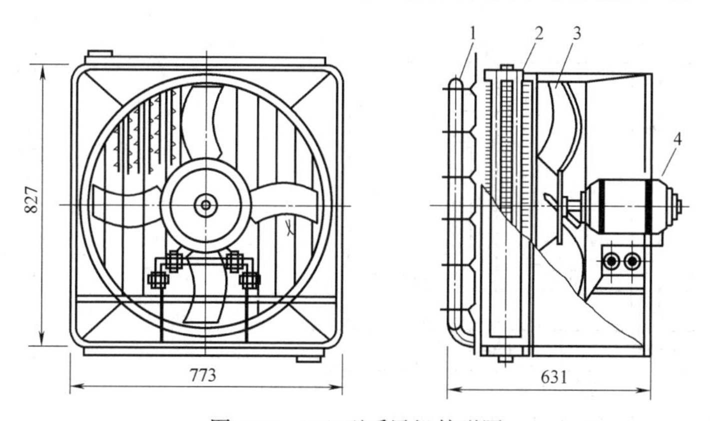

图 3-20 NA 型暖风机外形图

1—导向板；2—空气加热器；3—轴流风机；4—电动机

4. 高层建筑供暖系统形式

(1) 分层式供暖系统

分层式供暖系统是在垂直方向上分成两个或两个以上相互独立的系统，如图 3-21 所示。该系统高度的划分取决于散热器、管材的承压能力及室外供热管网的压力。下层系统直接与室外管网连接，上层系统与外网通过加热器隔绝式连接。在水加热器中，上层系统的热水与外网的热水隔着换热器表面流动，互不相通，使上层系统的水压与外网的水压隔

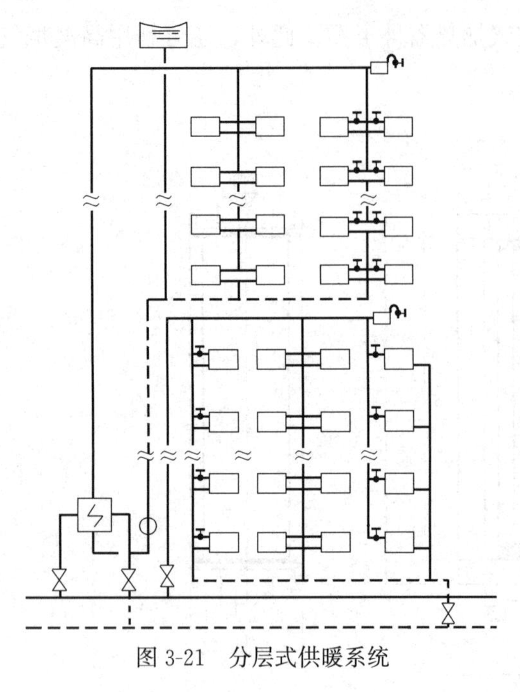

图 3-21 分层式供暖系统

离开。而换热器的传热表面，能使外网热水加热上层循环系统水，将外网的热量传给上层系统。这种系统是最常用的一种形式。

(2) 双线式系统

如图 3-22 所示为垂直双线式单管热水供暖系统。由竖向的Ⅱ形单管式立管组成，其散热器常用蛇形管或辐射板式结构。各层散热器的平均温度基本相同，避免系统垂直失调。由于立管的阻力小，易产生水平失调。系统的每一组Ⅱ形单管式立管的最高点应装设排气装置。

(3) 单、双管混合式系统

单、双管混合式系统如图 3-23 所示。将散热器在垂直方向上分为几组，每组内采用双管形式，组与组之间用单管相连，避免了垂直失调现象，某些散热器能进行局部调节。

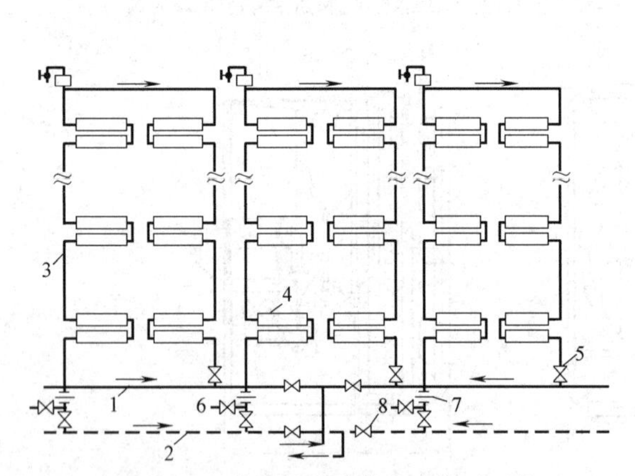

图 3-22 垂直双线式单管热水供暖系统

1—供水干管；2—回水干管；3—双线立管；4—散热器；5—截止阀；6—排水阀；7—节流孔板；8—调节阀

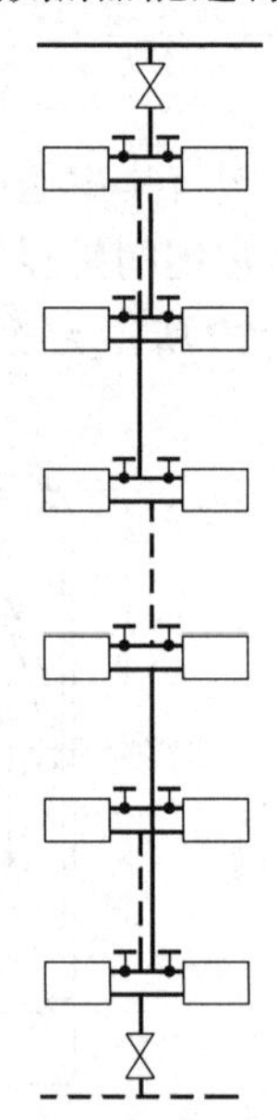

图 3-23 单、双管混合式系统

3.1.2 采暖系统的设备及附件

1. 建筑采暖用设备

(1) 锅炉

锅炉是供热之源，是将燃料的化学能转换成热能，并将热能传递给冷水从而产生热水或蒸汽的加热设备。锅炉种类型号很多，它的类型及台数的选择，取决于锅炉的供热负荷和产热量、供热介质和当地燃料供应情况等因素。如图 3-24 所示为锅炉房设备简图。

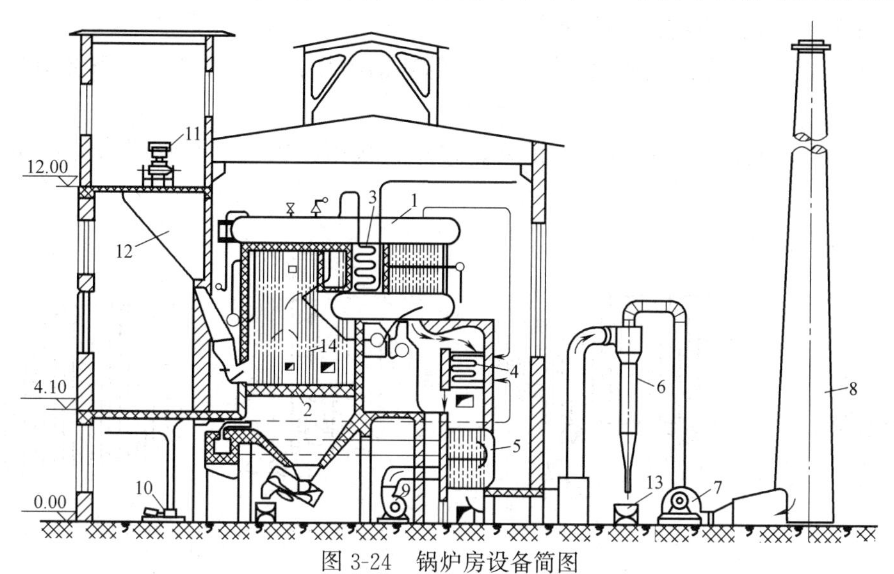

图 3-24 锅炉房设备简图

1—汽锅；2—翻转炉排；3—蒸汽过热器；4—省煤器；5—空气预热器；6—除尘器；7—引风机；8—烟囱；9—送风机；10—给水泵；11—皮带运输机；12—煤斗；13—灰车；14—水冷壁

(2) 散热器 常用的室内散热器有铸铁散热器和钢制散热器。

1) 铸铁散热器。铸铁散热器根据外形分为翼型和柱型两种。

① 翼型散热器。翼型散热器又分为圆翼型和长翼型，如图 3-25 (a)、(b) 所示。

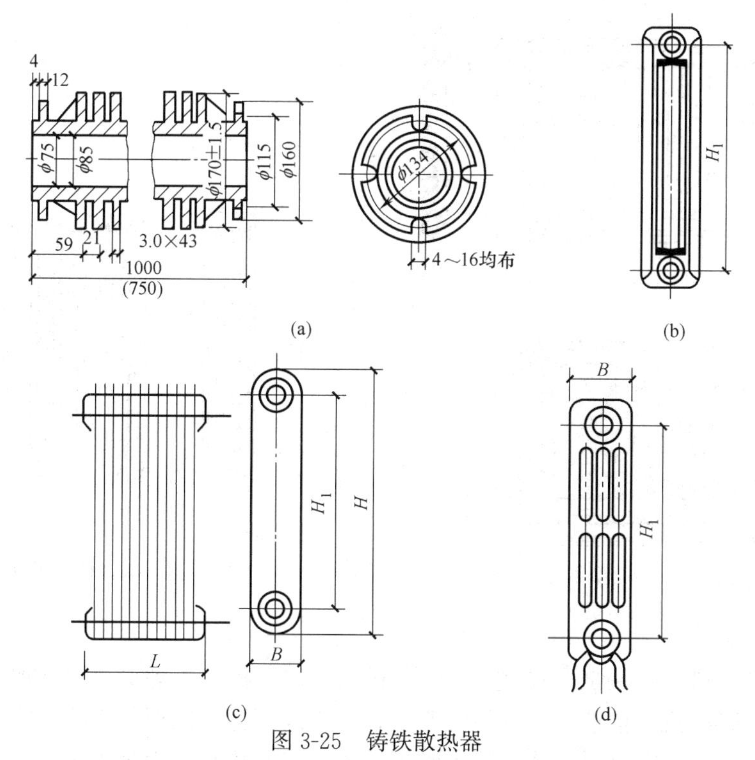

图 3-25 铸铁散热器

(a) 圆翼型散热器；(b) M-132 二柱型散热器；(c) 长翼型散热器 ；(d) 四柱型散热器

② 柱型散热器。柱型散热器如图 3-25（c）、（d）所示。根据散热面积的需要，可将各个单片组装在一起，形成一组散热器。

2）钢制散热器。室内钢制散热器，常用的有钢串片、板型、柱型、扁管型及光面排管型散热器。

① 闭式钢串片对流散热器。由钢管、钢片、联箱、放气阀及管接头等，如图 3-26 所示。

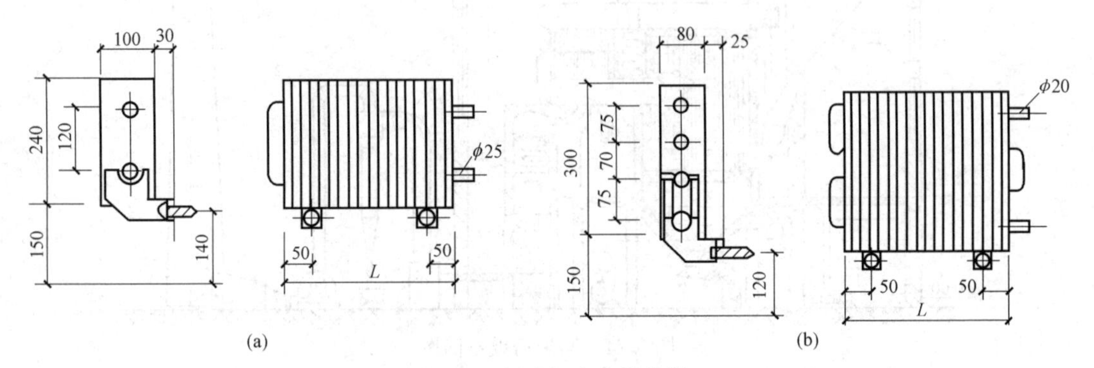

图 3-26　闭式钢串片散热器

（a）240×100 型；（b）300×80 型

② 板型散热器。由面板、背板、进出水口接头、放水门固定套及上下支架等组成，如图 3-27 所示。

③ 钢制柱型散热器。其构造及外形与铸铁柱型散热器相似，如图 3-28 所示。

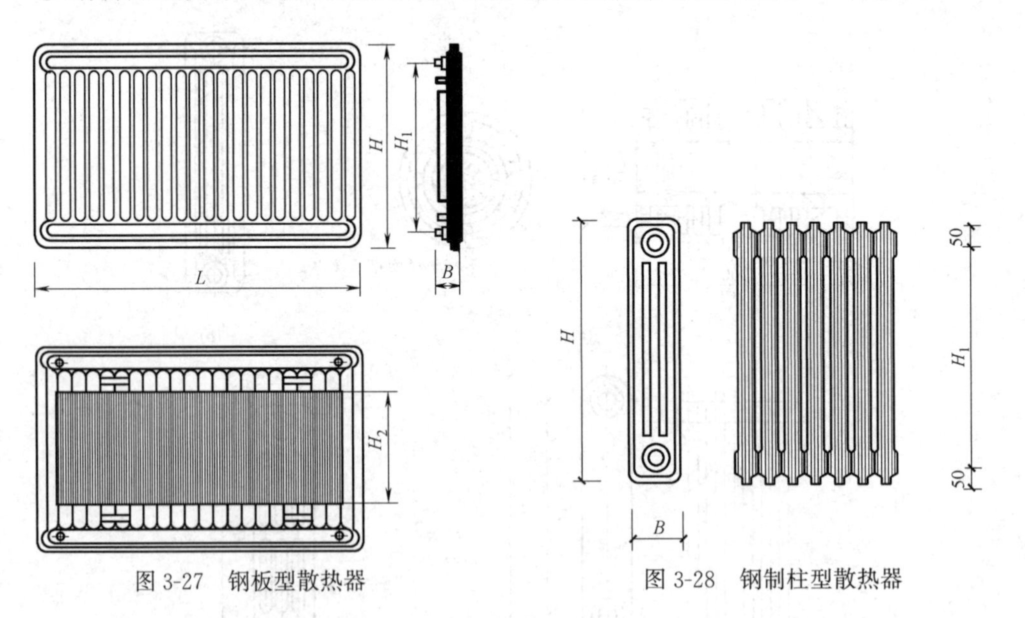

图 3-27　钢板型散热器

图 3-28　钢制柱型散热器

（3）暖风机

暖风机是热风供暖系统形式之一。暖风机是由通风机、电动机及空气加热器组合而成的联合机组。暖风机从构造上，分为轴流式和离心式两种；根据使用热媒的不同，又可分为蒸汽暖风机、热水暖风机、蒸汽热水两用暖风机和冷热水两用暖风机。

1）轴流式暖风机。轴流式暖风机具有体积小、结构简单、安装方便等优点，但送出的热风气流射程短、出口风速低，如图 3-29 所示。轴流式风机一般悬挂或支架在墙上和柱上。

2）离心式暖风机。离心式暖风机比轴流式暖风机的气流射程长、送风量和产热量大。离心式暖风机一般用于集中输送大量热风的供暖房屋，如图 3-30 所示。

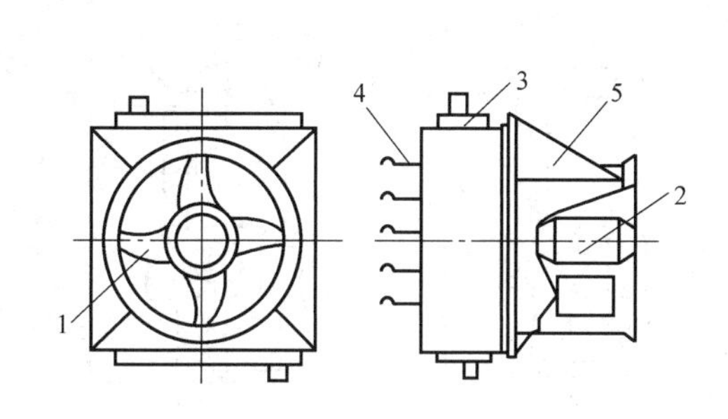

图 3-29 轴流式暖风机

1—轴流式风机；2—电动机；3—加热器；4—百叶片；5—支架

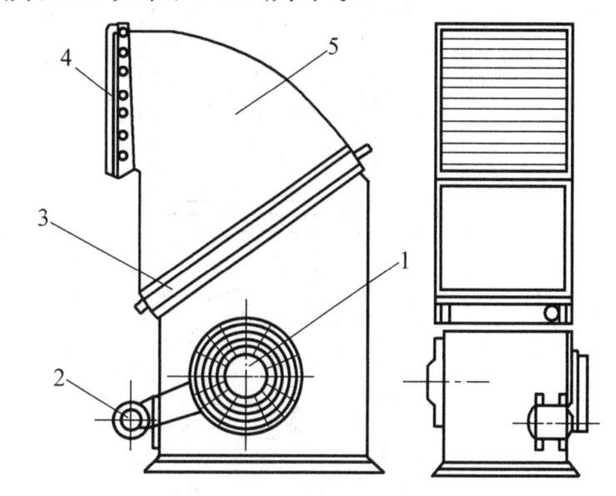

图 3-30 离心式暖风机

1—离心式风机；2—电动机；3—加热器；4—导流叶片；5—外壳

2. 建筑采暖用附件

（1）膨胀水箱

如图 3-31 所示为圆形膨胀水箱结构图。

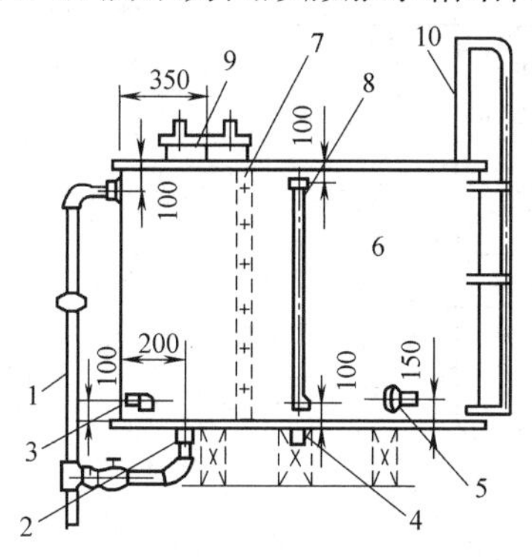

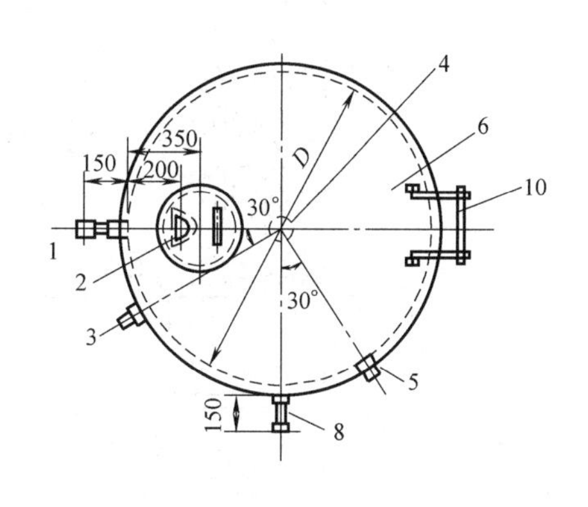

图 3-31 圆形膨胀水箱结构图

1—溢流管；2—排水管；3—循环管；4—膨胀管；5—信号管；6—箱体；7—内人梯；8—玻璃管水位计；9—人孔；10—外人梯

（2）集气罐和排气阀

集气罐和排气阀是热水供暖系统中常用的空气排出装置，有手动和自动之分。如图 3-32 所示为手动集气罐，如图 3-33 所示为自动排气罐（阀），如图 3-34 所示为手动排气阀，如图 3-35 所示为 ZPT-C 型自动排气阀构造图。

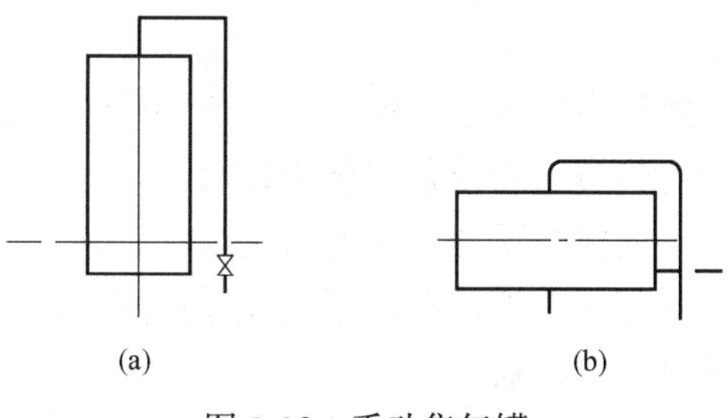

图 3-32 手动集气罐

（a）立式集气罐；（b）卧式集气罐

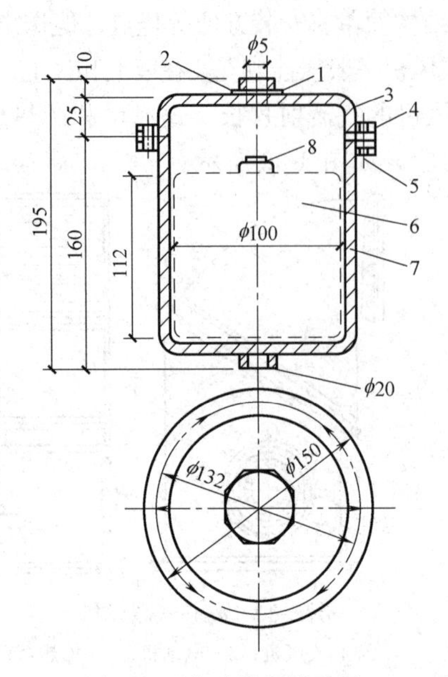

图 3-33 自动排气罐（阀）

1—排气口；2—橡胶石棉垫；3—罐盖；4—螺栓；5—橡胶石棉垫；6—浮体；7—罐体；8—耐热橡皮

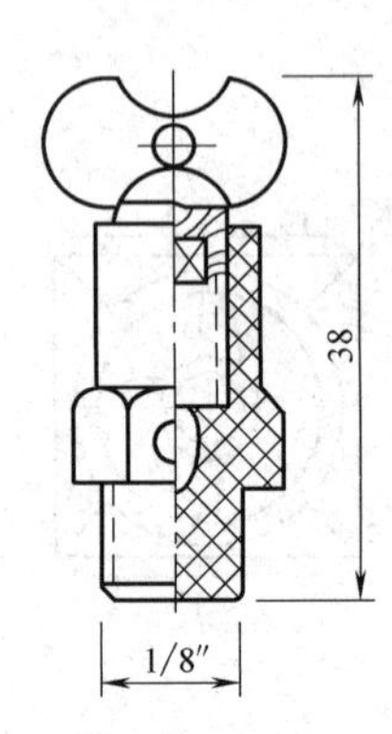

图 3-34 手动排气阀

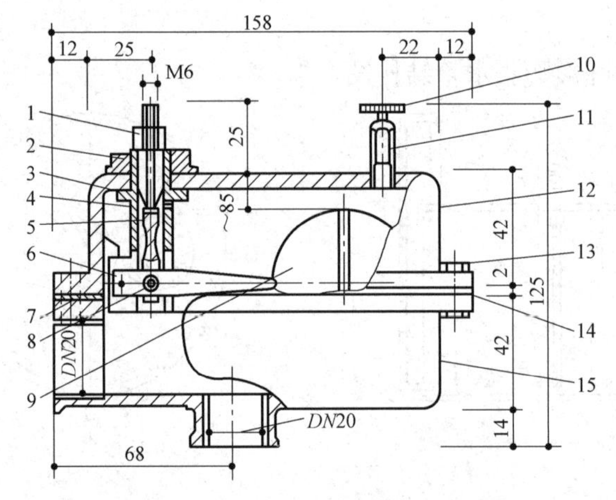

图 3-35 ZPT—C 型自动排气阀构造图

1—排气芯；2—六角锁紧螺母；3—阀芯；4—橡胶封头；5—滑动杆；6—浮球杆；7—铜锁钉；8—铆钉；9—浮球；10—手拧顶针；11—手动排气座；12—上半壳；13—螺栓螺母；14—垫片；15—下半壳

（3）补偿器

热媒在输送中管道会产生热伸长，为消除因热伸长而使管道产生的热应力影响而设置的抵消热应力的设备则称为补偿器。

室内供暖系统，受建筑物形状、面积等多种因素的影响，系统的水平干线直线管段较短而管道转弯处较多，其热伸长量可自然补偿。只有热媒温度较高，且直线干管较长时，考虑设置补偿器。

在跨度较大的车间或公共场所，管道直线段较长，应进行补偿，一般采用方形补偿器或套筒补偿器。

图 3-36～图 3-42 所示为供暖系统中所用的各种补偿器。

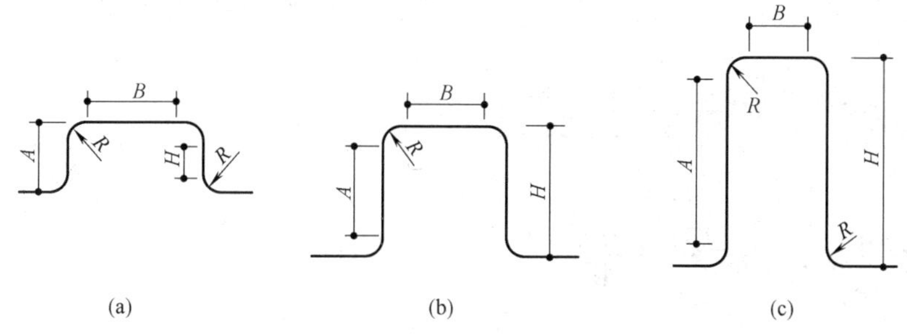

图 3-36　方形补偿器类型（$R=4D$，D 为管径）

（a）Ⅰ型短臂型（$B=2A$）；（b）Ⅱ型等臂型（$B=A$）；（c）Ⅲ型长臂型（$B=0.5A$）

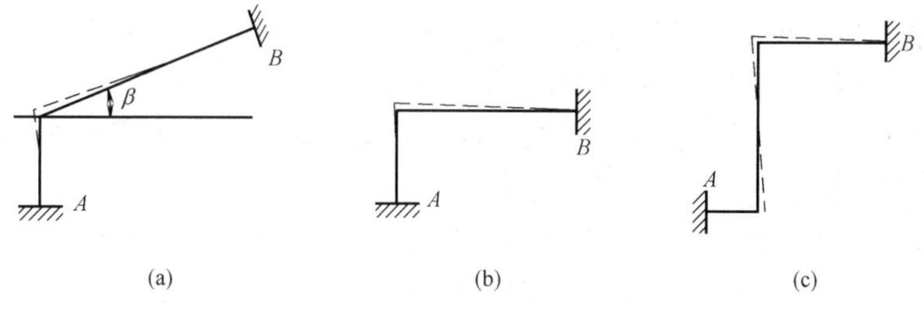

图 3-37　自然补偿器类型

（a）L 形；（b）直角弯形；（c）Z 形

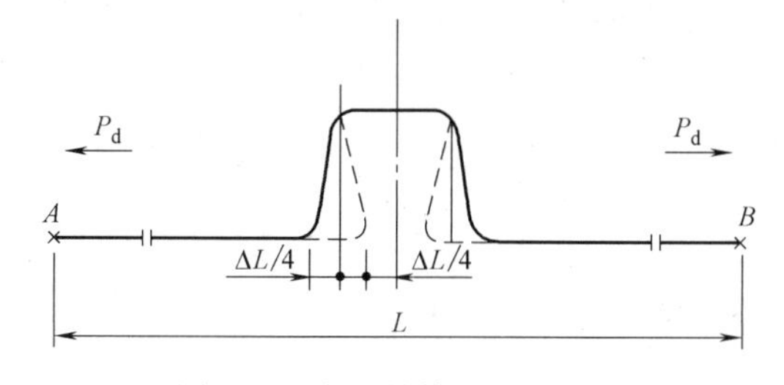

图 3-38　方形补偿器变形示意

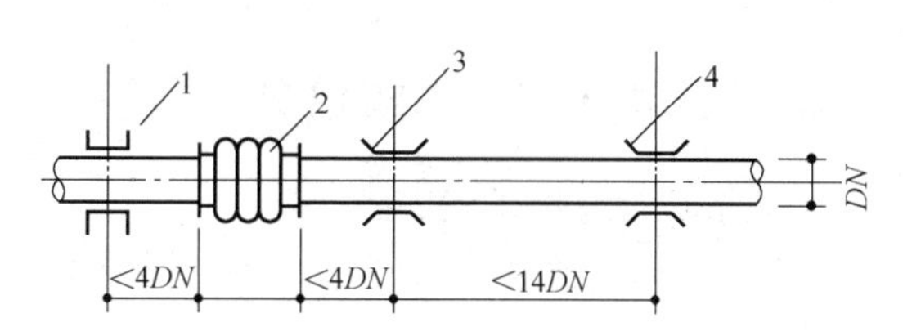

图 3-39　波纹补偿器安装位置

1—固定支架；2—波纹补偿器；3—第一导向支架；4—第二导向支架

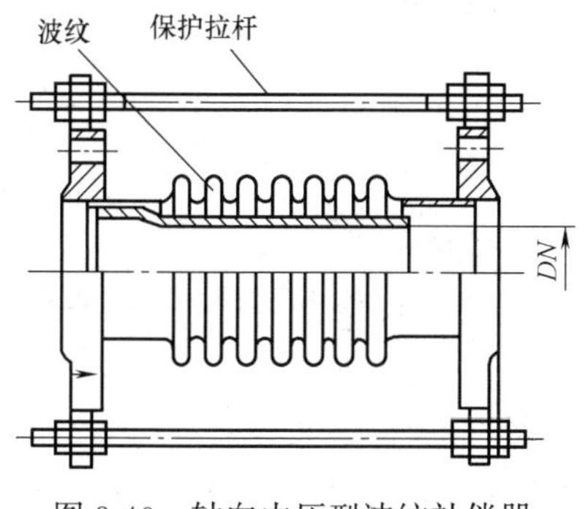

图 3-40　轴向内压型波纹补偿器

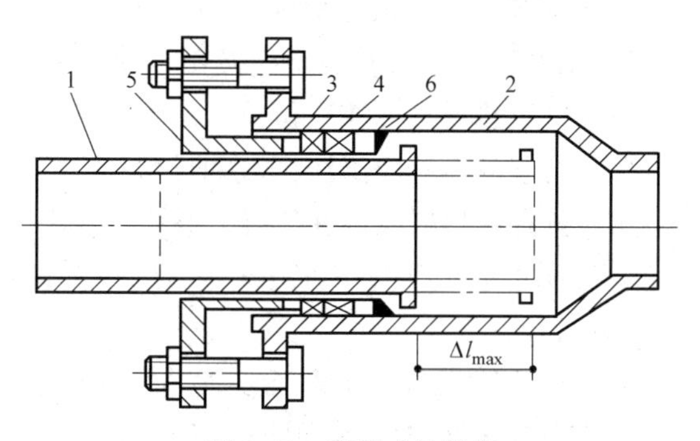

图 3-41　套筒式补偿器

1—内套筒；2—外壳；3—压紧环；4—密封填料；5—填料压盖；6—填料支承环

(4) 疏水器组

疏水器组由疏水器、过滤器、阀门、冲洗管、检查管及旁通管组成，如图3-43所示。

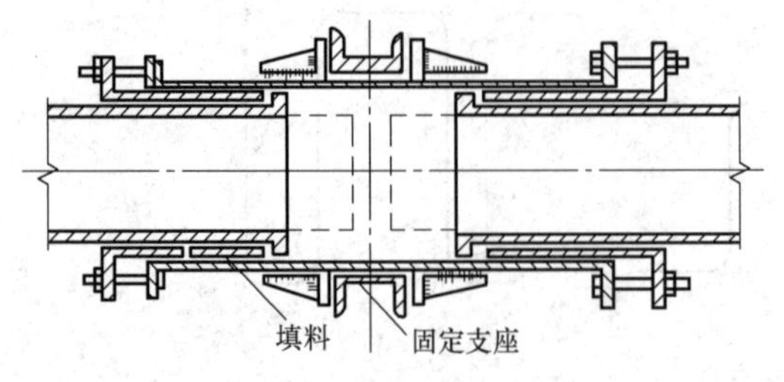

图3-42 双向套筒补偿器

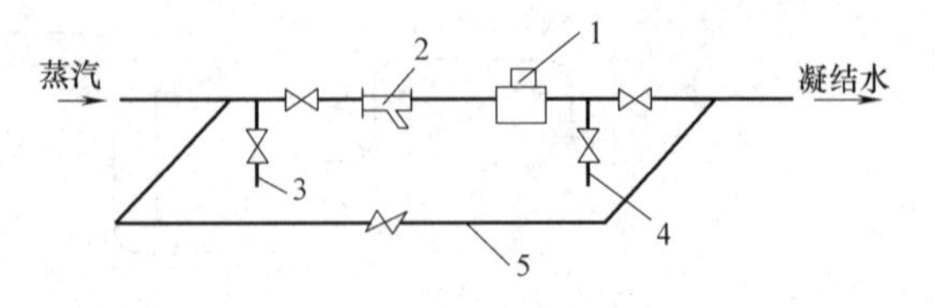

图3-43 疏水器组连接图式

1—疏水器；2—过滤器；3—冲洗管；4—检查管；5—旁通管

1) 冲洗管：冲洗系统管路和排除空气用。

2) 旁通管：系统初运行时，用于排放凝结水。

系统初运行时，管道内会产生大量凝结水（管壁吸热冷凝），应从旁通管将其快速排放，保护疏水器并使系统迅速进入正常运行。

3) 检查管：检查管安装在疏水器之后，主要检查疏水器工作是否正常，打开检查管发现有大量蒸气逸出时，可能疏水器工作失灵，应进行检修或更换。

4) 过滤器：可除去凝结水中杂质，以保证疏水器不被泥沙或锈渣堵塞，小型号热动力疏水器自身带有过滤网时可不另设过滤器。

旁通管只有在不允许间断供汽时，用于检修或更换疏水器才可打开旁通管阀，平时不应打开该阀，从而避免大量蒸汽排除而造成热损失加大。

3.1.3 采暖工程施工图识图

1. 采暖管道施工图内容

室内采暖管道施工图主要表示一栋建筑物的供暖系统，主要包括平面图、系统图、详图。

(1) 平面图

室内采暖平面图主要表示管道、附件及散热器在建筑物平面上的位置及相互关系。

1) 查明建筑物内散热器的平面位置、种类、片数及散热器的安装形式、方式；

各种散热器的规格及数量应按照下列规定标注：

① 柱型散热器只标注数量；

② 圆翼型散热器应标注根数和排数；

③ 光排管散热器应标注管径、长度、排数及型号（*A* 型和 *B* 型）。

2) 查明水平干管的布置方式、干管上的阀门、固定支架、补偿器等的平面位置、型号、干管管径；

3) 通过立管编号查明系统立管的数量和平面布置位置；

4) 在热水采暖系统平面图中应查明膨胀水箱、自动排气阀或集气罐的位置、型号、配管管径及布置。对车间蒸汽采暖管道、应查明疏水器的平面位置、规格尺寸、疏水装置组成等；

5）查明热媒入口及入口地沟情况。当热媒入口无节点详图时，平面图上一般将入口组成的设备如减压阀、疏水器、分水器、分汽缸、除污器、控制阀、温度计、压力表、热量表等表示清楚，并标注管径、热媒来源、流向、热工参数等。如果热媒入口主要配件与国家标准图相同时，平面图则注明规格、标准图号，可按给定标准图号查阅。当热媒入口有节点详图时，平面图则注明节点图的编号以备查阅。

（2）系统图

采暖系统图主要表示从热媒入口至出口的采暖管道，散热设备及附件的空间位置和互相之间的关系。

1）查明管道系统中干管与立管之间及支管与散热器之间的连接方式、阀门安装位置及数量，各管段管径、坡度坡向、水平干管的标高、立管编号、管道的连接方式；

2）查明散热器的规格型号、类型、安装形式及方式及片数（中片和足片）、标高、散热器进场形式（现场组对或成品）；

3）查明各种阀件、附件及设备在管道系统中的位置，凡是注有规格型号者，应与平面图和材料明细表进行校对；

4）查明热媒入口装置中各种阀件、附件、仪表之间相对关系及热媒的来源、流向、坡向、标高、管径等。如有节点详图时，应查明详图编号及内容。

（3）详图

采暖施工图的详图包括标准图和节点图两种。标准图是详图的重要组成部分。供水管、回水管与散热器之间的连接形式、详细尺寸和安装要求，均可用标准图表示。因此，对施工技术人员来说，掌握常用的标准图，熟知必要的安装尺寸和管道配件、施工做法，对于组织施工活动，控制施工质量是十分必要的。

采暖管道施工中常用标准图的内容包括：

1）膨胀水箱、冷凝水箱的制作、配件与安装；

2）分汽罐、分水器、集水器的构造、制作与安装；

3）疏水器、减压阀、减压板的组成形式和安装方法；

4）散热器的连接与安装要求；

5）采暖系统立、支、干管的连接形式；

6）管道支、吊架的制作与安装；

7）集汽罐的制作与安装。

2. 采暖工程施工图的识图要点

1）先根据平面图和轴测图（必要时辅以立面图、剖面图）弄清整个管道系统的组成情况。与室内给水排水管道系统不同的是，室内采暖管道系统是一个封闭的系统，其管道布置有多种不同形式。冬季采暖用的热水可来自热水锅炉、水加热器或区域性热水管网。热水要靠水泵来循环，管道系统内的水温是变化的，尤其是在系统启动或停止时水温变化更大，因此在管道系统的最高处要设有膨胀水箱。为了及时排放运行过程中析出的气体，在管道系统的特定部位，还应装设集气罐。

2）识读施工图时，应先查明建筑物内散热器的位置、型号及规格，了解干管的布置方式，干管上的阀门、固定支架、补偿器的位置。采暖施工图上的立管都进行编号，编号写在直径为 8～10mm 的圆圈内。采暖施工图的详图包括标准图和详图。标准图是室内采暖管道施工图的主要组成部分，供水、回水立管与散热器之间的具体连接形式和尺寸要求，一般都由标准图反映出来。

3）应注意施工图中是如何解决管道热胀问题的，要弄清补偿器的形式和管道固定支架的位置。

4）对于蒸汽采暖系统，要注意疏水阀和凝结水管道的设计布置。

现以图 3-44 为例，说明某地下室采暖平面图的读图方法和步骤。

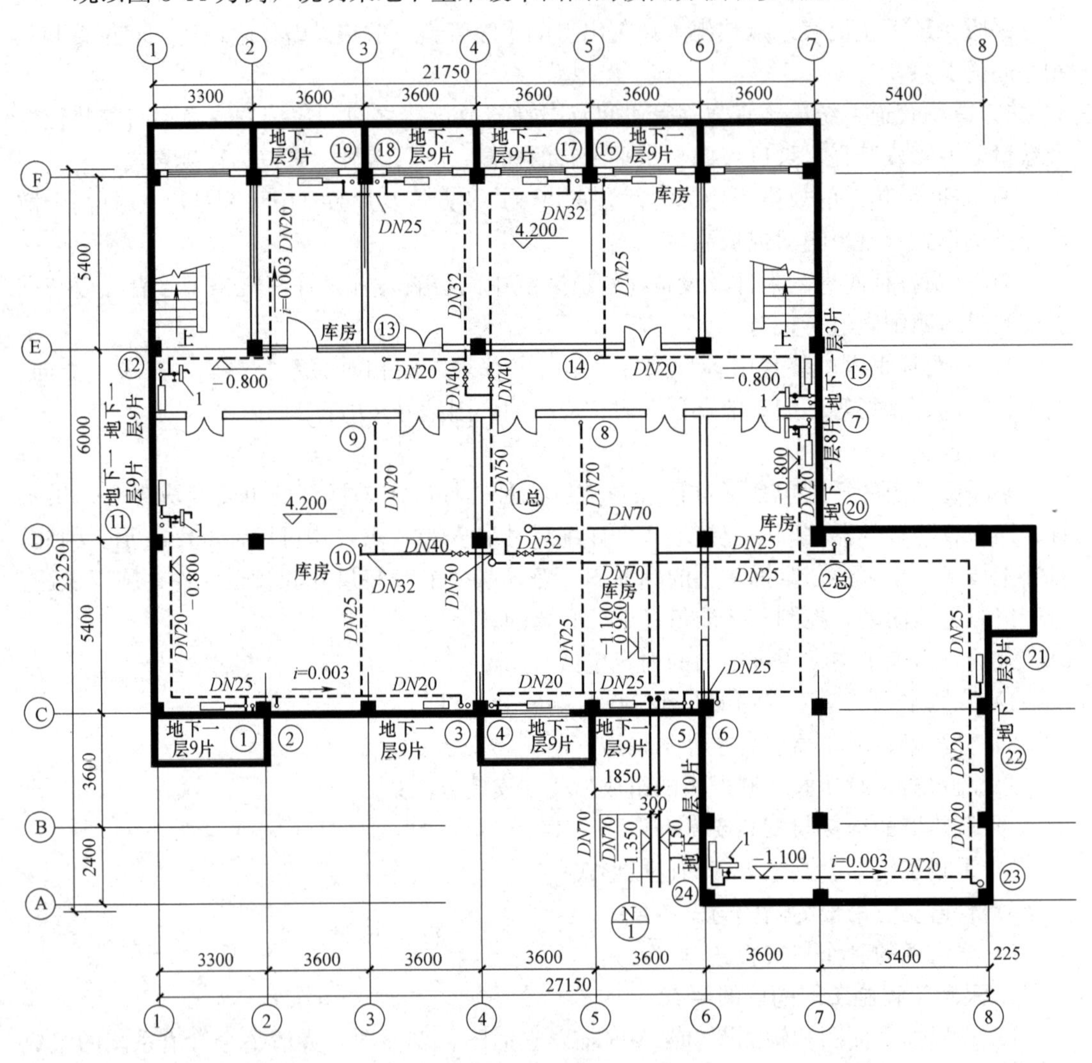

图 3-44 地下室采暖平面图

1）本采暖系统采用的是上供下回的系统形式，即供水干管设在三层屋顶（餐厅部分供水干管设在一屋屋顶），回水干管设在地下室。

2）供水、回水总管均设在Ⓒ轴南侧，⑤轴东侧。回水总管距⑤轴 1850mm，标高－1. 35mm 供水总管距⑤轴 2150m，标高－1. 15m。供水总管引入后，向北，分为两个部分，一部分过Ⓓ轴后，向西，过⑤轴后，设 1 根供水总立管，将供水送到三层的供水干管中，其管径为 70mm。另一部分，在接近Ⓓ轴处，向东，过⑦轴后设一根总立管，见图中

2总，将供水送到一层餐厅的供水干管的管径为25mm。

3）回水干管均设在地下室。为识读方便，将整个回水干管分为两个部分：

① 第一部分是由供水总立管（1总）负责供水的各立管的回水，共包括19根立管，即立管①～立管⑲。在这一部分中又分为4个支路：

A. 第一支路，先在⑦轴西侧，Ⓔ轴南侧找到立管⑮。立管⑮下边接回水干管，干管先向西，再向北，向西。在⑤轴处，有立管⑭接入，然后，干管向北，在靠近Ⓕ轴处，有立管⑯接入，向西，有立管⑰接入。继续向西，再向南。

B. 第二支路，先在①轴东侧，Ⓔ轴南侧找到主管⑫，立管⑫接入干管，干管向东，向北，再向东向北，向东。在③轴西侧接入立管⑲，③轴东侧接入立管⑱，继续向东，再向南，过Ⓔ轴后，立管⑬从西侧接入，然后，向南，再向东，与第一支路汇合，一起向南。

C. 第三支路，先在Ⓔ轴南侧，⑦轴西侧找到立管⑦。立管⑦接入干管，向西，向南，靠近Ⓒ轴时，向西。在⑥轴东侧有立管⑥接入，⑥轴西侧有立管⑤接入。继续向西，过⑤轴后，与西侧连接立管④的干管汇合，一起向北。在接近Ⓓ轴时，又与北侧连接立管⑧的干管汇合，再一起向西，与连接一、二支管的干管汇合。

D. 第四支路，先在①轴东侧，Ⓓ轴北侧，找到立管⑪。立管⑪接入干管后，向东、向南，再向东。在②轴西侧有立管①接入，东侧有立管②接入。继续向东，在③轴西侧与东侧连接立管③的干管汇合，一起向北。在靠近Ⓓ轴处，与北侧连接立管⑩的干管汇合，一起向东，又与北侧连接立管⑨的干管汇合，共同向东，与连接一、二、三支管的干管汇合。

四个支管的回水汇合在一起，向南，向下，再向东。

②第二部分，是由总干管负责供应的各立管的回水，包括立管⑳～立管㉔。我们先在⑥轴东侧，Ⓐ轴北侧，找到立管㉔。立管㉔接入干管，干管向东，向北，再向东。在靠近⑧轴时，有连接立管㉓的干管接入，一起向北。过Ⓑ轴有立管㉒接入，过Ⓒ轴有立管㉑接入。继续向北后，向西，接近⑦轴时，有立管⑳接入，一起向西，过⑥轴后，与第一部分的回水汇合，一起进入回水总干管，向南。所有干管的管径、坡度均在图纸中表示出来。

4）地下室中，共设置5个自动排气阀，分别设在系统中第一部分四个支路的端点和第二部分的端点，图中已标注出来，找到立管⑮、⑫、⑦、⑪、㉔时，便可看到。

5）散热器的位置均在立管附近，只要找到各个立管，便可了解散热器的位置，同时，在每组散热器处，已用文字标注出该组散热器的片数。例如：在②轴西侧，Ⓒ轴北侧，找到立管①，可以看到，从立管①向西引出支管，连接一组散热器，片数为9片。在②轴东侧，Ⓒ轴北侧，有立管②，但未从立管②上引出支管，接散热器，说明立管②在地下室中不连接散热器，在其他层中连接散热器，读者可参照立管图。

6）此外，还可看到立管①与立管②有一点不同，就是在立管①东侧还有一根回水立管。从立管图中可看到，立管①从三层屋顶干管引入后，分别将热水供给三层、二层、一层、地下室的四组散热器，地下室散热器散热后的回水，经回水立管后，回到地下室屋顶处的回水干管中。

7）其他各个管，可按上述方法逐个阅读。

3.2 室外供热工程施工图

3.2.1 室外供热管道的布置形式

室外供热管道布置有枝状和环状两种基本形式。

1. 枝状管网

如图 3-45 所示。枝状管网布置形式管线较短，阀件少，因此，造价较低，但缺乏供热的后备能力。通常，工厂区、建筑小区和庭院多采用枝状管网。对于用汽量大而且任何时间都不允许间断供热的工业区或车间，可以采用复线枝状管网，用以提高其供热的可靠性。

2. 环水管网

如图 3-46 所示。环状管网的主干线为环状，而通信各用户的管网为枝状，因此，对于城市集中供热的大型热水供热管网且有两个以上热源时，可以采用环状管网，以提高供热的后备能力。但造价和钢材耗量都比枝状管网大得多。

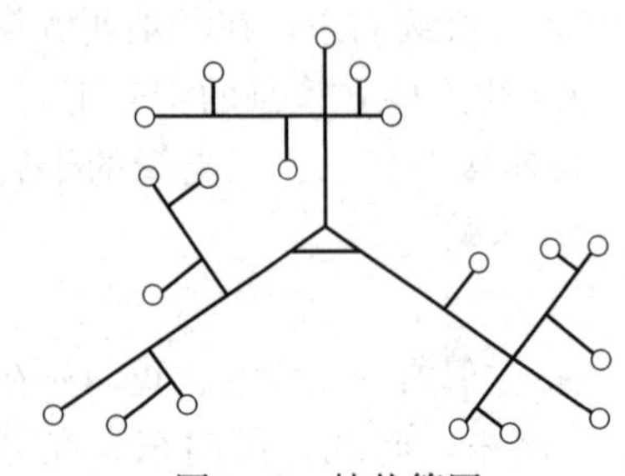

图 3-45 枝状管网

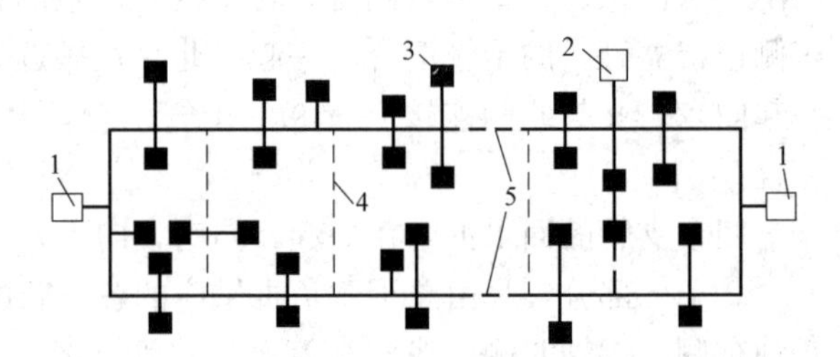

图 3-46 环状管网

1—热源；2—后备热源；3—热力点；4—热网后备旁通管；5—热源后备旁通管

3.2.2 室外供热管道的敷设方式

1. 架空敷设

架空敷设是指供热管道敷设在地面上成附墙支架上的敷设方式。按支架的高度不同，可分为低支架、中支架和高支架三种架空敷设形式。

(1) 低支架

在不妨碍交通、不影响厂区扩建的场合，可采用低支架敷设，通常沿着工厂的围墙或平行于公路或铁路敷设。为了避免雨雪的侵袭，采暖管道保温结构底距地面净高不得小于 0.3m。低支架敷设可以节省大量土建材料，建设投资小，施工安装方便，维护管理容易，但其适用范围太窄，如图 3-47 所示。

(2) 中支架

在人行频繁和非机动车辆通行地段，可采用中支架敷设。管道保温结构底距地面净高为 2.0～4.0m。

（3）管道保温结构

底距地面净高为 4m 以上，一般为 4.0～6.0m。其在跨越公路、铁路或其他障碍物时采用高支架，如图 3-48 所示。

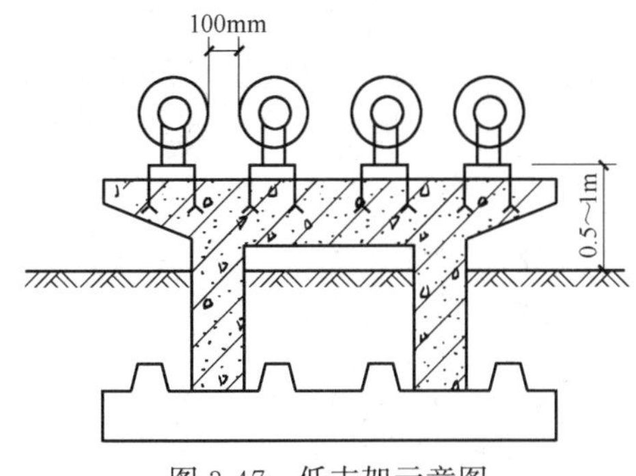

图 3-47　低支架示意图

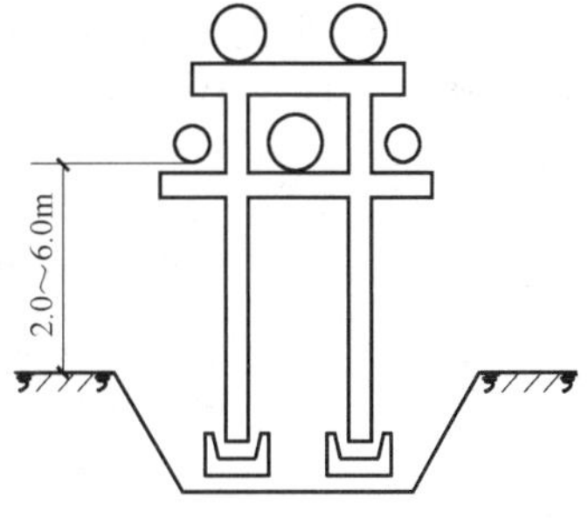

图 3-48　中、高支架示意图

2. 地下敷设

（1）地沟敷设

地沟敷设形式如下：

1）不通行地沟 如图 3-49 所示。适于管径小、数量少时采用。地沟断面尺寸能满足施工安装要求即可，净高不超过 1m，沟宽一般不超过 1.5m。沟内管道或保温层外表面到沟壁表面距离为 100～150mm，到沟底距离为 100 ～ 200mm，到沟顶距离为 50 ～ 100mm；管道或保温层外表面间距为 100～150mm。因地沟断面尺寸较小，为便于操作考虑，应在地沟底垫层作完后就安装管道，然后砌墙。只有管道水压试验合格，保温工程完毕，才能加盖顶板并覆土。

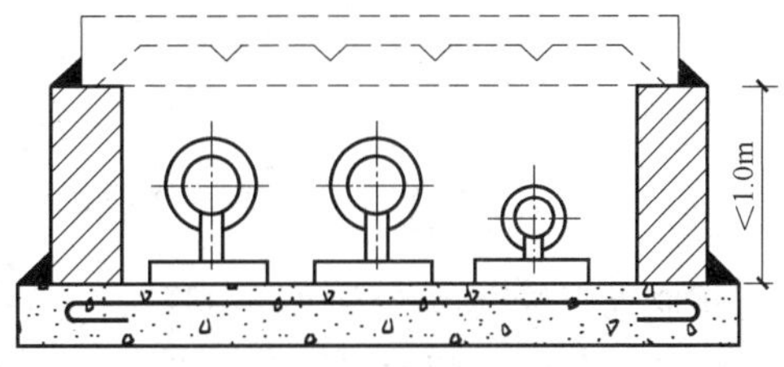

图 3-49　不通行地沟

2）半通行地沟 如图 3-50 所示。在半通行管沟内，留有高度约 1.2～1.4m，宽度不小于 0.5m 的人行通道。操作人员可以在半通行管沟内检查管道和进行小型修理工作，但更换管道等大修工作仍需挖开地面进行。当无条件采用通行管沟时，可用半通行管沟代替，以利于管道维修和判断故障地点，缩小大修时的开挖范围。

3）通行地沟 如图 3-51 所示。当管道数量多，需要经常检修，或与主要道路、公路

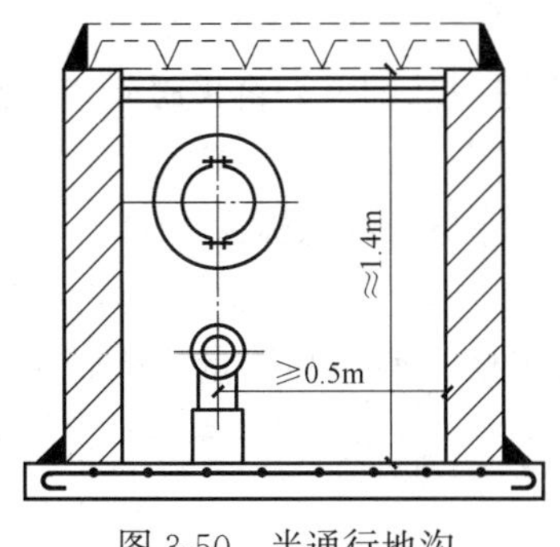

图 3-50　半通行地沟

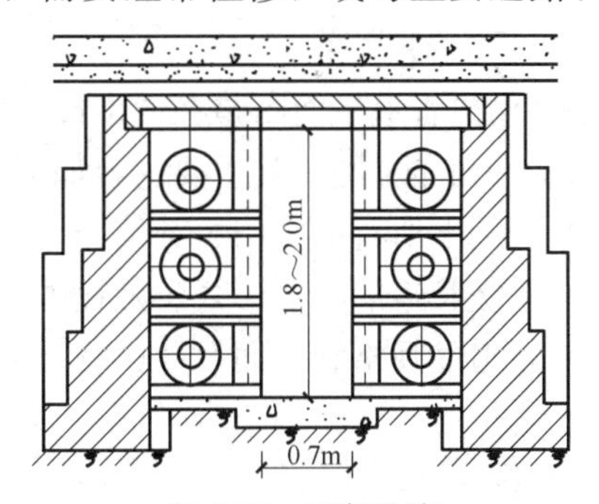

图 3-51　通行地沟

和铁路交叉，不允许开挖路面时采用。地沟净高不小于 1.8m，通道宽 0.6～0.7m。管道到沟壁、底、顶的距离应不小于半通行地沟要求的距离。管道保温表面间的净距不小于 150mm。

（2）埋地敷设

埋地敷设是将供热管道直接埋设于土中的敷设方式。目前采用最多的结构形式为整体式预制保温管，即将采暖管道、保温层和保护外壳三者紧密地粘结在一起，形成一个整体，如图 3-52 所示。

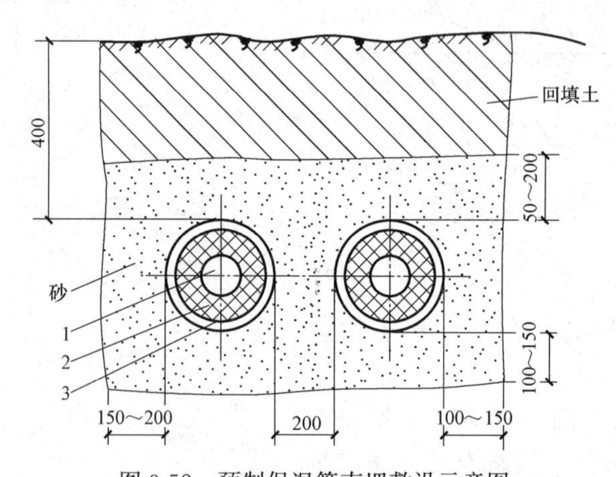

图 3-52 预制保温管直埋敷设示意图

1—钢管；2—硬质聚氨酯泡沫塑料保温层；3—高密度聚乙烯保温外壳

预制保温管（也称为“管中管”）多采用硬质聚氨酯泡沫塑料作为保温材料。它是由多元醇和异氢酸盐两种液体混合发泡固化而形成的。硬质聚氨酯泡沫塑料的密度小，导热系数低，保温性能好，吸水性小并具有足够的机械强度，但耐热温度不高。国内标准要求其密度为 60～80kg/m^3，导热系数 λ<0.027W/(m·℃)，抗压强度 P≥200kPa，吸水性 g≤0.3kg/m^3，耐热温度不超过 120℃。

预制保温管的保护外壳多采用高密度聚乙烯硬质塑料管。根据国家标准要求，高密度聚乙烯外壳的密度≥940kg/m^3，拉伸强度≥20MPa，断裂伸长率≥350%。

3.2.3 室外供热工程施工图识图

1. 室外供热工程施工图内容

（1）平面图

室外供热管道平面图是在城市或厂区地形测量平面图的基础上，将采暖管道的线路表示出来的平面布置图，其主要内容如下：

1）管网上所有的阀门、补偿器、固定支架，检查室等与管线的标注。

2）采暖管道的布置形式、敷设方式及规模。

3）管道的规格和平面尺寸，管道上附件和设备的规格、型号和数量，检查室的位置和数量等。

（2）纵断面图

室外采暖管道纵断面图是依据管道平面图所确定的管道线路，它反映出管线的纵向断面变化情况，不能反映出管线的平面变化情况，其内容主要包括：

1）自然地面和设计地面的高程、管道的高程。

2）管道的敷设方式。

3）管道的坡向、坡度。

4）检查室、排水井及放气井的位置和高程。

5）与管线交叉的公路、铁路、桥涵、水沟等。

6）与管线交叉的设施、电缆及其他管道等。

2. 建筑室外采暖平面图的识图方法

（1）查明供水管路的布置形式

（2）查明管道的平面布置位置

（3）查明热水引出支管的走向

（4）查明供暖热水管路的节点、距离、标高、管路转向等

现以图 3-53、图 3-54 为例，说明某办公楼室外供暖管道平面图和纵断面图的读图方法和步骤。

图 3-53 某办公楼室外供暖管道平面图

图 3-53 中：

（1）该室外供暖管道的供热水管和回水管平行布置。

（2）管路从检查室 3 开始向右延伸至检查室 4，经检查室 4 向右经补偿器井 6，再转向检查室 5，继续向前。

（3）管道的平面布置从图上的坐标可看出具体位置。平面图上还可看到设计说明、固定支架、波纹管补偿器、从检查室引出支管经阀门通向供暖用户。

图 3-54 中：

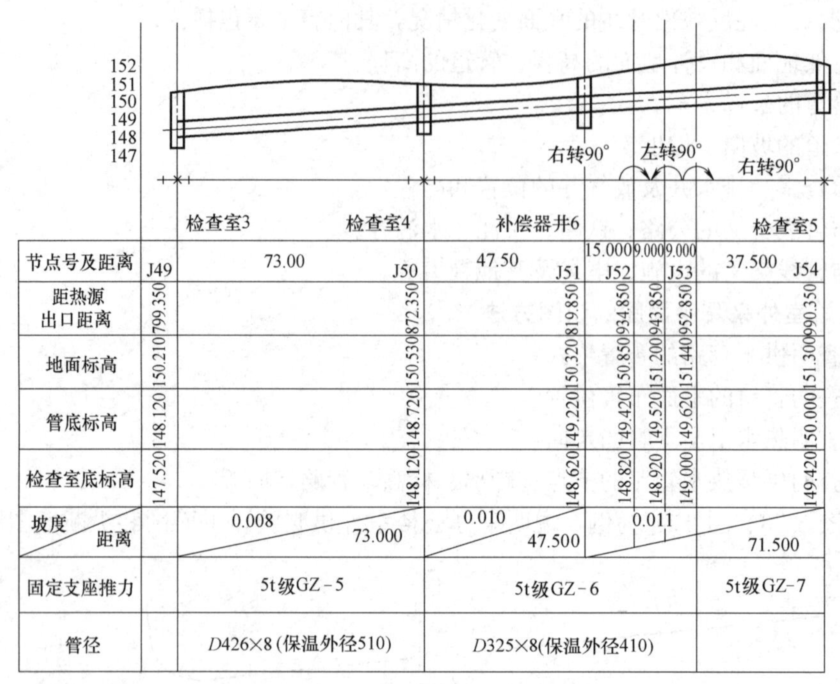

图 3-54 某办公楼室外供暖管道纵断面图

(1) 以检查室 3 为例，节点编号 J49，距热源出口距离为 799.35m，地面标高为 150.210m，管底标高为 148.120m，检查室底标高为 147.520m；其他检查室读法相同。

(2) 到检查室 4 距离为 73m，管道坡度为 0.008，左低右高，管径为 426mm，壁厚为 8mm，保温外径为 510mm；其他管段读法相同。

(3) 图上还标有固定支座推力、标高、坐标、管道转向和转角等内容。

通风空调施工图识图诀窍

4.1 通风和空调工程概述

4.1.1 通风系统的组成与分类

1. 通风系统的组成

通风系统包括风管、风管部件（各类风口、阀门、排气罩、消声器、检查测定孔、风帽、吊托支架等）、风管配件（弯管、三通、四通、异径管、静压箱、导流叶片法兰及法兰连接件等）、风机、空气处理设备等。

2. 通风系统的分类

通风系统按工作动力，可分为自然通风和机械通风。

（1）自然通风

利用室外冷空气与室内热空气的密度的不同，以及建筑物迎风面和背风面风压的不同而进行的通风，称为自然通风。

自然通风可分为有组织的自然通风、管道式自然通风和渗透通风三种。

（2）机械通风

利用通风机产生的抽力或压力借助通风管网进行的通风，称为机械通风。

通风系统有送风系统和排风系统。实际中，常将机械通风和自然通风结合使用。

例如，有时采用机械排风和自然送风。机械送风系统由进风百叶窗、空气过滤器（加热器）、通风机（离心式、轴流式、贯流式）、通风管以及送风口等组成，如图 4-1 所示。

机械排风系统由吸风口（吸尘罩）、通风管、通风机、风帽等组成，如图 4-2 所示。

4.1.2 空调系统的组成与分类

1. 空调系统的组成

空调系统由空气处理设备、空气输送设备、空气分配装置、冷热源和自控调节装置组

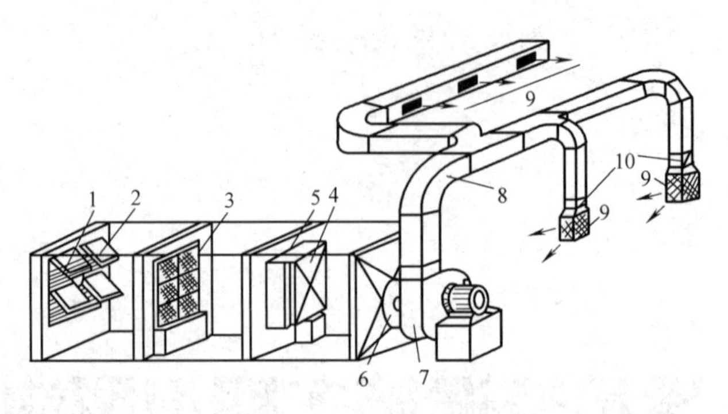

图 4-1 机械送风系统

1—百叶窗；2—保温阀；3—过滤器；4—空气加热器；5—旁通阀；6—启动阀；7—通风机；8—通风管；9—出风口；10—调节阀门

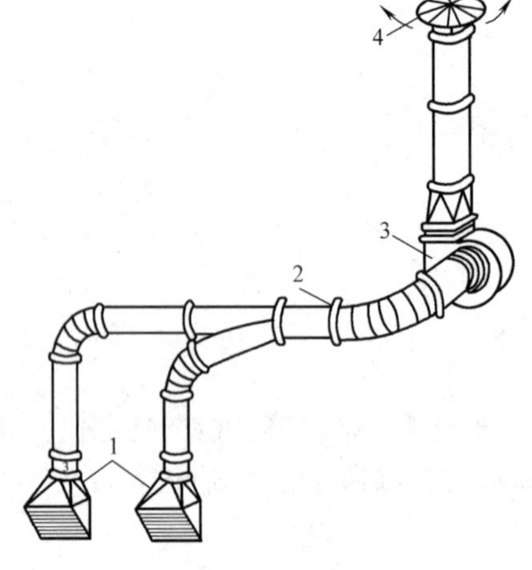

图 4-2 机械排风系统

1—排气罩；2—排风管；3—通风机；4—风帽

成。空气处理设备主要负责对空气的热湿处理及净化处理等，例如表面式冷却器、加热器、喷水室、加湿器等；空气输送设备包括风机（如送风机、排风机）、回风管、送风管、排风管及其部件等；空气分配装置主要是各种回风口、送风口、排风口；冷热源是为空调系统提供冷量和热量的成套设备，例如锅炉房（安装锅炉及其附属设施的房间）、冷冻站（安装冷冻机及附属设施的房间）等。常用的冷冻机有冷水机组（将制冷压缩机、冷凝器、蒸发器及自控元件等组装成一体，可提供冷水的压缩式制冷机称为冷水机组）和压缩冷凝机组（将压缩机、冷凝器及必要附件组装在一起的机组）。

（1）分散式空调系统

分散式空调系统又称为局部式空调系统，该系统由空气处理设备、风机、制冷设备、温控装置等组成，上述设备集中安装在一个壳体内，是由厂家集中生产，现场安装，所以，这种系统可不用风道或者用很少的风道。此系统多用于用户分散、彼此距离远、负荷较小的情况下，经常用窗式空调器、立柜式空调机组、分体挂装式空调器等。

（2）集中式全空气系统

集中式全空气系统是指空气经集中设置在机房的空气处理设备集中处理后，由送风管道送入空调房间的系统。集中式全空气系统可分为单风道系统和双风道系统两种。

1）单风道系统。单风道系统适用于空调房间较大或各房间负荷变化情况类似的场合，例如办公大楼、剧场等。该系统主要由集中设置的空气处理设备、风道及阀部件、风机、送风口、回风口等组成。常用的系统形式包括一次回风系统、二次回风系统、全封闭式系统、直流式系统等。

2）双风道系统。双风道系统由集中设置的空气处理设备、送风机、冷风道、热风道、阀部件及混合箱、温控装置等多个部分组成。冷热风分别送入混合箱，通过室温调节器控制冷热风混合比例，来保证各房间温度独立控制。此系统特别适合负荷变化不同或温度要

求不同的用户。但是具有初投资大、运行费用高、风道断面占用空间大、不易布置等缺点。

(3) 半集中式空调系统

半集中式空调系统是结合了集中式空调系统设备集中、维护管理方便的特点及局部式空调系统灵活控制的特点发展起来的，主要的形式有风机盘管加新风系统和诱导器系统两种。

1) 诱导式空调系统。诱导器加新风的混合系统称为诱导式空调系统。在系统中，新风通过集中设置的空气处理设备处理，经风道送入设置于空调房间的诱导器中，再由诱导器喷嘴高速喷出，同时吸入房间内的空气，使这两部分空气在诱导器内混合后送入空调房间。空气-水诱导式空调系统，诱导器带有空气再处理装置即盘管，可通入冷水、热水，对诱导进入的二次风进行冷、热处理。冷水、热水可通过冷源或热源提供。该系统与集中式全空气系统相比，风道断面尺寸较小、容易布置，但是设备价格贵、初投资较高、维护量大。

2) 风机盘管加新风系统。风机盘管加新风系统是由风机盘管机组和新风系统两部分组成的混合系统。新风由集中的空气处理设备处理，通过风道、送风口送入空调房间，或与风机盘管处理的回风混合后一并送入；室内空调负荷由集中式空调系统和放置在空调房间内的风机盘管系统共同负担。

风机盘管机组的盘管内通入热水或冷水用来加热或冷却空气，热水和冷水又称为热媒和冷媒，因此，机组水系统至少应装设供、回水管各一根，即做成双管系统。若冷媒、热媒分开供应，还可做成三管系统及四管系统。盘管内，热媒和冷媒由热源与冷源集中供给。因此，这种空调系统既有集中的风道系统，又有集中的空调水系统，初期投资较大，维护工作量大。在高级宾馆、饭店等建筑物中，采用这种系统较广泛。

2. 空调系统的分类

空调系统分类方法通常有以下几种：

(1) 按室内环境要求分类

按室内环境的要求，可分为三类：恒温恒湿空调工程、一般空调工程以及净化空调工程。

1) 恒温恒湿空调工程。恒温恒湿空调工程是指在生产过程中，为保证产品质量，空调房间内的空气温度和相对湿度要求恒定在一定数值范围之内。例如机械精密加工车间、计量室等。

2) 一般空调工程。一般空调工程是指在某些公共建筑物内，对房间内空气的温度和湿度不要求恒定，随着室外气温的变化，室内空气温度、湿度允许在一定范围内变化。例如体育场、宾馆、办公楼等。

3) 净化空调工程。净化空调工程是指在某些生产工艺要求房间不仅保持一定的温度、湿度，还需有一定的洁净度。例如电子工业精密仪器生产加工车间。

(2) 按空气处理设备集中程度分类

按空气处理设备集中程度，可分为三类：集中式系统、分散式系统及半集中式空调系统。

1) 集中式系统。所有空气处理设备集中设置在一个空调机房内，通过一套送回风系统给多个空调房间提供服务。

2）分散式系统。空气处理设备、冷热源、风机等集中设置在一个壳体内，形成结构紧凑的空调机组，分别放在空调房间内承担各自房间的空调负荷且相互之间不影响。

3）半集中式空调系统。除了有集中的空调机房外还有分散设置在每个空调房间的二次空气处理装置（又称末端装置）。集中的空调机房内空气处理设备将来自室外的新鲜空气处理后送入空调房间（即新风系统），分散设置的末端装置处理来自空调房间的空气（即回风），与新风一道或者单独送入空调房间。

（3）按负担室内负荷所用介质分类

按负担室内负荷所用的介质，可分为四类：全空气系统、全水系统、空气—水系统及制冷剂系统。

1）全空气系统。空调房间所有负荷全是由经过处理的空气承担。集中式空调系统即为全空气系统。

2）全水系统。空调房间负荷全依靠水作为介质来承担。不设新风的独立的风机盘管系统属于全水系统。

3）空气—水系统。该系统中一部分负荷是由集中处理的空气承担，另一部分负荷是由水承担。风机盘管加新风系统和有盘管的诱导器系统都是空气—水系统。

4）制冷剂系统。房间负荷是由制冷和空调机组组合在一起的小型空气处理设备负担。分散式空调系统属于制冷剂系统。

（4）按处理空气来源分类

按处理空气的来源，可分为全新风系统、混合式系统及封闭式系统三类。

1）全新风系统。全新风系统处理的空气全部是来自室外的新鲜空气，经集中处理后送入室内，然后全部排出室外。主要应用于空调房间内产生有害气体或者有害物而不能利用回风的场所。

2）混合式系统。混合式系统处理的空气，一部分来自室外新风，另一部分来自空调房间的回风，主要作用是为了节省能量。

3）封闭式系统。封闭式系统处理的空气全部来自空调房间本身，其经济性好但是卫生效果差，主要用于无人员停留的密闭空间。

（5）按风管内空气流速分类

按风管内空气流速，可分为两类：低速空调系统和高速空调系统。

1）低速空调系统。工业建筑主风道风速低于 15m/s，民用建筑风速低于 10m/s。

2）高速空调系统。工业建筑主风道风速高于 15m/s，对于民用建筑主风道风速高于 12m/s 的，也称为高速系统。这类系统噪声大，应设置相应的防治措施。

4.2 通风系统施工图的识图

4.2.1 通风系统施工图的主要内容

1. 通风系统平面图

主要表达通风管道、设备的平面布置情况和有关尺寸，一般应包含以下内容：

(1) 以双线绘出的风道、异径管、弯头、静压箱、检查口、测定孔、调节阀、防火阀、送（排）风口等的位置。

(2) 水式空调系统中，用粗实线表示的冷热媒管道的平面位置、形状等。

(3) 送风、回风系统编号，送、回风口的空气流动方向等。

(4) 空气处理设备（室）的外形尺寸、各种设备的定位尺寸等。

(5) 风道及风口尺寸（圆管注明管径，矩形管注明宽×高）。

(6) 各部件的名称、规格、型号、外形尺寸、定位尺寸等。

2. 通风系统剖面图

表示通风管道、通风设备及各种部件竖向的连接情况和有关尺寸，主要包含以下内容：

1）用双线表示的风道、设备、各种零部件的竖向位置尺寸和有关工艺设备的位置尺寸，相应的编号尺寸应与平面图对应。

2）注明风道直径（或截面尺寸），风管标高（圆管标中心，矩形管标管底边），送、排风口的形式、尺寸、标高和空气流向。

3. 通风系统图

采用轴测图的形式将通风系统的全部管道、设备和各种部件在空间的连接及纵横交错、高低变化等情况表示出来，一般应包含以下内容：

1）通风系统的编号、通风设备及各种部件的编号，应与平面图一致。

2）各管道的管径（或截面尺寸）、标高、坡度、坡向等，在系统图中的一般用单线表示。

3）出风口、调节阀、检查口、测量孔、风帽及各异形部件的位置尺寸等。

4）各设备的名称和规格型号等。

4. 通风系统详图

表示各种设备或配件的具体构造和安装情况。通风系统详图较多，一般应包括：空调器、过滤器、除尘器、通风机等设备的安装详图，各种阀门、检查门、消声器等设备部件的加工制作详图，设备基础详图等。各种详图大多有标准图供选用。

5. 设计和施工说明

1）设计时使用的有关气象资料、卫生标准等基本数据。

2）通风系统的划分。

3）施工做法，例如与土建工程的配合施工事项，风管材料和制作的工艺要求，油漆、保温、设备安装技术要求，施工完毕后试运行要求等。

4）施工图中采用的一些图例。

6. 设备和配件明细表

通风机、电动机、过滤器、除尘器、阀门等以及其他配件的明细表，在表中应注明它们的名称、规格型号和数量等，以便与施工图对照。

4.2.2 通风系统施工图的识图方法

1. 通风系统平面图的识图方法

1）查找系统的编号与数量。对复杂的通风系统需对其中的风道系统进行编号，简单的通风系统可不进行编号。

2）查找通风管道的平面位置、形状、尺寸。弄清通风管道的作用，相对于建筑物墙体的平面位置及风管的形状、尺寸。风管有圆形和矩形两种。通风系统一般采用圆形风管，空调系统一般采用矩形风管，因为矩形风管易于布置，弯头、三通尺寸比圆形风管小，可明装或暗装于吊顶内。

3）查找水式空调系统中水管的平面布置情况。弄清水管的作用以及与建筑物墙面的距离。水管一般沿墙、柱敷设。

4）查找空气处理各种设备（室）的平面布置位置、外形尺寸、定位尺寸。

5）查找系统中各部件的名称、规格、型号、外形尺寸、定位尺寸。

2. 通风系统剖面图的识图方法

1）查找水系统水平水管、风系统水平风管，设备、部件在竖直方向的布置尺寸与标高，管道的坡度与坡向，以及该建筑房屋地面和楼面的标高，设备、管道距该层楼地面的尺寸。

2）查找设备的规格型号及其与水管、风管之间在高度方向上的连接情况。

3）查找水管、风管及末端装置的规格型号。

3. 通风系统图的识图方法

阅读通风系统图查明各通风系统的编号、设备部件的编号、风管的截面尺寸、设备名称及规格型号、风管的标高等。

现以图 4-3 为例，说明通风系统平面图的读图方法和步骤。

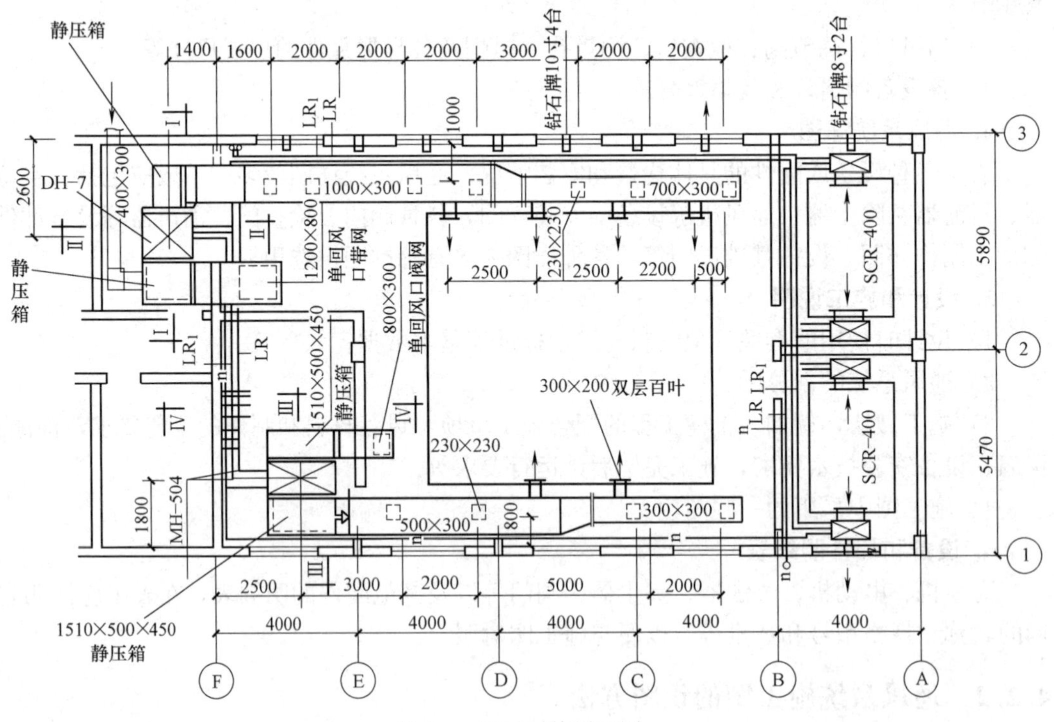

图 4-3 通风系统平面图

1）该空调系统为水式系统。

2）图中，标注“LR”的管道表示冷冻水供水管，标注“LR1”的管道表示冷冻水回水管，标注“n”的管道表示冷凝水管。

3）冷冻水供水、回水管沿墙布置，分别接入 2 个大盘管和 4 个小盘管。大盘管型号为 MH-504 和 DH-7，小盘管型号为 SCR-400。

4）冷凝水管将 6 个盘管中的冷凝水收集在一起，穿墙排至室外。

5）室外新风通过截面尺寸为 400mm×300mm 的新风管，进入净压箱与房间内的回风混合，经过型号为 DH-7 的大盘管处理，再经过另一侧的静压箱进入送风管。

6）送风管通过底部的 7 个尺寸为 700mm×300mm 的散流器以及 4 个侧送风口将空气送入室内。送风管布置在距①墙 100mm 处，风管截面尺寸为 1000mm×300mm 和 700mm×300mm 两种。

7）回风口平面尺寸为 1200mm×800mm，回风管穿墙将回风送入静压箱。型号为 MH-504 上的送风管截面尺寸为 500mm×300mm 和 300mm×300mm，回风管截面尺寸为 800mm×300mm。

建筑电气施工图识图诀窍

5.1 变配电工程图

5.1.1 变配电系统主接线图

1. 高压供电系统主接线

变电所的主接线（又称一次接线或一次线路）是指由各种开关电器、电力变压器、断路器、避雷器、互感器、隔离开关、电力电缆、母线、移相电容器等电气设备按一定的次序相连接的具有接收与分配电能的电路。主接线的确定与变电所电气设备的选择、变配电装置的合理布置、可靠运行、控制方式及经济性能等，都有着密切的关系，是供配电设计的重要环节。

（1）线路-变压器组接线

线路-变压器组接线如图 5-1 所示。其具有的优点是接线简单，所用电气设备少，投资少，配电装置简单。缺点是该单元中任一设备发生故障或检修时，变电所全部停电，可靠度不高。线路-变压器组接线适用于小容量三级负荷、小型企业或非生产用户。

（2）单母线接线

在变配电系统图中，母线是电路中的一个节点，在实际的电气系统中母线是一组庞大的汇流排，它是电能汇集与分散的场所。单母线制可分为单母线不分段接线、单母线分段接线、单母线带旁路母线接线及其他单母线派生的接线等形式。

1）单母线不分段接线。如图 5-2 所示，每条引入线、引出线的电路中都装有断路器与隔离开关，电源的引入、引出都是通过一根母线连接的。此接线电路简单清晰，使用设备少，经济性好，但其缺点是可靠性、灵活性差，当电源线路、母线或母线隔离开关发生故障或检修时，全部用户供电中断。因此，它只适用于对供电要求不高的三级负荷用户或有备用电源的二级负荷用户。

2）单母线分段接线。如图 5-3 所示，它可采用隔离开关或断路器分段，隔离开关分

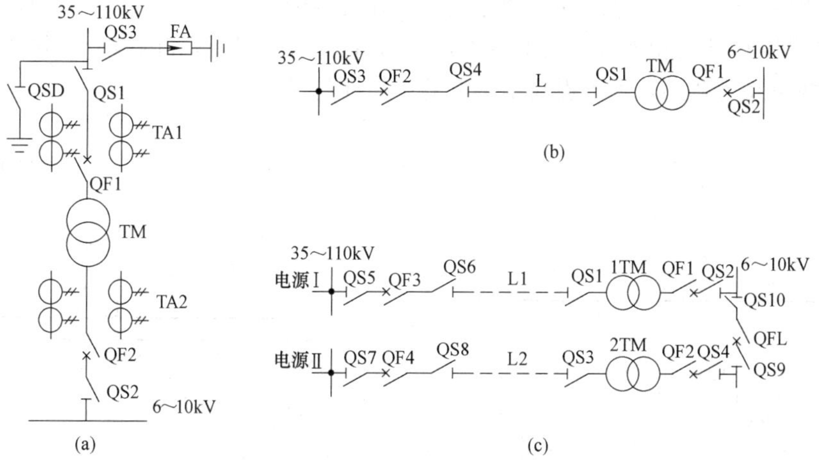

图 5-1 线路-变压器组接线图

（a）一次侧采用断路器和隔离开关；（b）一次侧采用隔离开关；（c）双电源双变压器

断操作不方便，目前已不采用。单母线分段接线可分段单独运行，或并列同时运行。

采用分段单独运行时，各段相当于单母线不分段接线的运行状态，各段母线的电气系统互不影响。当任一段母线发生故障或检修时，仅停止对该段母线所带负荷的供电。当任一电源线路故障或检修时，则可经倒闸操作恢复该段母线所带负荷的供电。

采用并列运行时，如果遇到电源检修，无须母线停电，只需断开电源的断路器及其隔离开关，调整另外电源的负荷即可。担当母线故障或检修时，就会引起正常母线的短时停电。这种接线的优点是供电可靠性高，操作灵活，除母线故障或检修外，可对用户连续供电。缺点是母线发生故障或线路检修时，仍有 50%左右的用户停电。

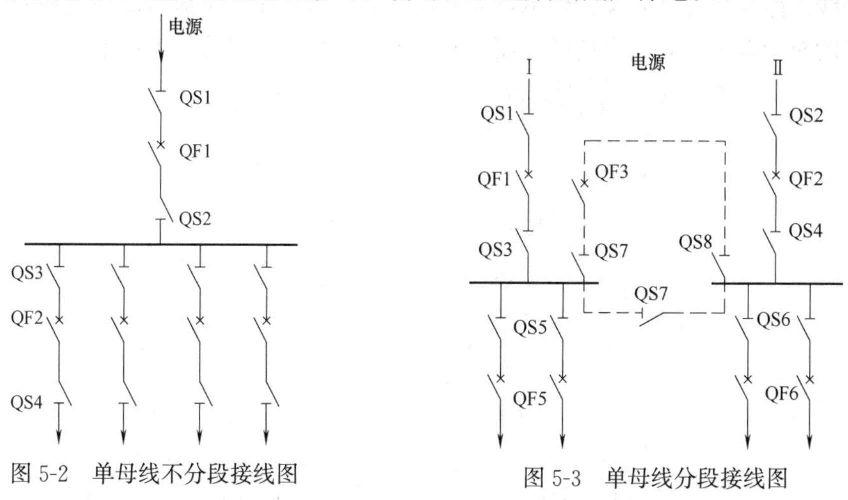

图 5-2 单母线不分段接线图

图 5-3 单母线分段接线图

3）单母线带旁路接线，如图 5-4 所示，当引出线断路器检修时，它可用旁路母线断路器（QFL）代替引出线断路器，给用户继续供电。这种接线造价较高，只用在引出线数量很多的变电所中。

（3）双母线接线

双母线接线如图 5-5 所示。DMⅠ是工作母线，DMⅡ是备用母线，任一电源进线回路或负荷引出线都经一个断路器和两个母线隔离开关接于双母线上，两个母线通过母线断路器 QFL 及其隔离开关相连接。其工作方式有两组母线分列运行和两组母线并列运行两种。因双母线两组互为备用，大大提高了供电的可靠性与灵活性。

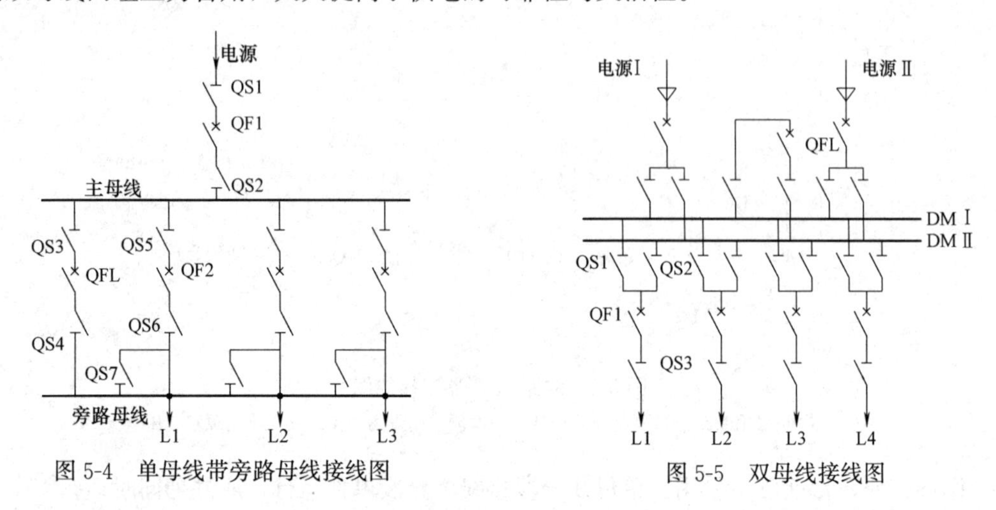

图 5-4　单母线带旁路母线接线图

图 5-5　双母线接线图

（4）桥式接线

桥式接线是指在两路电源进线间跨接一个“桥式”断路器。桥式接线比分段单母线结构简单，它减少了断路器的数量，四回电路只采用三台断路器。按照跨接桥位置的不同，可分为内桥式接线与外桥式接线。

1）内桥式接线。如图 5-6（a）所示，跨接桥靠近变压器侧，桥开关（QF3）装于线路开关（QF1、QF2）内，变压器回路只装隔离开关，不装断路器。内桥式接线的优点是对电源进线回路操作方便，灵活供电可靠性高，它一般用于因电源线路较长而发生故障和停电检修的机会较多，且变电所的变压器不需要经常切换的总降压变电所。

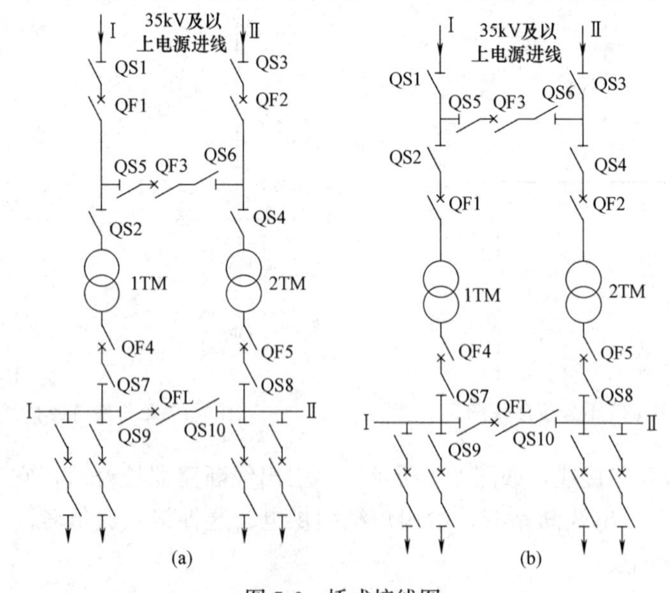

图 5-6　桥式接线图

（a）内桥式接线；（b）外桥式接线

2）外桥式接线。如图 5-6（b）所示，跨接桥靠近线路侧，桥开关（QF3）装在变压器开关（QF1、QF2）外，进线回路只装隔离开关，不装断路器。外桥式接线的优点是对变压器回路操作非常方便，灵活，供电可靠性高，它适于电源线路较短，而变电所负荷变动较大、根据经济运行要求需要经常投切变压器的总降压变电所。

2. 变配电系统接线

（1）放射式接线

从电源点用专用开关及专用线路直接送到用户或设备的受电端，沿线没有其他负荷分支的接线即为放射式接线，又叫专用线供电。当配电系统采用放射式接线时，引出线发生故障时互相不影响，供电可靠性比较高，切换操作方便，保护简单。但因为其缺点是有色金属消耗量比较多，采用的开关设备比较多，投资大。所以，这种接线一般为用电设备容量大、负荷性质重要、潮湿及腐蚀性环境的场所供电。放射式接线主要有单电源单回路放射式及双回路放射式接线。

1）单电源单回路放射式接线。如图 5-7 所示，这种接线的电源由总降压变电所的 6～10kV 母线上引出一回线路直接向负荷点（或用电设备）供电，沿线没有其他负荷，受电端间无电的联系。适用于可靠性要求不高的二级、三级负荷。

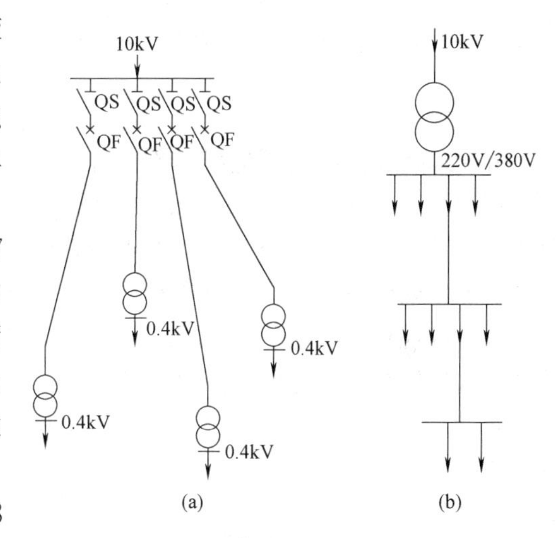

图 5-7　单电源单回路放射式接线
（a）高压；（b）低压

2）单电源双回路放射式接线。如图 5-8 所示，这种接线采用了对一个负荷点或用电设备使用两条专用线路供电的方式，一条线路故障时，另一条可带全部负荷。适用于二级、三级负荷。

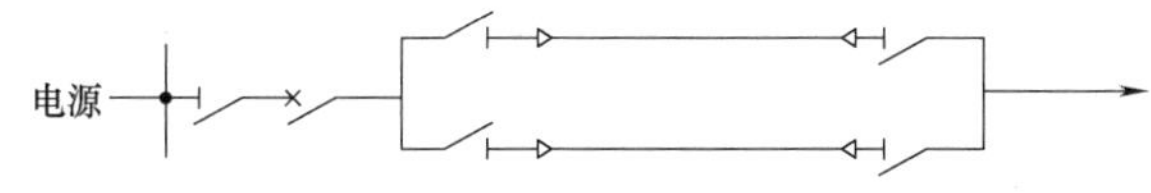

图 5-8　单电源双回路放射式接线

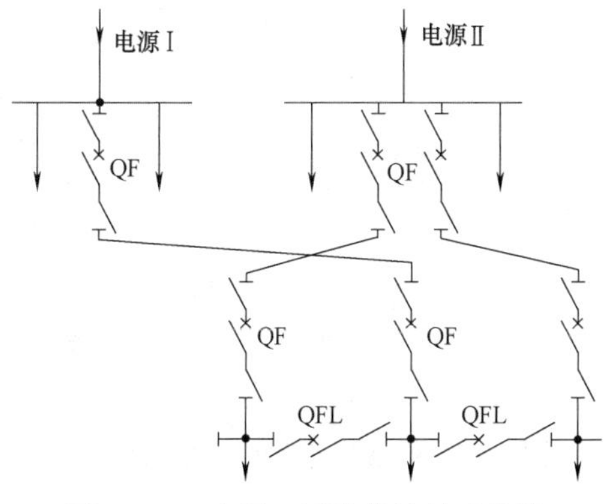

图 5-9　双电源双回路的放射式接线

3）双电源双回路放射式接线（双电源双回路交叉放射式接线）。如图 5-9 所示，两条放射式线路连接于不同电源的母线上，其实质就是两个单电源单回路放射的交叉组合。这种接线方式适用于可靠性要求较高的一级负荷。

4）具有低压联络线的放射式接线。如图 5-10 所示，这种接线主要是为了提高单回路放射式接线的供电可靠性，从邻近的负荷点（或用电设备）取得另一路电源，用低压联络线引入。

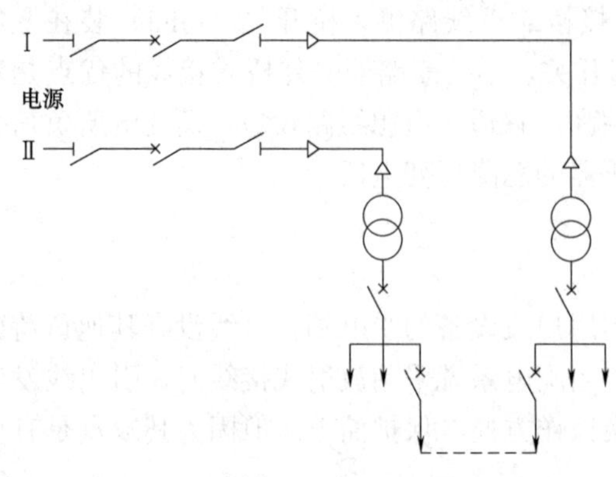

图 5-10 具有低压联络线的放射式接线

互为备用单电源单回路加低压联络线放射式适用于用户用电总容量小，负荷相对分散，各负荷中心附近设小型变电所（站），便于引电源。与单电源单回路放射式的不同点是：高压线路可以延长，低压线路比较短，负荷端受电压波动影响比前者要小。

这种接线方式适用于可靠性要求不高的二级、三级负荷。如低压联络线的电源取自另一路电源，则可供小容量的一级负荷。

（2）树干式接线

树干式接线指由高压电源母线上引出的每路出线，沿线要分别连接到若干个负荷点（或用电设备）的接线方式。树干式接线所具有的特点是：其有色金属消耗量比较少，采用的开关设备比较少；当其干线发生故障时，影响范围较大，供电可靠性较差。这种接线一般用于用电设备容量小且分布较均匀的用电设备。

1）直接树干式接线。如图 5-11 所示，在由变电所引出的配电干线上直接接出分支线供电。这种接线通常适用于三级负荷。

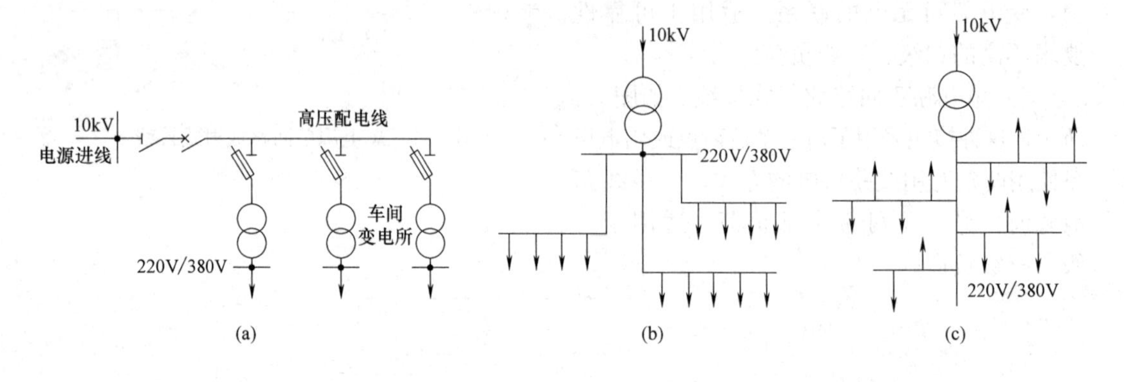

图 5-11 直接树干式接线图

（a）高压树干式；（b）低压母线放射式的树干式；（c）低压“变压器-干线组”的树干式

2）单电源链串树干式接线。如图 5-12 所示，在由变电所引出的配电干线分别引入每个负荷点，再引出走向另一个负荷点，干线的进出线两侧都装有开关。该接线通常适用于二级、三级负荷。

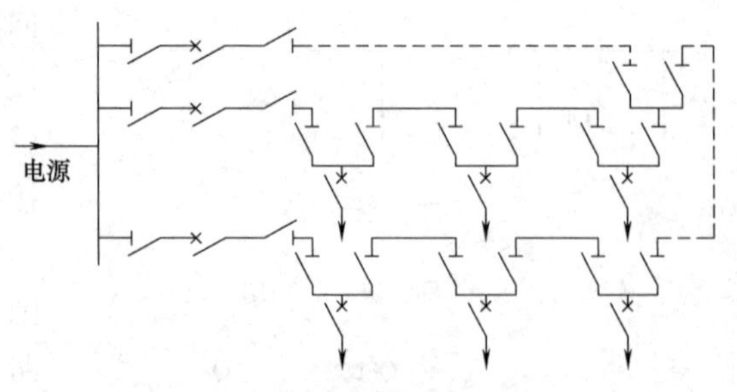

图 5-12 单电源链串树干式接线

3）双电源链串树干式接线。如图 5-13 所示，在单电源链串树干式的基础上增加了一路电源。这种接线适用于二级、三级负荷。

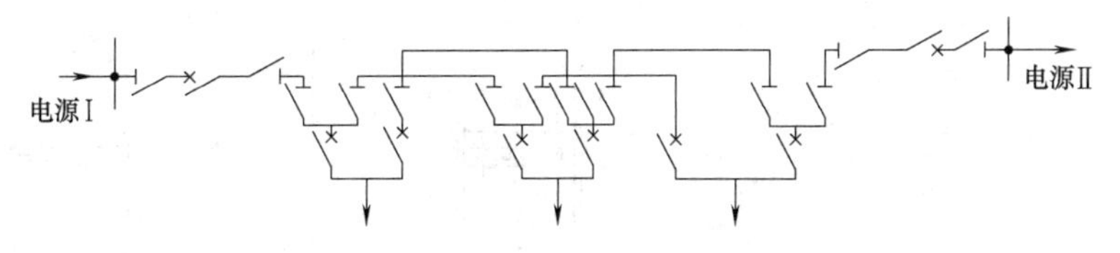

图 5-13　双电源链串树干式接线

（3）环网式接线

如图 5-14 所示为环网式线路。环网式接线的可靠性比较高，接入环网的电源可以是一个、两个甚至是多个；为加强环网结构，也就是保证某一条线路故障时各用户仍有较好的电压水平，或保证在更严重的故障（某两条或多条线路停运）时的供电可靠性，通常可采用双线环式结构；双电源环形线路在运行时，常常是开环运行的，也就是在环网的某一点将开关断开。这时环网演变为双电源供电的树干式线路。开环运行的目的是考虑继电保护装置动作的选择性，缩小电网故障时的停电范围。开环点的选择原则为：开环点两侧的电压差最小，通常使两路干线负荷容量尽量接近。

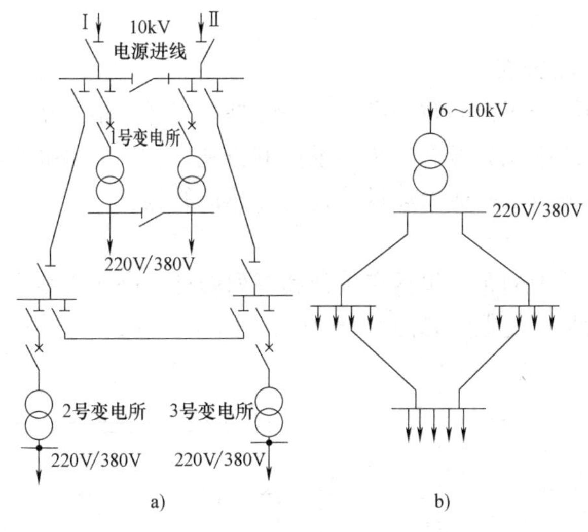

图 5-14　环网式接线图

（a）高压；（b）低压

环网内线路的导线通过的负荷电流要考虑在故障情况下环内通过的负荷电流，导线截面要求应相同，所以，环网式线路的缺点是有色金属消耗量大；当线路的任一线段发生故障时，切断（拉开）故障线段两侧的隔离开关，将故障线段切除后，可恢复供电；开环点断路器可使用自动（或手动）投入。双电源环网式供电，适用于一级、二级负荷供电；单电源环网式适用于允许停电半小时内的二级负荷。

5.1.2　变配电所设备平面布置图

1. 变压器室布置图

三相油浸式变压器通常要求一台变压器一个变压器室，如图 5-15 所示。从图 5-15 可以看出，变压器为宽面推进，低压侧朝外；后面出线，后面进线；高压侧为电缆进线，地

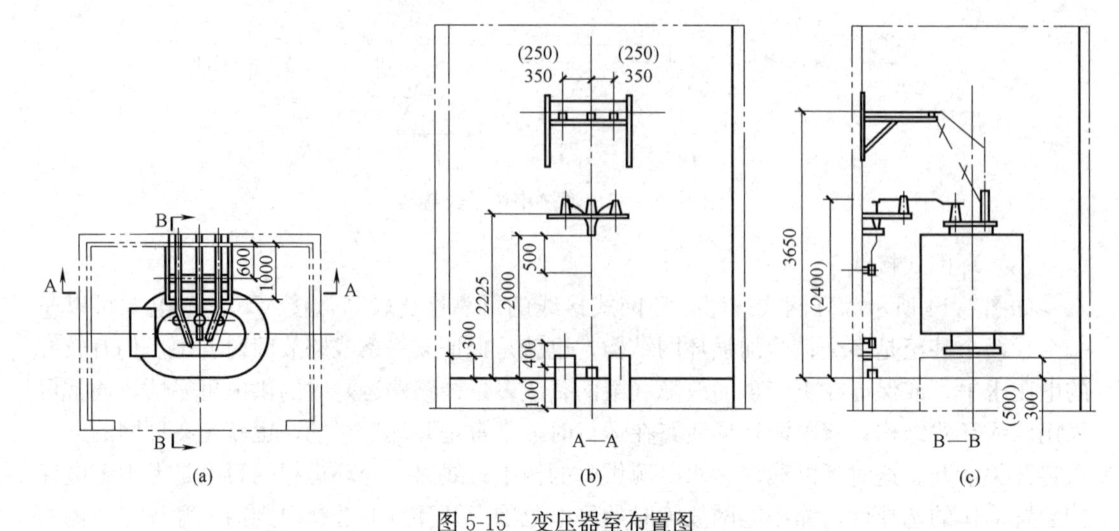

图 5-15 变压器室布置图
(a) 平面图；(b) A—A 剖面图；(c) B—B 剖面图

坪不抬高。

2. 高低压配电室布置图

高低压配电室中高低压柜的布置形式，一般是看高低压柜的型号、数量、进出线方向及母线形式。同时，还应充分考虑安装与维修的方便，留有足够的操作通道与维护通道，还要考虑到今后的发展应留有适当数量的备用开关柜的位置。

(1) 高压配电室

高压配电室中开关柜的布置包括有单列和双列两种。高压进线有电缆进线和架空线进线，采用电缆进线的高压配电室如图 5-16 所示。图 5-16 (a) 为单列布置，高压电缆由电缆沟引入；图 5-16 (b) 为双列布置。

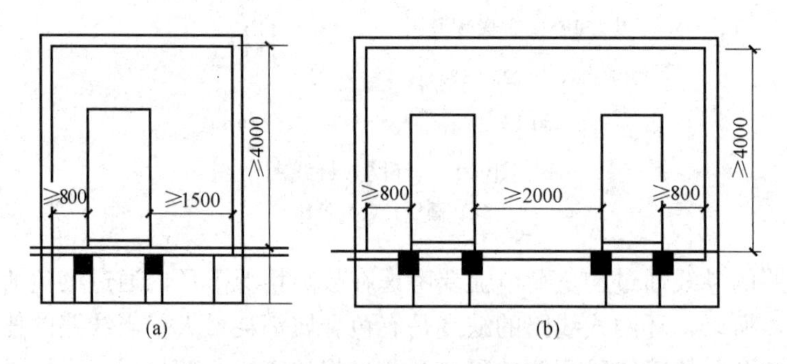

图 5-16 高压配电室剖面图
(a) 单列布置；(b) 双列布置

如图 5-17 所示为采用架空线进线的高压配电室，架空线可从柜前、柜后及柜侧进线。

(2) 低压配电室

低压配电室主要放置低压配电柜，向用户（负载）输送、分配电能。常用的低压配电柜有抽屉式 GCL、GCK、BFC；固定式 GLK、GLL、GGD；组合式 MGD、DOMINO 等系列。低压配电柜可单列布置或双列布置。为了维修方便，低压配电屏离墙应不小于

0.8m。单列布置时，操作通道应不小于 1.5m；双列布置时，操作通道应不小于 2.0m，如图 5-18 所示。

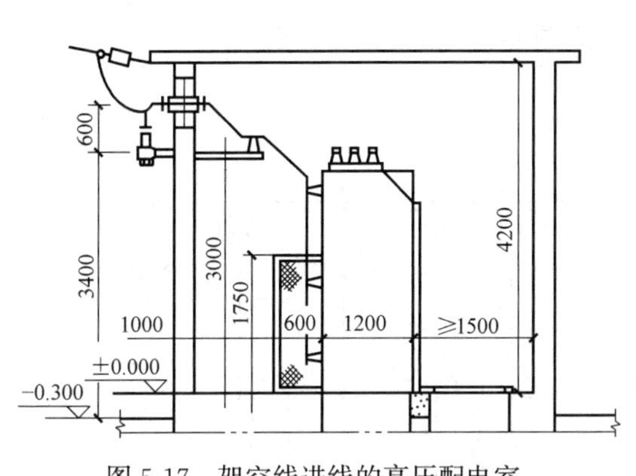

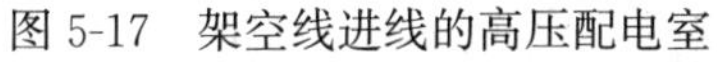
图 5-17　架空线进线的高压配电室

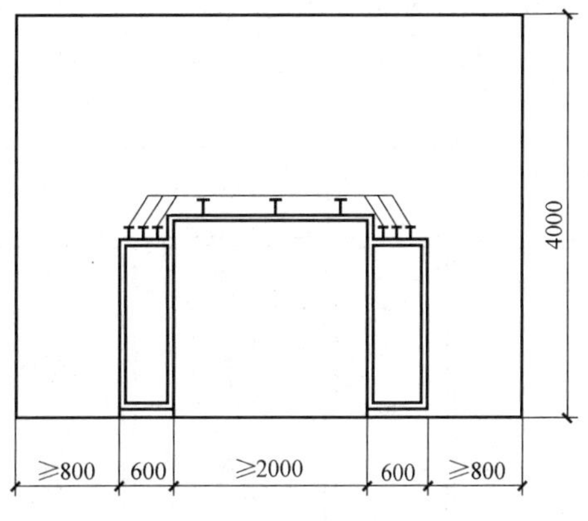

图 5-18　低压配电室

低压配电室的高度要同压器室进行综合考虑，以便变压器低压出线。低压配电柜的进出线可上进上出，也可下进下出或上进下出。进出线通常都采用母线槽与电缆。

3. 变配电布置图

在低压供电中，为了提高供电的可靠性，通常都采用多台变压器并联运行。当负载增大时，变压器可全部投入；负载减少时，可切除一台变压器，提高变压器的运行效率。如图 5-19 所示为两台变压器的变配电所。从图中可以看出，两台变压器均有独立的变压器

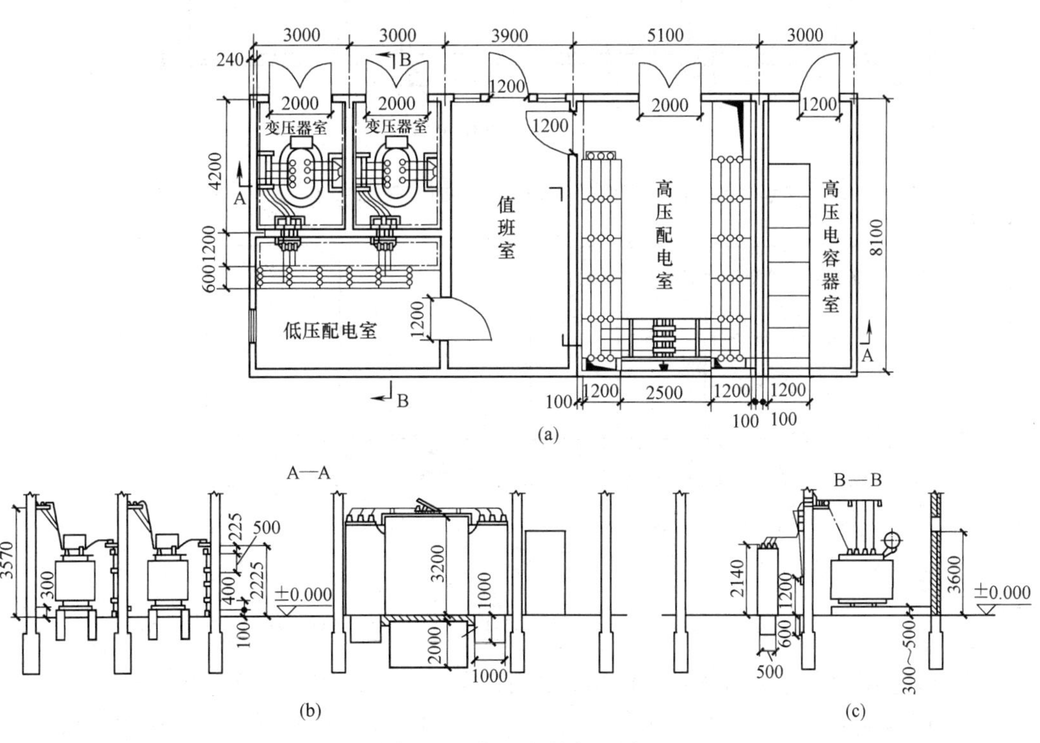

图 5-19　变配电所布置图

(a) 平面图；(b) A—A 剖面图；(c) B—B 剖面图

室，变压器为窄面推进，油枕朝大门，高压为电缆进线，低压为母排出线。值班室紧靠高低压配电室，且有门直通，运行维护方便。高压电容器室与高压配电室分开，只有一墙将其隔开，安全、方便，各室也都留有一定余地，便于发展。

现以图 5-20 为例，说明某公寓变配电所平面图的读图方法和步骤。

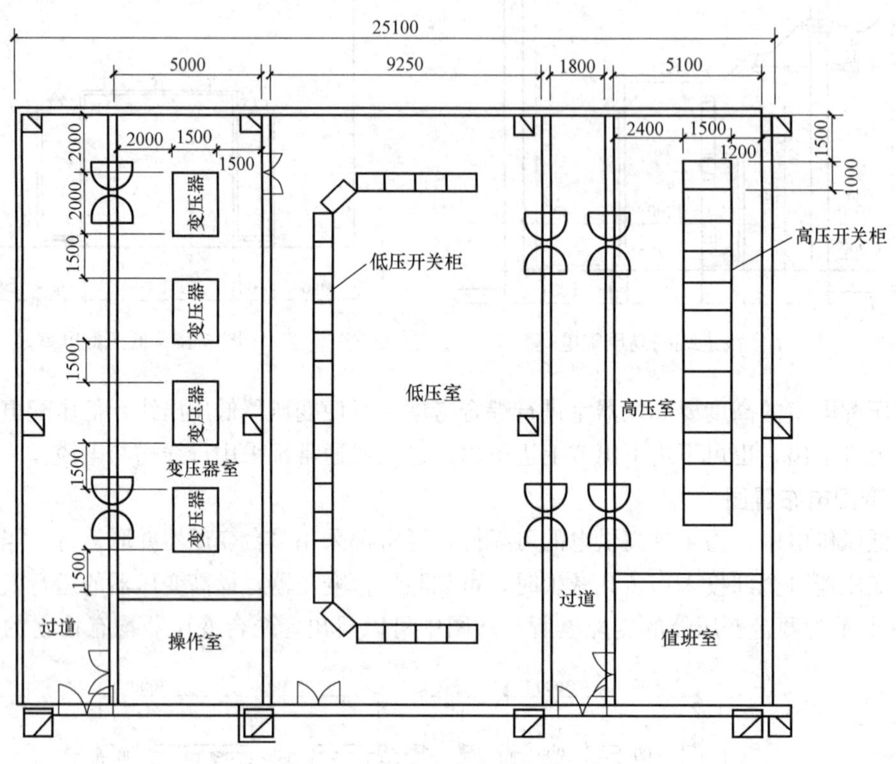

图 5-20 某公寓变配电所平面图

1）图 5-21、图 5-22 分别为变配电室高压、低压配电柜安装立面图、剖面图。

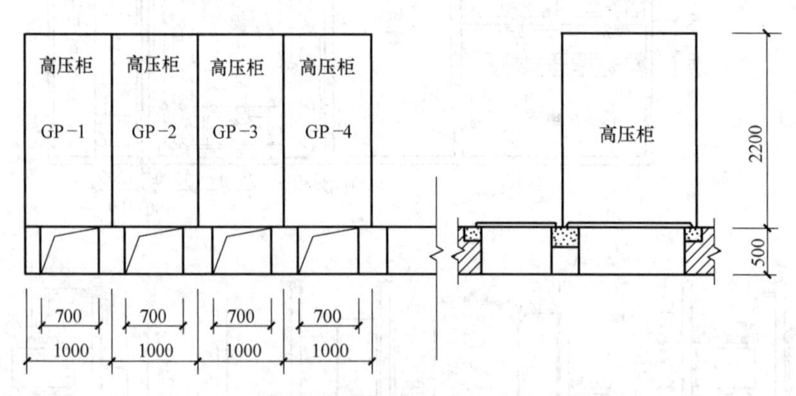

图 5-21 变配电室高压配电柜立面图、剖面图

2）变电所内共分为高压室、低压室、变压器室、操作室及值班室等。

3）低压配电室与变压器室相邻，变压器室内共有 4 台变压器，由变压器向低压配电屏采用封闭母线配电。

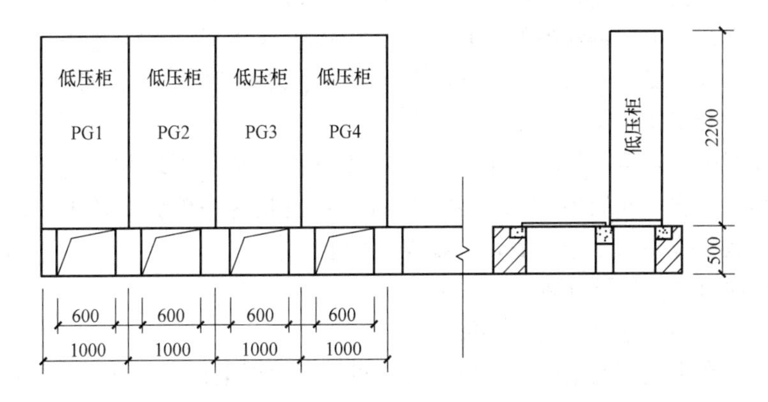

图 5-22 变配电室低压配电柜立面图、剖面图

4）低压配电屏采用 L 形进行布置，低压配电屏内包括无功补偿屏，此系统的无功补偿在低压侧进行。

5）高压室内共设 12 台高压配电柜，采用两路 10kV 电缆进线，电源为两路独立电源，每一路分别供给两台变压器供电。

6）在高压室侧壁预留孔洞，值班室与高、低压室紧密相邻，有门直通，便于维护与检修，操作室内设有操作屏。

5.1.3 变配电系统二次电路图

1. 二次回路安装接线图

二次安装接线图是反映二次设备及其连接与实际安装位置的图纸。变配电所的二次安装接线图主要有屏面布置图、端子排图、屏后接线图及二次线缆敷设图等。

（1）屏面布置图

屏面布置图主要是二次设备在屏面上具体位置的详细安装尺寸，是用来装配屏面设备的依据。

二次设备屏主要包括两种类型：一种是在一次设备开关柜屏面上方设计一个继电器小室，屏侧面有端子排室，正面安装有信号灯、开关、操作手柄及控制按钮等二次设备；另一种是专门用来放置二次设备的控制屏，它主要用于较大型变配电站的控制室。屏面布置图通常是按一定比例绘制而成，并标出与原理图相一致的文字符号与数字符号。屏面布置图应采取的原则是屏顶安装控制信号电源及母线，屏后两侧安装端子排和熔断器，屏上方安装少量的电阻、光字牌、信号灯、按钮、控制开关及有关的模拟电路，如图 5-23 所示。

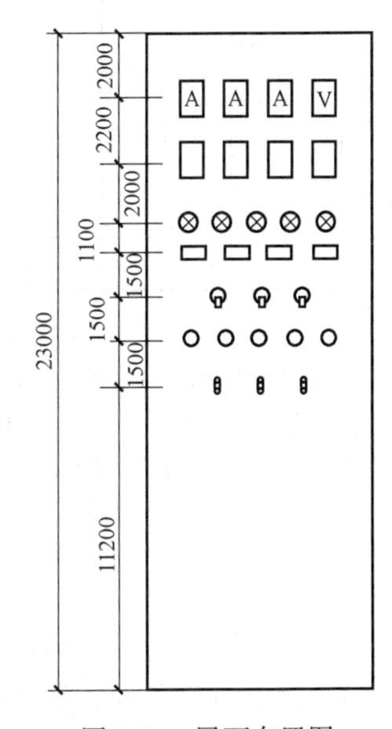

图 5-23 屏面布置图

（2）端子排图

端子排是屏内与屏外各个安装设备间连接的转换回路。屏内二次设备正电源的引线和电流回路的定期检修等，都要由端子来实现，许多端子组成在一起即为端子排。表示端子

排内各端子与外部设备间导线连接的图为端子排接线图，也叫作端子排图。

通常，将为某一主设备服务的所有二次设备称为一个安装单位，它是二次接线图上的专用名词，如“××变压器”、“××线路”等。对于共用装置设备，如信号装置与测量装置，可单独用一个安装单位来表示。

二次接线图中，安装单位均采用一个代号来表示，通常用罗马数字编号，即Ⅰ、Ⅱ、Ⅲ等。这一编号是这一安装单位用的端子排编号，也是这一单位中各种二次设备总的代号。如第Ⅰ安装单位中第4号设备，可以表示为Ⅰ4。

端子按用途可分为以下几种：

普通型端子：用于连接屏内外导线。

实验端子：在系统不断电时，可以通过这种端子对屏上仪表和继电器进行测试。

连接型端子：用于端子之间的连接，从一根导线引入，很多根导线引出。

标记型端子：用于端子排两端或中间，以区分不同安装单位的端子。

标准型端子：用来连接屏内外不同部分的导线。

特殊型端子：用于需要很方便断开的回路中。

端子的排列方法一般遵循以下原则：

1）屏内设备与屏外设备的连接必须经过端子排。其中，交流回路经过实验端子，声响信号回路为便于断开实验，应经过特殊端子或实验端子。

2）屏内设备与直接接至小母线设备一般应经过端子排。

3）同一屏上各个安装单位之间的连接应经过端子排。

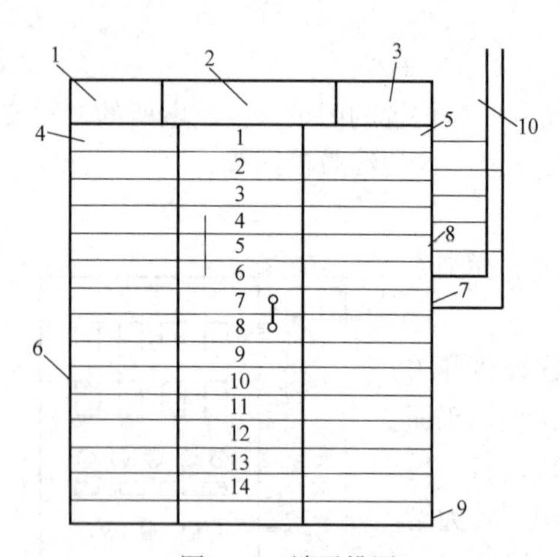

图5-24 端子排图

1—端子排代号；2—安装项目（设备）名称；3—安装项目（设备）代号；4—左连设备端子编号；5—右连设备端子编号；6—普通型端子；7—连接端子；8—试验端子；9—终端端子；10—引向屏外连接导线

4）各个安装单位的控制电源的正极或交流电的相线均由端子排引接，负极或中性线应与屏内设备连接，连线的两端应经过端子排。

端子上的编号方法为：端子的左侧通常为与屏内设备相连接设备的编号或符号；中左侧为端子顺序编号；中右侧为控制回路相应编号；右侧一般为与屏外设备或小母线相连接的设备编号或符号；正负电源间通常编写一个空端子号，防止造成短路，在最后预留2～5个备用端子号，向外引出电缆按其去向分别编号，并用一根线条集中进行表示。其具体的表示方法如图5-24所示。

（3）屏后接线图

屏后接线图是按照展开式原理图、屏面布置图与端子排图而绘制的，作为屏内配线、接线和查线的主要参考图，它也是安装图中的主要图纸。

屏后接线图的绘制应遵照以后下几条基本原则：

1）屏上各设备的实际尺寸已由平面布置图决定，图形不要按比例绘制，但应保证设备间的相对位置正确。

2）屏后接线图是背视图，看图者的位置应在屏后，因此左右方向正好与屏面布置图相反。

3）各设备的引出端子要注明编号，并按实际排列的顺序画出。设备内部接线通常不必画出，或只画出有关的线圈和触点。从屏后看不见的设备轮廓，其边框应用虚线来表示。

4）屏上设备间的连接线要尽量以最短线连接，不得迂回曲折。

屏内设备的标注方法如图 5-25 所示。在设备图形上方画一个圆圈来标注，上面写出安装单位编号，旁边标注该安装单位内的设备顺序号，下面标注设备的文字符号与设备型号。

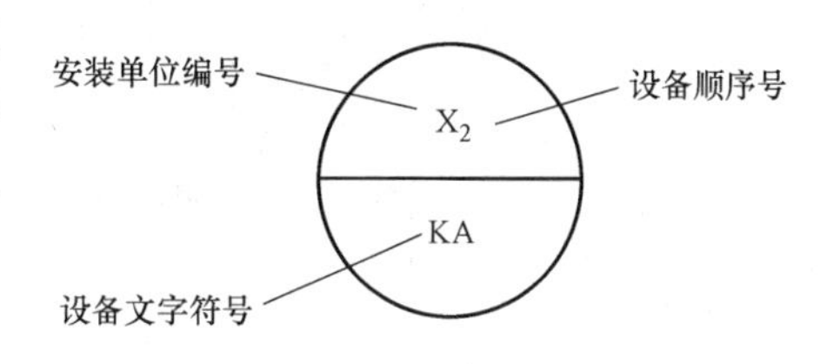

图 5-25 屏内设备的标注方法

（4）二次线缆敷设图

在复杂系统二次接线图中，有许多二次设备分布在不同地方，如对于控制屏和开关柜，因其控制和保护的要求，两者间常常需要用导线互相连接。对于复杂的系统，需要绘制出二次电缆敷设图，表示实际安装敷设的方式。

二次电缆敷设时要求使用控制电缆，电缆应选用多芯电缆，当电缆芯截面积不超过 1.5mm^2 时，电缆芯数不应超过 30 芯；当电缆芯截面积为 2.5mm^2 时，电缆芯数不应超过 24 芯；当电缆芯截面积为 4～6mm^2 时，电缆芯数不应超过 10 芯；对于大于 7 芯以上的控制电缆，应注意留有必要的备用芯；对于接入同一安装屏内两侧端子的电缆，芯数超过 6 芯以上时要采用单独电缆；对于较长的电缆，要尽可能减少电缆根数，避免中间多次转接。一般计量表回路的电缆截面积应不小于 2.5mm^2；电流回路保护装置与电压回路保护装置的电缆截面积应计算后再进行确定；控制信号回路用控制电缆截面积应不小于 1.5mm^2。

二次电缆敷设图是指在一次设备布置图上绘制出电缆沟、电缆线槽、预埋管线、直接埋地的实际走向，以及在二次电缆沟内电缆支架上排列的图样。在二次电缆敷设图中，需要标出电缆编号和电缆型号。有时候在图中列出表格，详细标出每根电缆的起始点、终止点、电缆型号、长度及敷设方式等。

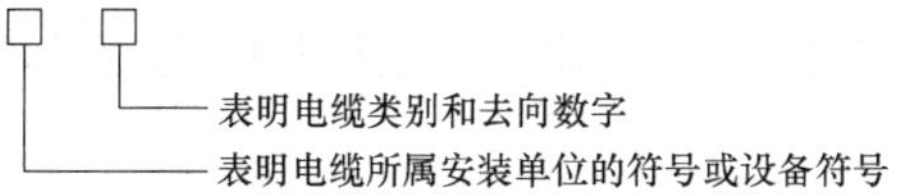

□ □

表明电缆类别和去向数字

表明电缆所属安装单位的符号或设备符号

图 5-26 二次电缆标号的表述方式

二次电缆标号的表述方式，如图 5-26 所示。数字部分表述的含义如下：

01～99：电力电缆；

100～129：各个设备接至控制室的电缆；

103～149：控制室各个屏间连接电缆；

150～199：其他各种设备间连接电缆；

二次电缆敷设示意图如图 5-27 所示。

2. 变配电系统二次电路图

分析二次回路时，首先要了解该原理图的作用，掌握图样的主体思想，以尽快理解各

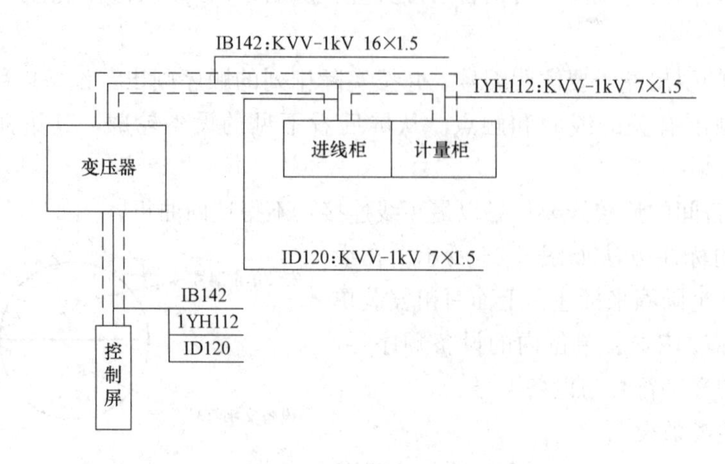

图 5-27　二次电缆敷设示意图

种电器的动作原理；第二，要熟悉各图形符号及文字符号所代表的基本意义，弄清其名称、型号、规格、性能及特点；第三，因原理图中的各个触点均按原始状态（线圈未通电、手柄置零位、开关未合闸、按钮未按下）绘出，因此识图时应选择某一状态作分析；第四，识图时，可将一个复杂电路分解成若干个基本电路和环节，从环节入手作分析，最后结合各个环节的作用综合分析该系统，也就是积零化整；第五，电器的各个元件在电路中是按动作顺序从上到下、从左到右布置的，分析时也可按这一顺序来进行。

现以图 5-28 为例，说明 35kV 主进线断路器控制及保护二次回路原理图的读图方法和步骤。

1）断路器 QF 与母线的连接采用了高压插头与插座，省略了隔离开关，这说明 QF 是装设在柜内，且为手车柜或固定式开关柜。

2）电压测量回路的电源是由电压小母线 WVa、WVb、WVc 得到的，并用两元件的有功电能表 PJ 和两元件的无功电能表 PJR 的电压线圈并接于小母线上，作为电能表的电压信号。

3）在电压小母线上分别并接三只电压继电器 1K3～3K3，作为失压保护的测量元件。其中，3K3 的常闭点串接于失压保护回路里。

4）电流测量回路的电源是由电流互感器 1TA 得到的，除了串接两元件电能表的电流线圈外，还串接两只电流表 P1、P2。

5）保护回路由电流互感器 2TA 和电流继电器 1K2～2K2、时间继电器 2K7、中间继电器 K6 构成。

6）断路器的控制回路由控制开关 SA1、按钮 SB 和 SBS、直流接触器 KM、时间继电器 1K7、中间继电器 K4 和 K5、断路器跳闸线圈 YT 和合闸线圈 YC、各种熔断器和电阻器、电锁 DS、转换开关 SA2 等组成。

7）利用“合闸后”SA1 的触点 1-3 和 19-17 的接通完成的，但 QF 辅助常闭点合闸后是断开的，但事故跳闸后，QF 辅助常闭复位，SA1 保持原合闸后位置。此时，事故掉闸音响回路接通启动，发出音响，表示事故跳闸。

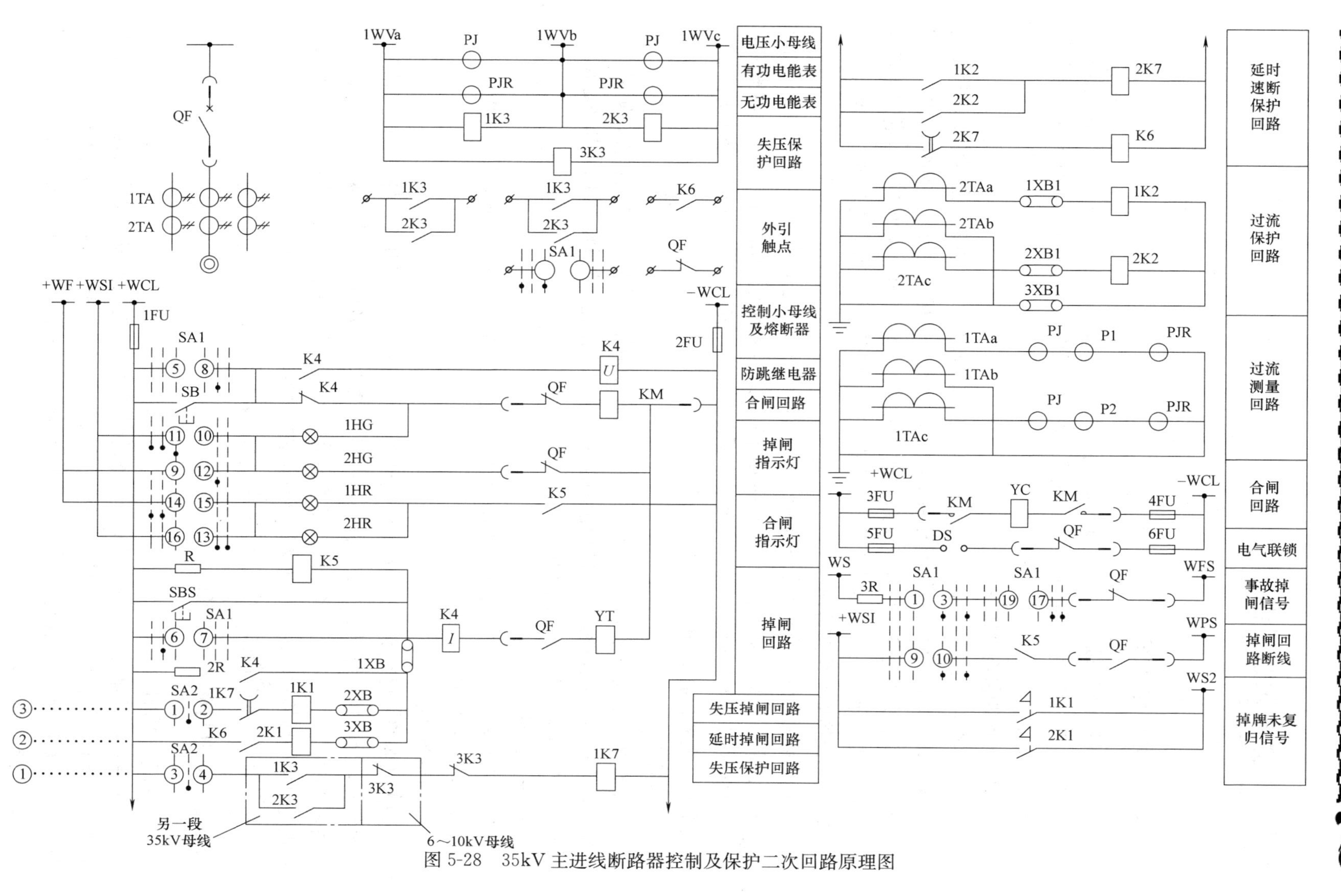

图 5-28　35kV 主进线断路器控制及保护二次回路原理图

5.2 动力与照明工程图

5.2.1 动力与照明施工图

动力与照明施工图是电气工程施工安装依据的技术图样，是建筑电气工程施工图最基本的内容，主要包括动力及照明供电系统图、动力及照明平面布置图、非标准件安装制作大样图及有关施工说明、设备材料表等。

1. 动力及照明供电系统图

动力及照明供电系统图简称系统图，又称配电系统图，是用国家标准规定的电气图用图形符号，概略地表示照明系统或分系统的基本组成、相互关系及其主要特征的一种简图。其中，最主要的是表示其电气线路的连接关系，能集中地反映出安装容量、计算电流、安装方式、导线或电缆的型号规格、敷设方式、穿管管径、保护电器的规格型号等。

2. 动力及照明平面布置图

动力及照明平面布置图又称平面布线图，简称平面图，是用国家标准规定的建筑和电气平面图图形符号及有关文字符号表示动力设备与照明区域内照明灯具、开关、插座和配电箱等的平面位置及其型号、规格、数量、安装方式，并表示路线的走向、敷设方式及其导线型号、规格、根数等的一种技术图样。

3. 大样图

对于标准图集或施工图册上没有的需自制或有特殊安装要求的某些元器件，则需在施工图设计中提出其大样图。大样图应按照制图要求以一定比例绘制，并标注其详细尺寸、材料及技术要求，便于按图制作施工。

4. 施工说明

施工说明只作为动力及照明施工图的一种补充文字说明，主要是动力及照明施工图上未能表述的一些特定的技术内容。

5. 设备材料表

动力及照明工程所用设备材料通常按设备、照明灯具、光源开关、插座、配电箱及导线材料等，分门别类地列出。设备材料表中需要有编号、名称、型号、规格、单位、数量及备注等栏目。主要电气设备一般包括变压器、开关柜、发电机及应急电源设备、落地安装的配电箱、插接式母线等，以及其他系统主要设备。

设备材料表是编制动力及照明工程概（预）算的基本依据。

5.2.2 动力与照明系统图

1. 动力系统图

动力系统图是建筑电气施工图中最基本的图纸之一，是用来表达建筑物内动力系统的基本组成及相互关系的电气工程图。它一般用单线绘制，能够集中体现动力系统的计算电流、开关及熔断器、配电箱、导线或电缆的型号规格、保护套管管径和敷设方式、用电设备名称、容量及配电方式等。

低压动力配电系统的电压等级一般为380V/220V中性点直接接地系统，低压配电系统的接线方式主要有放射式、树干式和链式三种形式。

（1）放射式动力配电系统

如图5-29所示，这种接线方式的主配电箱安装在容量较大的设备附近，分配电箱和控制开关与所控制的设备安装在一起，因此能保证配电的可靠性。当动力设备数量不多、容量大小差别较大、设备运行状态比较平稳时，一般采用放射式配电方案。

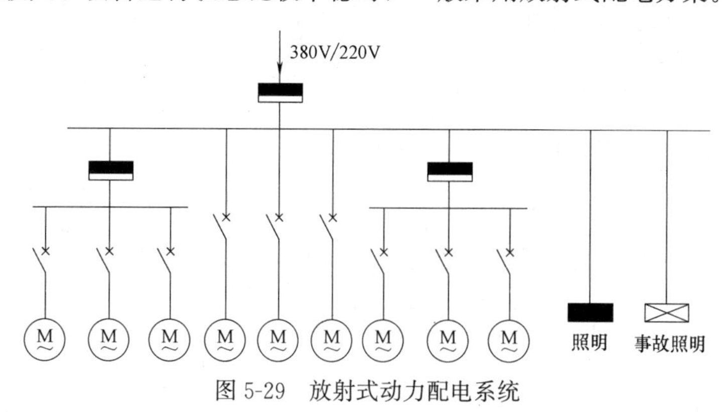

图5-29　放射式动力配电系统

（2）树干式动力配电系统

如图5-30所示，这种接线方式的可靠性比放射式要低一些，在高层建筑的配电系统设计中，垂直母线槽和插接式配电箱组成树干式配电系统。

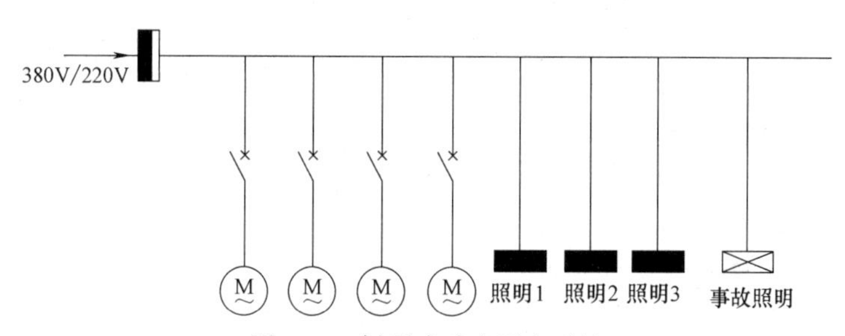

图5-30　树干式动力配电系统

当动力设备分布比较均匀、设备容量差别不大且安装距离较近时，可采用树干式动力系统配电方案。

（3）链式动力配电系统

如图5-31所示，这种接线方式由一条线路配电，先接至一台设备，然后再由这台设备接至邻近的动力设备。通常，一条线路可以接3～4台设备，最多不超过5台，总功率不超过10kW。它的特性与树干式配电方案的特性相似，可以节省导线，但供电可靠性较差，一条线路出现故障，会影响多台设备的正常运行。当设备距离配电屏较远、设备容量较小且相互之间距离比较近时，可以采用链式动力配电方案。

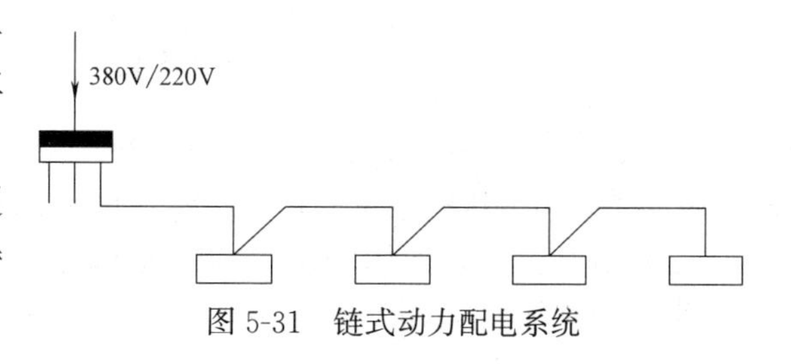

图5-31　链式动力配电系统

现以图 5-32 为例，说明某办公楼 1～6 层动力配电系统图的读图方法和步骤。

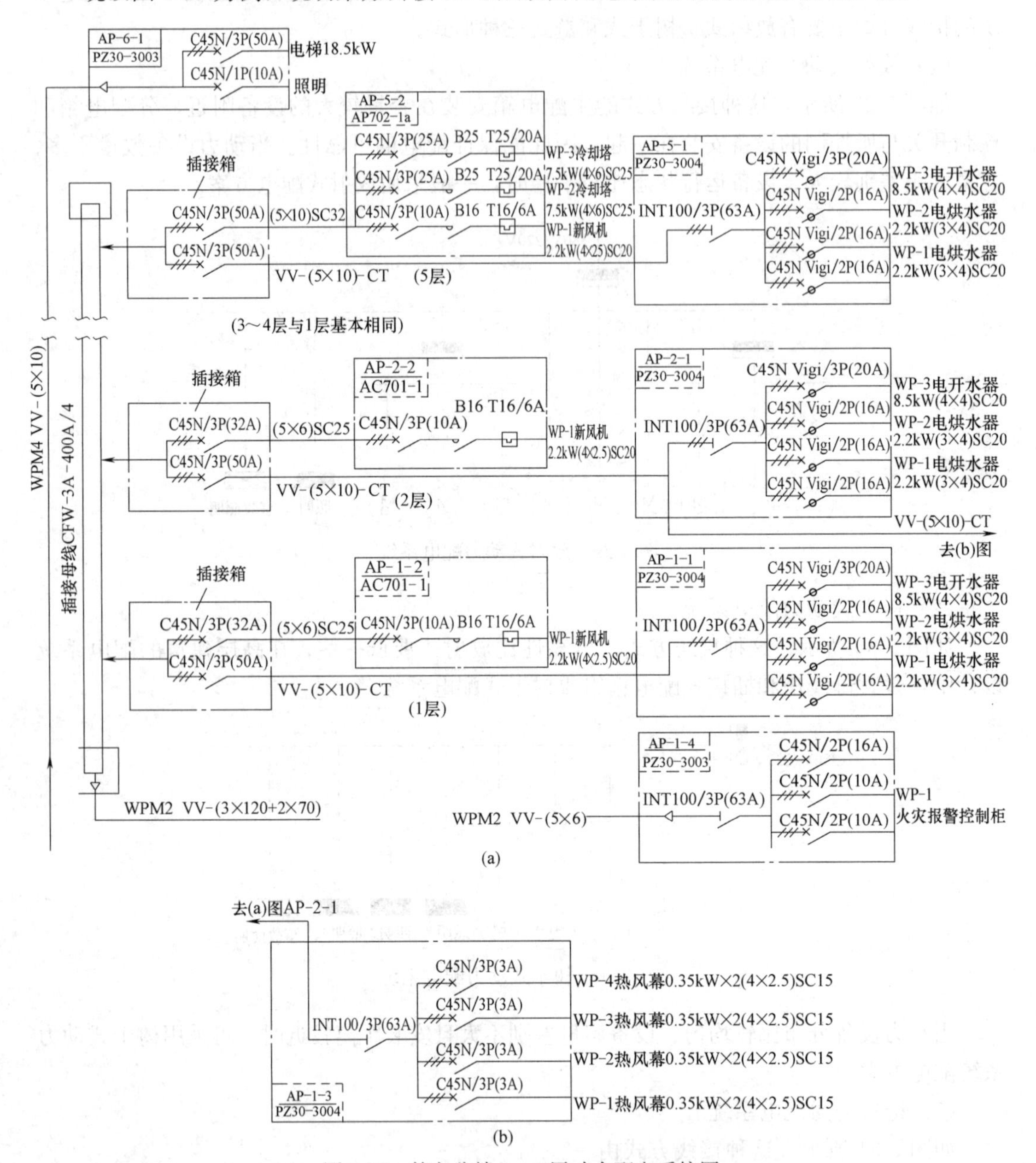

图 5-32 某办公楼 1～6 层动力配电系统图

1）该图是一～六层的动力配电系统图，设备包括电梯和各层动力装置。其中，电梯动力较简单，由低压配电室 AA4 的 WPM4 回路用电缆经竖井引至六层电梯机房，接至 AP-6-1 号箱上，箱型号为 PZ30-3003，电缆型号为 VV-(5×10) 铜芯塑缆。该箱输出两个回路，电梯动力 18.5kW，主开关为 C45N/3P-50A 低压断路器，照明回路主开关为 C45N/1P-10A。

2）动力母线是用安装在电气竖井内的插接母线完成的，母线型号为 CFW-3A-400A/4，额定容量 400A，三相加一根保护线。母线的电源是用电缆从低压配电室 AA3 的

WPM2 回路引入的，电缆型号为 VV-(3×120+2×70) 铜芯塑电缆。

3) 各层的动力电源是经插接箱取得的，插接箱与母线成套供应，箱内设两只 C45N/3P-32A、45N/3P-50A 低压断路器，括号内数值为电流整定值，将电源分为两路。

4) 以一层为例，电源分为两路。其中，一路是用电缆桥架（CT）将电缆 VV-(5×10) 铜芯电缆引至 AP-1-1 号配电箱，型号为 PZ30-3004；另一路是用 5 根 $6mm^2$ 导线穿管径 25mm 的钢管将铜芯导线引至 AP-1-2 号配电箱，型号为 AC701-1。

AP-1-2 号配电箱分为四路，其中有一备用回路，箱内有 C45N/3P-10A 的低压断路器，整定电流 10A，B16 交流接触器，额定电流 16A，以及 T16/6A 热继电器，额定电流为 16A，热元件额定电流为 6A。总开关为隔离刀开关，型号 INT100/3P-63A，第一分路 WP-1 为新风机 2.2kW，用铜芯塑线（3×4）SC20 引到电烘手器上，开关采用 C45N Vigi/2P-16A，有漏电报警功能；第二分路 WP-2 为电烘手器，同上；第二、三分路为电开水器 8.5kW，用铜芯塑线（4×4）SC20 连接，采用 C45N Vigi/3P-20A，有漏电报警功能。

AP-2-2 号配电箱为一路 WP-1，新风机 2.2kW，用铜芯塑线（4×2.5）SC20 连接。

二～五层与一层基本相同，但 AP-2-1 号箱增了一个回路，这个回路是为一层设置的，编号 AP-1-3，型号为 PZ30-3004，如图 5-32（b）所示，四路热风幕，0.35kW×2，铜线穿管（4×2.5）SC15 连接。

5) 五层与一层略有不同，其中 AP-5-1 号与一层相同，而 AP-5-2 号增加了两个回路，即两个冷却塔 7.5kW，用铜塑线（4×6）SC25 连接，主开关为 C45N/3P-25A 低压断路器，接触器 B25 直接启动，热继电器 T25/20A 作为过载及断相保护。增加回路后，插接箱的容量也做了调整，两路均为 C45N/3P-50A，连接线变为（5×10）SC32。

6) 一层除了上述回路外，还从低压配电室 AA4 的 WLM2 引入消防中心火灾报警控制柜一路电源，编号 AP-1-4，箱型号为 PZ30-3003，总开关为 INT100/3P（63A）刀开关，分 3 路，型号均为 C45N/2P（16A）。

2. 照明系统图

建筑电气照明系统图是用来表示照明系统网络关系的图纸，系统图应表示出系统的各个组成部分之间的相互关系、连接方式，以及各组成部分的电器元件和设备及其特性参数。

照明配电系统有 220V 单相两线制和 380V/220V 三相五线制（TN-C 系统、TT 系统）。在照明分支中，一般采用单箱供电；在照明总干线中，为了尽量把负荷均匀地分配到各线路上，常用为采用三相五线制的供电方式，以保证供电系统的三相平衡。

根据照明系统连接方式的不同，可以分为以下几种方式：

（1）单电源照明配电系统

单电源照明配电系统如图 5-33 所示。照明线路与动力线路在母线上分开供电，事故照明线路与正常照明分开。

（2）有备用电源照明配电系统

有备用电源照明配电系统如图 5-34 所示。照明线路与动力线路在母线上分开供电，事故照明线路由备用电源供电。

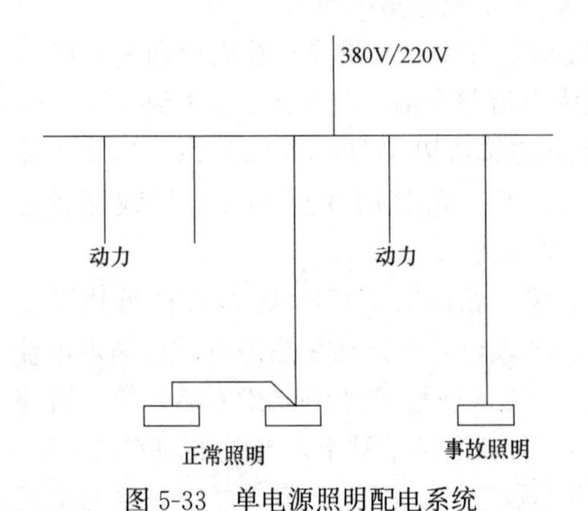

图 5-33 单电源照明配电系统

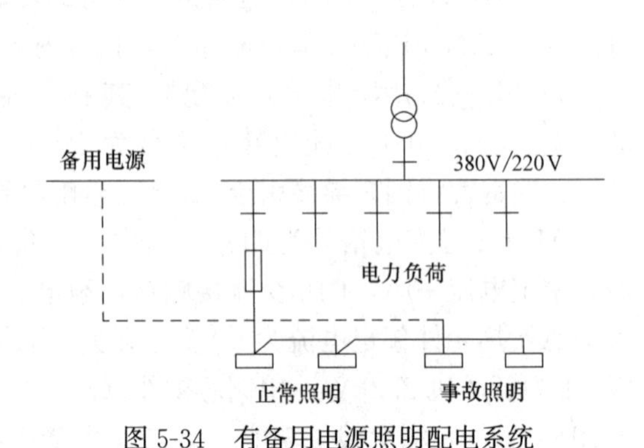

图 5-34 有备用电源照明配电系统

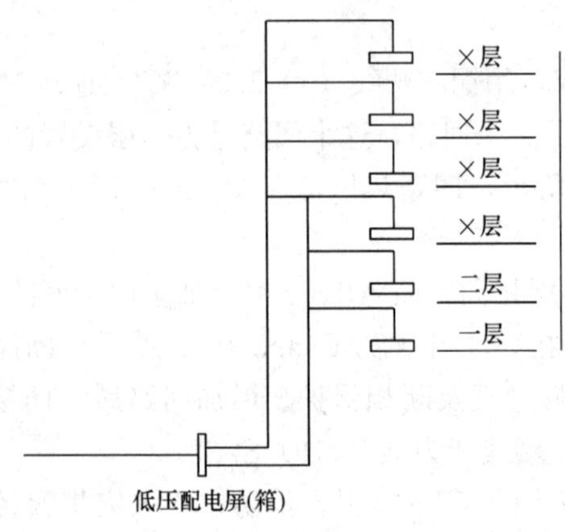

图 5-35 多层建筑照明配电系统

(3) 多层建筑照明配电系统

多层建筑照明配电系统如图 5-35 所示。多层建筑照明一般采用干线式供电，总配电箱设在底层。

现以图 5-36 为例，说明某办公楼 1～7 层照明配电系统图的读图方法和步骤。

1) 一层照明电源是经插接箱从插接母线取得的，插接箱共分 3 路。其中，AL-1-1 号和 AL-1-2 号是供一层照明回路的，而 AL-1-3 号是供地下一层和地下二层照明回路的。

插接箱内的 3 路均采用 C45N/3P-50A 低压断路器作为总开关，三相供电引入配电箱，配电箱均为 PZ30-30□，方框内数字为回路数，用 INT100/3P-63A 隔离刀开关为分路总开关。

配电箱照明支路采用单极低压断路器，型号为 C45N/1P-10A；泛光照明采用三极低压断路器，型号为 C45N/3P-20A；插座及风机盘管支路采用双极报警开关，型号为 DPN-Vigi/1P+N-$\frac{10}{16}$A；备有回路也采用 DPNVigi/1P+N-10A 型低压断路器。

因为三相供电，所以各支路均标出电源的相序，从插接箱到配电箱均采用 VV (5×10) 五芯铜塑电缆沿桥架敷设。

2) 二至五层照明配电系统与一层基本相同，但每层只有两个回路。

3) 六层照明系统与一层相同，插接箱引出 3 个回路。其中，AL-7-1 为七层照明回路。

5.2.3 动力与照明平面图

1. 动力与照明平面图识图要点

1) 首先，应阅读动力与照明系统图。了解整个系统的基本组成、各设备之间的相互关系，并对整个系统作一个全面的了解。

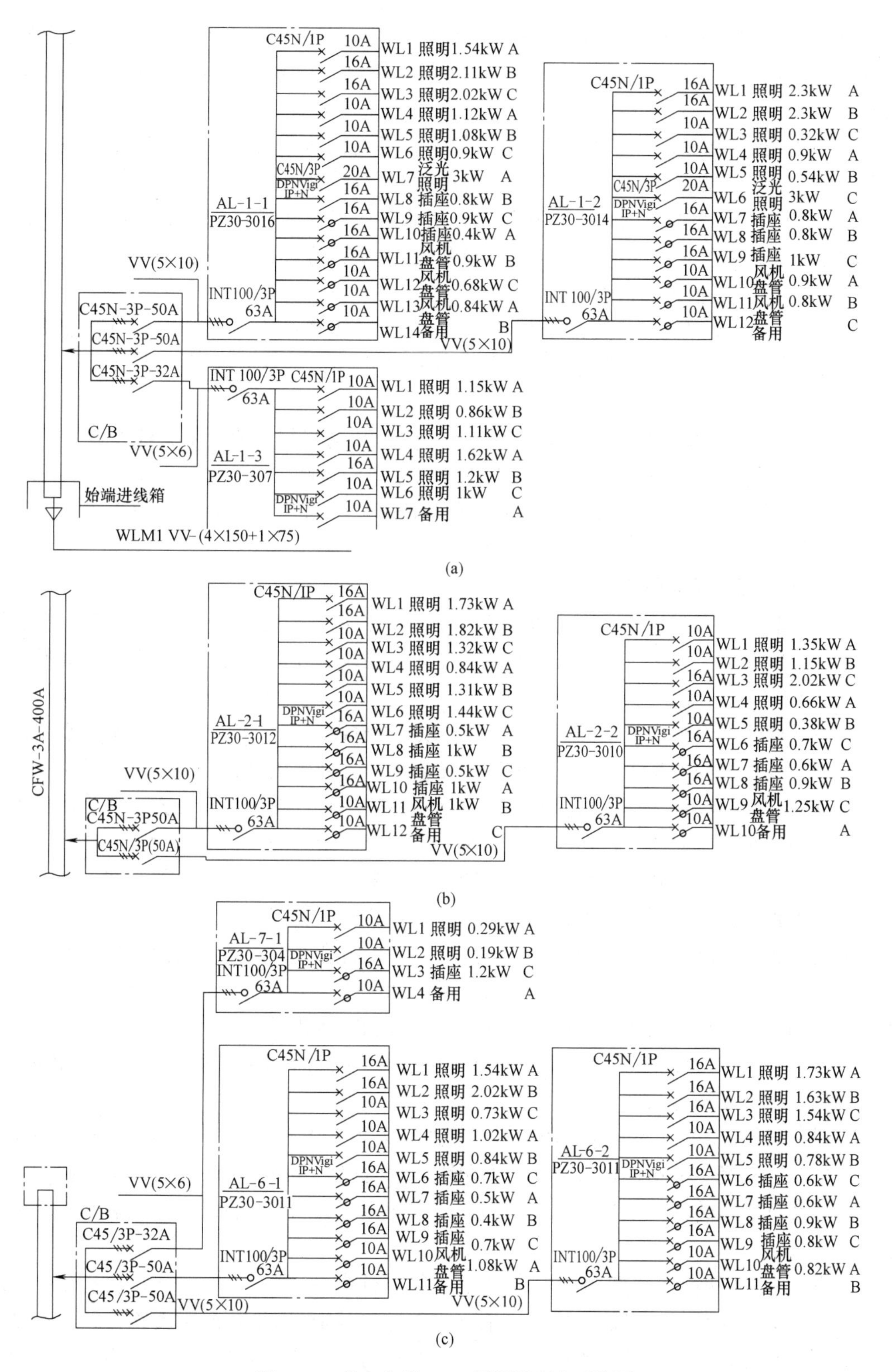

图 5-36 某办公楼 1～7 层照明配电系统图

（a）一层照明配电系统示意图；（b）二至五层照明配电系统示意图；（c）六层照明配电系统示意图

2）阅读设计说明和图例。设计说明用文字的形式描述设计的依据、相关参考资料及图中无法表示或不易表示但又与施工有关的问题。图例中，常表明图中采用的某些非标准图形符号。

3）了解建筑物的基本情况，熟悉电气设备、灯具在建筑物内的分布与安装位置。了解电气设备、灯具的型号、规格、性能、特点及对安装的技术要求。

4）了解各支路的负荷分配与连接情况，明确各设备属于哪个支路的负荷，弄清设备之间的相互关系。读平面图时通常从配电箱开始，一条支路、一条支路地看。若这个问题解决不好，就无法进行实际的配线施工。

5）动力设备及照明灯具的具体安装方法通常不在平面图上直接给出，应通过阅读安装大样图来解决，可将阅读平面图同阅读安装大样图结合起来，全面地了解具体的施工方法。

6）相互对照、综合看图。为防止建筑电气设备及线路与其他设备管线在安装时发生位置冲突，在阅读平面图时要对照阅读其他建筑设备安装图。

7）了解设备的一些特殊要求，做出适当的选择。如低压电器外壳防护等级、防触电保护的灯具分类以及防爆电器等的特殊要求。

2. 动力与照明平面图识图方法

动力及照明平面图是表示建筑物内动力设备、照明设备及配电线路平面布置的图纸，它是一种位置图。平面图应按建筑物不同标高的楼层地面分别画出，每一楼层地面的动力与照明平面图应分开绘制。

动力及照明平面图主要表现动力及照明线路的敷设方式、敷设位置、导线型号、根数、截面、线管的种类及线管管径。同时，还应标出各种用电设备（照明灯、风机泵、吊扇、插座）及配电设备（配电箱、开关、控制箱）的型号、数量、安装方式及相对位置。

在动力及照明平面图上，土建平面图是严格按比例绘制的，但电气设备和导线并不按比例画出它们的形状及外形尺寸，而是用图形符号来表示。导线和设备的空间位置、垂直距离通常不再另用立面图来表示，而是标注安装标高或用施工说明来表明。为了能更好地突出电气设备与线路的安装位置、安装方式，电气设备和线路通常都在简化的土建平面图上绘出，土建部分的墙体、楼梯、门窗及房间用细实线绘出，电气部分的灯具、开关、插座及配电箱等用实线绘出，并标注必要的文字符号和安装代号。

现以图 5-37 为例，说明某居民住宅楼标准电气层照明平面布置图的读图方法和步骤。以图中①～④轴号为例说明。

1）根据设计说明中的要求，图中所有管线均采用焊接钢管或 PVC 阻燃塑料管沿墙或楼板内敷设，管径 15mm，采用塑料绝缘铜线，截面积 2.5mm^2，管内导线根数按图中标注，在黑线（表示管线）上没有标注的均为两根导线，凡用斜线标注的应按斜线标注的根数计。

2）电源是从楼梯间的照明配电箱 E 引入的，分为左、右两户，共引出 WL1～WL6 六条支路。为避免重复，可从左户的三条支路看起。其中 WL1 是照明支路，共带有 8 盏灯，分别画有①、②、③及⊗的符号，表示四种不同的灯具。每种灯具旁均有标注，分别标出灯具的功率、安装方式等信息。以阳台灯为例，标注为 $6\frac{1\times40}{—}S$，表示此灯为平灯

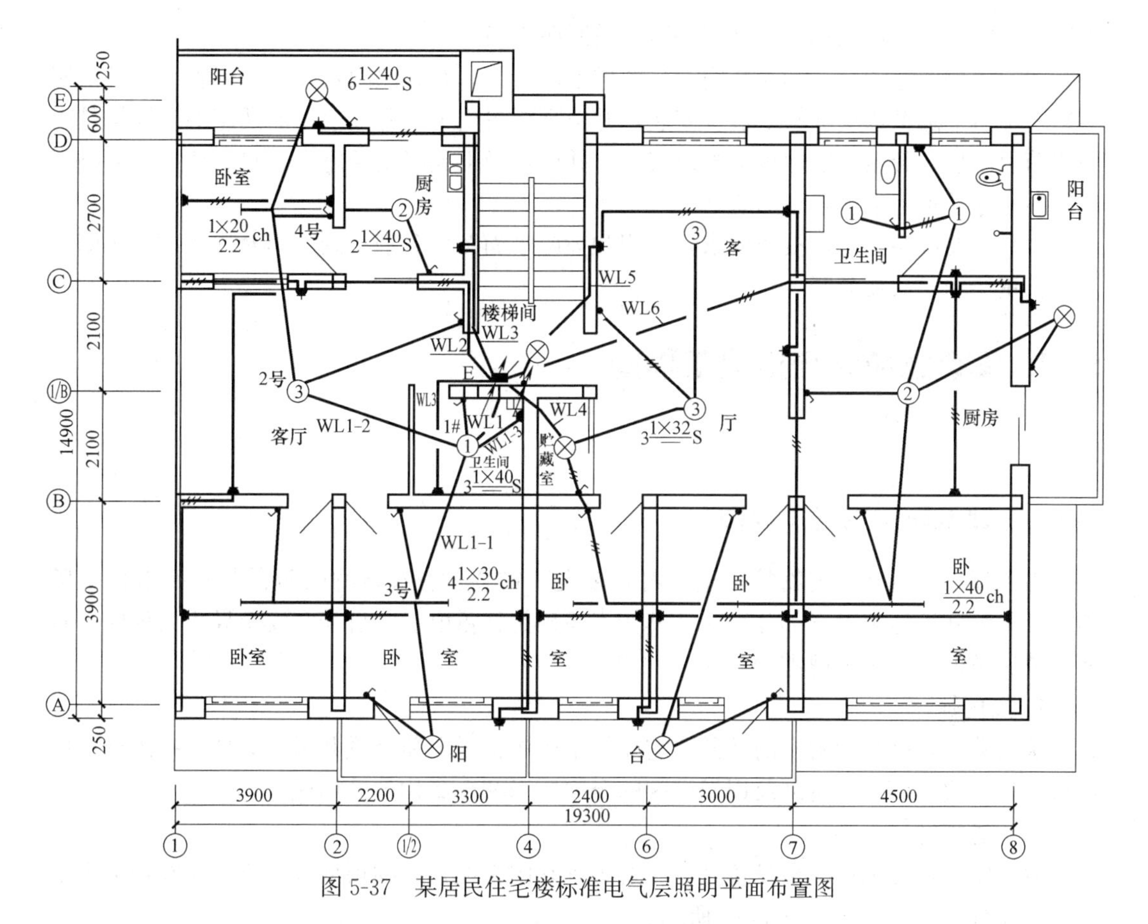

图 5-37 某居民住宅楼标准电气层照明平面布置图

口，吸顶安装，每盏灯泡的功率为 40W，吸顶安装，这里的“6”表明共有这种灯 6 盏，分别安装于四个阳台及储藏室和楼梯间。

3）标为①的灯具安装在卫生间，标注为 $3\frac{1\times40}{—}S$，表明共有这种灯 3 盏，玻璃灯罩，吸顶安装，每盏灯泡的功率为 40W。

4）标为②的灯具安装在厨房，标注为 $2\frac{1\times40}{—}S$，表明共有这种灯 2 盏，吸顶安装，每盏灯泡的功率为 40W。

5）标为③的灯具为环形荧光灯，安装在客厅，标注为 $3\frac{1\times32}{—}S$，表明共有这种灯 3 盏，吸顶安装，每盏灯泡的功率为 32W。

6）卧室照明的灯具均为单管荧光灯，链吊安装（ch），灯距地的高度为 2.2m，每盏灯的功率各不相同，有 20W、30W、40W3 种，共 6 盏。

7）灯的开关均为单联单控翘板开关。

8）WL2、WL3 支路为插座支路，共有 13 个两用插座，通常安装高度为距地 0.3m。若是空调插座，则距地 1.8m。

9）图中标有 1 号、2 号、3 号、4 号处，应注意安装分线盒。图中，楼道配电盘 E 旁有立管，里面的电线来自总盘，并送往上面各楼层及为楼梯间各灯送电。WL4、WL5、

WL6 是送往右户的三条支路，其中 WL4 是照明支路。

10）需要注意的是，标注在同一张图样上的管线，凡是照明及其开关的管线均是由照明箱引出后上翻至该层顶板上敷设安装，并由顶板再引下至开关上；而插座的管线均是由照明箱引出后下翻至该层地板上敷设安装，并由地板上翻引至插座上，只有从照明回路引出的插座才从顶板上引下至插座处。

11）需要说明的是，按照要求，照明和插座平面图应分别绘制，不允许放在一张图样上，真正绘制时需要分开。

5.3 建筑物防雷与接地工程图

5.3.1 建筑防雷电气工程图

为了保证人畜和建筑物的安全，需要装设防雷装置。建筑物的防雷装置一般由接闪器、引下线和接地装置三部分组成。其作用原理是将雷电引向自身并安全导入大地中，从而使被保护的建筑物免遭雷击。

1. 接闪器

接闪器是直接接受雷击的部分，它能将空中的雷云电荷接收并引下大地。接闪器一般由避雷针、避雷带、避雷网及用作接闪的金属屋面和金属构件等构成。

（1）避雷针

避雷针是最常见的防雷设备之一。避雷针是附设在建筑物顶部或独立装设在地面上的针状金属杆，如图 5-38～图 5-40 所示。

避雷针主要适用于保护细高的建筑物和构筑物，如烟囱和水塔等；或用来保护建筑物顶面上的附加突出物，如天线、冷却塔等。对较低矮的建筑和地下建筑及设备要使用独立避雷针，独立避雷针按要求用圆钢焊制铁塔架，顶端装避雷针体。避雷针在地面上的保护半径约为避雷针高度的 1.5 倍。工程上经常采用多支避雷针，其保护范围是几个单支避雷针保护范围的叠加。

（2）避雷带

避雷带是沿建筑物屋脊、屋檐、屋角及女儿墙等易受雷击部位暗敷设的带状金属线。避雷带应采用镀锌圆钢或扁钢制成。镀锌圆钢直径为 12mm，镀锌扁钢为 25×4 或 40×4。使用前应对圆钢或扁钢进行调直加工，对调直的圆钢或扁钢顺直沿支座或支架的路径敷设，如图 5-41 所示。

（3）避雷网

避雷网是在较重要的建筑物上和面积较大的屋面上，纵横敷设金属线组合成矩形平面网格，或以建筑物外形构成一个整体较密的金属大网笼，实行较全面的保护，如图 5-42 所示。

2. 引下线

引下线是连接接闪器与接地装置的金属导体。引下线的作用是把接闪器上的雷电流连接到接地装置并引入大地。

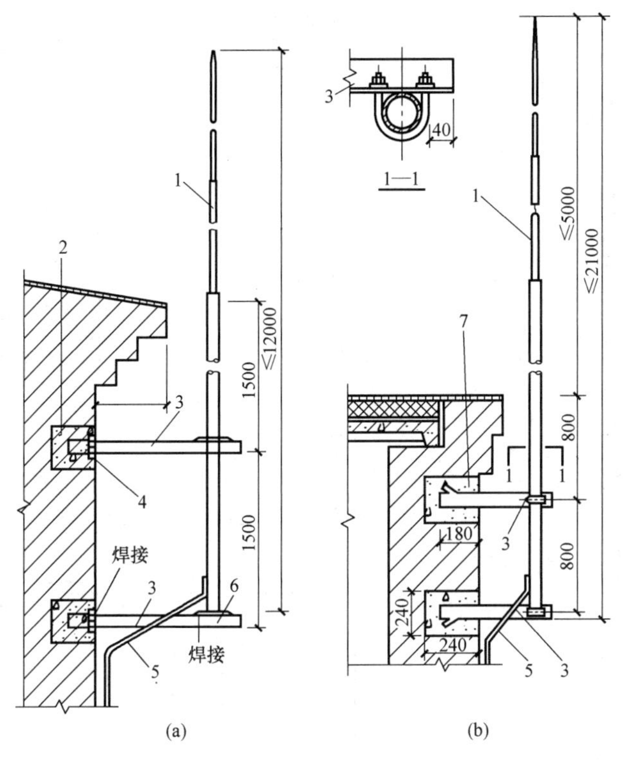

图 5-38　安装在建筑物墙上的避雷针

（a）在侧墙；（b）在山墙

1—接闪器；2—钢筋混凝土梁；3—支架；4—预埋铁板；5—接地引下线；6—支持板；7—预制混凝土块

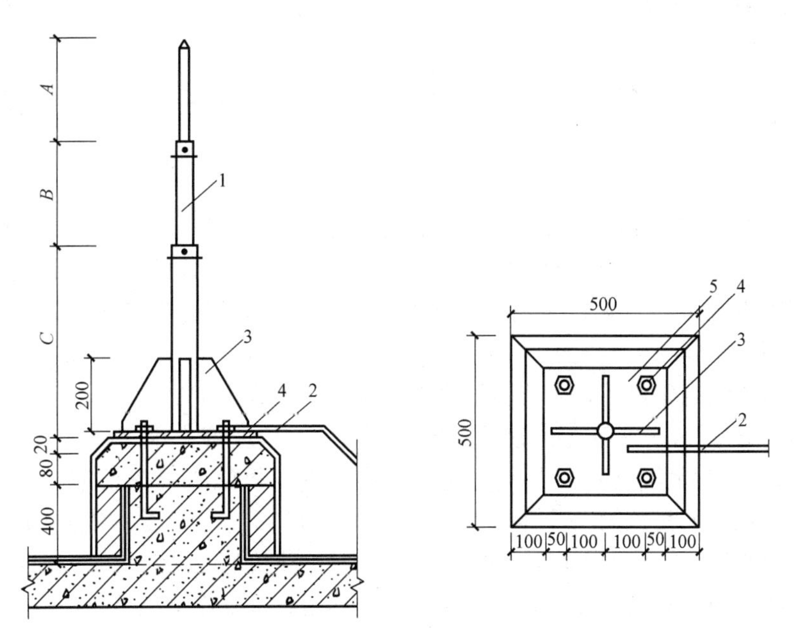

图 5-39　安装在屋面上的避雷针

1—避雷针；2—引下线；3—筋板；4—地脚螺栓；5—底板

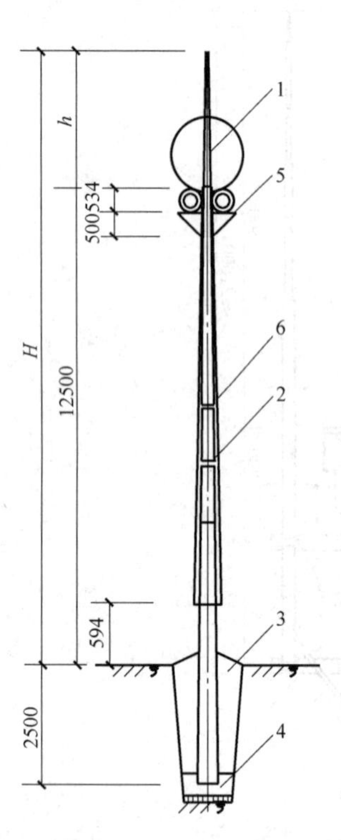

图 5-40 钢筋混凝土环形杆独立避雷针

1—避雷针；2—钢筋混凝土环形电杆；3—混凝土浇灌层；4—钢筋混凝土杯形基础；5—照明台；6—爬梯

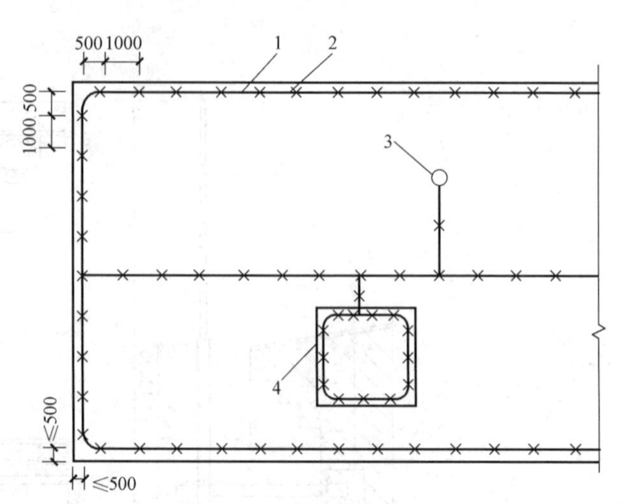

图 5-41 安装在挑檐板上的避雷带平面示意图

1—避雷带；2—支架；3—凸出屋面的金属管道；4—建筑物凸出物

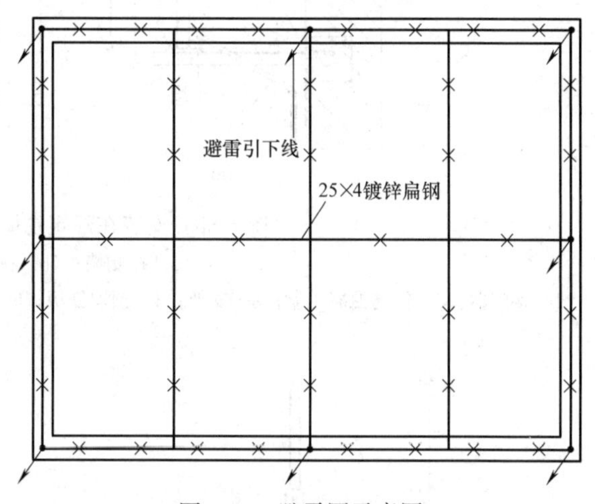

图 5-42 避雷网示意图

根据建筑物防雷等级的不同，防雷引下线的设置也不相同。一级防雷建筑物专设引下线时，其根数不应少于两根，间距不应大于 18m；二级防雷建筑物引下线的数量不应少于两根，间距不应大于 20m；三级防雷建筑物，为防雷装置专设引下线时，其引下线数量不宜少于两根，间距不应大于 25m。

当确定引下线的位置后，明装引下线支持卡子应随着建筑物主体施工预埋。支持卡子的做法如图 5-43 所示。一般在距室外护坡 2m 高处，预埋第一个支持卡子；然后，将圆钢或扁钢固定在支持卡子上作为引下线。随着主体工程施工，在距第一个卡子正上方 1.5～2m 处，用线坠吊直第一个卡子的中心点，埋设第二个卡子。依此向上逐个埋设，其间距应均匀相等。支持卡子露出长度应一致，突出建筑外墙装饰面 15mm 以上。

利用混凝土内钢筋或钢柱作为引下线，同时利用其基础作接地体时，应在室内外的适当位置距地面 0.3m 以上从引下线上焊接出测试连接板，供测量、接人工接地体和等电位联结用。当仅利用混凝土内钢筋作为引下线并采用埋于土壤中的人工接地体时，应在每根

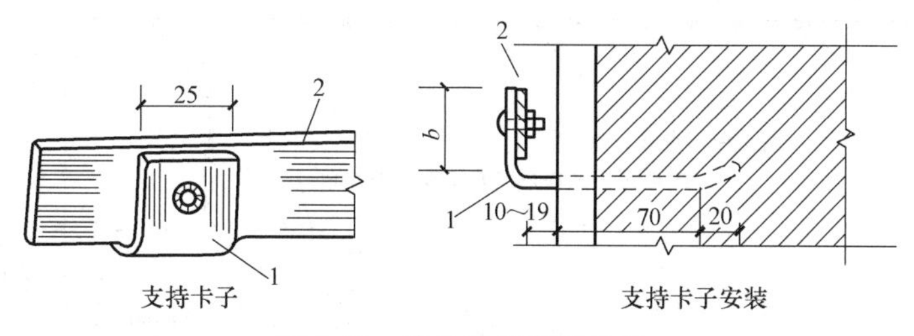

图 5-43 接地干线支持卡子

1—支持卡子；2—接地干线

引下线上距地面不低于 0.3m 处设暗装断接卡，其上端应与引下线主筋焊接。如图 5-44 所示。

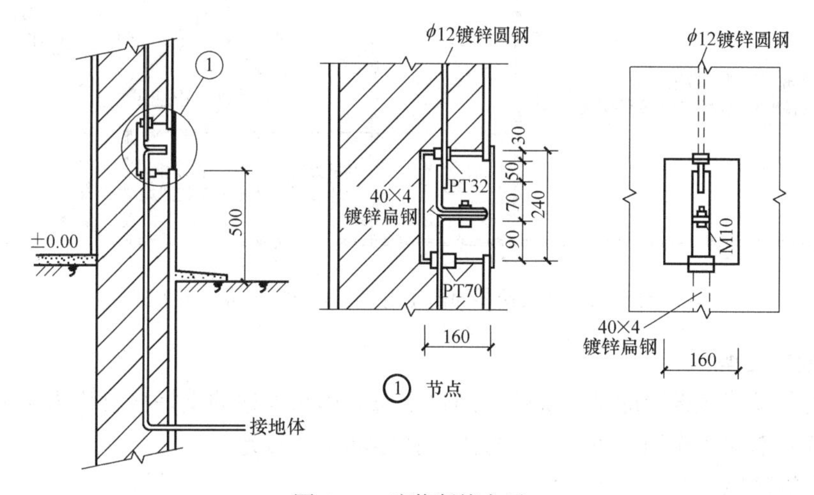

图 5-44 暗装断接卡子

3. 接地装置

将接闪器与大地做良好的电气连接的装置就是接地装置。它可以将雷电流尽快地疏散到大地之中，接地装置包括接地体和接地线两部分，接地体既可利用建筑物的基础钢筋，也可使用金属材料人工敷设。通常，垂直埋设的人工接地体多采用镀锌扁钢及圆钢，圆钢及钢管水平埋设的接地体多采用镀锌扁钢和圆钢。

现以图 5-45 为例，说明某大楼屋面防雷电气工程图的读图方法和步骤。

1）图中，不同的标高说明不同的屋面有高差存在。

2）图中，避雷带上的交叉符号表示的是避雷带与女儿墙间的安装支柱位置。

3）大楼避雷引下线共有 22 条，图中一般以带方向为斜下方的箭头及实圆点来表示。

4）屋面避雷网格在屋面顶板内 50mm 处安装。

5）屋面上有 5 个航空障碍灯，其金属支架要与避雷带相焊连。

5.3.2 建筑接地电气工程图

接地是保证用电设备正常运行和人身安全而采取的技术措施。接地处理的正确与否，对防止人身遭受电击、减少财产损失和保障电力系统、信息系统的正常运行有重要作用。

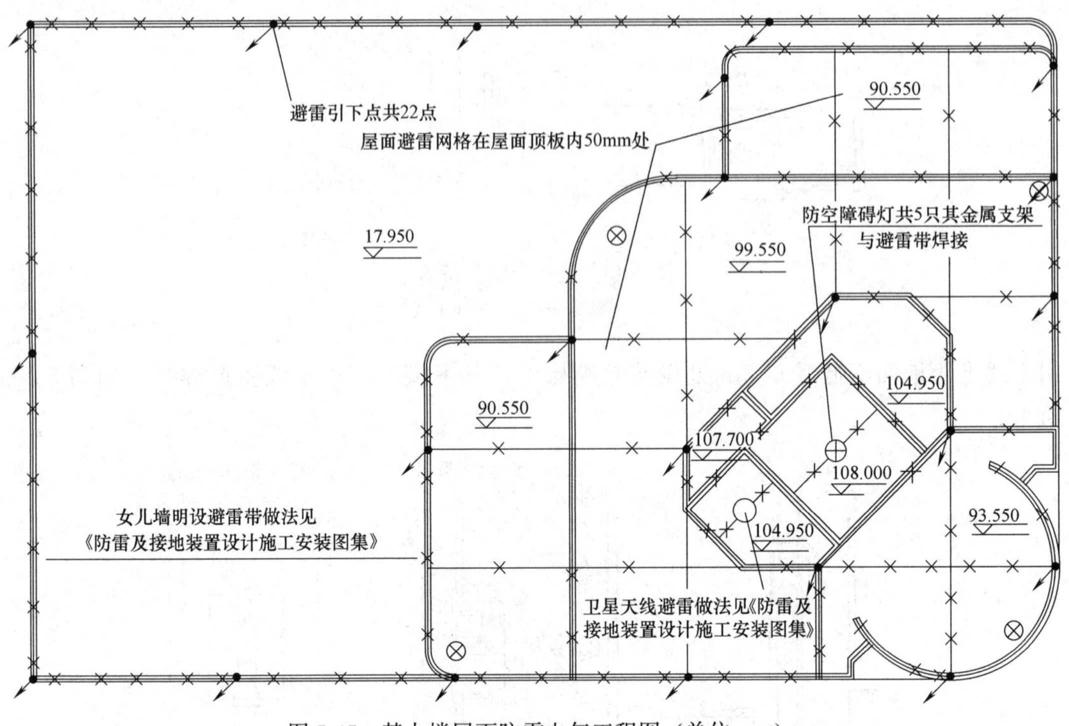

图 5-45 某大楼屋面防雷电气工程图（单位：m）

1. 接地的类型

电气设备或其他设置的某一部位，通过金属导体与大地的良好接触称为接地。用电设备的接地按其不同的作用，可分保护接地、接零和工作接地。

（1）保护接地

为了防止电气设备由于绝缘损坏而造成的触电事故，将电气设备的金属外壳通过接地线与接地装置连接起来。这种为保护人身安全的接地方式称为保护接地，其连接线称为保护线（PE），如图 5-46 所示。

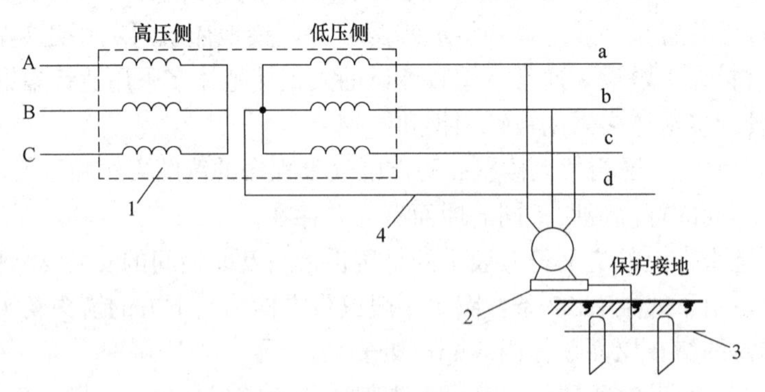

图 5-46 保护接地示意图

1—变压器；2—电机；3—接地装置；4—中性线

保护接地适用于中性点不接地的低压电网。由于接地装置的接地电阻很小，绝缘击穿后用电设备的熔体就熔断。即使不立即熔断，也使电气设备的外壳对地电压大大降低，人体与带电外壳接触，不致发生触电事故。

(2) 接零

将电气设备的金属外壳与中性点直接接地的系统中的零线相连接，称为接零，如图 5-47 所示。在低压电网中，零线除应在电源（发电机或变压器）的中性点进行工作接地以外，还应在零线的其他地方进行三点以上的接地，这种接地称为重复接地。接零既可以从零线上直接接地，也可以从接零设备外壳上接地。

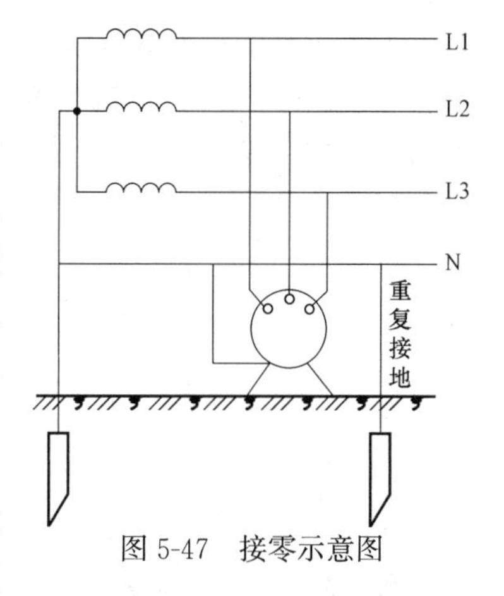

图 5-47 接零示意图

(3) 工作接地

正常情况下，为保证电气设备的可靠运行并提供部分电气设备和装置所需要的相电压，将电力系统中的变压器低压侧中性点通过接地装置与大地直接相接，该方式称为工作接地，如图 5-48 所示。

2. 接地装置

接地装置是引导雷电流安全泄入大地的导体，是接地体和接地线的总称，如图 5-49 所示。

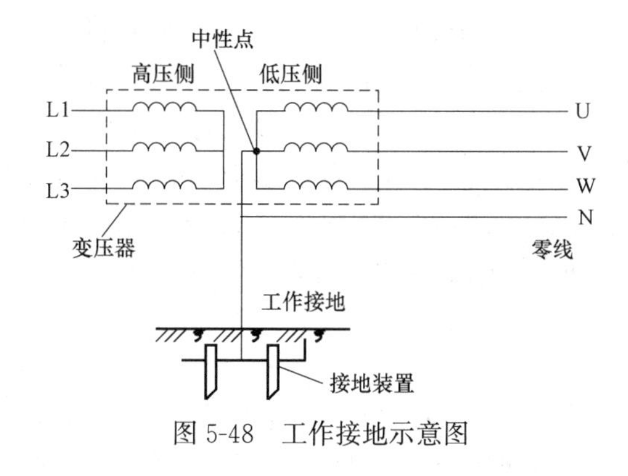

图 5-48 工作接地示意图

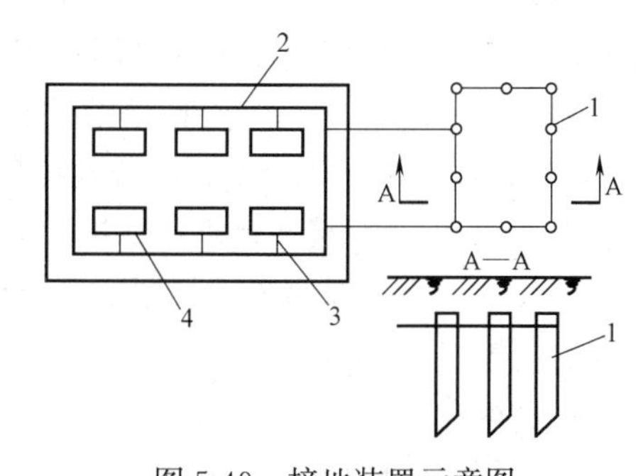

图 5-49 接地装置示意图

1—接地体；2—接地干线；3—接地支线；4—电气设备

(1) 接地体

接地体是与土紧密接触的金属导体，可以把电流导入大地。接地体分为自然接地体和人工接地体两种。

1) 自然接地体。兼作接地体用的直接与大地接触的各种金属构件、金属管道及建筑物的钢筋混凝土基础等，称为自然接地体。自然接地体包括直接与大地可靠接触的各种金属构件、金属井管、金属管道和设备（通过或储存易燃易爆介质的除外）、水工构筑物、构筑物的金属桩与混凝土建筑物的基础。建筑施工中，一般选择用混凝土建筑物的基础钢筋作为自然接地体。

2) 人工接地体。人工接地体是特意埋入地下专门做接地用的金属导体。一般接地体多采用镀锌角钢或镀锌钢管制作。

① 当接地体采用钢管时，应选用直径为 38～50mm、壁厚不小于 3.5mm 的钢管。然后，按设计的长度切割（一般为 2.5m）。钢管打入地下的一端加工成一定的形状，如为一般松软土，可切成斜面形。为了避免打入时受力不均匀而使管子歪斜，也可以加工成扁

尖形；如土质很硬，可将尖端加工成锥形，如图 5-50 所示。

② 采用角钢时，一般选用 50mm×50mm×5mm 的角钢，切割长度一般也是 2.5m。角钢的一端加工成尖头形状，如图 5-51 所示。

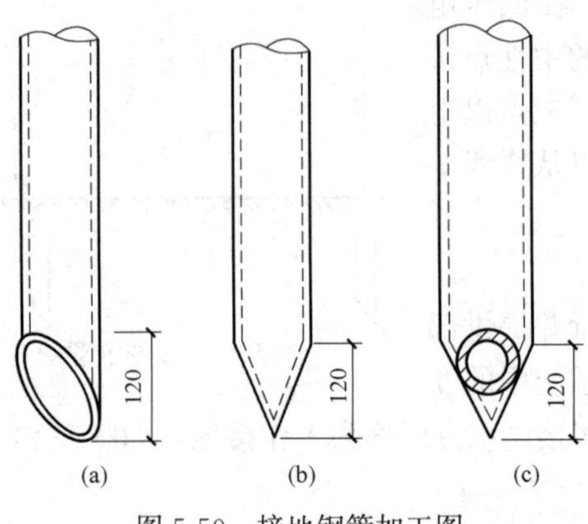

图 5-50　接地钢管加工图
（a）斜面形；（b）扁尖形；（c）圆锥形

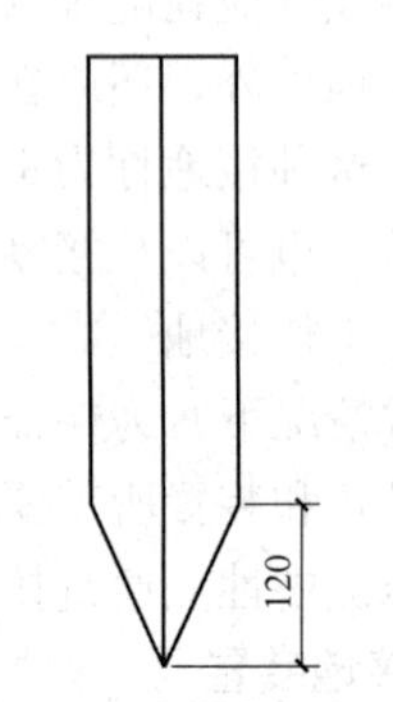

图 5-51　接地角钢加工图

接地装置设计时，应优先利用建筑物基础钢筋作为自然接地体，否则应单独埋设人工接地体。垂直埋设的接地体，宜采用圆钢、钢管或角钢，其长度一般为 2.5m。垂直接地体之间的距离一般为 5m，水平埋设的接地体宜采用扁钢或圆钢。圆钢直径不应小于 10mm，扁钢截面不小于 $100mm^2$，其厚度不小于 4mm；角钢厚度不小于 4mm；钢管壁厚不应小于 3.5mm。接地体埋设深度不宜小于 0.5～0.8m，并应远离由于高温影响土壤电阻率升高的地方。在腐蚀性较强的土壤中，接地体应采取热镀锌等防腐措施或采用铅包钢或铜包钢等接地材料。

（2）接地线

接地线是连接被接地设备与接地体的金属导体。与设备连接的接地线可以是钢材，也可以是铜导线或铝导线。低压电气设备地面上外露的铜接地线的最小截面应符合表 5-1 的规定。

低压电气设备地面上外露的铜接地线的最小截面　　表 5-1

名称	最小截面积(mm^2)
明敷的裸导体	4
绝缘导体	1.5
电缆的接地芯或与相线包在同一保护外壳内的多芯导线的接地芯	1

3. 保护接地系统方式的选择

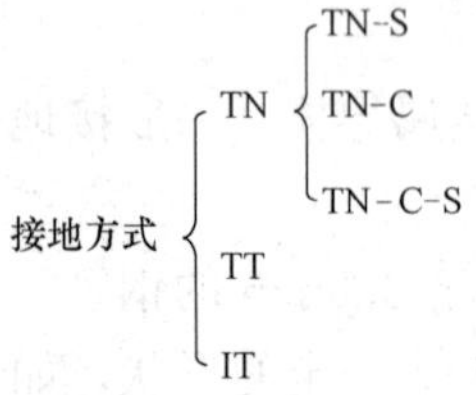

接地方式
- TN
  - TN-S
  - TN-C
  - TN-C-S
- TT
- IT

图 5-52　接地方式

按国际电工委员会（IEC）的规定，低压电网有 5 种接地方式，如图 5-52 所示。

第一个字母（T 或 I）表示电源中性点的对地关系；第二个字母（N 或 T）表示装置的外露导电部分的对地关系。横线后面的字母（S、C 或 C—S）表示保护线与中性线的结合情况。T—Through（通过）表示电力网的中性点（发电机、变压器的星形联结的中间结点）是直接接地系统；N—Neutral（中性点）是指电气设备正常运行时不带电的金属外露部分与电力网的中性点采取直接的电气连接，也就是“保护接零”系统。

（1）TN 系统

1）TN-S 系统。S—Separate（分开，指 PE 与 N 分开）即五线制系统，三根相线分别是 L1、L2、L3，一根中性线 N，一根保护线 PE，只有电力系统中性点一点接地，用电设备的外露可导电部分直接接于 PE 线上，如图 5-53 所示。

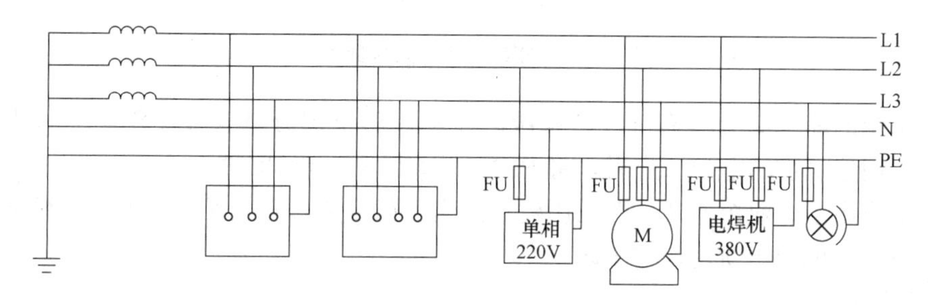

图 5-53 TN-S 系统的接地方式

TN-S 系统中的 PE 线上在正常运行时无电流，电气设备的外露可导电部分无对地电压，当电气设备发生漏电（或接地故障）时，PE 线中有电流通过，使保护装置迅速动作，切断故障，保证了操作人员的安全。通常规定，PE 线不得断线和进入开关。N 线（工作零线）在接有单相负载时，可能有不平衡电流。

TN-S 系统适用于工业、民用建筑等低压供电系统，也是目前我国在低压系统中普遍采用的接地方式。

2）TN-C 系统。C—Common（公共，指 PE 与 N 合一）即四线制系统，三根相线分别为 L1、L2、L3，一根中性线与保护地线合并的为 PEN 线，用电设备的外露可导电部分接到 PEN 线上，如图 5-54 所示。

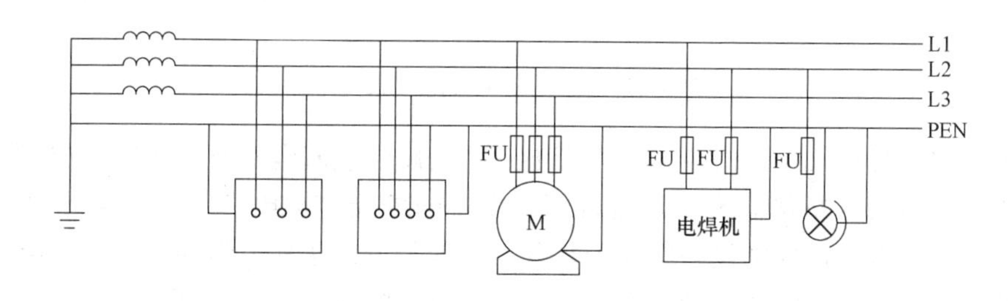

图 5-54 TN-C 系统的接地方式

在 TN-C 系统接线中，当存在有三相负荷不平衡或有单相负荷时，PEN 线上呈现出不平衡电流，电气设备的外露可导电部分有对地电压的存在。因 N 线不得断线，所以在进入建筑物前 N 或 PE 应加做重复接地。

TN-C 系统适用于三相负荷基本平衡的情况，也适用于有单相 220V 的便携式、移动式的用电设备。

3）TN-C-S 系统。即四线半系统，在 TN-C 系统的末端将 PEN 分开即为 PE 线和 N 线。分开后不得再合并，如图 5-55 所示。

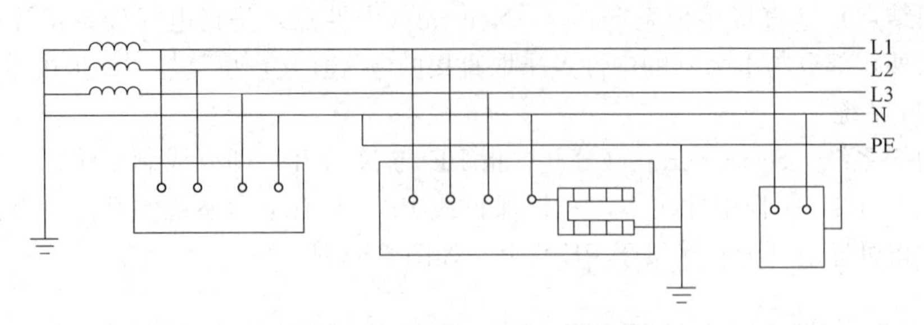

图 5-55　TN-C-S 系统的接地方式

这个系统的前半部分具有 TN-C 系统的特点，后半部分具有 TN-S 系统的特点。目前，一些民用建筑物的电源入户后，将 PEN 线分为 N 线和 PE 线。

该系统适用于工业企业及一般民用建筑。当负荷端装有漏电保护装置，干线末端装有接零保护时，它可用于新建住宅小区。

(2) TT 系统

第一个"T"表示电力网的中性点（发电机、变压器的星形联结的中间结点）为直接接地系统；第二个"T"表示电气设备正常运行时不带电的金属外露可导电部分对地做直接的电气连接，即为"保护接地"系统。三根相线 L1、L2、L3，一根中性线 N 线，用电设备的外露部分采用各自的 PE 线直接接地，如图 5-56 所示。

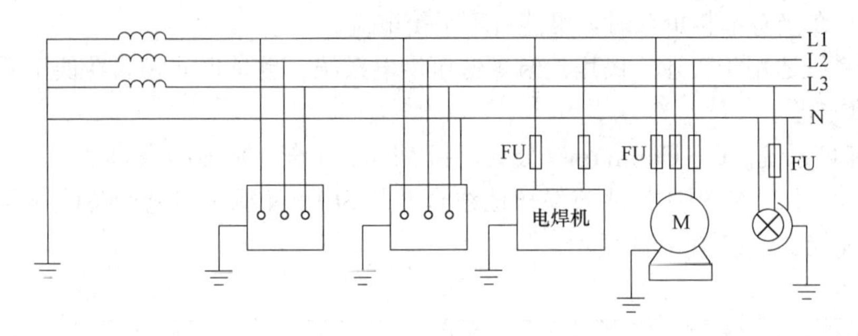

图 5-56　TT 系统的接地方式

在此系统中，当电气设备的金属外壳带电（相线碰壳或漏电）时，接地保护装置可以减少触电危险，但低压断路器不一定会跳闸，设备的外壳对地电压有可能会超过安全电压。当漏电电流较小时，要加设漏电保护装置。接地装置的接地电阻要满足单相接地故障时在规定的时间内切断供电线路的要求，或使接地电压限制在 50V 以下。

(3) IT 系统

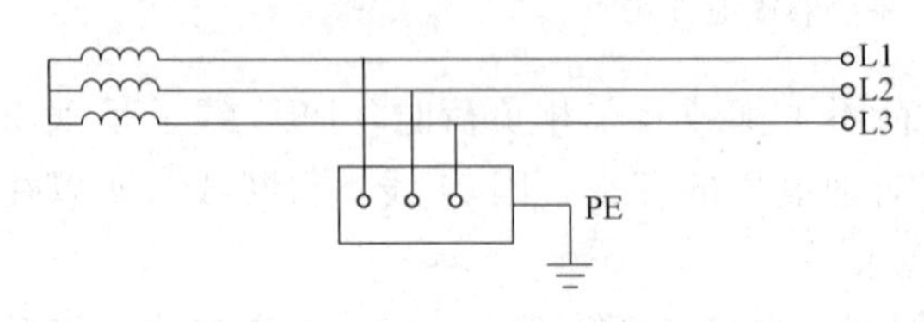

图 5-57　IT 系统的接地方式

电力系统不接地或经过高阻抗接地的三线制系统，即为 IT 系统。三根相线分别为 L1、L2、L3，用电设备的外露可导电部分采用各自的 PE 线来接地，如图 5-57 所示。IT 系统适用于 3～35kV 的供电系统，特殊情况（如煤矿、化工厂）时也可将其用于低压（380V/220V）供电系统。

在此系统中，当任何一相发生故障接地时，由于大地可作为相线继续工作，系统可继续运行。因此在线路中需加设单相接地检测及监视装置，如有故障时报警。

现以图 5-58 为例，说明某住宅接地电气施工图的读图方法和步骤。

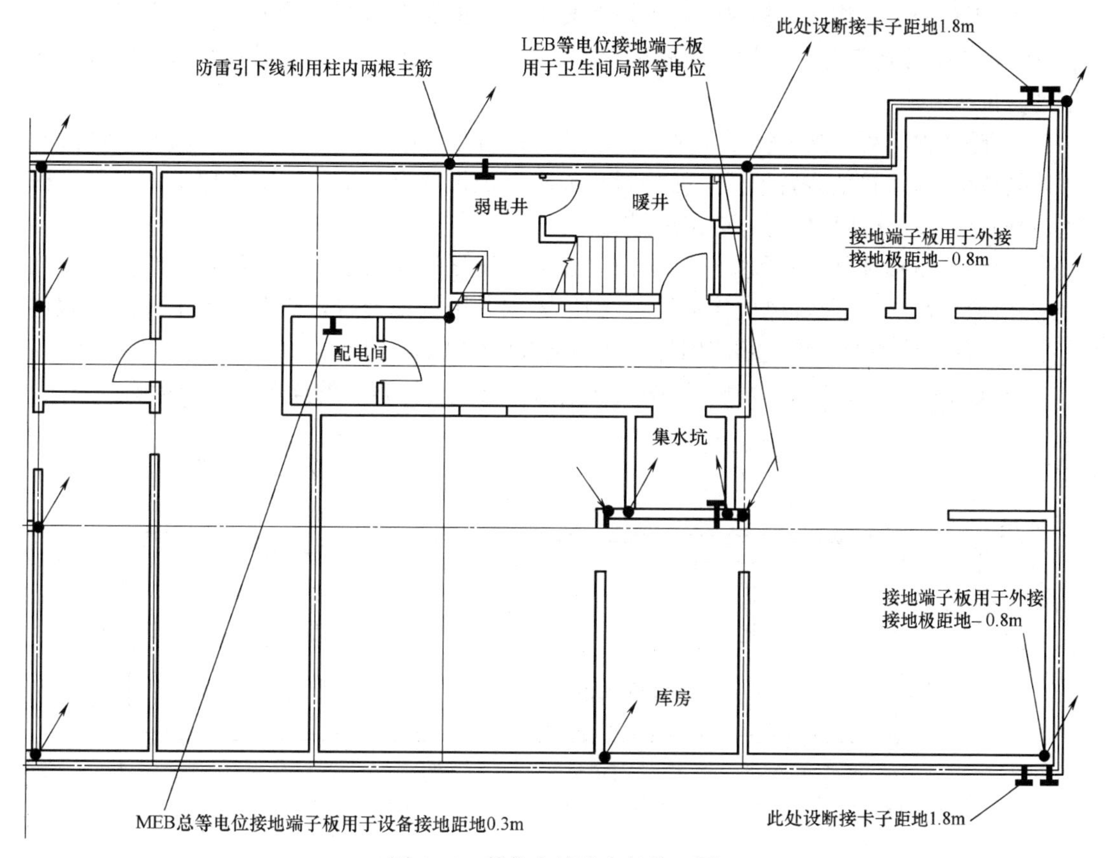

图 5-58 某住宅接地电气施工图

1）该图为某住宅接地电气施工图的一部分，防雷引下线同建筑物防雷部分的引下线相对应。

2）利用柱内两根主筋作为防雷引下线。

3）在建筑物转角的 1.8m 处设置断接卡子，以便接地电阻测量用。

4）在建筑物两端−0.8m 处设有接地端子板，用于外接人工接地体。

5）在住宅卫生间的位置，安装有 LEB 等电位接地端子板，用于对各卫生间的局部等电位的可靠接地。

6）在配电间距地 0.3m 处，设有 MEB 总等电位接地端子板，用于设备接地。

5.3.3 建筑防雷与接地工程图识图方法

在施工图设计阶段，建筑物防雷接地工程图应包括以下内容：

1）小型建筑物应绘制屋顶防雷平面图，形状复杂的大型建筑物除绘制屋顶防雷平面图外，还应绘制立面图。平面图中应有主要轴线号、尺寸、标高，标注接闪针、接闪带、引下线位置，注明材料型号、规格，所涉及的标准图编号、页次，图样应标注比例。

2）绘制接地平面图（可与屋顶防雷平面图重合），绘制接地线、接地极、测试点、断接卡等的平面位置，标明材料型号、规格、相对尺寸及涉及的标准图编号、页次，图样应标注比例。

3）当利用建筑物（或构筑物）钢筋混凝土内的钢筋作为防雷接闪器、引下线、接地装置时，应标注连接点、接地电阻测试点、预埋件位置及敷设方式，注明所涉及的标准图编号、页次。

4）随图说明可包括：防雷类别和采取的防雷措施（包括防侧击雷、防雷击电磁脉冲、防高电位引入），接地装置形式，接地材料要求、敷设要求、接地电阻值要求；当利用桩基、基础内钢筋作接地极时，应采取措施。

5）除防雷接地外的其他电气系统的工作或安全接地的要求（如电源接地形式、直流接地、局部等电位、总等电位接地等），如果采用共用接地装置，应在接地平面图中叙述清楚，交代不清楚的应绘制相应图样（如局部等电位平面图等）。

现以图 5-59、图 5-60 为例，说明某住宅防雷与接地工程图的读图方法和步骤。

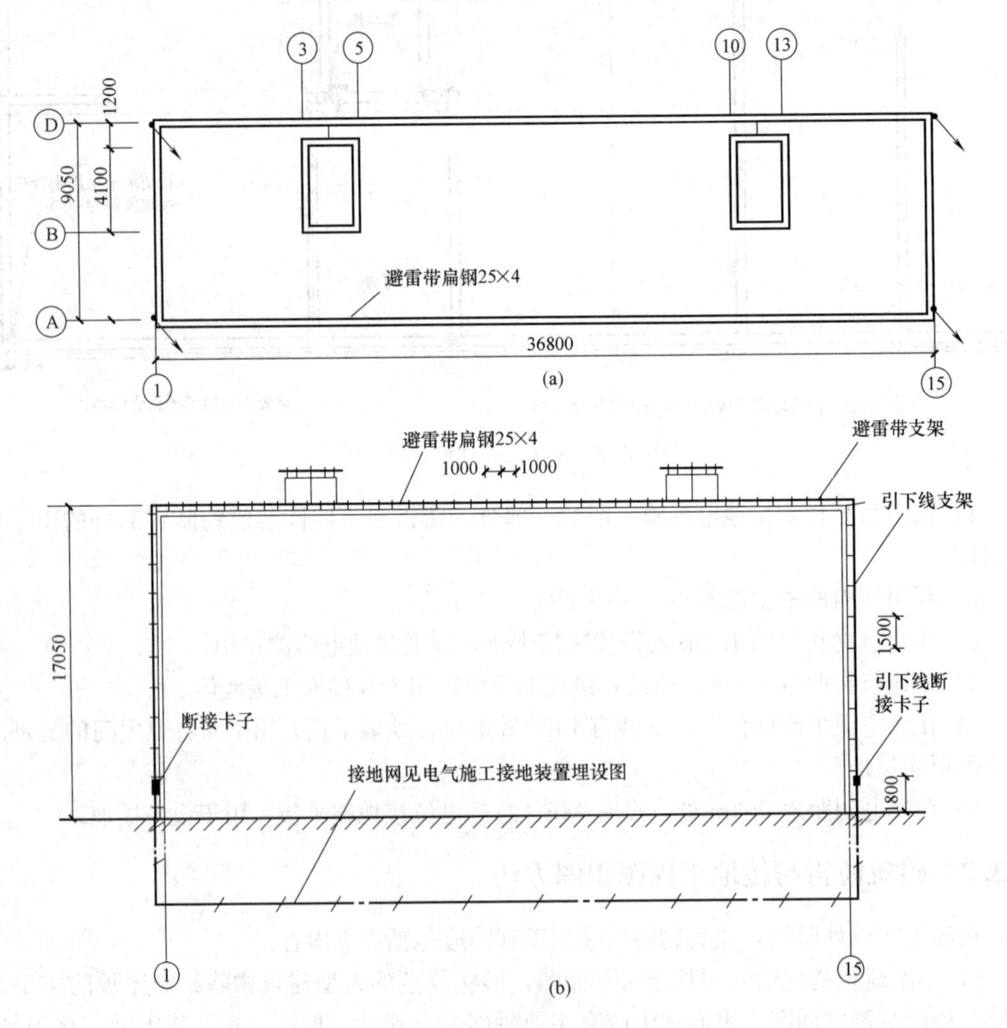

图 5-59　住宅建筑防雷平面图和立面图

（a）平面图；（b）北立面图

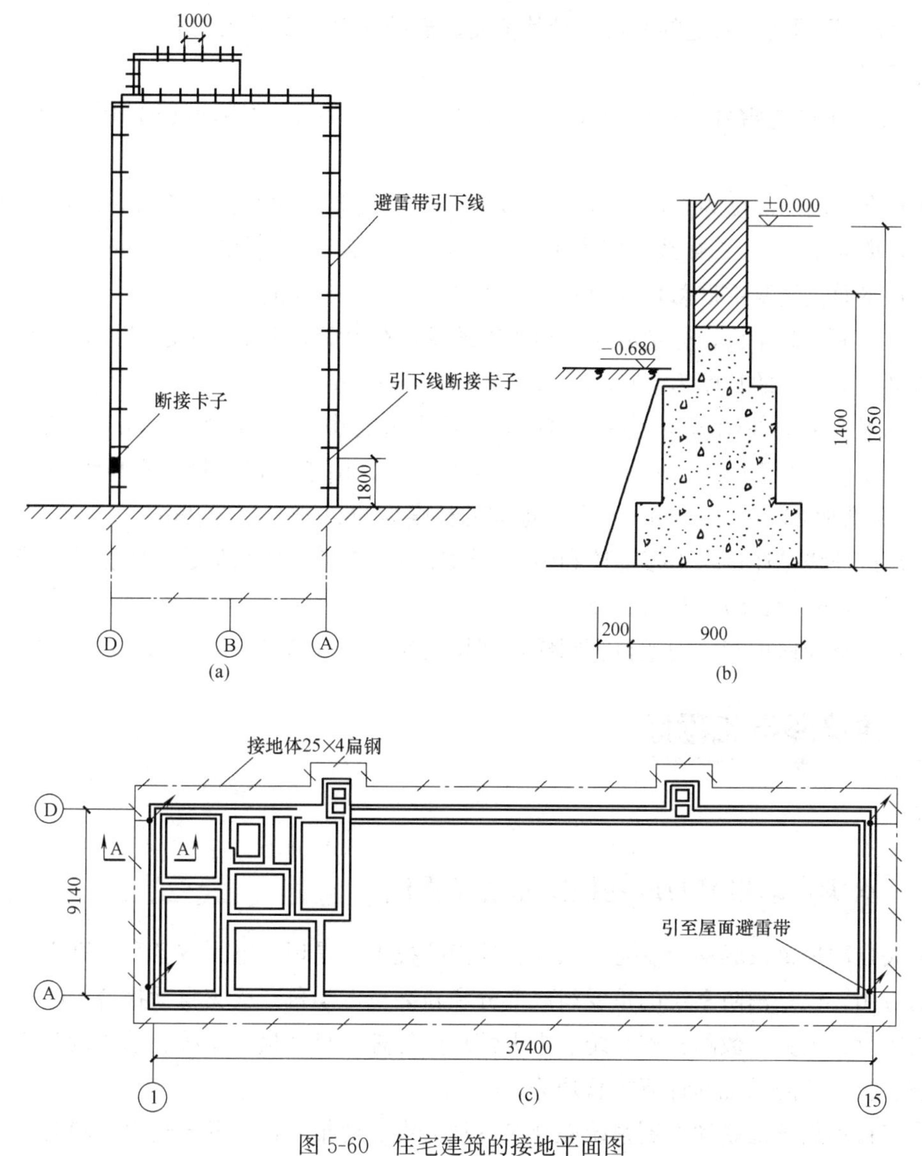

图 5-60 住宅建筑的接地平面图

(a) 立面图；(b) A—A 断面图；(c) 平面图

1）该住宅建筑避雷带沿屋面四周女儿墙敷设，支持卡子间距为 1m。

2）在西面与东面墙上分别敷设两根引下线（25mm×4mm 扁钢），与埋于地下的接地体相连。

3）引下线在距地面 1.8m 处设置引下线断接卡子。

4）固定引下线支架间距 1.5m。

5）接地体沿建筑物基础的四周埋设，埋设深度在地平面以下 1.65m，在−0.68m 开始向外，距基础中心距离 0.65m。

6）避雷带、引下线及接地装置均采用 25mm×4mm 的扁钢制成。

7）避雷带由女儿墙上的避雷带与楼梯间屋面阁楼上的避雷带组成，女儿墙上的避雷带的长度为（36.8+9.05）×2=91.7m。

8）楼梯间阁楼屋面上的避雷带沿其顶面，敷设一周，并用 25mm×4mm 的扁钢同屋面避雷带相连接。

9）屋面上的避雷带的长度为（4.1+2.6）×2=13.4m，共距两楼梯间阁楼为 13.4×2=26.8m。

10）女儿墙的高度为 1m，阁楼上的避雷带要与女儿墙的避雷带连接，阁楼距女儿墙最近的距离为 1.2m。连接线长度为 1+1.2+2.8=5m，两条连接线共 10m。

11）屋面上的避雷带总长度为 91.7+26.8+10=128.5m。

12）引下线共 4 根，分别沿建筑物四周敷设，在地面以上 1.8m 处用断接卡子与接地装置连接，引下线的长度为（17.05+1−1.8）×4=65m。

13）水平接地体沿建筑物一周埋设，距基础的中心线距离为 0.65m，其长度为[(36.8+0.65×2)+(9.05+0.65×2)]×2=96.9m。由于该建筑物建有垃圾道，向外突出 1m，又增加 2×2×1=4m，水平接地体的长度为 96.9+4=100.9m。

14）接地线是连接水平接地体和引下线的导体，不考虑地基基础的坡度时，其长度约为（0.65+1.65+1.8）×4=16.4m。

15）引下线保护管由硬塑料管制成，其长度为（1.7+0.3）×4=8m。

5.4 建筑弱电工程图

5.4.1 火灾自动报警及联动控制系统工程图

火灾自动报警及联动控制是一项综合性消防技术，是现代电子戒备和计算机技术在消防中的应用，也是消防系统的重要组成部分和新兴技术学科。火灾自动报警及联动控制的主要内容是：火灾参数的检测系统、火灾信息的处理与自动报警系统、消防设备联动与协调控制系统、消防系统的计算机管理等。

火灾自动报警及联动控制系统能及时发现火灾、通报火情，并通过自动消防设施，将火灾消灭在萌发状态，最大限度地减少火灾的危害。随着高层、超高层现代建筑的兴起，对消防工作提出了越来越高的要求，消防设施和消防技术的现代化，是现代建筑必须设置和具备的。

火灾自动报警与联动控制系统框图如图 5-61 所示。

1. 火灾自动报警系统与联动控制系统图

1）明确该工程的基本消防体系。

2）了解火灾自动报警及联动控制系统的报警设备（火灾探测器、火灾报警控制、火灾报警装置等）、联动控制系统、消防通信系统、应急供电及照明控制设备等的规格、型号、参数、总体数量及连接关系。

3）了解导线的功能、数量、规格及敷设方式。

4）了解火灾报警控制器的线制和火灾报警设备的布线方式。

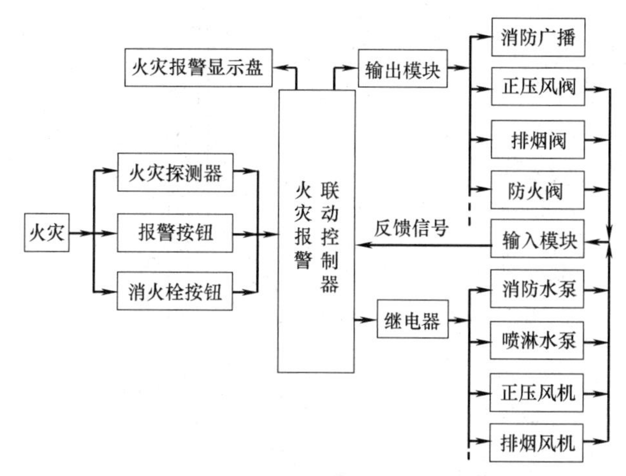

图 5-61 火灾自动报警与联动控制系统框图

5）掌握该工程的火灾联动控制系统的总体配线情况和组成概况。

现以图 5-62 为例，说明某综合楼火灾自动报警及消防联动控制系统图的读图方法和步骤。

1）火灾自动报警及消防联动设备安装在 1 层消防及广播值班室。

2）火灾自动报警及消防联动控制设备的型号为 JB1501A/G508-64；消防电话设备的型号为 HJ-1756/2；外控电源设备型号为 HJ-1752；消防广播设备型号 HJ-1757（120W×2）。

3）JB 共有四条回路总线，可设 JN1～JN4。JN1 用于地下层，JN2 用于 1 层～3 层，JN3 用于 4 层～6 层，J4 用于 7 层、8 层。

4）报警总线 FS 标注为 RVS-2×1.0 SC15 SCE/WC。对应的含义为：软导线（多股）、塑料绝缘、双绞线，2 根，截面积为 $1mm^2$；保护管为水煤气钢管、直径为 15mm；沿顶棚、暗敷设及有一段沿墙、暗敷设的线路。

5）消防电话线 FF 标注为 BVR-2×0.5SC15 FC/WC。BVR 为布线和塑料绝缘软导线，其他与报警总线总类似。

6）火灾报警控制器的右手面也有五个回路标注，依次为 C、FP、FC1、FC2、S。对应图的下面依次说明如下。C：RS-485 通信总线，RVS-2×1.0SC15 WC/FC/SCE；FP：DC24V 主机电源总线，BV-2×4 SC15 WC/FC/SCE；FC1：联动控制总线，BV-2×1.0 SC15WC/FC/SCE；FC2：多线联动控制线，BV-1.5 SC20WC/FC/SCE；S：消防广播线，BV-2×1.5 SC15WC/SCE。

7）多线联动控制线的标注为 BV-1.5 SC20WC/FC/SCE。多线联动控制线主要是控制在 1 层的喷淋泵、消防泵、排烟风机（消防泵、喷淋泵、排烟风机实际是安装在地下层）等，其标注为 6 根线；在 8 层有两台电梯和加压泵，其标注也是 6 根线［应该标注的是 2（6×1.5)］。

8）每层楼安装一个接线端子箱，端子箱中安装有短路隔离器 DG。

9）每层楼安装有一个火灾显示盘 AR，能够显示各个楼层。显示盘接有 RS-485 通信总线，火灾报警与消防联动设备可将信息传送到火灾显示盘 AR 上显示。显示盘有灯光显示，所以还要接主机电源总线 FP。

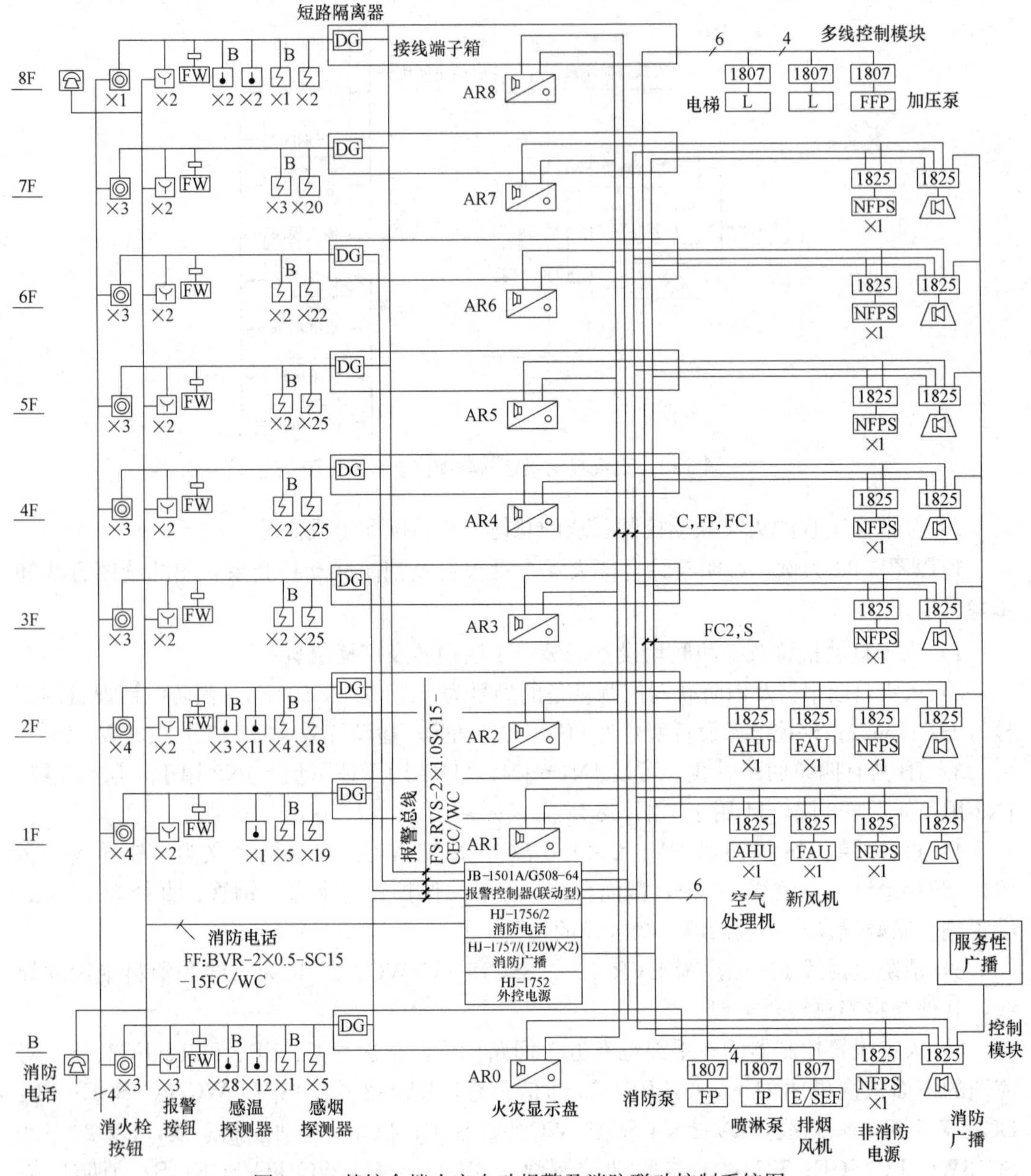

图 5-62 某综合楼火灾自动报警及消防联动控制系统图

说明：

1. 该综合楼建筑总面积为 7000m^2，总高度 30m，其中主体檐口至地面高度 23.90m，各层基本数据见表 5-2。
2. 本建筑火灾自动报警及消防联动控制系统保护对象为二级。
3. 消防泵、喷淋泵和消防电梯为多线联动，其余设备为总线联动。
4. 消防控制室与广播音响控制室合用，位于 1 层，并有直通室外的门。
5. 地下层的汽车库、泵房和顶楼冷冻机房选用感温火灾探测器，其他场所选感烟火灾探测器。
6. 火灾报警控制器为柜式结构。火灾显示盘挂墙安装，底边距地 1.5m，火灾探测器吸顶安装，消防电话与手动报警按钮中心距地 1.4m 暗装，消火栓按钮装设于消火栓内，控制模块安装于被控设备控制柜内或与其上边平行的近旁。火灾应急扬声器与背景音乐系统共用，如有火灾时强制切换至火灾应急扬声器。
7. 火灾应急广播与消防电话火灾应急广播与背景音乐系统共用，如有火灾发生时强迫切换到消防广播状态，平面图中竖井内 1825 模块为扬声器切换模块。

消防控制室设消防专用电话，消防泵房、配电室及电梯机房设固定消防对讲电话，手动报警按钮带电话塞孔。

8. 消防用电设备的供电线路一般采用阻燃电线电缆沿阻燃桥架敷设，火灾自动报警系统与电路、联动控制电路、通信电路和应急照明电路为 BV 线穿钢管沿墙、地及楼板暗敷。

某综合楼基本数据 表 5-2

层数	面积(m^2)	层高(m)	主要功能
B	915	3.40	汽车库、泵房、水池民、配电室
1	935	3.80	大堂、服务、接待
2	1040	4.00	餐饮
3~5	750	3.20	客房
6	725	3.20	客房、会议室
7	700	3.20	客户、会议室
8	1700	4.60	机房

10）纵向第 2 排图形符号为消火栓箱报警按钮，×3 代表地下层有 3 个消火栓箱。消火栓箱报警按钮的编号为 SF01、SF02、SF03。消火栓箱报警按钮的连接线是 4 根线。

11）纵向第 3 排图形符号为火灾报警按钮。每一个火灾报警按钮占一个地址码。×3 代表地下层有 3 个火灾报警按钮。8 层纵向第 1 个图形符号即为电话符号。

12）纵向第 4 排的图形符号为水流指示器 FW，每层楼一个。

13）在地下层、1 层、2 层以及 8 层都安装有感温火灾探测器。纵向第 5 排图形符号上标注 B 的为子座，第 6 排没有标注 B 的即为母座。

14）该建筑应用的感烟火灾探测器数量多，第 7 排图形符号上标注 B 的为子座，第 8 排没有标注 B 的为母座。

15）1807、1825 为控制模块，此控制模块是将火灾报警控制器送出的控制信号放大，再控制需要动作的消防设备。

16）AHU 为空气处理机，用于将电梯前厅的楼梯空气进行处理。

17）PAU 为新风机，有两台：一台在 1 层安装在右侧楼梯走廊处；另一台在 2 层安装在左侧楼梯前厅，是用来送新风的，发生火灾时都要打开运行起来换空气。

2. 火灾自动报警系统与联动控制系统平面图

从消防报警中心开始，将其与其他楼层接线端子箱（区域报警控制器）连接导线走向关系搞清楚，就容易了解工程情况。

了解从楼层接线端子箱（区域报警控制器）延续到各分支线路的配线方式和设备连接情况。

现以图 5-63 为例，说明某综合楼火灾自动报警及消防联动控制系统图的读图方法和步骤。

1）地下层是车库兼设备层。该层以位于横轴①、②之间，纵轴Ⓔ、Ⓓ之间的车库管理室为报警总线的起始点和终止点，各探测器连成带分支的环状结构，探测器除两个楼梯间、配电间及车库管理间为感烟型外，均为感温型。

2）手动报警有报警按钮、消火栓按钮及消防电话，分别为三处、三处和一处。

3）联动设备包括五处：

① FP 位于 10/E 附近的消防泵。

② IP 位于 11/E 附近的喷淋泵。

③ E/SEF 位于 1/D 附近的排烟风机。

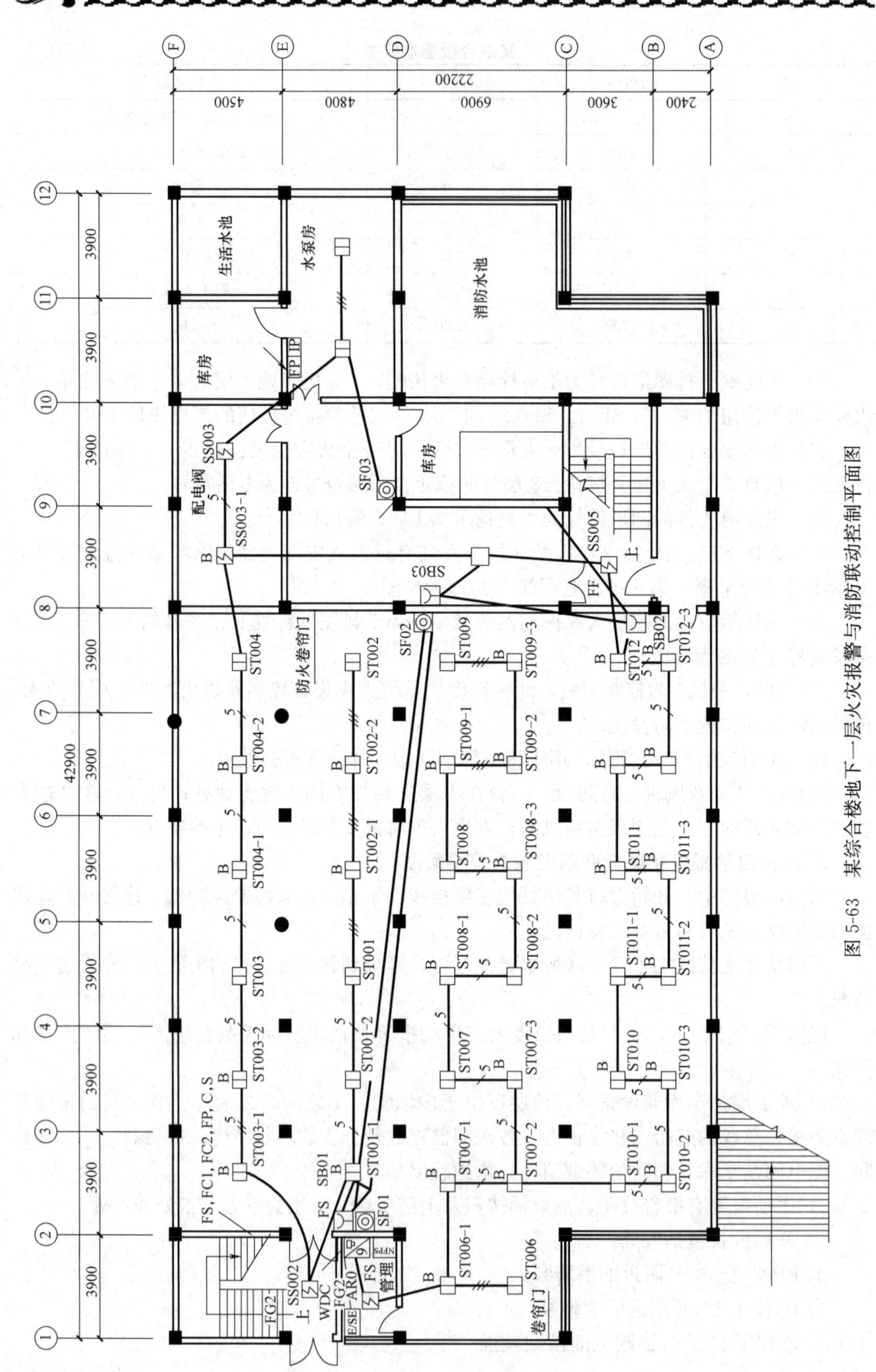

图 5-63 某综合楼地下一层火灾报警与消防联动控制平面图

④ NFPS 位于 2/D 附近的非消防电源箱。

⑤ 位于车库管理间的火灾显示盘及广播喇叭。

4）上引线路包括五处：

① 2/E 附近上引 FS、FC1/FC2、FP、C、S。

② 2/D 附近上引 WDC。

③ 9/D 附近上引 WDC。

④ 10/E 附近上引 FC2。

⑤ 9/C 附近上引 FF。

5）图中，文字符号前缀含义为：ST 感温探测器；SS 感烟探测器；SF 消火栓报警按钮；SB 手动报警按钮。后缀及后加数字，表示相连的、共用标有 B 的母底座编址的多个探测器的序号。除标有 B 的母底座带独立地址外，其余均为非编址的子底座。母/子底座共同组成混合编址。

5.4.2 安全防范系统工程图

1. 视频安防监控系统

视频安防监控系统一般包括摄像机、控制器、监视器、云台和传输、控制电缆等，其基本组成如图 5-64 所示。

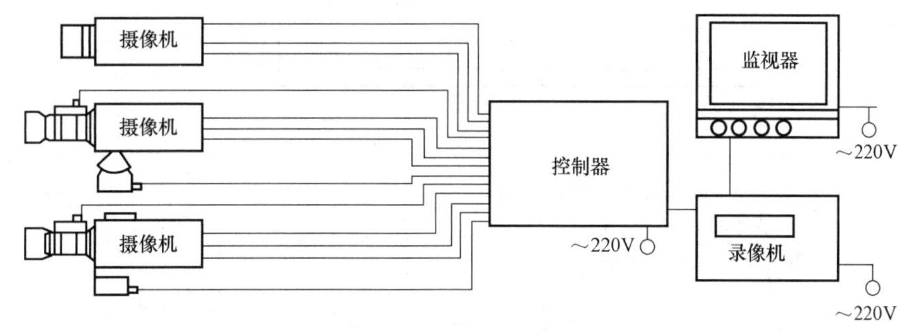

图 5-64 视频监控系统

摄像机安装于监视场所，通过摄像管将光信号图像变为电信号，又由电缆或光缆传输给安装于监控室的监视器，使其还原为图像。为了调整摄像机的监视范围，将摄像机安装于云台上，可以通过监控室的控制器对云台遥控，带动摄像机作水平及垂直旋转。

图 5-65～图 5-72 所示为常用的视频安防监控系统的基本组成。

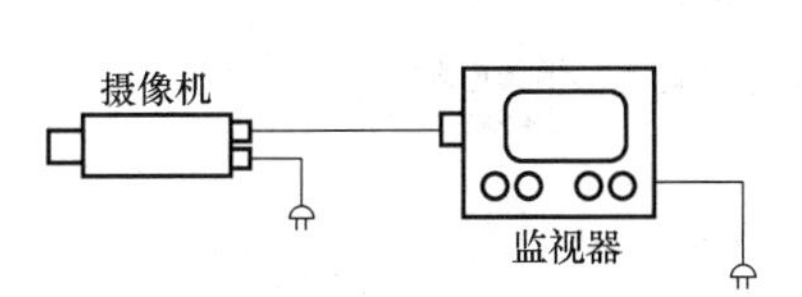

图 5-65 摄像、监视基本单元

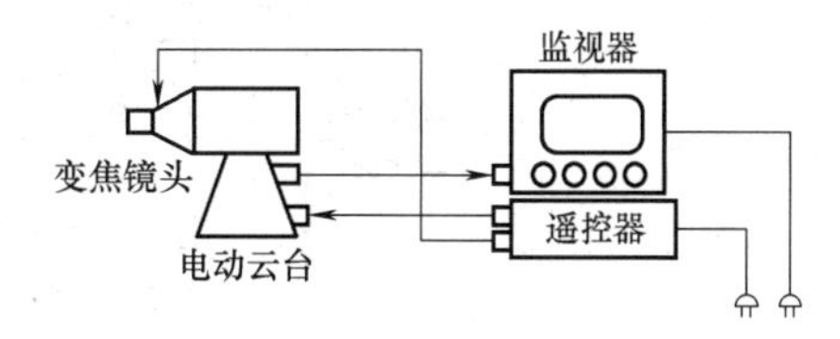

图 5-66 具有遥控器的单元系统

现以图 5-73 为例，说明某宾馆的视频部分监控系统图的读图方法和步骤。

1）该图共有 20 台 CC-1320 型 1/2inCCD 固体黑白摄像机。

2）该图电源由摄像机控制器 CC-6754 来提供。

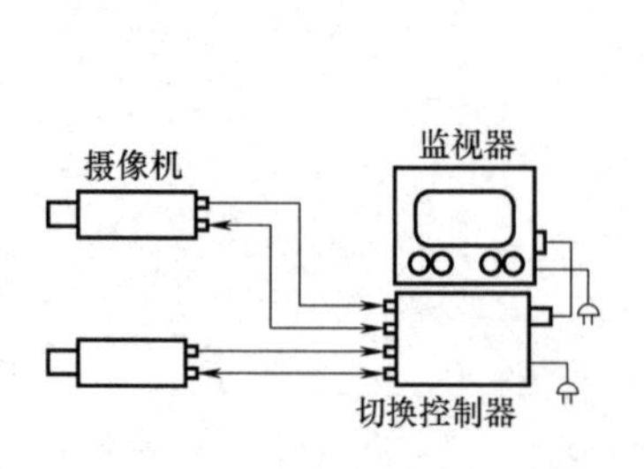

图 5-67　配切换控制器的系统

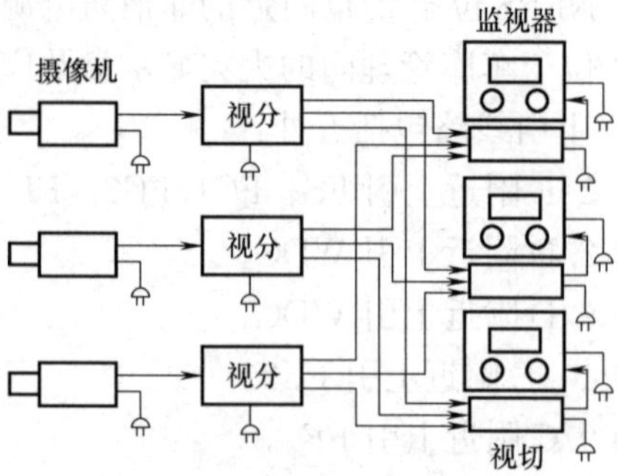

图 5-68　多台摄像机在不同地点任意切换方式

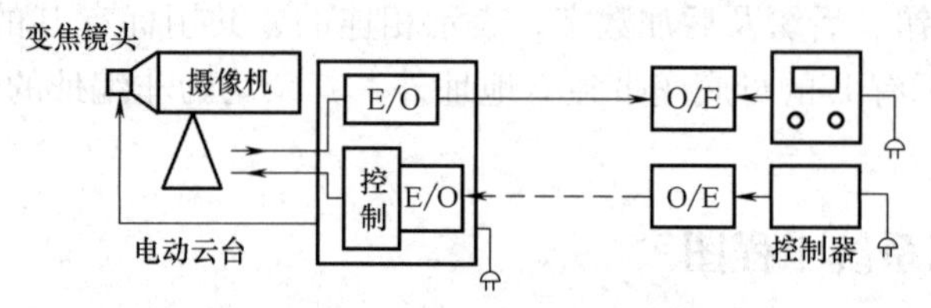

图 5-69　光纤传输方式

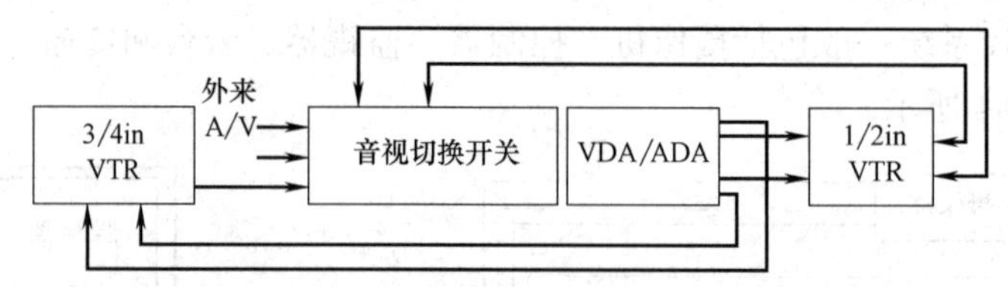

图 5-70　VTR 放像、录像互相转录系统

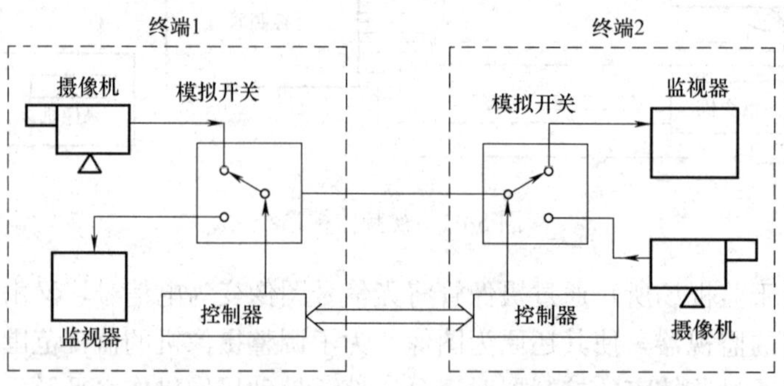

图 5-71　单电缆半双工双向传输应用电视系统

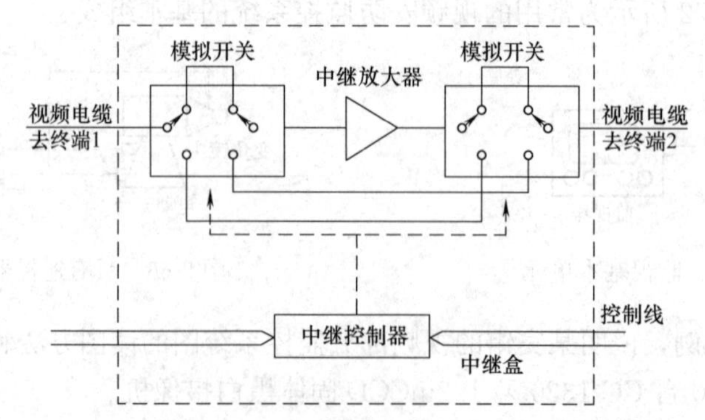

图 5-72　传输线路中需要加中继放大器的半双工双向传输系统

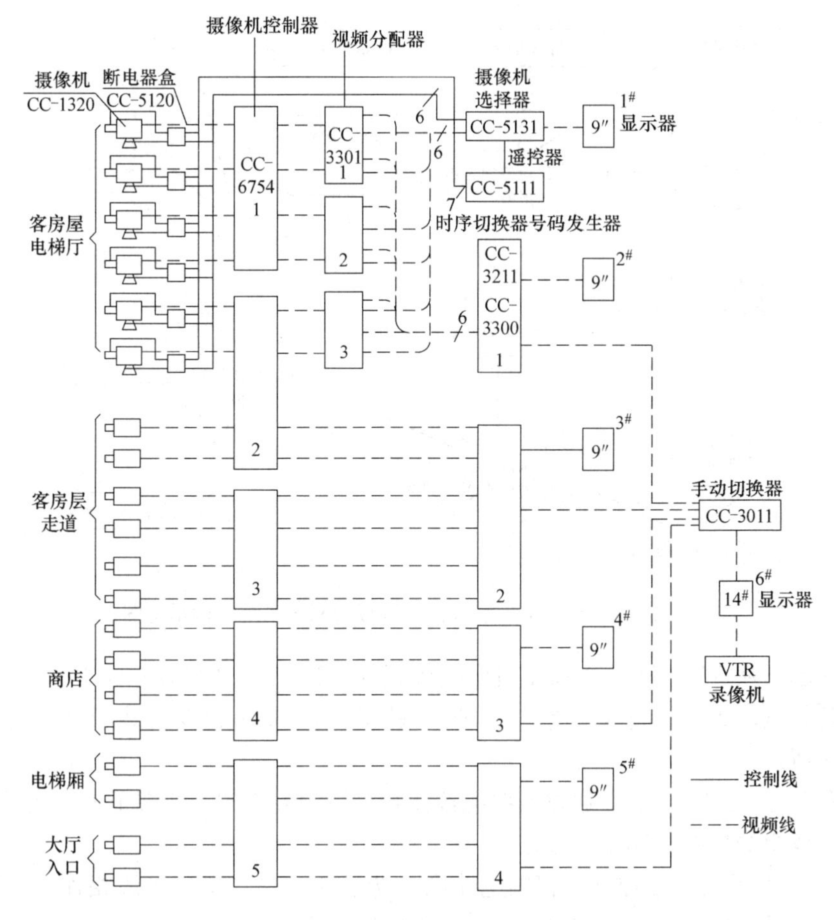

图 5-73 某宾馆视频安防监控系统图

说明：该工程 CCTV 系统的监控室与火灾自动报警控制中心及广播室共用一室，使用面积为 30m^2，地面采用活动架空木地板，架空高度 0.25m，房间门宽为 1m，高 2.1m，室内温度要求控制在 16～30℃，相对湿度要求控制在 30%～75%。控制柜正面距墙净距大于 1.2m，背面与侧面距墙净距大于 0.8m。CCTV 系统的供电电源要求安全可靠，电压偏移要小于±10%。

2. 防盗报警系统

（1）防盗报警系统的组成

防盗报警系统主要包括防盗报警器、报警控制器和信号传输部。楼宇可视对讲报警网络系统结构组成如图 5-74 所示。

（2）防盗报警系统图

1）闭路闯入报警系统。如图 5-75 所示为闭路闯入报警系统接线图，适用于只有两个入口通道的商场或其他场所。

S_1 和 S_2 为常闭磁簧开关，装于后入口通道的门上，并接到阻挡接线板 TB-1 上，再通过双线平行电缆接到警报控制装置附近的 TB-2。

S_3 为位于前门的常闭开关，S_4 为前门附近的常开键锁开关。它们接至 TB-3，并且通过四线电缆（或一对双线电缆）将电路延长在 TB-2 上。

电铃、电笛以及闪光信号灯全部接于 TB-3 上，位置要比较高，它们的引线用绝缘带

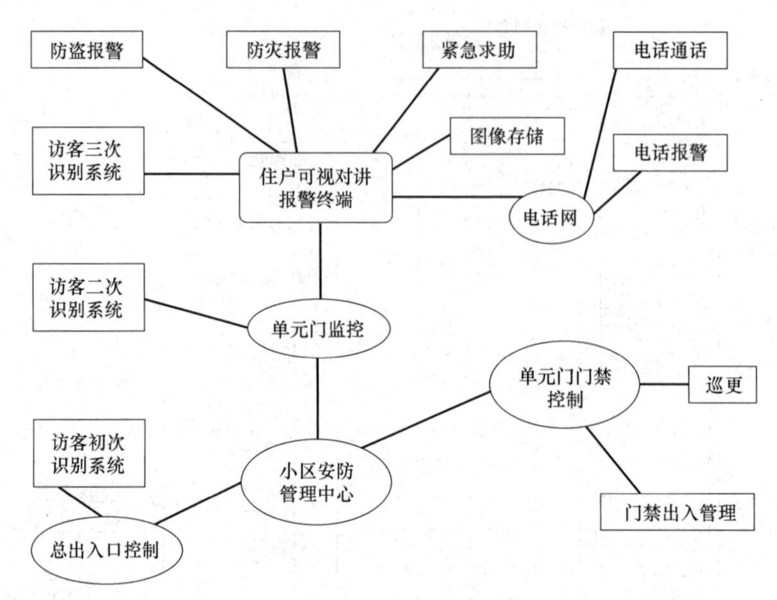

图 5-74 CM-980 型楼宇可视对讲报警网络系统结构示意图

将其绑在一起，从 TB-3 端子 3 和 4 引出线接至 TB-2。接线板 TB-2 与 TB-3 应装于金属盒内，以防触电。为防止闯入者将 S_1、S_2 旁路拆掉，TB-1 也要安装于金属盒内或装设于隐蔽的场所。

TB2 的端子 2、3、4 和 5 通过四线缆接在警报控制装置的接线端子上；端子 6 和 7 的引线要采用较粗的导线。端子 8 接地。

如图 5-76 所示为警报控制装置的电路图。端子 8 和 9 与交流电源相连接。该装置由电子定时器、继电器、电动式定时开关及直流电源组成。

正常状态下，大楼内有人工作时，开关 S_1 处于断开（OFF）位置，此时系统不能动作；工作人员下班后，将 S_1 置于接通（ON）的位置，此时系统处于“戒备”状态。

本系统的工作过程为：闭合开关 S_1，交流电源被加于变压器 B_1 的初级线圈上，通过继电器 K_2 的常闭触头 1—2 加到变压器 B_2 的初级线圈上。由 B_1 供电的桥式整流器输出 6V 直流电使继电器 K_1 吸合，于是 K_1 的触头 5—6 闭合并使该继电器自锁于通电位置。同时，6V 交流电源从 B_2 的次级线圈引出，加于继电器 K_1 线圈上，常闭触头 1—2 便断开。

经过一定的延时（延时时间由电阻 R_1 调整），继电器 K_2 线圈通电动作，常闭触头 1—2 断开，常开触头 2—3 闭合，将交流电源加到继电器 K_1 的触点 2。

前门关闭后，按键开关 S_4 断开。使继电器 K_2 断电释放，常闭触头 1—2 重新闭合，使双向晶闸管短路。此时，系统处于“警戒”状态。因继电器 K_1 通电，触头 1—2 断开，所以交流电不能通过双向晶闸管和电动式时间继电器 MT，以及变压器 B_3 的初级线圈。

当关闭按钮 S_2 或在任一个传感器（S_1、S_2 或 S_3）断开，或闭合回路的导线被切断，系统将会受到触发；继电器 K_1 释放，其触头 5—6 断开，从而切断通往 B_1 初级线圈的电源；此时触头 1—2 闭合，使电压加到电动式时间继电器及其触点 2，并加于 B_1 的初级线圈上。MT 的触头 1—2 闭合后，电铃、电笛及闪光信号灯工作，及时发出报警信号。

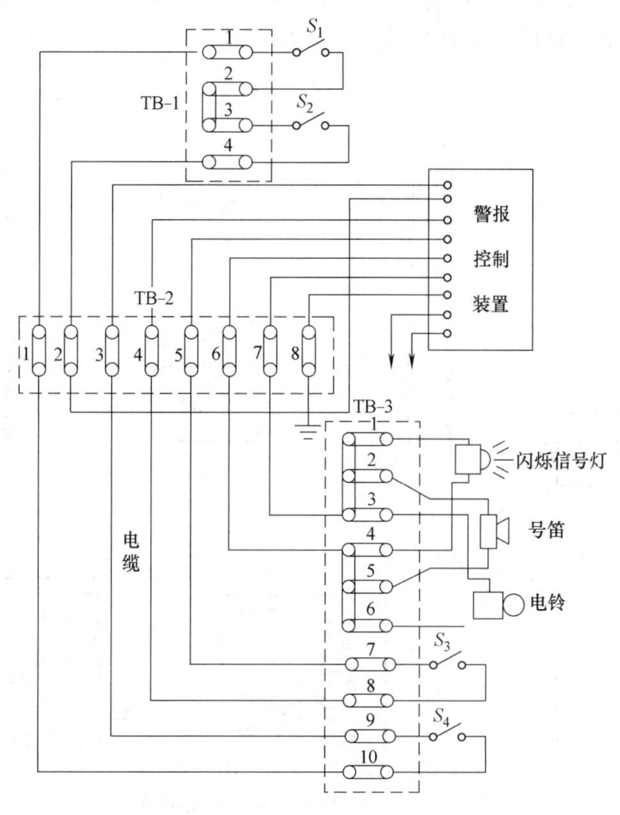

图 5-75　闭路闯入警报系统接线图

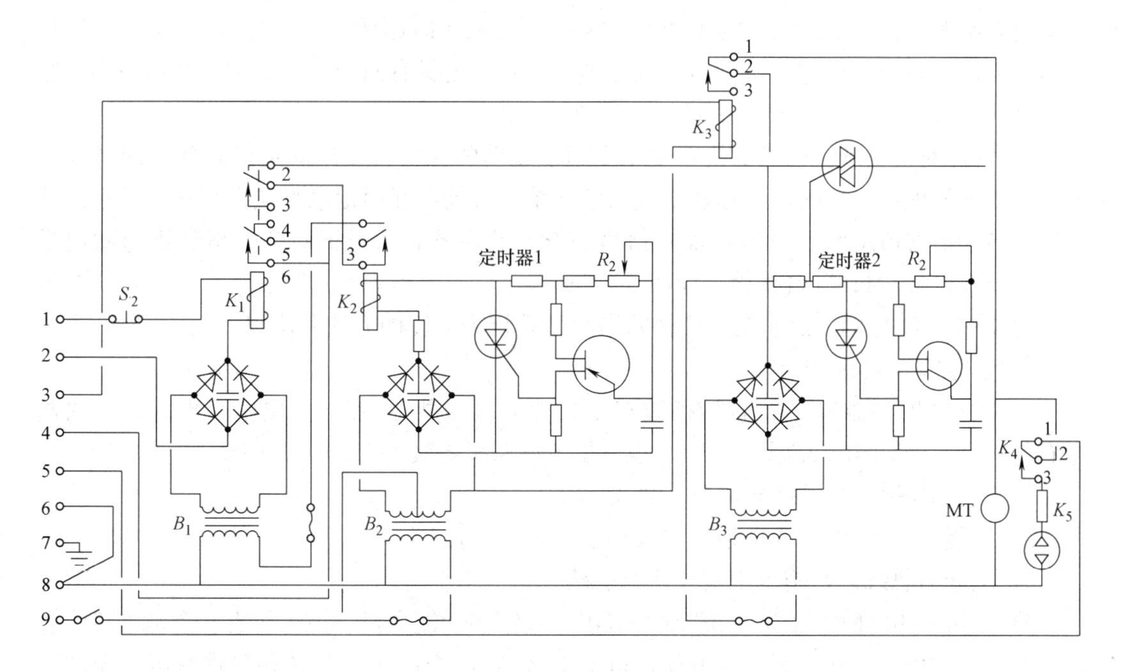

图 5-76　警报控制装置电路图

2）可视对讲防盗系统。可视对讲防盗系统具有一种兼备图像、语言对讲和防盗功能，目前在一些高级公寓（高层商住楼）或住宅小区已得到应用。可视对讲防盗系统原理图如图 5-77 所示。

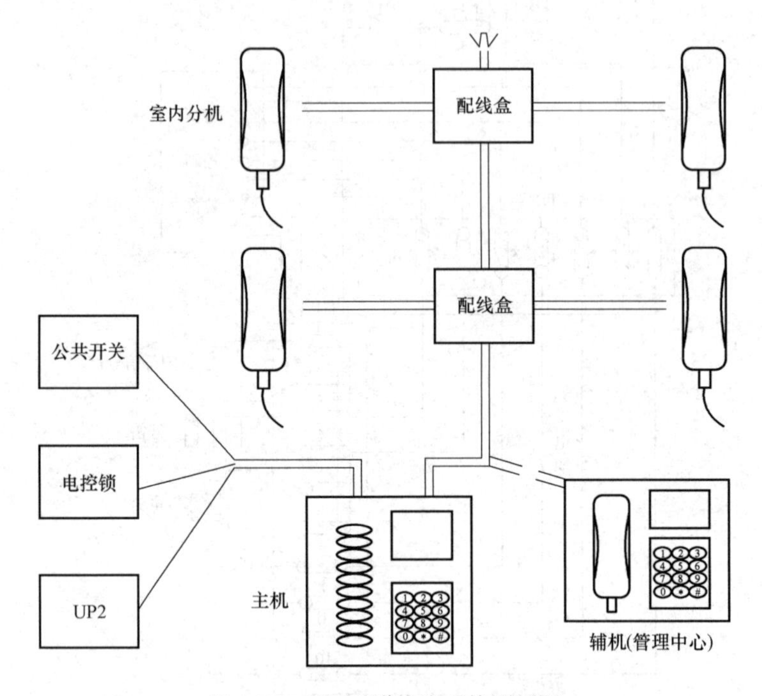

图 5-77 可视对讲防盗系统原理图

该系统主要由主机（室外机）、录像机、分机（室内机）管理中心控制器、电控锁以及不间断电源装置组成。它能为来访客人与住户提供双向通话（可视电话），住户通过显示图像确认后，便可遥控入口大门的电控锁。同时，还具有向治安值班室（管理中心）紧急报警的功能。如图 5-78 所示为该系统的安装接线图。

3）内部对讲系统。内部对讲系统主要用于流动的保安人员或固定值守部位间及同治安值班室（管理中心）间，互相联络或通信联系，有助于互通信息且能提高管理水平。此系统也能为治安值班室及时各种报警信号核查，并在紧急情况下对突发事件迅速做出反应，向公安机关“110”台报警，如图 5-79 所示。

现以图 5-80 为例，说明某办公楼防盗报警系统图的读图方法和步骤。

1）信号输入点共 52 点。

① 1R/M 探测器为被动红外/微波双鉴式探测器，共 20 点，一层两个出入口（内侧左右各一个），两个出入口共 4 个；2 至 9 层走廊两头各装一个，共 16 个。

② 紧急按钮 2～9 层每层 4 个，共 32 个。

2）扩展器“4208”，为 8 地址（仅用 4/6 区），每层 1 个。

3）配线为总线制，施工中敷线注意隐蔽。

4）主机 4140XMPT2 为 ADEMCO（美）大型多功能主机。该主机有 9 个基本接线防区，总线式结构，扩充防区十分方便，可扩充多达 87 个防区，并具有多重密码、布防时间设定、自动拨号及“黑匣子”记录功能。

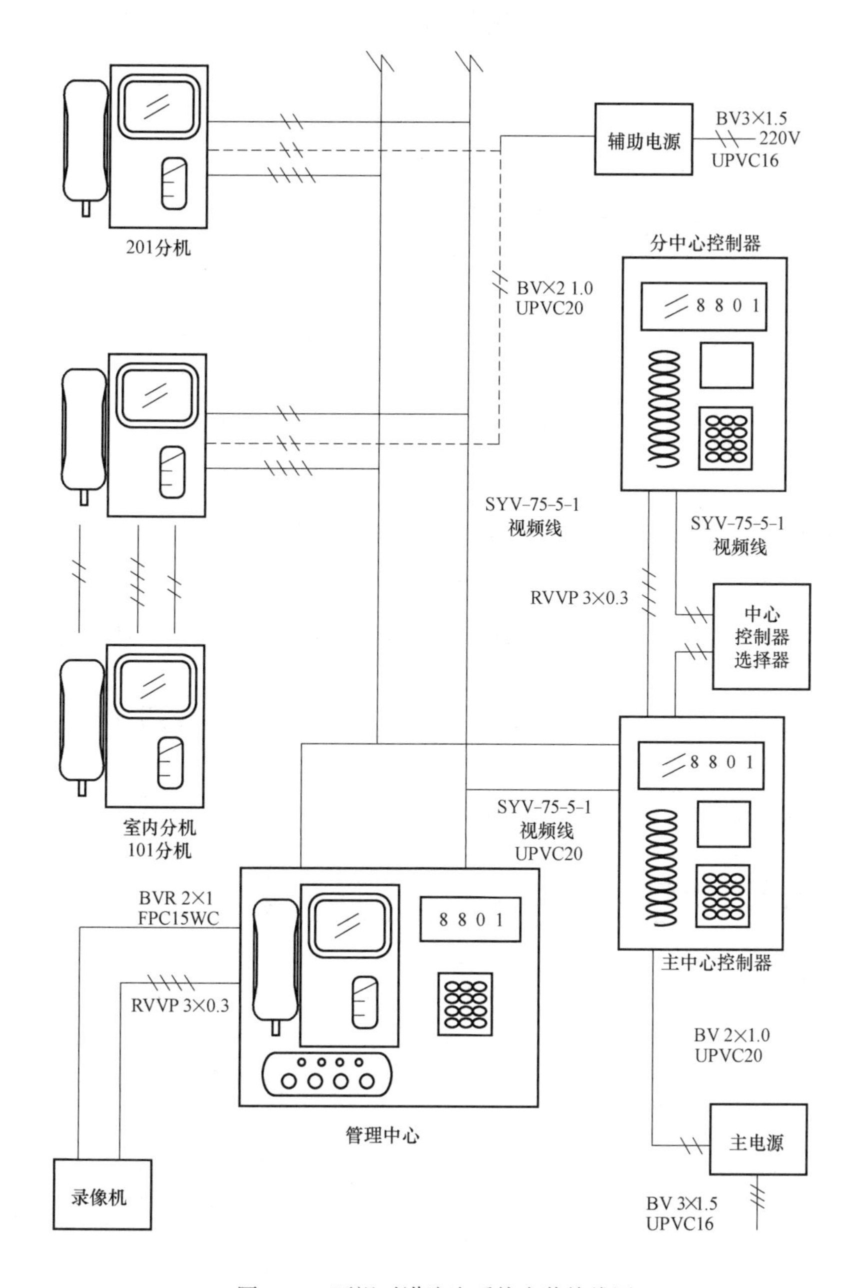

图 5-78 可视对讲防盗系统安装接线图

3. 出入口控制系统

(1) 出入口控制系统的构成

出入口控制系统是利用自定义符识别或/和模式识别技术对出入口目标进行识别并控制出入口执行机构启闭的电子系统或网络。出入口控制系统一般由出入口目标识别子系统、出入口信息管理子系统和出入口控制执行机构三部分组成，其构成如图 5-81 所示。

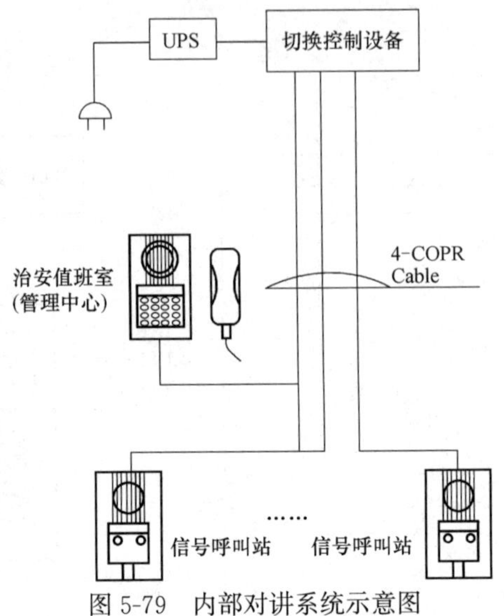

图 5-79 内部对讲系统示意图

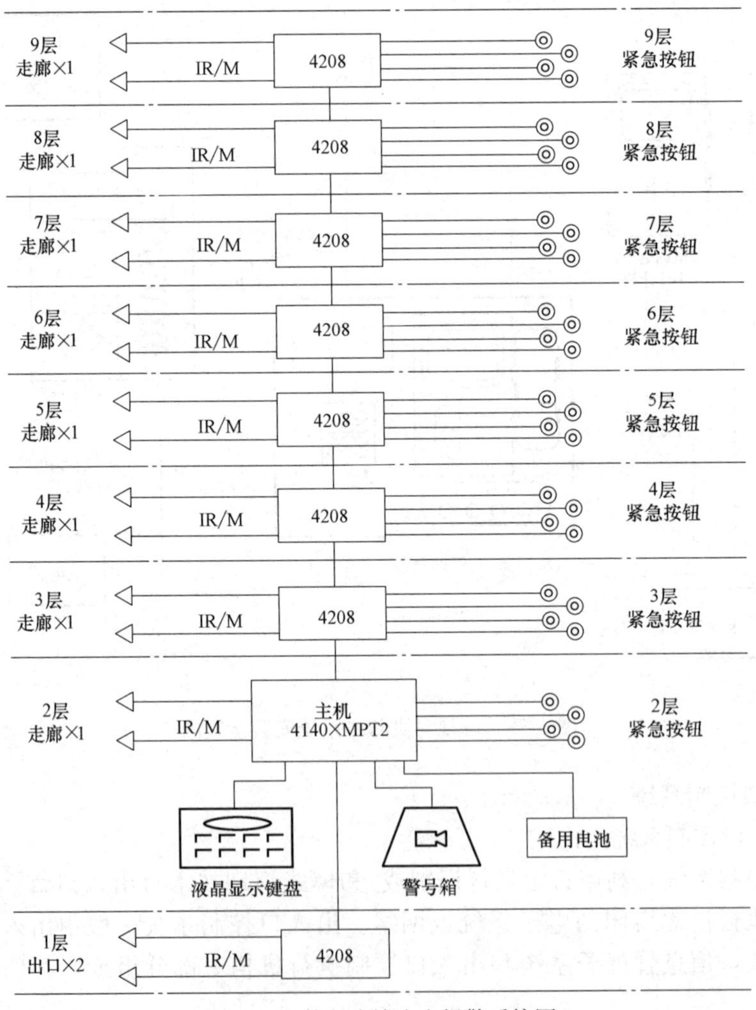

图 5-80 某办公楼防盗报警系统图

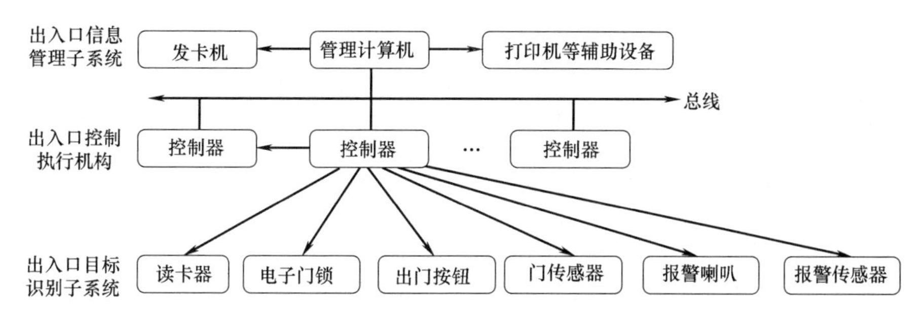

图 5-81　出入口控制系统的构成

1）出入口目标识别子系统是直接与人打交道的设备，通常采用各种卡式识别装置和生物辨识装置。卡式识别装置包括 IC 卡、磁卡、射频卡和智能卡等。生物辨识装置是利用人的生物特征进行辨识，如利用人的指纹、掌纹及视网膜等进行识别。卡式识别装置因价格便宜，而得到广泛使用。由于每个人的生物特征不同，生物辨识装置安全性极高，一般用于安全性很高的军政要害部门或大银行的金库等地方的出入口控制系统。

2）出入口控制执行机构由控制器、出口按钮、电动锁、报警传感器、指示灯和喇叭等组成。控制器接收出入口目标识别子系统发来的相关信息，与自己存储的信息进行比较后作出判断，然后发出处理信息，控制电动锁。若出入口目标识别子系统与控制器存储的信息一致，则打开电动锁开门。若门在设定的时间内没有关上，则系统就会发出报警信号。单个控制器就可以组成一个简单的出入口控制系统，用来管理一个或几个门。多个控制器由通信网络与计算机连接起来组成可集中监控的出入口控制系统。

3）出入口信息管理子系统由管理计算机和相关设备以及管理软件组成。它管理着系统中所有的控制器，向它们发送命令，对它们进行设置，接收其送来的信息，完成系统中所有信息的分析与处理。

出入口控制系统可以与电视监控系统、电子巡更系统和火灾报警系统等连接起来，形成综合安全管理系统。

（2）出入口控制系统的类型

1）按出入口控制系统硬件构成模式分类

①一体型。出入口控制系统的各个组成部分通过内部连接组合或集成在一起，实现出入口控制的所有功能，如图 5-82 所示。

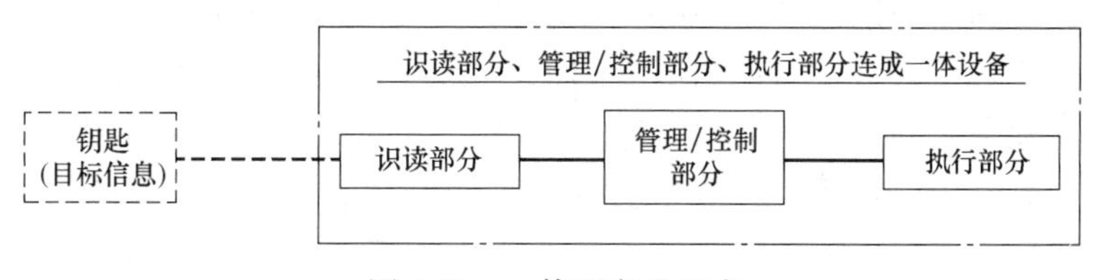

图 5-82　一体型产品组成

② 分体型。出入口控制系统的各个组成部分，在结构上有分开的部分，也有通过不同方式组合的部分。分开部分与组合部分之间通过电子、机电等手段连成为一个系统，实现出入口控制的所有功能，如图 5-83 所示。

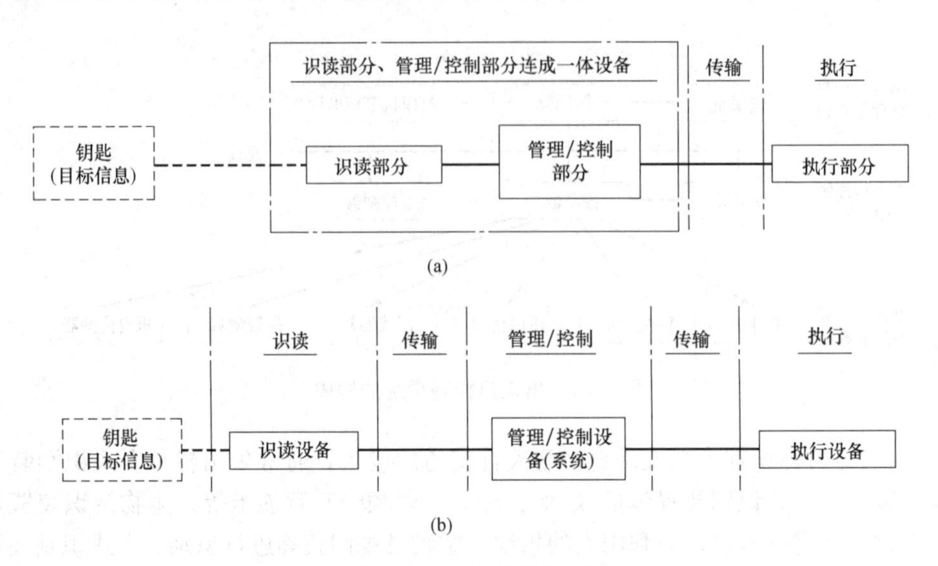

图 5-83 分体型结构组成

(a) 结构组成（一）；(b) 结构组成（二）

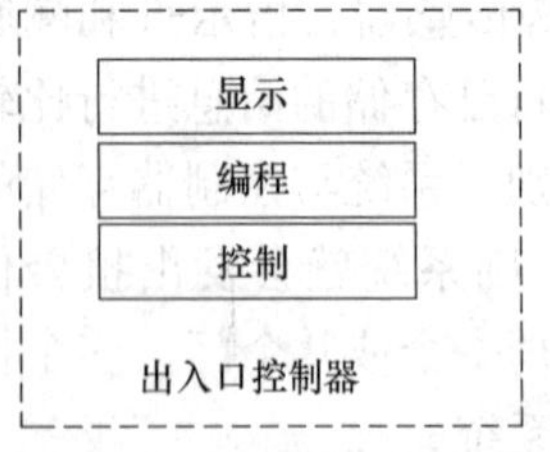

图 5-84 独立控制型组成

2）按出入口控制系统管理/控制方式分类

① 独立控制型。出入口控制系统的管理与控制部分的全部显示/编程/管理/控制等功能均在一个设备（出入口控制器）内完成，如图 5-84 所示。

② 联网控制型。出入口控制系统的管理与控制部分的全部显示/编程/管理/控制功能不在一个设备（出入口控制器）内完成。其中，显示/编程功能由另外的设备完成。设备之间的数据传输通过有线和/或无线数据通道及网络设备实现，如图 5-85 所示。

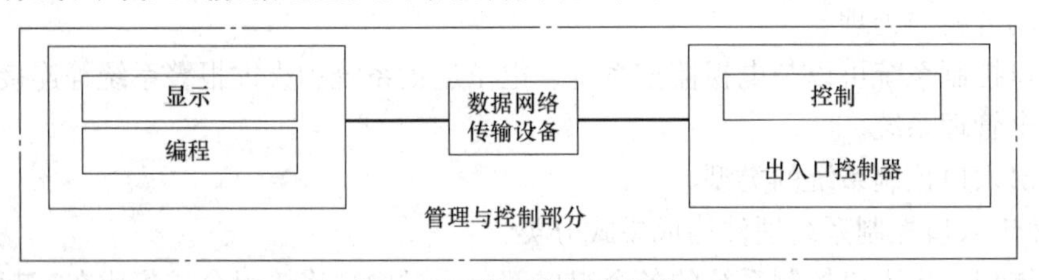

图 5-85 联网控制型组成

③ 数据载体传输控制型。此类出入口控制系统与联网型出入口控制系统区别仅在于数据传输的方式不同，其管理与控制部分的全部显示/编程/管理/控制等功能不是在一个设备（出入口控制器）内完成。其中，显示/编程工作由另外的设备完成。设备之间的数据传输通过对可移动的、可读写的数据载体的输入/导出操作完成，如图 5-86 所示。

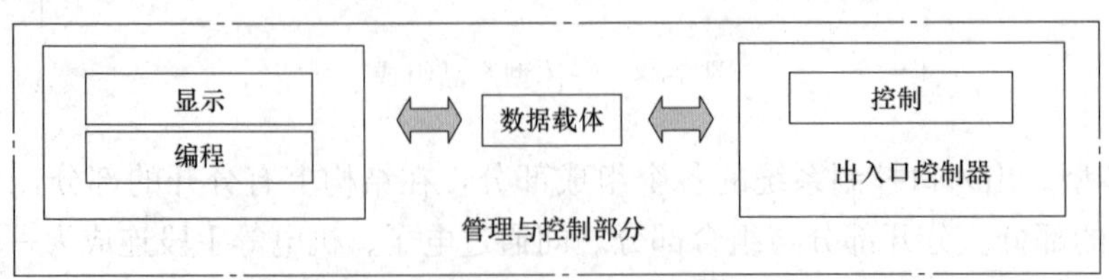

图 5-86 数据载体传输控制型组成

3）按出入口控制系统现场设备连接方式分类

① 单出入口控制设备。仅能对单个出入口实施控制的单个出入口控制器所构成的控制设备，如图 5-87 所示。

② 多出入口控制设备。能同时对两个以上出入口实施控制的单个出入口控制器所构成的控制设备，如图 5-88 所示。

4）按出入口控制系统联网模式分类

① 总线制。出入口控制系统的现场控制设备通过联网数据总线与出入口管理中心的显示、编程设备相连，每条总线在出入口管理中心只有一个网络接口，如图 5-89 所示。

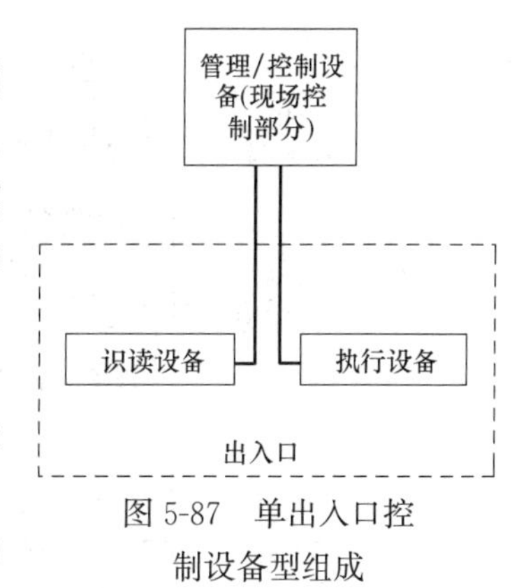

图 5-87 单出入口控制设备型组成

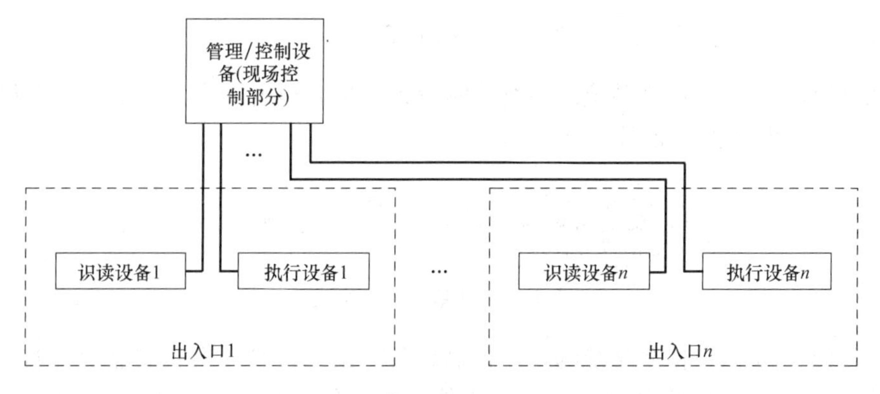

图 5-88 多出入口控制设备型组成

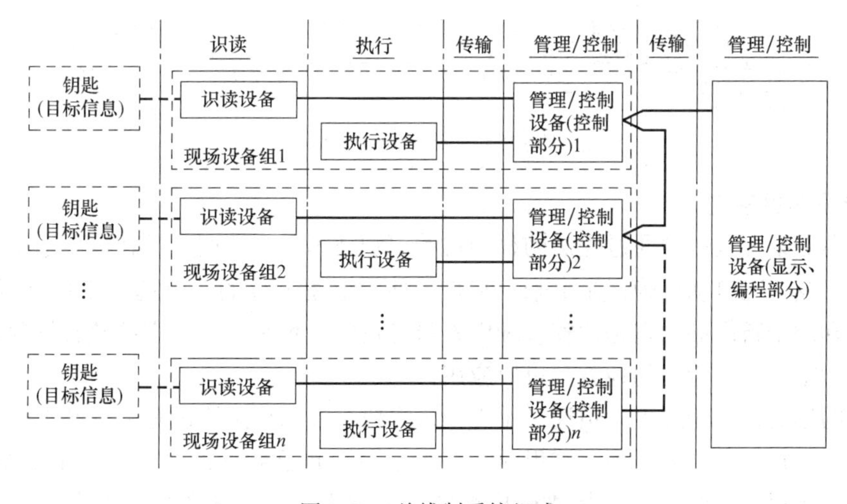

图 5-89 总线制系统组成

② 环线制。出入口控制系统的现场控制设备通过联网数据总线与出入口管理中心的显示、编程设备相连，每条总线在出入口管理中心有两个网络接口，当总线有一处发生断线故障时，系统仍能正常工作并可探测到故障的地点，如图 5-90 所示。

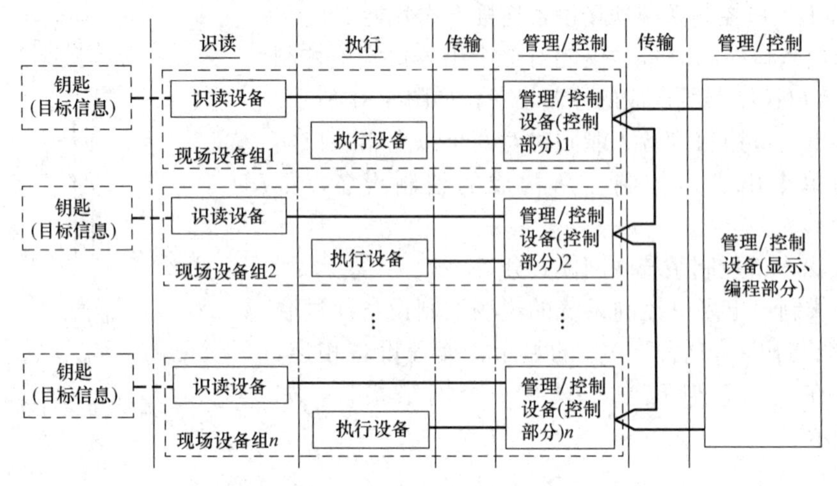

图 5-90 环线制系统组成

③ 单级网。出入口控制系统的现场控制设备与出入口管理中心的显示、编程设备的连接采用单一联网结构，如图 5-91 所示。

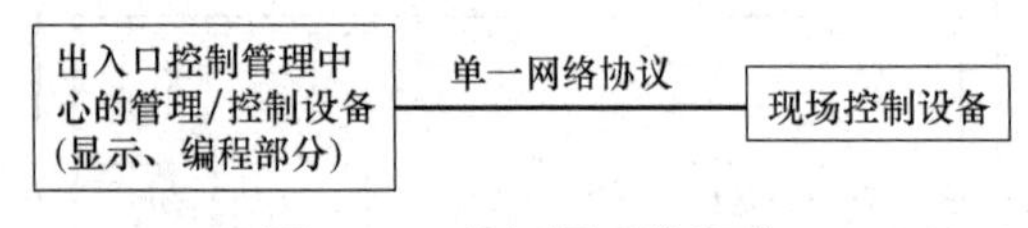

图 5-91 单级网系统组成

④ 多级网。出入口控制系统的现场控制设备与出入口管理中心的显示、编程设备的连接采用两级以上串联的联网结构，且相邻两级网络采用不同的网络协议，如图 5-92 所示。

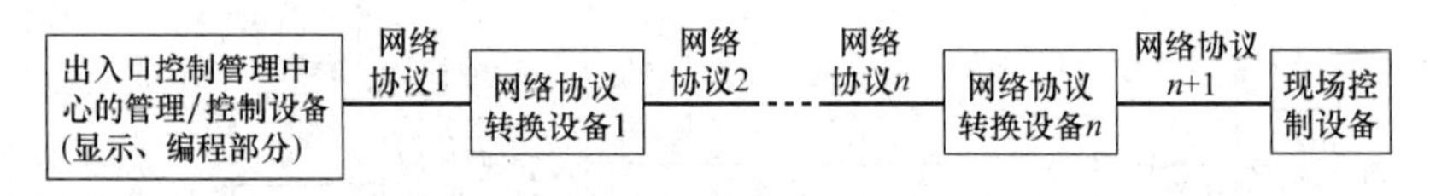

图 5-92 多级网系统组成

4. 电子巡更系统

电子巡更系统是一种通过先进的移动自动识别技术，将巡逻人员在巡更巡检工作中的时间、地点及情况自动准确记录下来。它是一种对巡逻人员的巡更巡检工作进行科学化、规范化管理的全新产品。它是治安管理中人防与技防一种有效、科学的整合管理方案。任何一个有时限、频次管理的地方都可以应用。

传统的巡更是基于巡更人员通过手工记录完成，在需要巡更的地方安装上一个像信箱一样的盒子，每个巡更人员到达这里时，在纸上写下自己到达的时间、名字及相关信息，然后投到盒子里。平时管理人员通过检查盒子里的小纸条，来考察巡更人员的工作考勤情况。

以前巡更人员通过传统的签到方式来记录巡更工作，今天需要一种科学、客观、严谨、借助高科技手段来实现一整套巡更管理工作的最佳解决方案。

(1) 离线式电子巡更系统

保安值班人员开始巡更时，必须沿着设定的巡视路线，在规定时间范围内顺序达到每一巡更点，以信息采集器去触碰巡更点处的信息钮。若途中发生意外情况，及时与保安中控值班室联系。

组成离线式电子巡更系统，除需一台 PC 及 Windows 操作系统外，还应包括信息采集器、信息钮和数据发送器三种装置。

1）接触式。在现场安装巡更信息钮，采用巡更棒作巡更器，如图 5-93、图 5-94 所示。巡更人员携巡更棒按预先编制的巡更班次、时间间隔、路线巡视各巡更点，读取各巡更点信息，返回管理中心后将巡更棒采集到的数据下载至计算机中，进行整理分析，可显示巡更人员正常、早到、迟到、是否有漏检的情况。

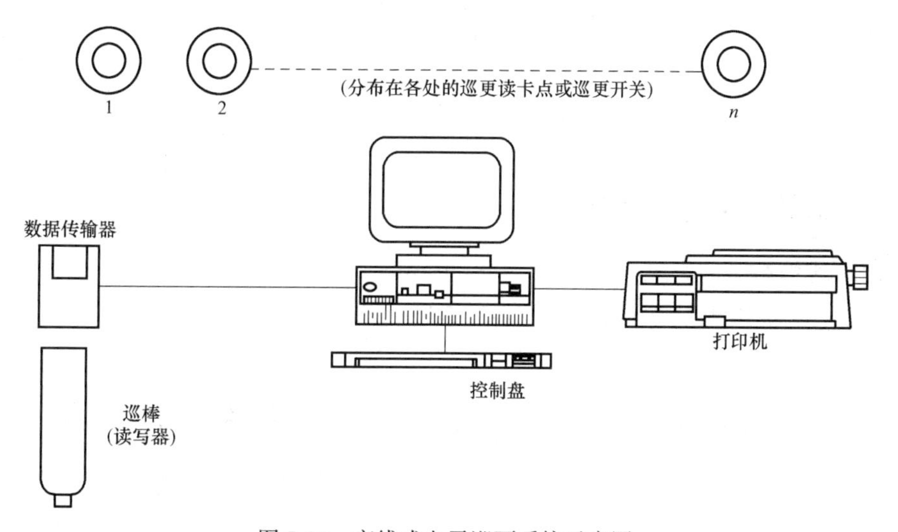

图 5-93　离线式电子巡更系统示意图

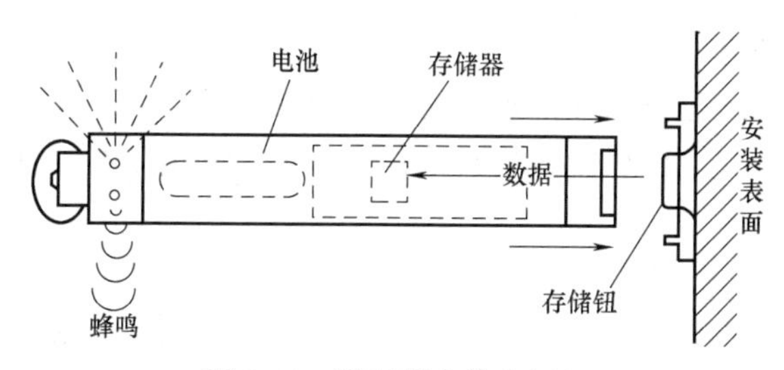

图 5-94　巡更棒和信息钮扣

2）非接触式。在现场安装非接触式磁卡，采用便携式 IC 卡读卡器作为巡更器。巡更人员持便携式 IC 卡读卡器，按预先编制的巡更班次、时间间隔、路线，读取各巡更点信息，返回管理中心后将读卡器采集到的数据下载至计算机中进行整理分析，可显示巡更人员正常、早到、迟到、是否有漏检的情况。

（2）在线式电子巡更系统

如图 5-95 所示，通常多以共用防侵入报警系统设备方式实现，可由防侵入报警系统中的警报接收与控制主机编程确定巡更路线。每条路线上有数量不等的巡更点。巡更点可以是门锁或读卡机，视作为一个防区。巡更人员在走到巡更点处，通过按钮、刷卡、开锁等手段，将以无声报警表示该防区巡更信号，从而将巡更人员到达每个巡更点时间、巡更点动作等信息记录到系统中，从而在中央控制室，通过查阅巡更记录就可以对巡更质量进行考核。

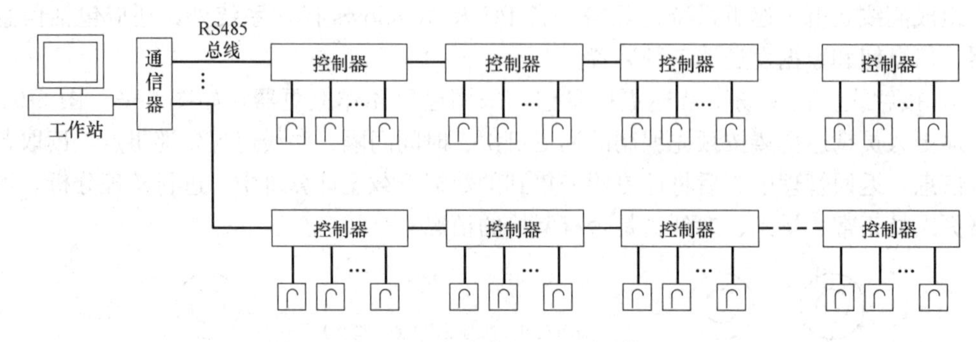

图 5-95　在线式电子巡更系统

5.4.3　电话通信系统工程图

1. 电话通信系统的组成

电话通信系统由电话交换设备、传输系统和用户终端设备三部分组成，如图 5-96 所示。

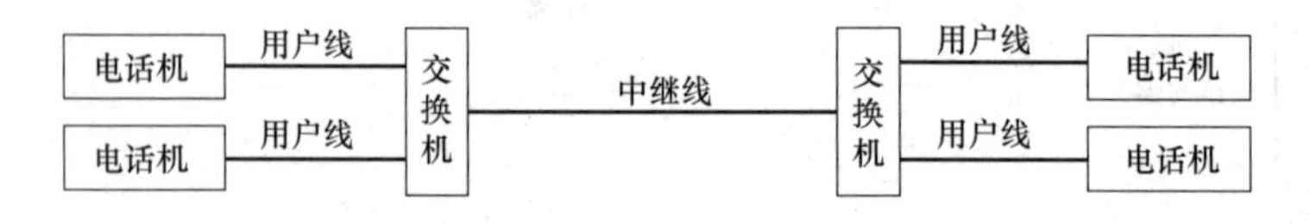

图 5-96　电话通信系统示意图

(1) 用户交换设备

用户交换设备主要就是电话交换机，是接通电话用户之间通信线路的专用设备。正是借助于交换机，一台用户电话机能拨打其他任意一台用户电话机，使人们的信息交流能在很短的时间内完成。

(2) 传输系统

传输系统按传输媒介分为有线传输（明线、电缆、光纤等）和无线传输（短波、微波中继、卫星通信等）。有线传输按传输信息工作方式，又分为模拟传输和数字传输两种。

1) 模拟传输是将信息转换成为与之相应大小的电流模拟量进行传输，例如普通电话采用模拟语言信息传输。

2) 数字传输则是将信息按数字编码（PCM）方式转换成数字信号进行传输，具有抗干扰能力强、保密性强、电路便于集成化（设备体积小）等优点。

(3) 用户终端设备

用户终端设备主要指电话机，现在又增加了许多新设备，如传真机、计算机终端等。

2. 电话通信系统配线方式

建筑物的电话线路主要包括主干电缆（或干线电缆）、分支电缆（或配线电缆）用户线路三部分，其配线方式应按照建筑物的结构及用户的需要，选用技术上先进、经济上合理的方案，做到便于施工和维护管理、安全可靠。

干线电缆的配线方式主要包括单独式、复接式、递减式、交接式和合用式，如图 5-97 所示。

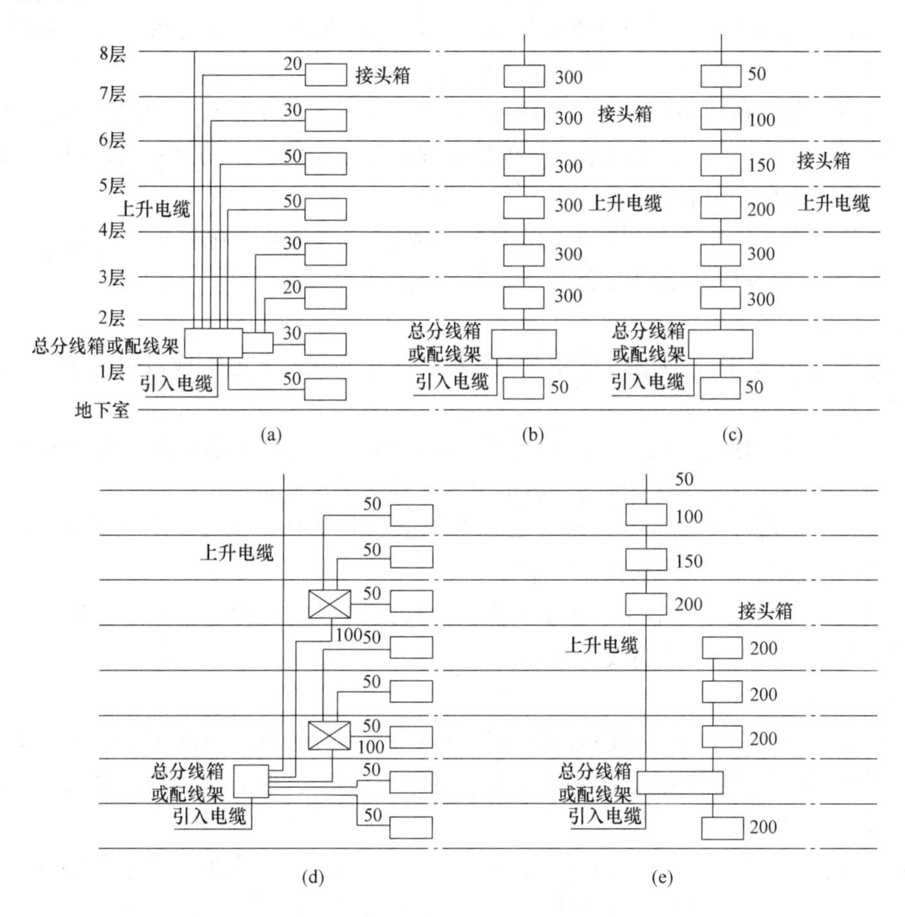

图 5-97　高层建筑电话电缆的配线方式

(a) 单独式；(b) 复接式；(c) 递减式；(d) 交接式；(e) 合用式

(1) 单独式

采用这种配线方式时，各个楼层的电缆采取分别独立的直接供线，所以各个楼层的电话电缆线对之间无连接关系。各个楼层所需的电缆对数应根据需要来决定，可相同，也可不同。

1) 优点。各楼层的电缆线路互不影响，如发生障碍，其涉及的范围较小，只是一个楼层；因各层都为单独供线，发生故障易于判断及检修；扩建或改建比较简单，不影响其他楼层。

2) 缺点。因单独供线，使电缆长度增加，工程造价较高；电缆线路网的灵活性较差，各层的线对无法得到充分利用，线路的利用率不高。

3) 适用范围。适用于各层楼需要的电缆线对较多且一般固定不变的场合，如高级宾馆的标准层或办公大楼的办公室等。

(2) 复接式

采用复接式配线方式时，各个楼层间的电缆线对部分复接或全部复接，复接的线对根据各层的需要来决定。每对线的复接次数通常不得超过两次。各个楼层的电话电缆由同一条上升电缆接出，而不是单独供线。

1）优点。电缆线路网的灵活性比较高，各层的线对因有复接关系，可适当调度；电缆长度较短，且对数较集中，工程造价比较低。

2）缺点。各个楼层电缆线对复接后会互相影响，若发生故障，其涉及的范围较广，对各个楼层均有影响；各个楼层不只是单独供线，如发生障碍不易判断与检修；扩建或改建时，对其他楼层都有所影响。

3）适用范围。适用于各层需要的电缆线对数量不均匀，变化较频繁的场合，如大规模的大楼、科技贸易中心或业务变化较多的办公大楼等。

（3）递减式

递减式配线方式各个楼层线对互相不复接，各个楼层间的电缆线对引出使用后，上升电缆逐段递减。

1）优点。各个楼层虽由同一上升电缆引出，但由于线对互不复接，所以发生故障时较易判断和检修；电缆长度较短且对数集中，工程造价比较低。

2）缺点。电缆线路网的灵活性较差，各层的线对无法高度使用，线路利用率不高；扩建或改建比较复杂，会影响其他楼层。

3）适用范围。它主要适用于各层所需的电缆线对数量不均匀、无变化的场合，如规模较小的宾馆、办公楼以及高级公寓等。

（4）交接式

这种配线方式将整个高层建筑的电缆线路网分为几个交接配线区域，除离总分线箱或配线架较近的楼层采用单独式供线外，其他各层电缆都分别经过有关分线箱与总分线箱（或配线架）连接。

1）优点。各个楼层电缆线路互不影响，如发生障碍，则其涉及的范围比较少，只是相邻楼层；提高了主干电缆芯线使用率，灵活性比较高，线对可调度使用；发生障碍易于判断、测试及检修。

2）缺点。增加了交接箱与电缆的长度，工程造价比较高；对施工与维护管理等要求较高。

3）适用范围。适用于各层需要线对数量不同且变化比较多的场合，如规模较大、变化较多的高级宾馆、办公楼及科技贸易中心等。

（5）合用式

合用式是将上述几种不同配线方式混合应用，因而适用场合较多，特别适用于规模较大的公共建筑等。

5.4.4 有线电视系统工程图

1. 有线电视系统的组成

有线电视系统一般由信号源、前端设备、传输干线和用户分配网络几个部分组成。图 5-98 为有线电视系统的基本组成的框图。实际系统可以是这几个部分的变形或组合，可视需要而定。图 5-99 为邻频系统的基本构成。

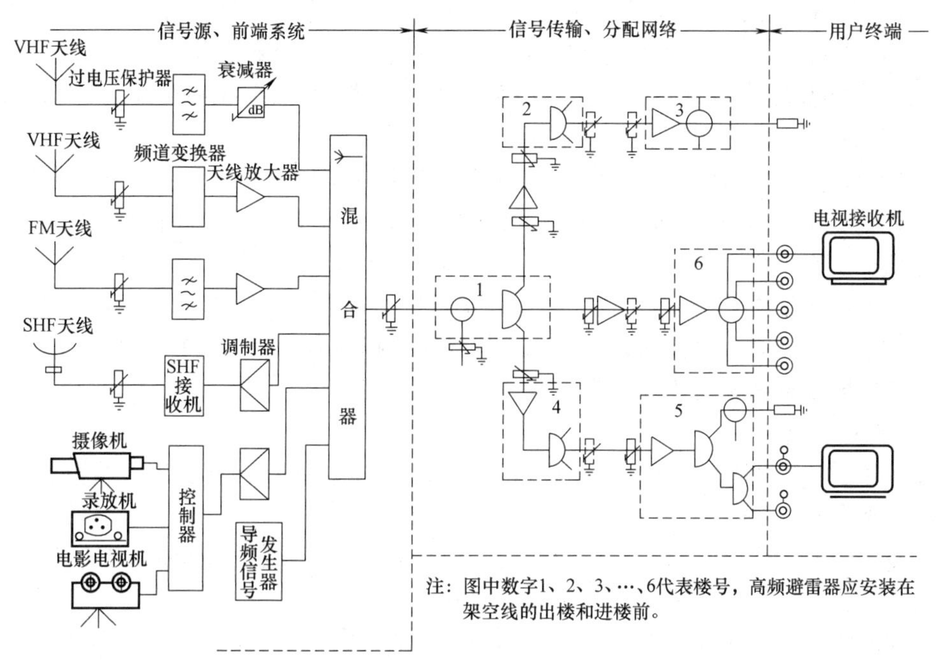

图 5-98 全频道共用天线电视系统的基本组成

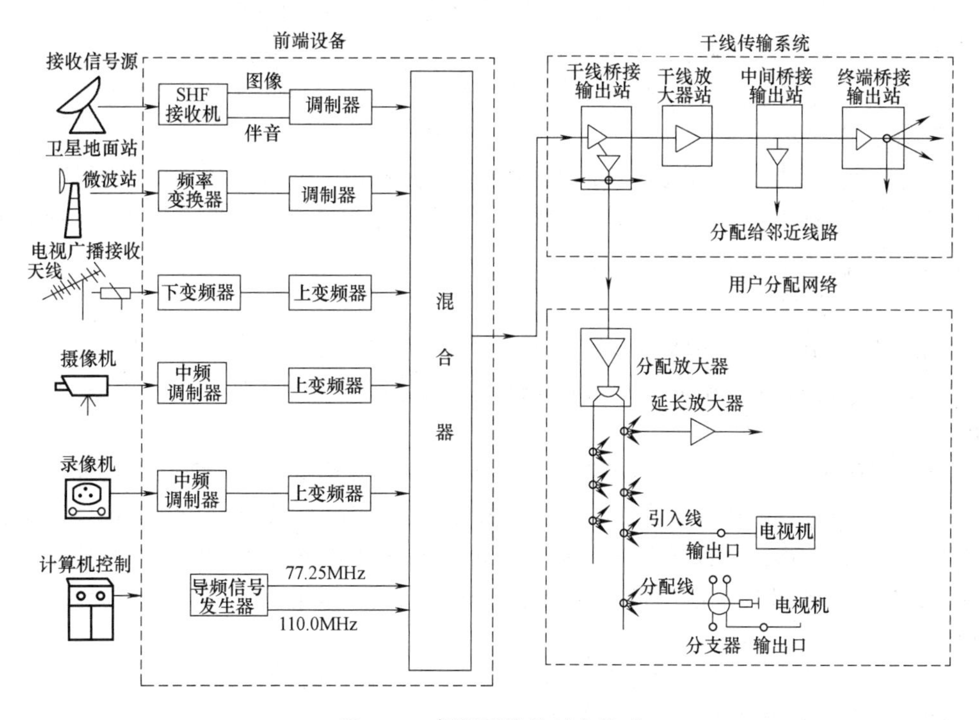

图 5-99 邻频系统的基本构成

信号源主要包括卫星地面站、邮电部门微波站、城市有线电视网、开路发射的 VHF、UHF、FM 电视接收天线、来自制作节目的演播室摄像机、录像机、激光影碟机信号等。

前端通常指为系统提供优质信号的处理设备站。如带通滤波器、图像伴音调制器、频率变换器、频道放大器、卫星接收机、信号均衡器、功分器、导频信号发生器和一些特殊服务设备：如调制解码器、系统监视计算机、线路检测、防盗报警器等。

根据系统的规模大小、复杂程度又可分为本地前端、中心前端和通过卫星地面接收送信号至本地中心前端的远地前端。

干线传输系统担负将前端处理过的信号长距离传送至用户分配网络的任务。主要由各类干线放大器和主干电缆组成，如需双向传输节目时，则采用双向传输干线放大器和分配器。当系统为规模较大的城市网时还可采用光缆作主干传输方式。

用户分配网络主要包括分配放大器、线路延长放大器、分配器、分支器、系统出线口（用户终端盒）以及电缆线路等，向各用户提供大致相同的电平（电视）信号。

2. 有线电视系统的设备与部件

（1）前端设备

前端设备主要包括天线放大器、频道调制器、制式转换器、频道放大器和混合器等，是有线电视系统的心脏。

1）天线放大器。一般在前端部分使用，用来放大天线接收下来的微弱信号，改善整个系统的载噪比。天线放大器包括宽带型、频道型两种。

2）频道调制器。将卫星接收机送出的视频、音频信号调制为射频电视信号。

3）制式转换器。可将 3.58MHz 的 NTSC 制式的彩色电视信号转换成彩色副载波 4.43MHz 的 PAL 制式的彩色电视信号，以符合我国电视制式的要求。

4）频道放大器。也称为单频道放大器，主要用在有线电视系统的前端。它的后面通常为混合器，由于各频道的信号电平是参差不齐的，需经过频道放大器的增益调整，以使各频道的输出电平基本相同。

5）混合器。主要是将所接收到的多路电视信号混合在一起，合成一路信号输送出去，且不相互干扰。混合器的高通、低通滤波器还具有的作用是滤除干扰波，消除电视的重影现象。混合器包括频道混合器与频段混合器两种。

（2）传输分配网络

传输分配网络分有源网络和无源网络，无源分配网络包括分配器、分支器及视频电缆等；有源网络同样包括分配器、分支器及视频电缆等，另外还增加了干线放大器与分配放大器。

1）干线放大器。专门用于系统的干线传输部分，用来弥补信号在同轴电缆中传输产生的衰减。它所具有的特点是增益不高，输出电平也不高，但考虑到电缆衰减的频率特性与温度特性，通常都具有自动增益控制（AGC）或自动斜率控制（ASC）的功能。高质量的干线放大器同时具有以上的两种功能，称为具有自动电平控制功能的干线放大器（ALC）。

干线放大器带宽的上限是根据在系统干线中所传输信号的最高频率决定的，通常为 40～860MHz。干线放大器通常只有一个输出端口，但有时为了满足系统整体的需要，有些干线放大器除了具有一个主输出端口外，还包括有若干个输出端口。这些端口输出信号的电平要稍微高于主输出端口的信号电平，来满足通过不太长的分支线直接供用户端分配的要求。这种干线放大器即为干线分支放大器。还有一些干线放大器的输出端口的输出信号的电平略微低于主输出端口输出的信号电平，可满足干线其他支路的传输，这种干线放大器即为干线分配放大器。

2）分配放大器。常置于干线传输的末端，可用来提高干线放大器输出端口的信号电平，以满足分配网络信号的要求。它和在系统前端部分使用的宽带放大器为同一类型。

分配放大器（线路放大器）用于传输过程中因用户增多、线路延长后信号损失的补偿，通常采用全频道放大器。全频道放大器在频带内的增益偏差不应太大，这样当多个频道信号传输中，高端与低端信号增益偏差不会太大。

3）分配器。将一路信号平均地分成几路信号输出，一般常用的有二分配器、三分配器、四分配器和六分配器等。

分配网络的设计是按照用户终端分布情况来确定网络的组成形式，再按每个用户终端的信号电平为（68±6）dBμV 的要求来确定所用器件的规格与数量。设计过程中，要考虑到分配器的分配损耗、分支器的插入损耗以及电缆的损耗等因素。工程上，分配器的分配损耗一般采用以下数据：二分配器 4dB；三分配器 6dB；四分配器为 8dB。

4）视频电缆。在传输分配网络中，各元器件间的连接线通常选用同轴电缆。

同轴电缆由一根导线作为芯线，周围充填聚乙烯绝缘物，外层为屏蔽铜网，保护层为聚乙烯护套。同轴电缆的阻抗特性为 75Ω，在有线电视系统中广泛的使用。同轴电缆的型号主要有 SYWV、RG6 等。在前端与传输部分分配网络间的主干线通常采用 SYWV—75—9 型，传输网络中的干线可用 SYWV—75—7 型，从分配网络到用户终端的分支线可采用 SYWV—75—5 型。同轴电缆应单独配管敷设，不能靠近强电流线路平行敷设。

电缆的损耗可按所选用的电缆的型号及长度计算。

5）分支器。是从干线上取出一部分信号，送到支线上去。分支器通常包括变压器型定向耦合器和分配器。定向耦合器的主要功能是以较小的插入损失从干线取出部分信号功率，经衰减后再由分配器输出。当输出端有反向干扰信号时，对于主电路的输出没有影响。分支器与分配器组合使用可组成各种传输分配网络。在一分支器的支路输出端接上二分配器，即成为二分支器，接上四分配器即成为四分支器，如图 5-100 所示。

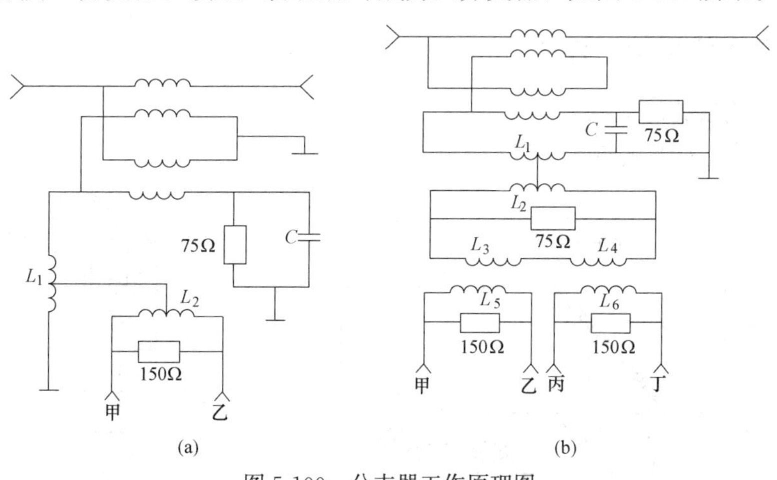

图 5-100 分支器工作原理图

（a）二分支器；（b）四分支器

分支器的插入损耗：对于 VHF 频段的信号，在电缆上每串接一个分支器，信号损耗可按 1～1.5dB 进行计算；对于 UHF 频段，信号损耗则可按 2.5～3dB 计算。

（3）用户终端

用户终端是指供给电视机信号的接线盒，即电视插座板，主要有单孔与双孔板之分，单孔插座板仅输出电视信号；双孔插座既有电视信号，又有调频广播信号。

（4）光缆

有线电视系统的光纤（缆）传输即通过光发送机将有线电视系统内的全部全频电视信号调制成波长 1310nm 的激光信号，经光纤（缆）传输后，由光接收机还原成高频电视信号。从光发送机到光接收机间的通道即为光链路，其两端的光发送机与光接收机即为光端机。光链路的技术指标主要取决于光端机，其中信号的载噪比主要取决于光接收机，而复合二次互调比和合成三次差拍比则由光发送机来决定。

如图 5-101 所示为利用光纤（缆）组成有线电视干线传输部分的模式。前端内，光发送机将高频电视信号转换成激光信号，根据各路传输路线的长短，将光分路器设计成不等功率分配的分路器，将激光信号分别馈入各根光纤。经光链路的传输，在光节点，由光接收机把激光信号还原成高频电视信号，再通过电缆传输给各分配网络。这样即组成了“光纤（缆）＋电缆”的有线电视传输模式。随着光纤（缆）及光端机技术的日趋成熟，成本呈降低的趋势。目前，当干线传输距离大于 3km 时，采用光纤（缆）传输的造价并不高于电缆传输。且距离越远，越能显示出光纤（缆）传输的优越性，性能价格比也就越高。

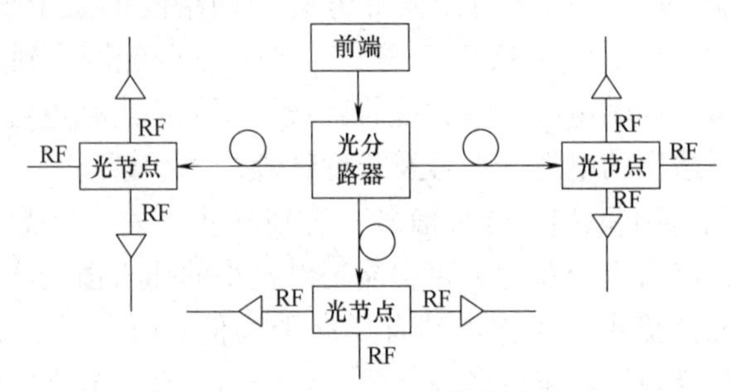

图 5-101　光纤干线传输模式

5.4.5　综合布线系统工程图

1. 综合布线系统的组成

综合布线系统的组成如图 5-102 所示。

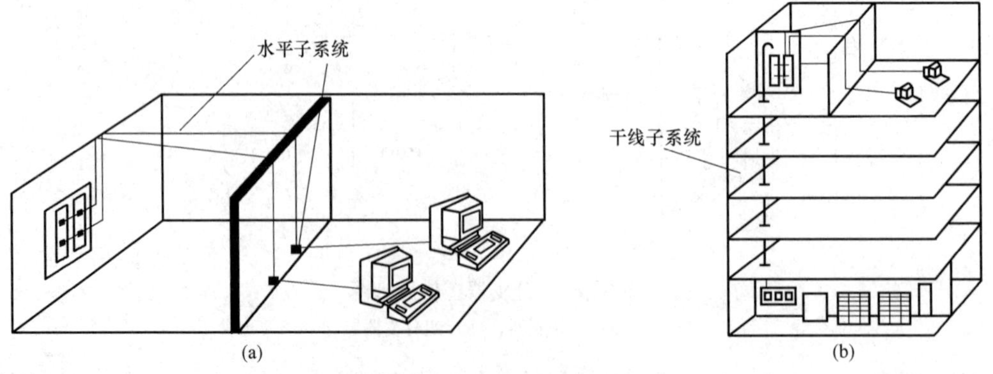

图 5-102　综合布线系统的组成（一）

（a）水平子系统；（b）干线子系统

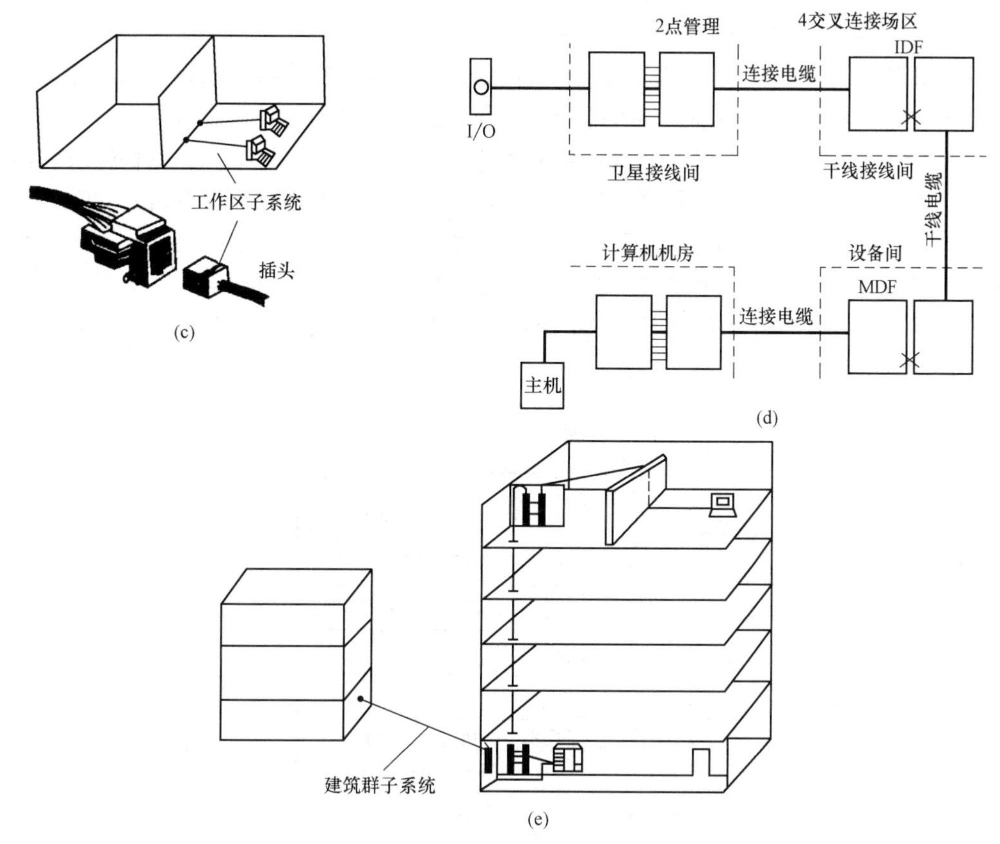

图 5-102 综合布线系统的组成（二）
（c）工作区子系统；（d）管理区子系统；（e）建筑群子系统

（1）水平子系统

水平子系统是由每一个工作区的信息插座开始，经水平布置一直到管理区的内侧配线架的线缆所组成，如图 5-102（a）所示。水平布线线缆均沿大楼的地面或吊平顶中布线，最大的水平线缆长度应为 90m。

（2）干线子系统

干线子系统由建筑物内所有的（垂直）干线多对数线缆所组成，如图 5-102（b）所示。

（3）工作区子系统

工作区子系统包括带有多芯插头的连接线缆和连接器（适配器），如 Y 形连接器、无源或有源连接器（适配器）等各种连接器（适配器），起到工作区的终端设备与信息插座插入孔之间的连接匹配作用，如图 5-102（c）所示。

（4）管理区子系统

管理区子系统由交叉连接、直接连接配线（配线架）的连接硬件等设备所组成，如图 5-102（d）所示。

（5）建筑群子系统

建筑群子系统是将多个建筑物的数据通信信号连接为一体的布线系统。通常由电缆、光缆和入口处的电气保护设备等相关硬件所组成，如图 5-102（e）所示。

2. 综合布线系统的结构

综合布线系统采用模块化结构，因此又称为结构化综合布线系统，它消除了传统信息传输系统在物理结构上的差别。不但能传输语音、数据及视频信号，还可以支持传输其他的弱电信号，如空调自控、给水排水设备的传感器、子母钟、监控电视、电梯运行、消防报警、防盗报警、公共广播、传呼对讲等信号，成为建筑物的综合弱电平台。它选择了安全性与互换性最佳的星形结构作为基本结构，将整个弱电布线平台划分成 6 个基本的组成部分。如图 5-103 所示，通过多层次的管理和跳接线，达到各种弱电通信系统对传输线路结构的要求。其中，每个基本组成部分都可看作为相对独立的一个子系统。一旦需更改任一子系统时，将不会影响其他子系统。

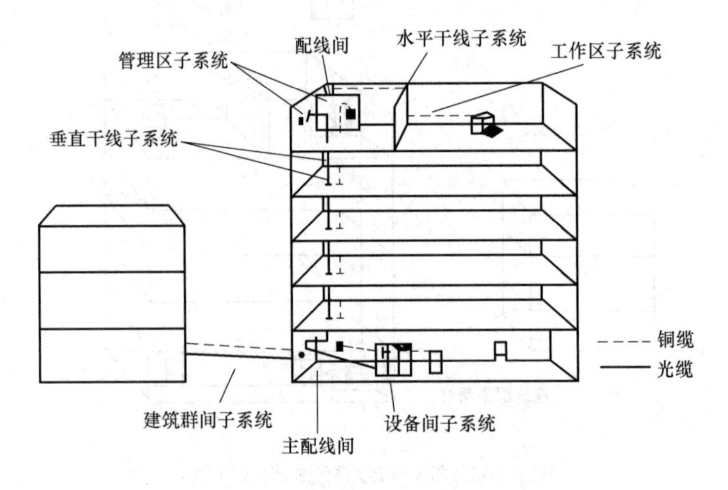

图 5-103 综合布线系统的结构示意图

3. 综合布线系统的部件

综合布线系统的部件主要有信息插座、集线器及光缆、配线架、同轴电缆和双绞线电缆等。

（1）信息插座

综合布线用户端使用 RJ45 型信息插座，这类信息插座和带有插头的接插软线相互兼容。如在工作区，用带有八个插头的插接软线一端插入工作区水平子系统信息插座，另一端则插入工作区设备接口。

（2）配线架

综合布线工程使用的配线架与电话工程用配线架相同，是用来完成干线与用户线分接的。双绞线电缆主要使用 110 型配线架，光缆使用光缆配线架。

（3）集线器（HUB）

集线器是计算机网络中用来连接多个计算机或其他设备的，是对网络进行集中管理的最小单元。“HUB”的意思为中心，即像树的主干一样，是各个分支的汇集点。许多种类型的网络都依靠集线器来连接各种设备并把数据分发于各个网段。集线器基本上为一个资源共享设备，其实质上为一个中继器，具有信号放大以及中转的作用。它主要将一个端口接收的全部信号向所有端口分发出去。

集线器主要用于星形以太网中。它是从服务器直接到工作站桌面最为经济的连接方案。使用集线器组网形式较灵活，它处于网络的一个星形节点，对节点相连的工作站集中管理，防止出问题的工作影响整个网络的正常运行，并且能够使用户的加入与退出也很自由。

集线器的类型有很多种，每一种都有特定的功能，提供不同等级的服务。根据总线带宽的不同，集线器可分为 10MHz、100MHz 和 10MHz/100MHz 自适应三种；按配置形式的不同，可将集线器分为独立式、模块式和堆叠式三种；根据端口数目的不同，集线器主要有 8 口、16 口和 24 口几种；根据工作方式的不同，集线器可分为智能型与非智能型两种。其中，智能型又可分为一般智能集线器和交换集线器；非智能型又可划分为被动（无源）集线器和主动（有源）集线器。

1）被动（无源）集线器。被动集线器只将多段网络介质连接在一起，允许信号通过，不对信号做任何处理。它不能提高网络性能或帮助检测硬件错误及改善性能“瓶颈”，只是简单地从一个端口接收数据并通过所有端口分发，完成集线器最基本的功能。被动集线器是星形拓扑以太网的入口级设备。

2）主动（有源）集线器。主动集线器具有被动集线器的所有功能，还可以监视数据。在以太网实现存储转发功能中，主动集线器转发之前检查数据，纠正损坏的分组并调整时序，不区分优先次序。

若信号比较弱但仍然可读，主动集线器在转发前可将其恢复到较强的状态。这使得一些性能不是特别理想的设备也能够正常使用。另外，主动集线器可以报告哪些设备失效，从而为其提供一定的诊断能力。

3）智能集线器。智能集线器具有主动集线器的功能，还能够提供集中管理的功能，可使用户更有效地共享资源。若连接到智能集线器上的设备出了问题，也易于识别、诊断及修补。

智能集线器的另一个出色特性是可为不同设备提供灵活的传输速率。除了上连到高速主干的端口外，智能集线器还支持到桌面的 10/16/100Mbit/s 的速率，也就是支持以太网、令牌环网及 FDDI。

4）交换集线器。在一般智能集线器功能的基础上提供了线路交换及网络分段功能的一种智能集线器，即为交换集线器。

集线器正面的面板上有多个端口，用于连接来自计算机等网络设备的网线。端口使用 RJ45 型插座，连接时只要把网线上做好的 RJ45 型插头插进去即可。面板上还设有各个端口的状态指示灯，通过这些指示灯便可知道哪些端口连接了网络设备、哪些端口在传输数据信息。面板上还设有集线器通电和工作状况指示灯。在集线器背面有用于连接电源的插座，堆叠式集线器还有上下两个堆叠端口用于堆叠。

（4）光缆

光导纤维电缆简称为光缆。城市有线电视系统现在普遍采用光缆及电缆混合网，干线传输使用光缆，用户分配使用电缆。同电缆相比，光缆的频带宽、容量大、损耗小且没有电磁辐射，不会干扰到邻近的电器，也不受电磁干扰。

光缆的芯线为光导纤维，光导纤维简称为光纤。芯线里可以是一根光纤或为多根光纤捆于一起，电视系统使用的就是多根光纤的光缆。光缆的结构如图 5-104 所示。

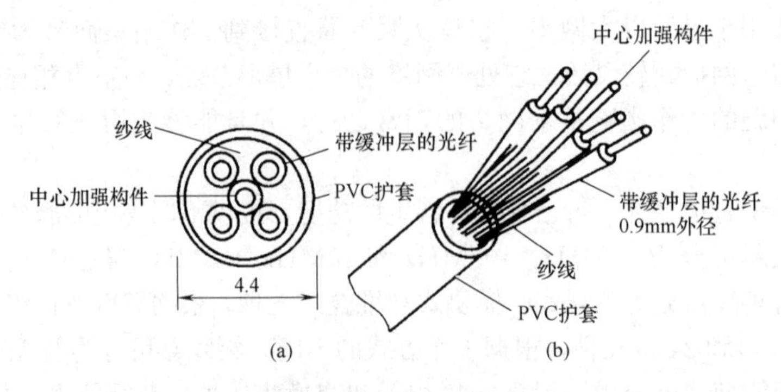

图 5-104 光缆的结构

（a）截面图；（b）结构

光纤主要包括纤芯、包层、一次涂覆层及二次涂覆层，如图 5-105 所示。纤芯和包层由超高纯度的二氧化硅制成。光纤一般分为多模型与单模型两种。多模型光纤的传输效果比不上单模型光纤。电视光缆一般使用单模型光纤。

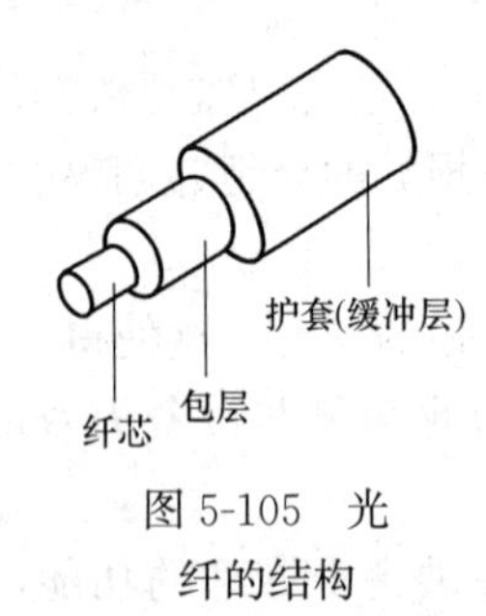

图 5-105 光纤的结构

（5）同轴电缆

通信用的同轴电缆与电视用的同轴电缆结构相同。其主要的差别是：电视用的同轴电缆是宽带同轴电缆，特性阻抗为 75Ω；通信用的同轴电缆为基带同轴电缆，其特性阻抗 50Ω。

通信用的同轴电缆分为粗缆与细缆两种。粗缆线径粗，型号为 RG11。粗缆传输的距离长且可靠性高，安装时中途不需要切断电缆，与计算机连接时要使用专门的收发器，收发器与计算机网卡连接。而细缆在通信系统中用得比较多，型号为 RG58。

（6）双绞线电缆

因输入信号和输出信号各使用一根数据双绞线，所以综合布线工程使用的双绞线均为多对双绞线构成的双绞线电缆。连接用户插座的为 4 对双绞线构成的 8 芯电缆，干线使用多对双绞线构成的大对数电缆，如 25 对电缆以及 100 对电缆。双绞线电缆专门用于通信，其特性阻抗为 100Ω。按导线与信号频率的高低，可将双绞线电缆分为 3 类、4 类、5 类及超 5 类等多种。按电缆是否屏蔽，可将其分为非屏蔽双绞线电缆（LJTP）与屏蔽层为铜网线或铜网线加铝塑复合箔的是 S-UTP 型屏蔽层电缆，每对双绞线都包有一层铝塑复合箔屏蔽层的是 STP 型电缆等。

双绞线电缆的表示方法如下：

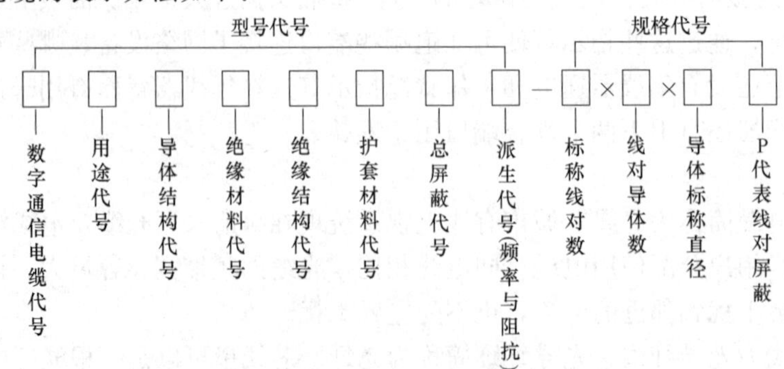

电缆的对数从 4 对到 2400 对，线芯直径通常有 0.5mm 和 0.4mm 两种规格。

6 安装工程识图实例

6.1 给水排水工程图识图实例

实例 1：某住宅二层建筑给水管道平面图识图

某住宅二层建筑给水管道平面图如图 6-1 所示，从图中可以看出：

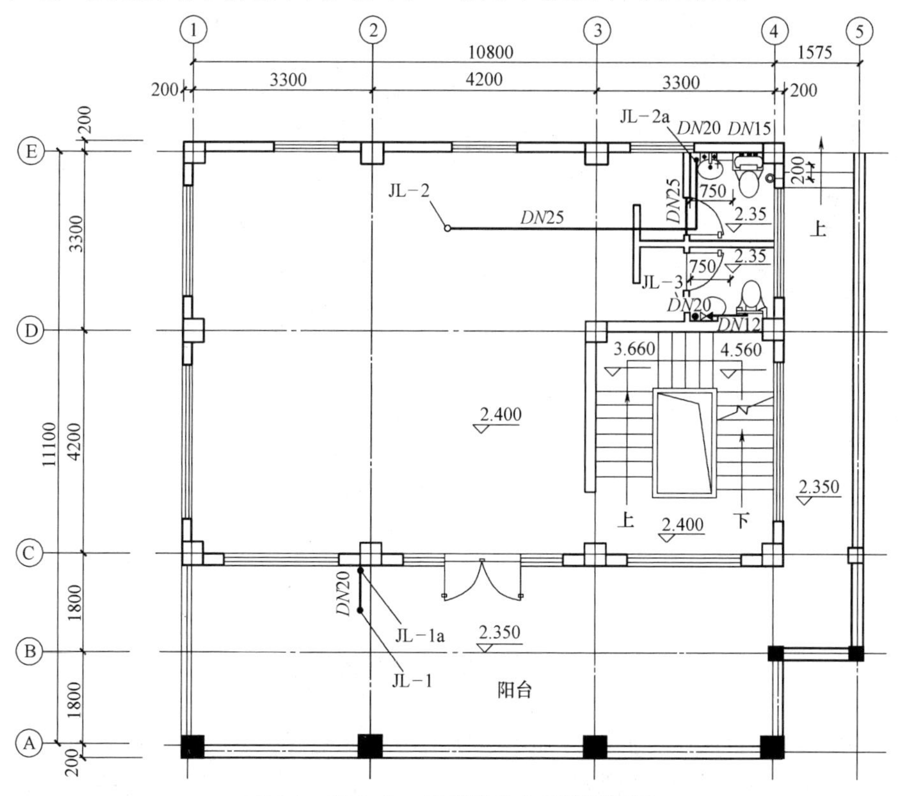

图 6-1　某住宅二层建筑给水管道平面图

1）建筑内设有两个卫生间，卫生间各设一个坐式大便器、一个洗脸盆。

2）在轴线②和轴线③间有给水立管 JL-2 通过。

3）室内地面标高为 2.400m，卫生间地面标高为 2.350m。

4）二层平面设有五根立管，编号分别为 JL-1、JL-1a、JL-2、JL-2a、JL-3。

5）在轴线②位置设置的 JL-1、JL-1a 两根立管在二层并没有接入用水器具。

实例 2：某办公楼室内给水排水系统图识图

给水和排水管道系统图如图 6-2 所示，从图 6-2 中可以看出：

1）给水系统首先与底层平面图配合找出 J/2 管道系统的引入管。由图可知，引入管 *DN*40 是由轴线②处进入室内，于标高－0.30m 处分为两支，其中一支 *DN*25 进入一层厕所，出地面后设一控制阀门，然后在距地面 0.80m 处接出横支管至污水池上安装水龙头 1 个，在立管距地面 0.98m 处接出横支管至大便器上并安装冲洗阀门和冲洗管。另一支管 *DN*32 穿出底层地面沿墙直上供上层厕所，立管 *DN*32 在穿越二层楼面之前于标高 3.300m 处再分两支，其中一支沿外墙内侧接出水平横管 *DN*32 至轴线③处墙角向上穿越二、三层楼面，分别接出水平支管安装便器冲洗管和污水池水龙头，在每层立管上均设有控制阀门；另一支管 *DN*15 沿原立管向上穿越二、三层楼面，分别接出水平支管安装小便斗，小便斗连接支管和每层立管上均设有控制阀门。

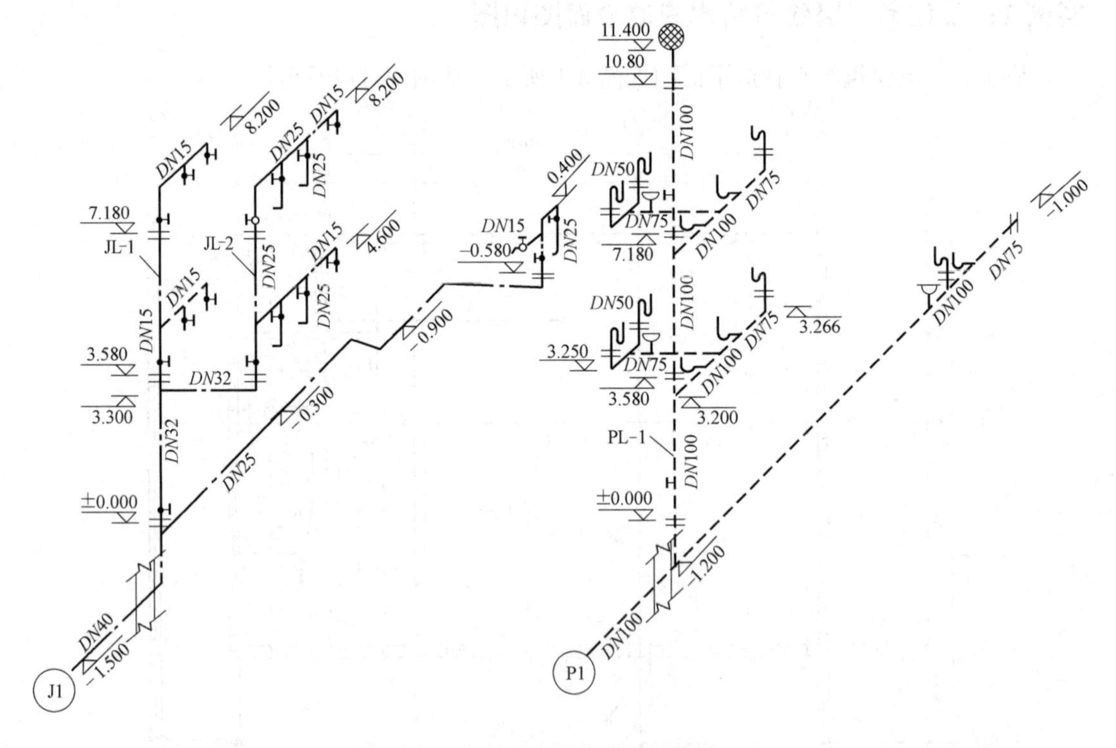

图 6-2　给水和排水管道系统图

2）排水系统配合底层平面图可知本系统有一排出管 *DN*100 在轴线③处穿越外墙接出室外，一层厕所通过排水横管 *DN*100 接入排出管，二、三层厕所通过排水立管 PL1 接入排出管，立管 PL1 $DN100$ 位在轴线③与Ⓐ的墙角处（可在各层平面图的同一位置找到）。二、三层厕所的地漏和小便斗（通过存水弯）由横管 $DN75$ 连接，并排入连接污水池和大便器（通过存水弯）的横管 $DN100$，然后排入立管 PL1。各层的污水横管均设在该层楼面之下。立管 PL1 上端穿出层面的通气管的顶端装有铅丝球。在一层和三层距地面 1m 处的立管上各装一检查口。由于一层厕所距排出管较远，排水横管较长，故在排水横管另一端设一掏堵，以便于清通。

实例 3：某男生宿舍室内排水系统轴测图识图

某男生宿舍室内排水系统轴测图如图 6-3 所示，从图 6-3 中可以看出：

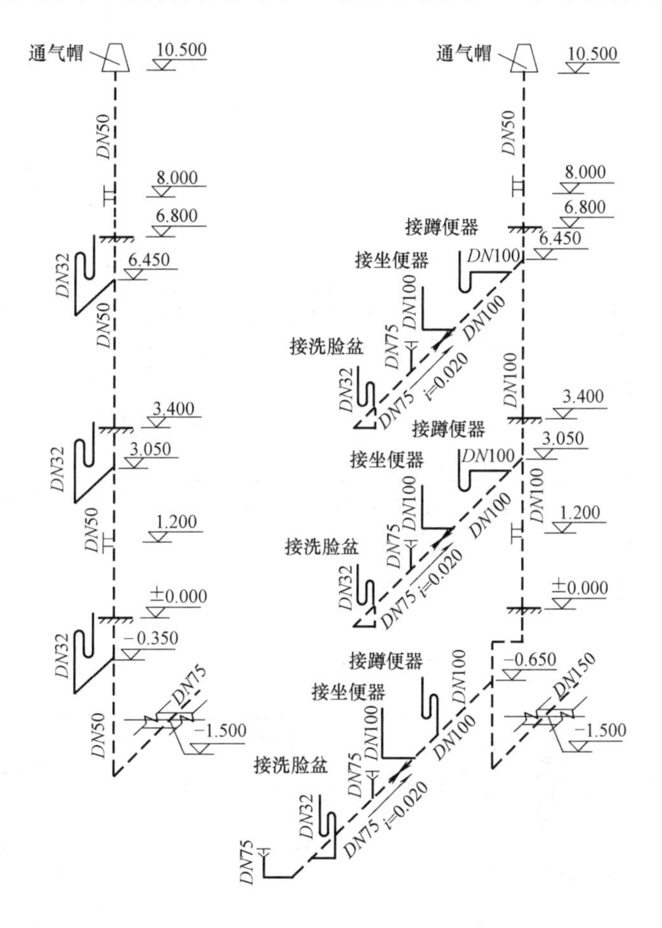

图 6-3 某男生宿舍室内排水系统轴测图

1）污水及生活废水由用水设备流经水平管到污水立管及废水立管，最后集中到总管排出室外至污水井或废水井。

2）排水管管径比较大，比如接坐便器的管径为 $DN100$，与污水立管 WL-1 相连的各水平支管均向立管找坡，坡度均为 0.020，各总管的管径分别为 $DN75$、$DN150$。

3）系统图中各用水设备与支管相连处都画出了 U 形存水弯，其作用是使 U 形管内存有一定高度的水，以封堵下水道中产生的有害气体，避免其进入室内，影响环境。

4）室内排水管网轴测图在标注内容时，应注意以下方面：

① 公称直径。管径给水排水管网轴测图，均应标注管道的公称直径。

② 坡度。排水管线属于重力流管道，因此各排水横管均需标注管道的坡度，一般用箭头表示下坡的方向。

③ 标高。排水横管应标注管内底部相对标高值。

实例 4：新建试验室室外给水排水管道平面图和纵断面图识图

新建试验室室外给水排水管道平面图和纵断面图如图 6-4、图 6-5 所示，从图中可以看出：

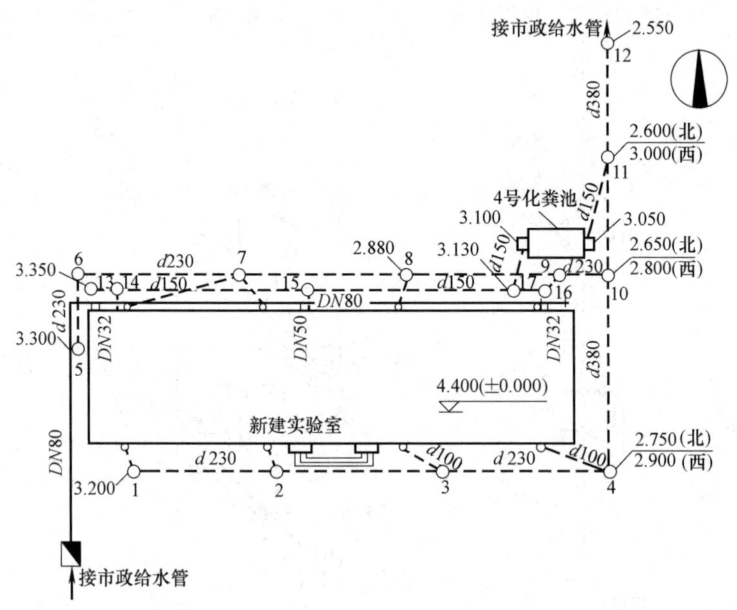

图 6-4 试验室室外给水排水管道平面图

高程(m) 4.00 / 3.00 / 2.00		d=230 2.90		d=230 2.80		d=150 3.00	
设计地面标高(m)	4.10		4.10		4.10		4.10
管底标高(m)	2.75		2.65		2.60		2.55
管道埋深(m)	1.35		1.45		1.50		1.55
管径(mm)		d=380		d=380		d=380	
坡度		0.002					
距离(mm)		18		12		12	
检查井编号	4		10		11		12
平面图							

图 6-5 试验室室外给水排水管道纵断面图

1）室外给水管道布置在试验室的北面，距外墙约 2m（用比例尺量），平行于外墙埋地敷设，管径 $DN80$，由三处进入室内，其管径分别为 $DN32$、$DN50$、$DN32$。室外给水管道在试验室西北角转弯向南，接水表后与市政自来水管道连接。

2）室外排水管道有生活污水系统和雨水系统两个，生活污水系统经化粪池后与雨水管道汇总排至市政排水管道。

3）生活污水管道由试验室三处排出，排水管管径、埋深另见室内排水管道施工图。生活污水管道平行于试验室北外墙敷设，管径 150mm，管路上设有五个检查井（编号为 13、14、15、16、17 号），试验室生活污水汇集到 17 号检查井后，排入 4 号化粪池，化粪池的出水管接到 11 号检查井，与雨水管汇合。

4）室外雨水管收集试验室屋面雨水，试验室南面设四根雨水立管、四个检查井（编号 1、2、3、4），北面设有四根立管、四个检查井（编号 6、7、8、9），试验室西北设一个检查井（编号 5）。南北两条雨水管管径均为 230mm，雨水总管自 4 号检查到 11 号检查井管径为 380mm，污水雨水汇合后管径仍为 380mm，雨水管起点检查井的管底标高分别为：1 号检查井为 3.200m，5 号检查井为 3.300m，总管出口 12 号检查井管底标高为 2.550m，其余各检查井管底标高可查看平面图或纵断面图。

实例 5：某街道室外给水排水施工图识图

某街道室外给水排水施工图如图 6-6、图 6-7 所示，从图中可以看出：

1）管网总平面图的内容包括街道下面的给水管道、污水管道、雨水管道、排水检查井及给水阀门井的平面位置、管径、管段长度及地面标高等。

2）管道纵断面图的内容包括检查井编号、高程、管径、坡度、地面标高、管底标高、水平距离及流量、流速和排水管的充满度等。通常将管道剖面画成粗实线，检查井、地面和钻井剖面画成中实线，其他分格线则采用细实线。还应注意不同管段之间设计数据和地质条件的变化。如 1 号检查井到 4 号检查井之间，干管设计流量 $Q=76.9\text{L/s}$，流速 $v=0.8\text{m/s}$，充满度 $h/D=0.52$；1 号钻井自上而下土层的构造分别为：黏砂填土、轻黏砂、黏砂、中轻黏砂和粉砂。

实例 6：某老师宿舍淋浴间热水供应平面图识图

某学校老师宿舍淋浴间热水供应平面图如图 6-8 所示，从图中可以看出：

1）图中，淋浴间设在外墙轴线①和②之间，分设男女浴室和更衣室。淋浴间开间 13.2m，进深 11.8m，地面标高为 $H-0.020$，表示淋浴间比相应的楼层面低 0.02m。男女浴室各布置 5 个淋浴喷头和 2 个洗手盆，男女浴室的喷头对称布置，女浴室沿轴线①（墙）布置 3 个喷头，喷头间距为 900mm，喷头与墙的最小间距为 425mm，与柱的距离为 320mm，2 个洗手盆布置在女浴室右侧边墙，间距为 605mm，与外墙间距为 505mm。

2）淋浴间设有冷水和热水两条管道系统，冷水用符号 DJ 表示，热水用符号 R 表示，图中轴线Ⓒ轴线②相交处的淋浴间外墙，设有冷水立管 RJL-2 和热水立管 RJL-1。热水立管的管径为 $DN50$，穿过轴线②（墙）布置一环形水平干管，分别与男女浴室布置的 10 个喷头及 4 个洗脸盆相连接。

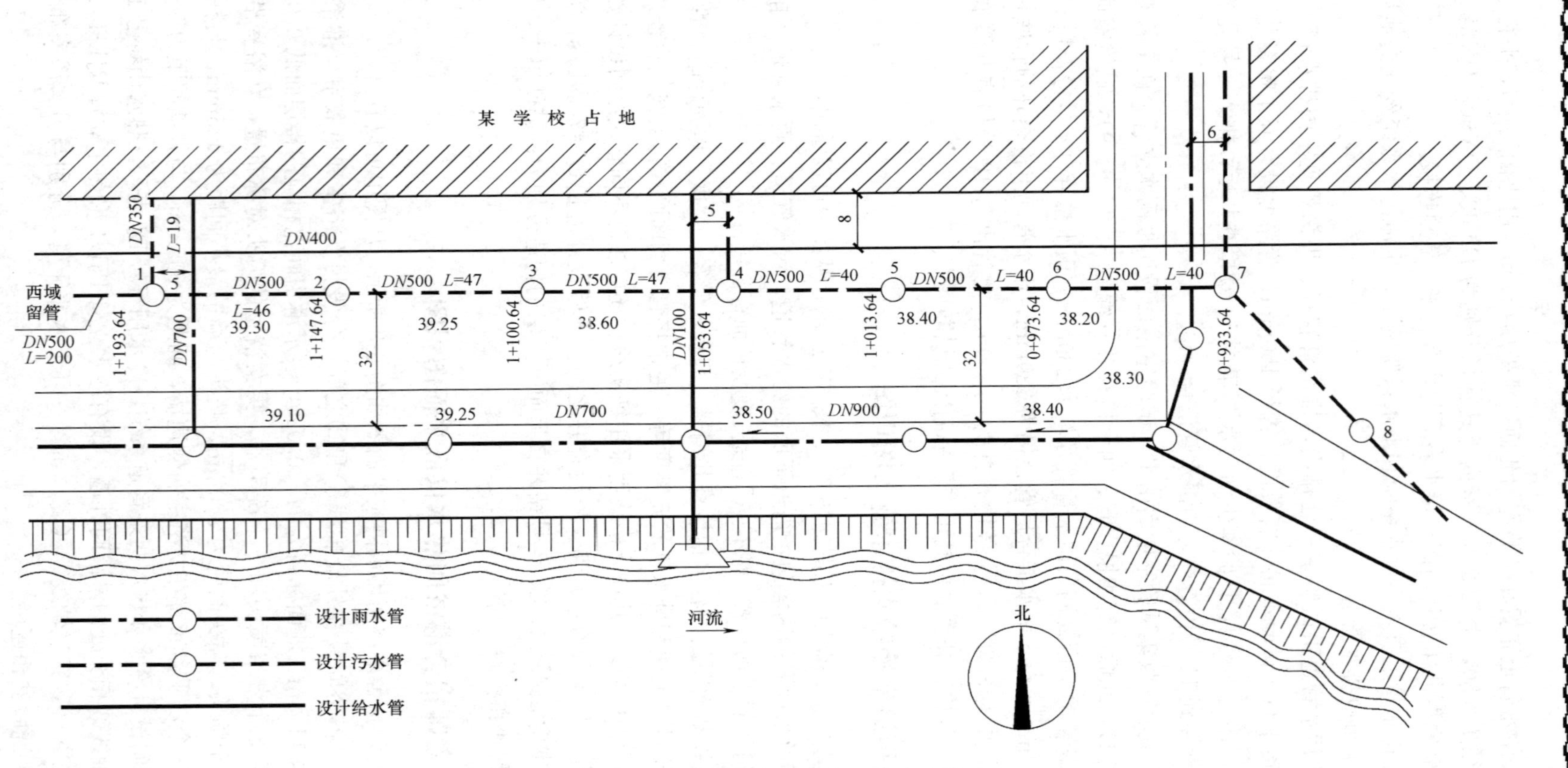

图 6-6 某街道给水排水管网总平面图

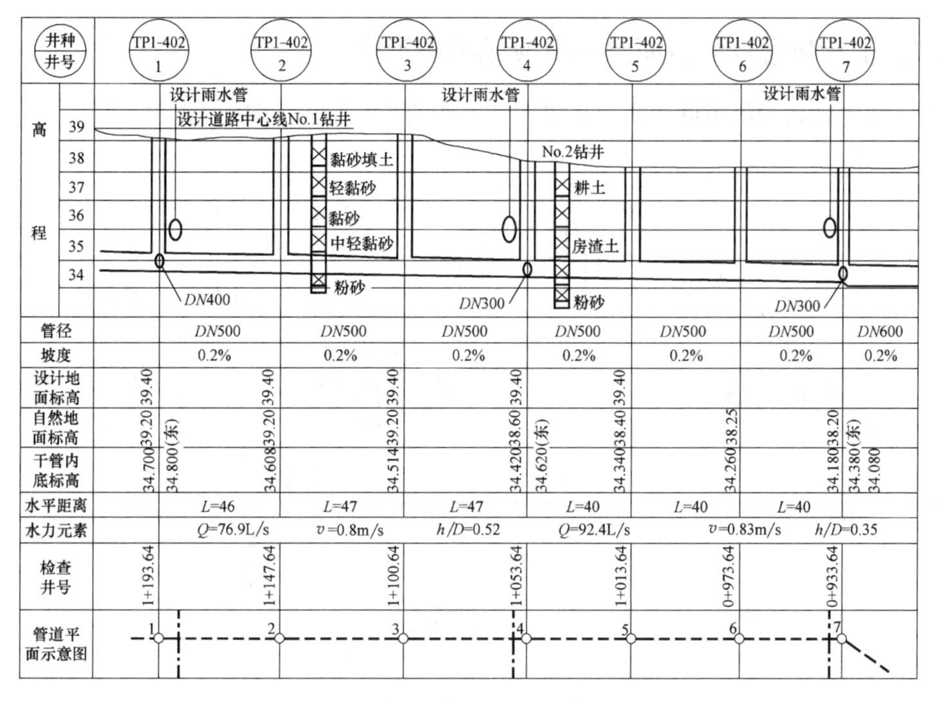

图 6-7 某街道污水干管纵断面图

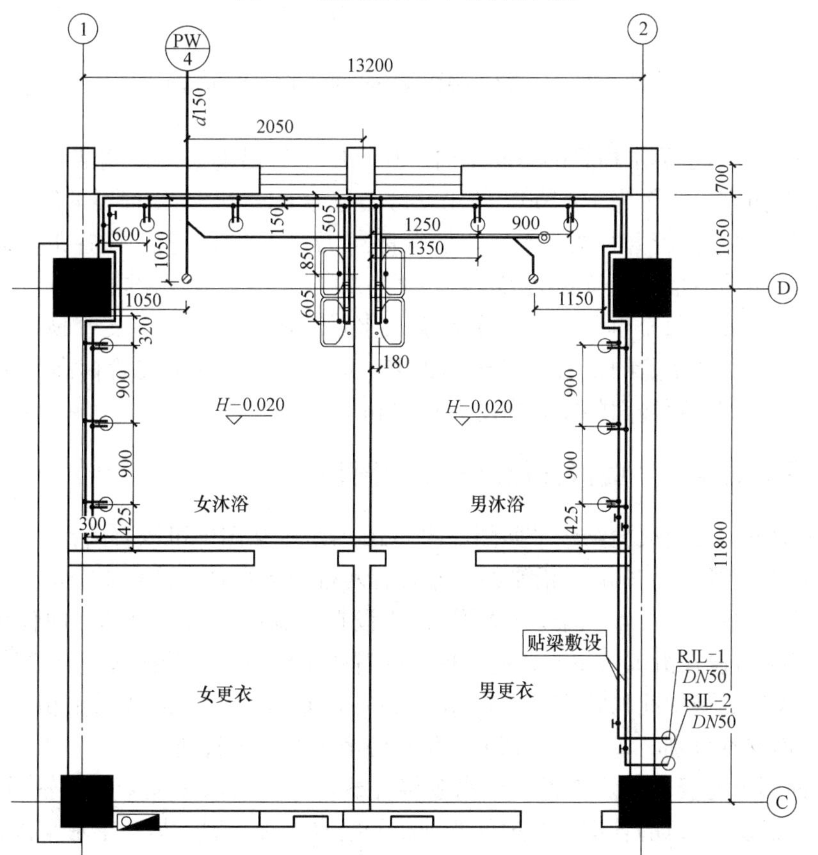

图 6-8 某学校老师宿舍淋浴间热水供应平面图

实例 7：某老师宿舍淋浴间热水供应轴测图识图

某学校老师宿舍淋浴间热水供应轴测图如图 6-9 所示，从图中可以看出：

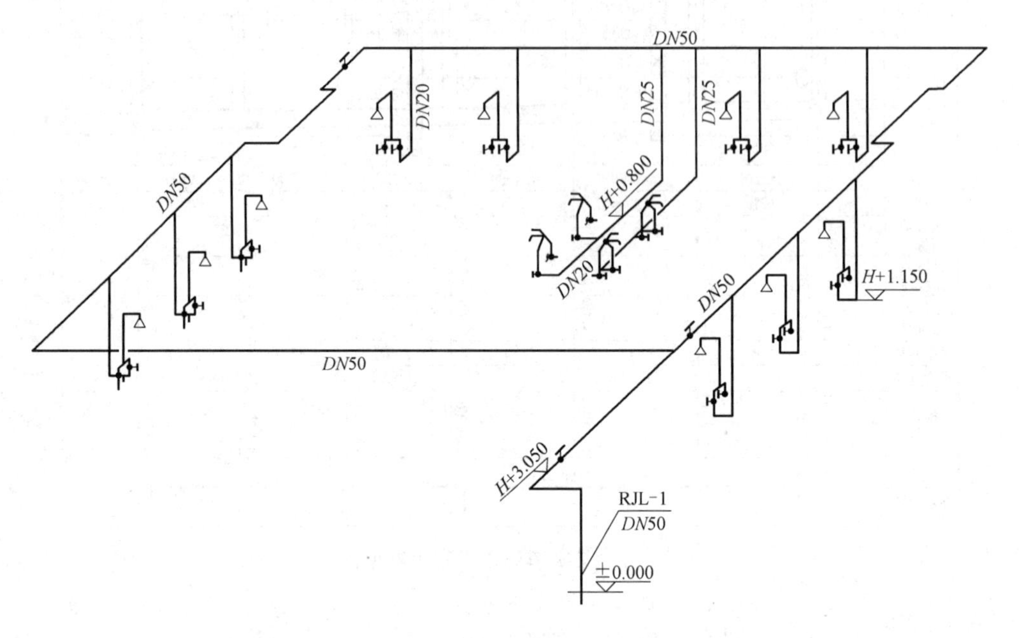

图 6-9　某学校老师宿舍淋浴间热水供应轴测图

1）图中，表示了热水横管的空间走向。热水给水管沿淋浴间内墙成环布置，表示出管径、标高等内容。比例为 1∶100，热水立管编号为 RJL-1，与平面图的编号一致。

2）系统图热水横管管径为 *DN*50，横管标高 *H*＋3.050，表示横管距楼面的安装高度为 3.05m。淋浴器的支管管径为 *DN*20，高为 *H*＋1.150，表示淋浴器横支管距楼面的安装高度为 1.15m。每个淋浴器有调节水温、水量的阀门，系统图支管顶部的三角形图例表示淋浴喷头。洗手盆的支管管径分别为 *DN*25。洗手盆的横支管标高为 *H*＋0.800，表示洗手盆的横支管距楼面的安装高度为 0.80m。

实例 8：某建筑地下一层消火栓给水平面图识图

某建筑地下一层消火栓给水平面图如图 6-10 所示，从图中可以看出：

1）室内标高为－5.700m，沿轴线②布置有两台消防水泵，设有 4 个消火栓系统立管 XL-1、XL-2、XL-3、XL-4，消火栓立管 XL-1 设在走廊内平面图上部，即轴线⑨和轴线Ⓒ相交点，XL-2 设在沿轴线②布置的楼梯间的右侧靠外墙处，并接入消火栓箱，XL-3 设在沿轴线Ⓒ设置的楼梯间的管道井内，XL-4 设在沿轴线Ⓑ设置的战时水箱间内。4 个消防立管通过横支管分别与布置在走廊上部位置的消火栓横干管连接。

2）平面图中还表示系统布置 2 个水泵接合器，一个从水平横干管距轴线⑦1300mm 处接出一与轴线⑦平行的管道，穿过外墙轴线Ⓐ接水泵接合器；另一个水泵接合器的引出点在轴线②和轴线③之间。

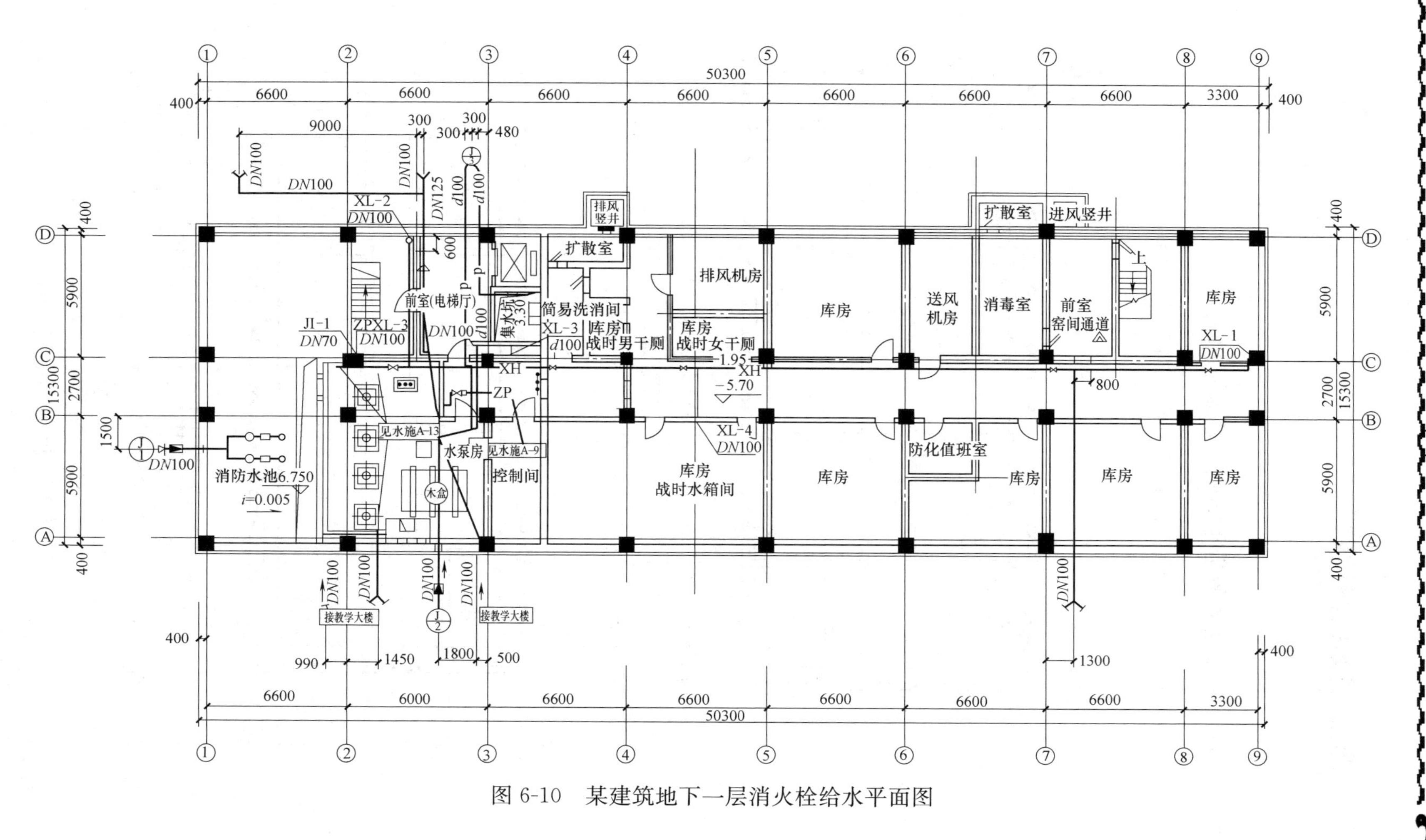

图 6-10 某建筑地下一层消火栓给水平面图

6.2 采暖工程图识图实例

实例 9：某办公大厦采暖管道平面图、系统图识图

某办公大厦采暖管道平面图、系统图如图 6-11、图 6-12 所示，从图中可以看出：

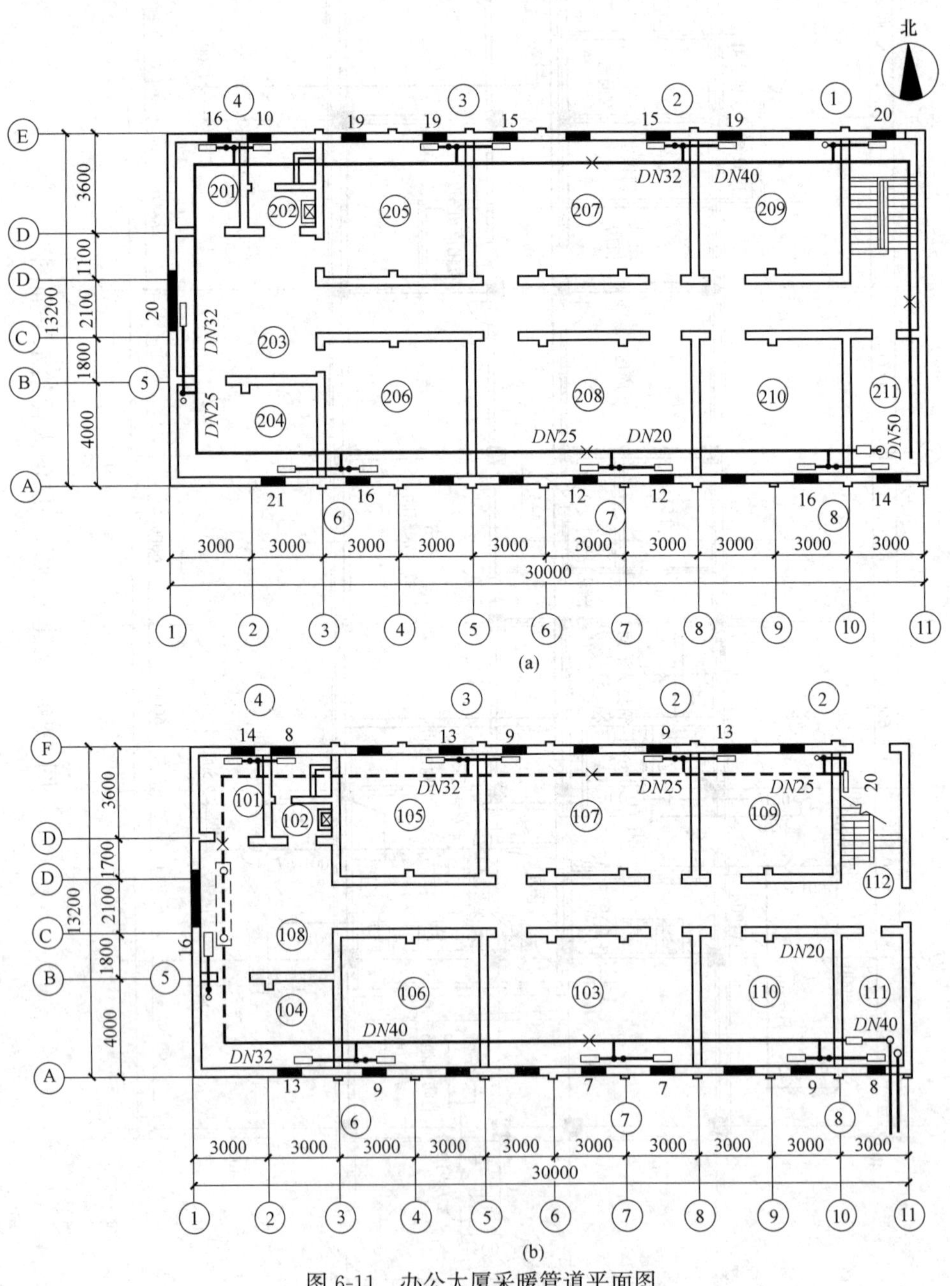

图 6-11 办公大厦采暖管道平面图

(a) 二层采暖平面图；(b) 一层采暖平面图

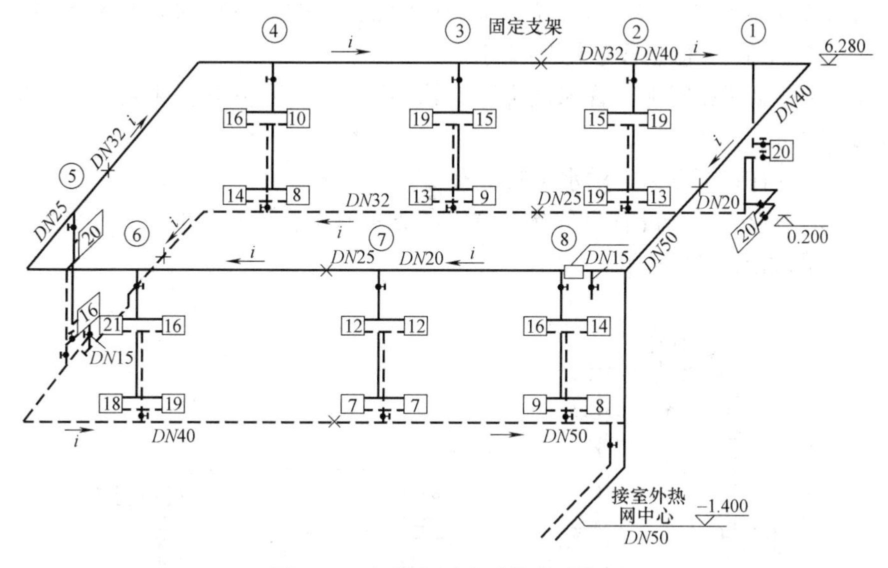

图 6-12 办公大厦采暖管道系统图

说明：1. 全部立管管径均为 *DN*20；接散热器支管管径均为 *DN*15。

2. 管道坡度为 $i=0.002$。

3. 散热器为四柱型，二层楼的散热器为有脚的，其余均为无脚的。

4. 管道应刷一道醇酸底漆，两道银粉。

1）该办公大厦总长 30m，总宽 13.2m，水平建筑轴线为①—⑪，竖向建筑轴线为Ⓐ—Ⓕ。

2）该建筑物坐北朝南，东西方向长，南北方向短，建筑出入口有两处，其中一处在⑩—⑪轴线之间，并设有通向二楼的楼梯，另一处在Ⓒ—Ⓓ轴线之间。每层有 11 个房间，大小面积不等。

3）该大厦所用散热器为四柱型，其中二楼的散热片为有脚的。系统内全部立管的管径为 *DN*20，散热器支管管径均为 *DN*15。水平管道的坡度均为 $i=0.002$，管道油漆的要求是一道醇酸底漆，两道银粉漆。

4）除在建筑物两个入口处散热器布置在门口墙壁上外，其余散热器全部布置在各个房间的窗台下，散热器的片数都标注在散热器图例内或边上，如 107 房间两组散热器均为 9 片，207 房间两组散热器均为 15 片。

5）由图 6-12 可知，该大厦为双管上分式热水采暖系统，热媒干管管径 *DN*50，标高 −1.400 由南向北穿过Ⓐ轴线外墙进入 111 房间，在Ⓐ轴线和⑪轴线交角处登高，在总立管安装阀门。

6）本例总立管登高至二楼 6.00m，在顶棚下面沿墙敷设，水平干管的标高以⑪-Ⓕ轴线交角处的 6.280m 为基准，按 $i=0.002$ 的坡度和管道长度进行计算求得。干管的管径依次为 *DN*50、*DN*40、*DN*32、*DN*25 和 *DN*20。通过对立管编号的查看，一共 8 根立管，立管管径全部为 *DN*20，立管为双管式，与散热器支管用三通和四通连接。回水干管的起始端在 109 房间，标高 0.200m，沿墙在地板上面敷设，坡度与回水流动方向同向，水平干管在 109 房间过门处，返低至地沟内绕过大门，具体走向和做法在系统图有所表示。回水干管的管径依次为 $DN20$、$DN25$、$DN32$、$DN40$、$DN50$，水平管在 111 房间返低至－1.400m，回水总立管上装有阀门。

7）供水立管始端和回水立管末端都装有控制阀门（1 号立管上未装，装在散热器的进出口的支管上）。

8）干管上设有固定支架，供水干管上有 4 个，回水干管上有 3 个。

9）在供水干管的末端设有集气罐（在 211 房间内），为横式Ⅱ型，集气罐需加工制作，其加工详图如图 6-13 所示。

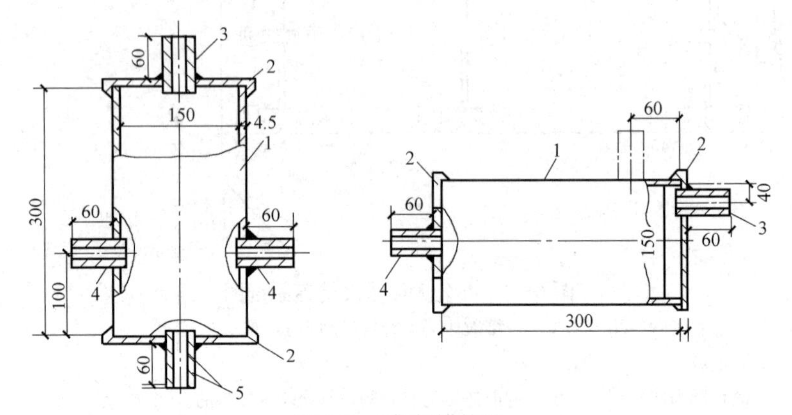

图 6-13 集气罐构造

1—外壳；2—盖板；3—放空气管；4—供水干管；5—供水立管

实例 10：某科研所办公楼采暖工程施工图识图

某科研所办公楼采暖工程施工图如图 6-14～图 6-17 所示，从图中可以看出：

1）它包括平面图（首层、二层和三层）和系统图。

2）该工程的热媒为热水（70～95℃），由锅炉房通过室外架空管道集中供热。管道系统的布置方式采用上行下给单管同程式系统。

3）供热干管敷设在顶层顶棚下，回水干管敷设在底层地面之上（跨门部分敷设在地下管沟内）。散热器采用四柱 813 型，均明装在窗台之下。

4）供热干管从办公楼东南角标高 3.000m 处架空进入室内，然后向北通过控制阀门沿墙布置至轴线⑦和Ⓔ的墙角处抬头，穿越楼层直通顶层顶棚下标高 10.20m 处，由竖直而折向水平，向西环绕外墙内侧布置，后折向南再折向东形成上行水平干管，然后通过各立管将热水供给各层房间的散热器。

5）所有立管均设在各房间的外墙角处，通过支管与散热器相连通，经散热器散热后的回水，由敷设在地面之上沿外墙布置的回水干管自办公楼底层东南角处排出室外，通过室外架空管道送回锅炉房。

6）采暖平面图表达了首层、二层和三层散热器的布置状况及各组散热器的片数。三层平面图表示出供热干管与各立管的连接关系；二层平面图只画出立管、散热器以及它们之间的连接支管，说明并无干管通过；底层平面图表示了供热干管及回水管的进出口位置、回水干管的布置及其与各立管的连接。

7）从采暖系统图可清晰地看到整个采暖系统的形式和管道连接的全貌，而且表达了

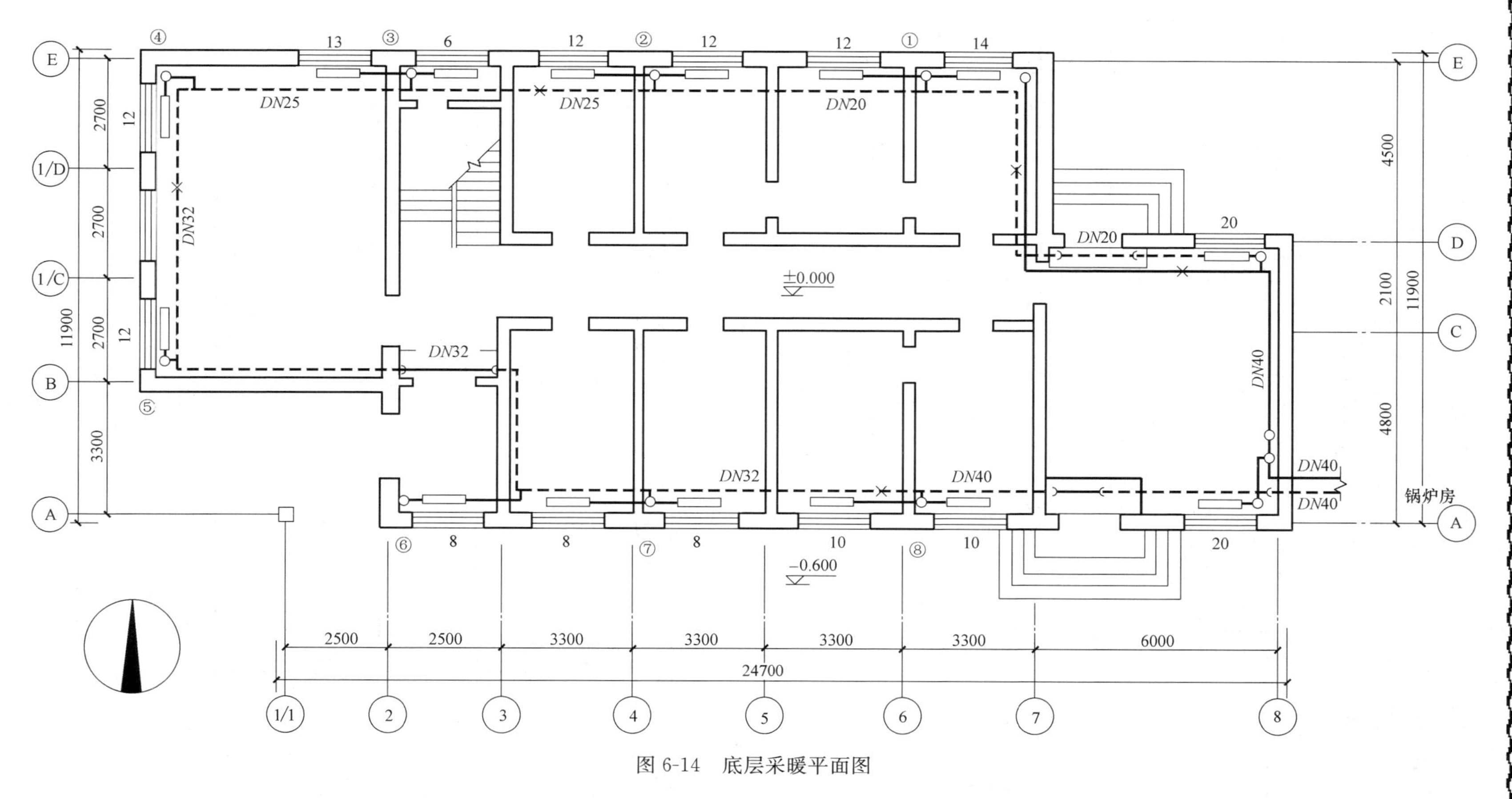

图 6-14 底层采暖平面图

管道系统各管段的直径，每段立管两端均设有控制阀门，立管与散热器为双侧连接，散热器连接支管一律采用 $DN15$（图中未注）管子。供热干管和回水干管在进出口处各设有总控制阀门，供热干管末端设有集气罐，集气罐的排气管下端设一阀门，供热干管采用 0.003 的坡度抬头走，回水干管采用 0.003 坡度低头走。

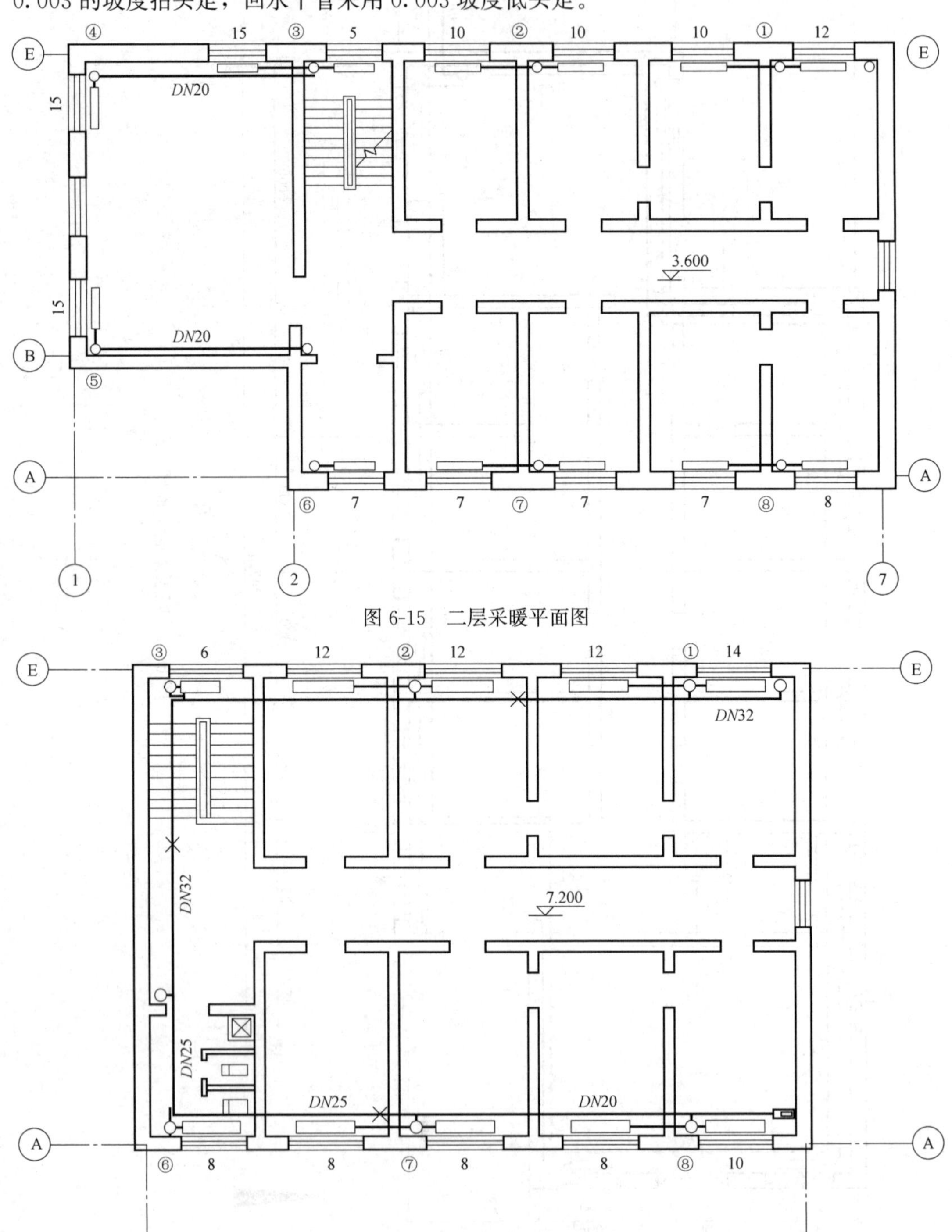

图 6-15 二层采暖平面图

图 6-16 三层采暖平面图

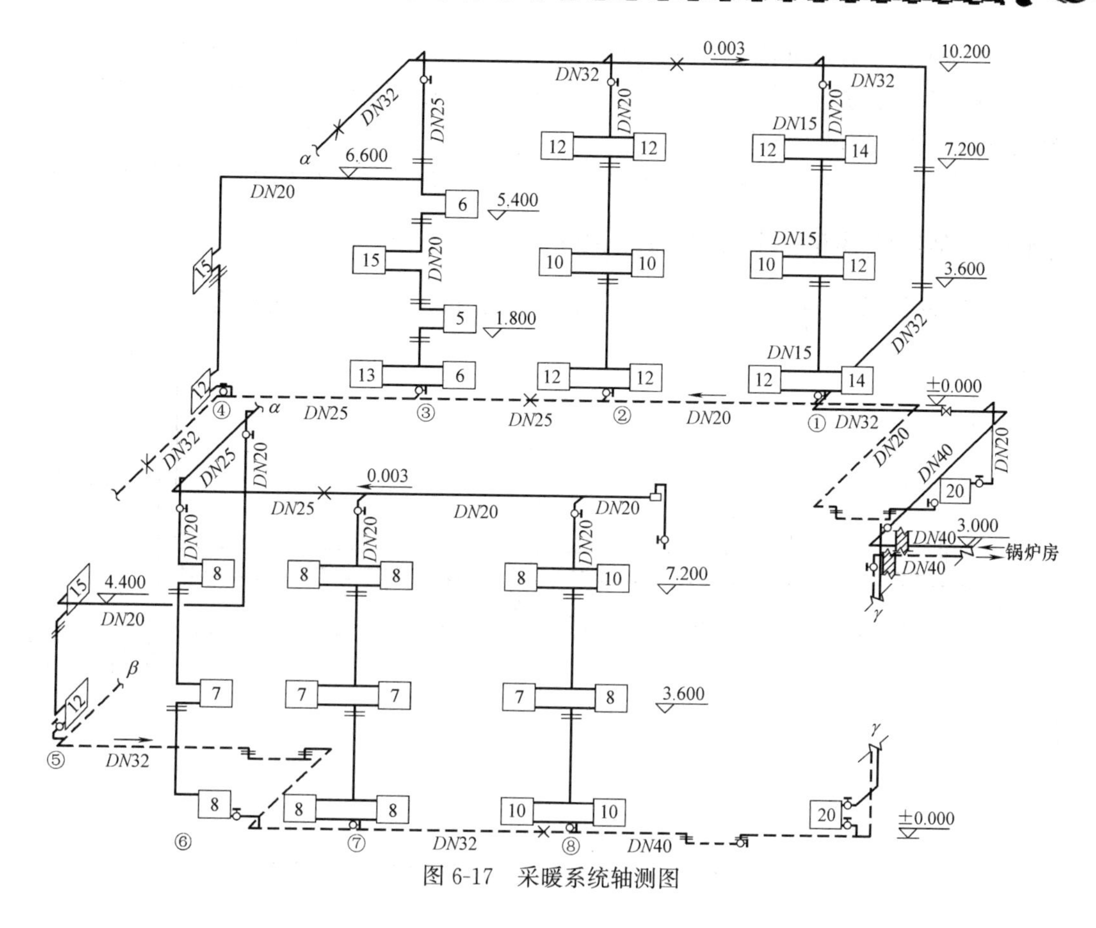

图 6-17 采暖系统轴测图

实例 11：某厂室外供热管道纵剖面图识图

某厂室外供热管道纵剖面图如图 6-18 所示，从图中可以看出：

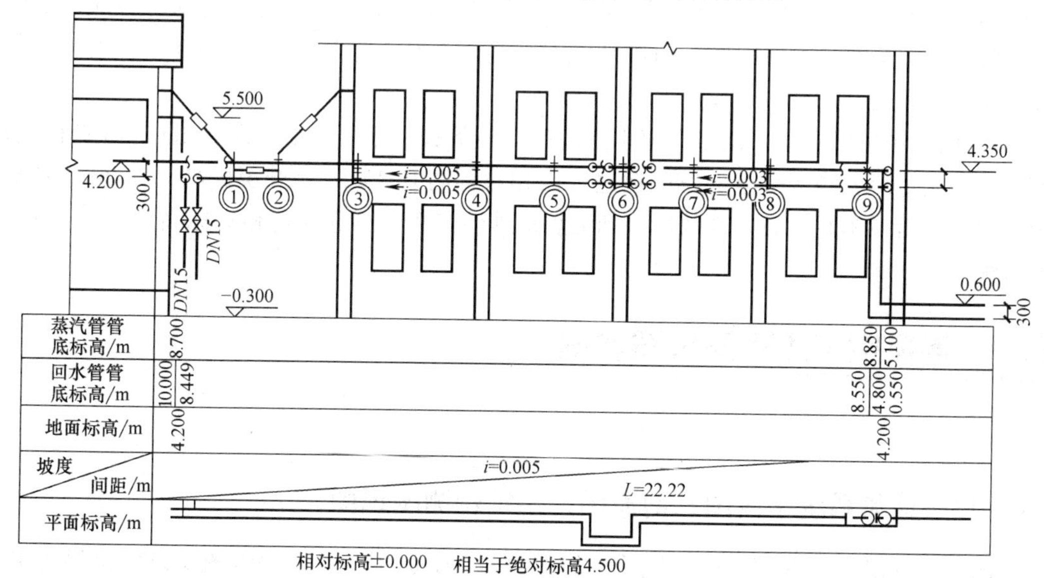

图 6-18 某厂室外供热管道纵剖面图

1）自锅炉房至方形补偿器一段管路系统的坡度为 $i=0.005$，坡向锅炉房。

2）两根蒸汽管敷设在槽钢支架上方，管子与槽钢之间设有管托，两根回水管道敷设在槽钢支架下方，用吊卡固定在槽钢上。

3）两根水平管道中心间距为 240mm，蒸汽管道与回水管道上下中心高差为 300mm。

实例 12：某厂室外供热管道平面图识图

某厂室外供热管道平面图如图 6-19 所示，参见图 6-18，从图中可以看出：

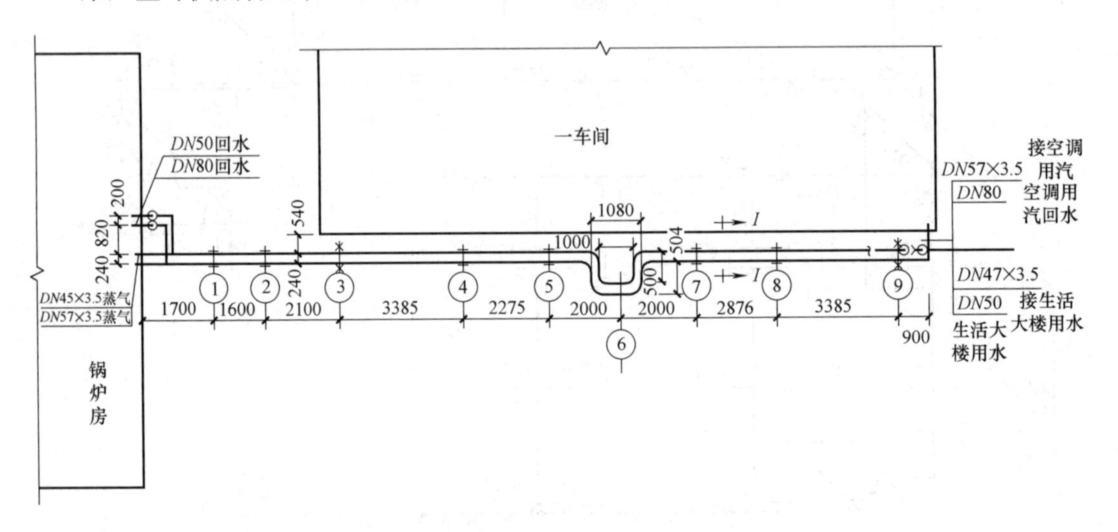

图 6-19 某厂室外供热管道平面图

1）由图中可以看出，该厂的供汽管道有两条：一条是空调供热管道，管径为 *DN*57×3.5；另一条是生活用气供热管道，管径为 *DN*45×3.5。两条管道自锅炉房相对标高 4.200m 出外墙，经过走道空间沿一车间外墙并列敷设，至一车间尽头。空调供热管道转弯送入一车间，生活用气管道则从相对标高 4.350m 返下至标高 0.600m，沿地面敷设送往生活大楼。

2）由图中可以看出，回水管道也有两条：一条从一车间自相对标高 4.050m 处接出；另一条是从生活大楼送来至一车间墙边，由相对标高 0.300m 上升至标高 4.050m，然后两根回水管沿一车间外墙并列敷设，到锅炉房外墙转弯，再登高自相对标高 5.500m 处进入锅炉房。

6.3 通风空调工程图识图实例

实例 13：通风系统平面图、剖面图、系统轴测图识图

图 6-20 和表 6-1 为某车间排风系统的平面图、剖面图、系统轴测图及设备材料清单，从图中可以看出：

设备材料清单 表 6-1

序号	名称	规格型号	单位	数量
1	圆形风管	薄钢板 σ＝0.7mm，ϕ215	m	8.50
2	圆形风管	薄钢板 σ＝0.7mm，ϕ265	m	1.30
3	圆形风管	薄钢板 σ＝0.7mm，ϕ320	m	7.8
4	排气罩	500mm×500mm	个	3
5	钢制蝶阀	8 号	个	3
6	伞形风帽	6 号	个	1
7	帆布软管接头	ϕ320/ϕ450 L＝200mm	个	1
8	离心风机	4-72-11，No. 4.5A H＝65mm，L＝2860mm	台	1
9	电动机	JO_2-21-4 N＝1.1kW	台	1
10	电机防雨罩	下周长 1900 型	个	1
11	风机减振台座	—	座	1

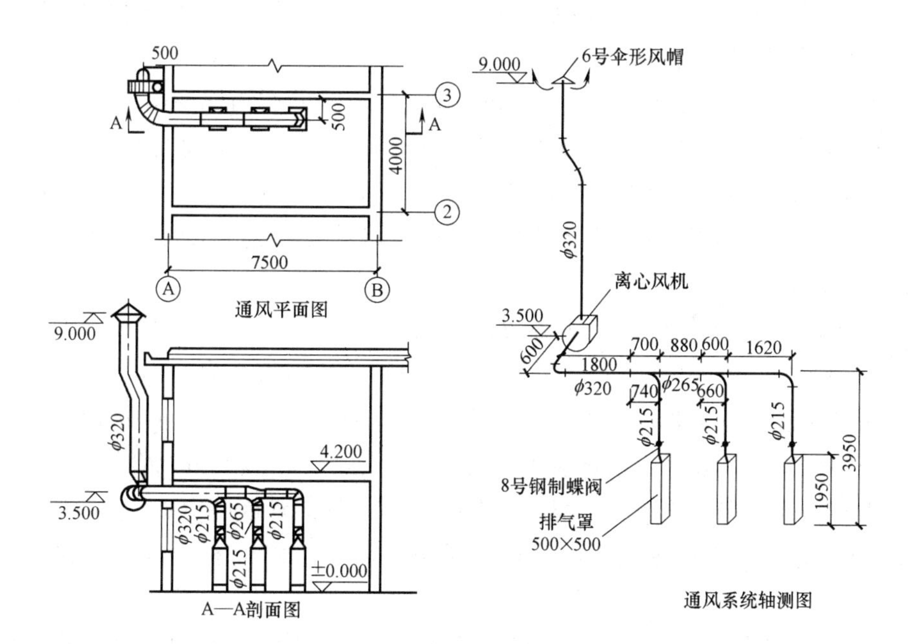

说明：1.通风管用0.7mm薄钢板。

2.加工要求：

(1)采用咬口连接；

(2)采用扁钢法兰盘；

(3)风管内外表面各刷樟丹漆1遍，外表面刷灰调和漆2遍。

3.风机型号为4-72-11，电机1.1kW减振台座No.4.5A。

图 6-20 排风系统施工图

1）该系统属于局部排风，系统工作状况是由排气罩到风机为负压吸风段，由风机到风帽为正压排风段。

2）风管应采用 0.7mm 的薄钢板；排风机使用离心风机，型号为 4-72-11，所附电机是 1.1kW；风机减振底座采用 No.4.5A 型。

3）通过对平面图的识读，了解到风机、风管的平面布置和相对位置：风管沿③轴线安装，距墙中心 500mm；风机安装在室外在③和Ⓐ轴线交叉处，距外墙面 500mm。

4）通过识读 A—A 剖面图，可以了解到风机、风管、排气罩的立面安装位置、标高和风管的规格。排气罩安装在室内地面，标高是相对标高±0.000，风机中心标高为+3.5m。

5）风帽标高为+9.0m。风管干管为 ϕ320，支管为 ϕ215，第一个排气罩和第二个排气罩之间的一段支管为 ϕ265。

6）系统轴测图形象具体地表达了整个系统的空间位置和走向，并反映了风管的规格和长度尺寸，以及通风部件的规格型号等。

实例 14：空调系统平面图、剖面图和系统图识图

空调系统平面图、剖面图和系统图如图 6-21～图 6-23 所示，从图中可以看出：

1）空调箱设在机房内。

2）空调机房Ⓒ轴外墙上有一带调节阀的新风管，尺寸 630mm×1000mm，新风由此新风口从室外吸入室内。在空调机房②轴线内墙上有一消声器 4，这是回风管。

3）空调机房有一空调箱 1，从剖面图可看出，在空调箱侧下部有一接短管的进风口，新风与回风在空调机房混合后，被空调箱由此进风口吸入，冷热处理后，由空调箱顶部的出风口送至送风干管。

4）送风先经过防火阀和消声器 2，分出第一个分支管，继续向前，管径变为 800mm×500mm；又分出第二个分支管，继续前行，流向管径为 800mm×250mm 的分支管；送风支管上都有方形散流器（送风口），送风通过散流器送入多功能厅。然后，大部分回风经消声器 4 与新风混合被吸入空调箱 1 的进风口，完成一次循环。

5）从 1—1 剖面图可看出，房间高度为 6m，吊顶距地面高度为 3.5m。风管暗装在吊顶内，送风口直接开在吊顶面上，风管底标高分别为 4.25m 和 4m，气流组织为上送下回。

6）从 2—2 剖面图可看出，送风管通过软接头从空调箱上部接出，沿气流方向高度不断减小，从 500m 变成 250mm。

从剖面图还可看出，三个送风支管在总风管上的接口位置及支管尺寸。

7）平面图、剖面图和风管系统图对照阅读可知，多功能厅的回风通过消声器 4 被吸入空调机房，同时新风也从新风口进入空调机房，两者混合后从空调箱进风口吸入到空调箱内，经冷热处理后沿送风管到达每个散流器，通过散流器到达室内，是一个一次回风的全空气空调系统。

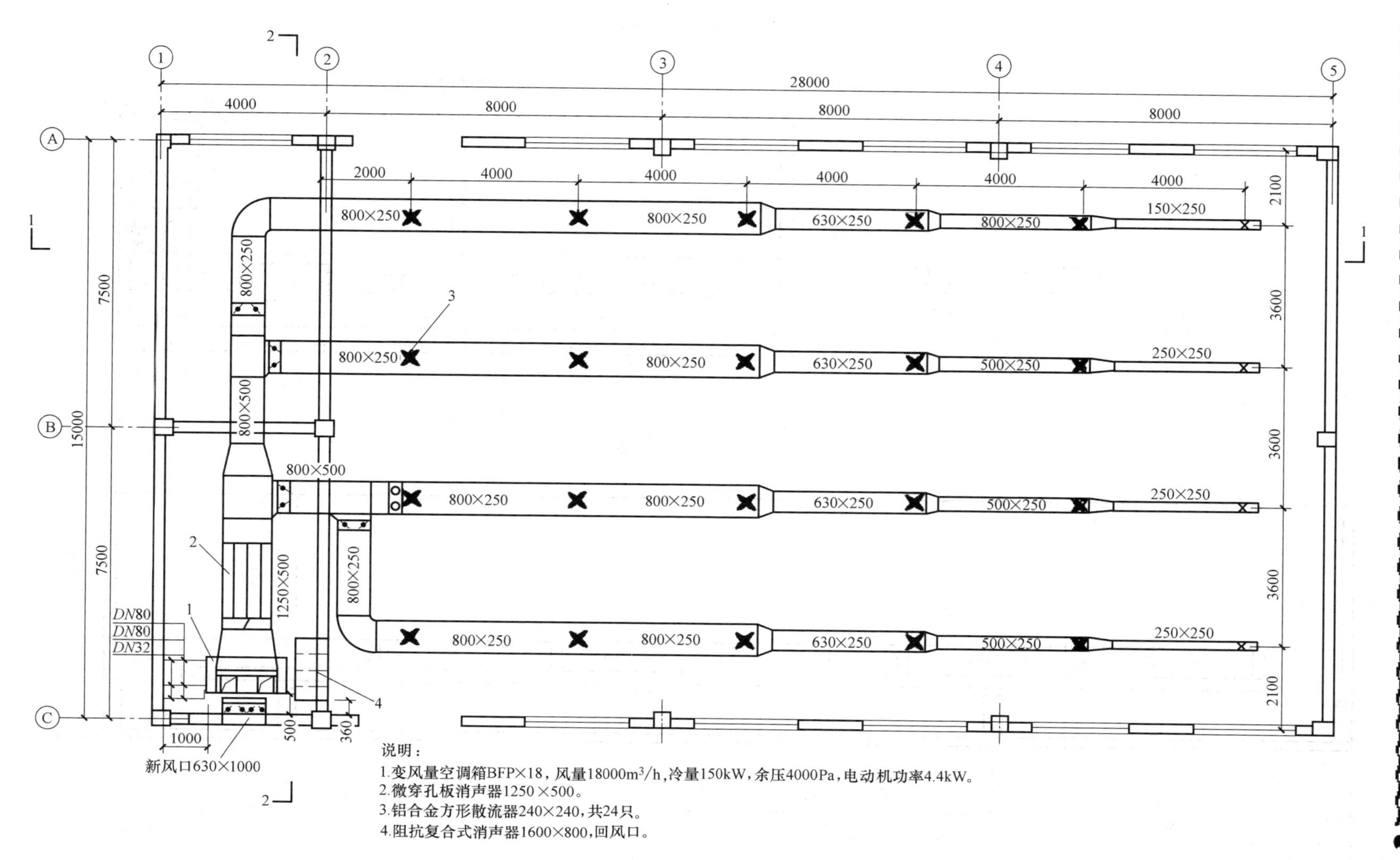

说明：

1.变风量空调箱BFP×18，风量18000m³/h，冷量150kW，余压4000Pa，电动机功率4.4kW。

2.微穿孔板消声器1250×500。

3.铝合金方形散流器240×240，共24只。

4.阻抗复合式消声器1600×800，回风口。

图 6-21 空调系统平面图

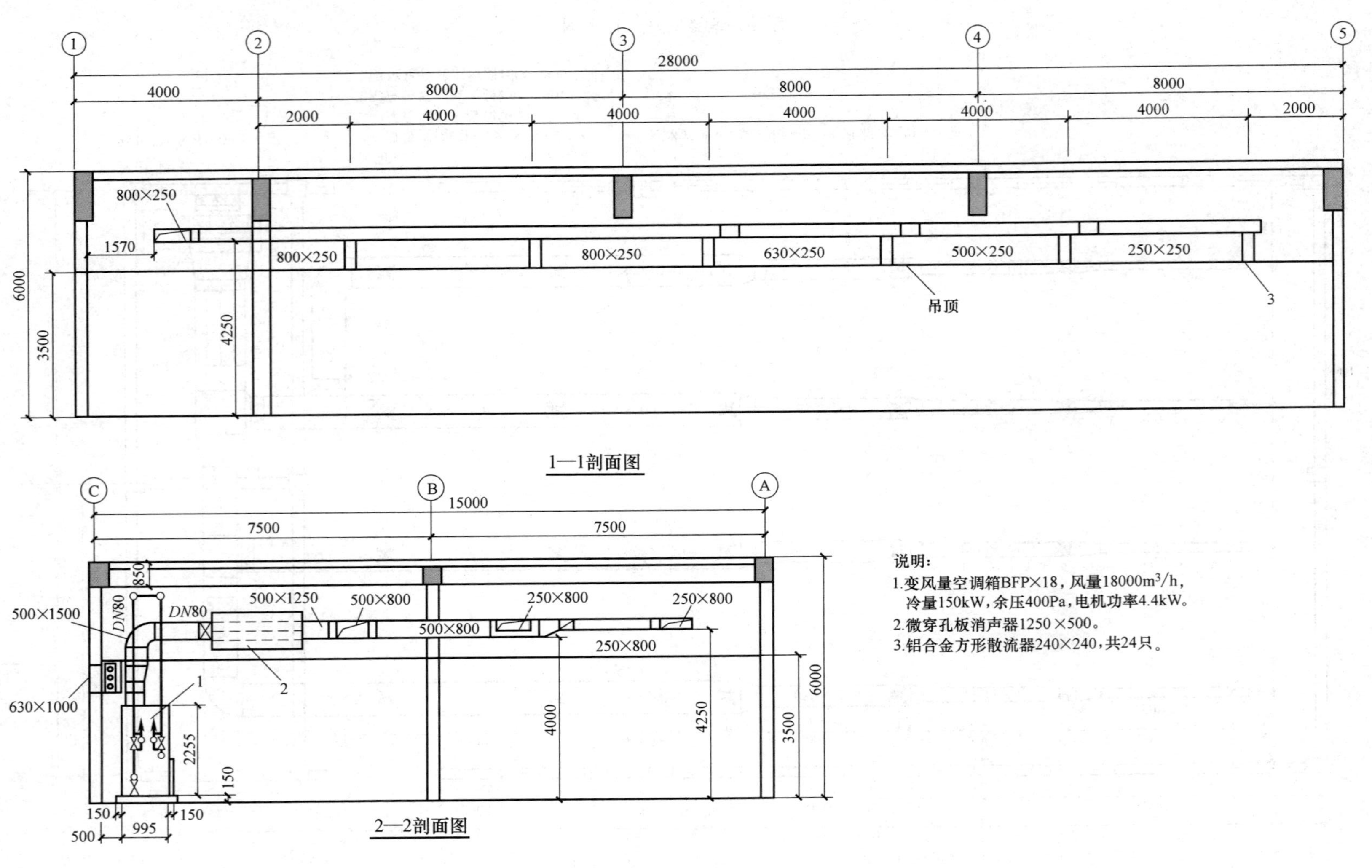

图 6-22 空调系统剖面图

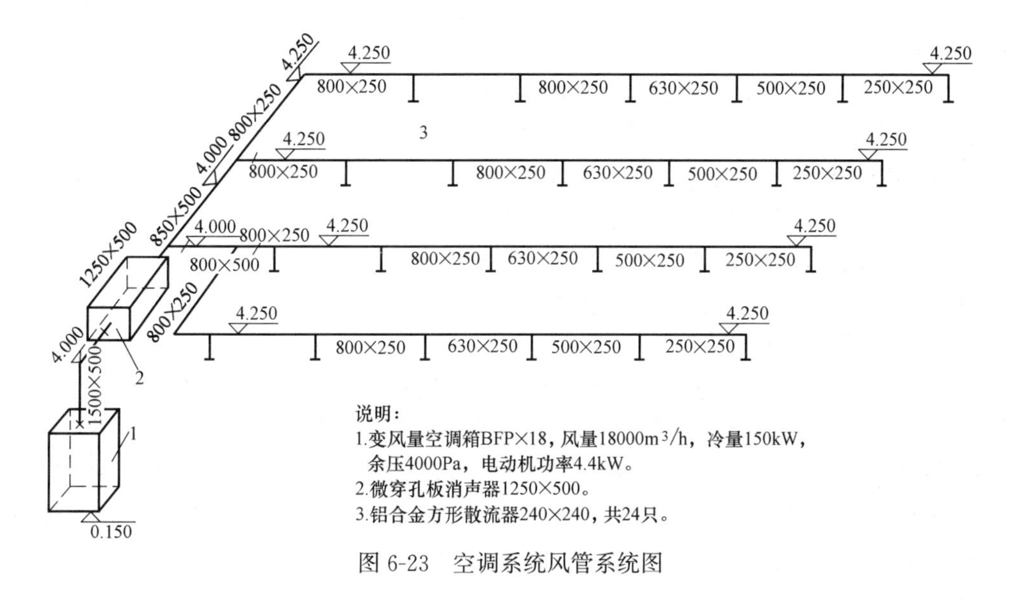

图 6-23　空调系统风管系统图

实例 15：金属空气调节箱总图识图

叠式金属空气调节箱如图 6-24 所示，从图中可以看出：

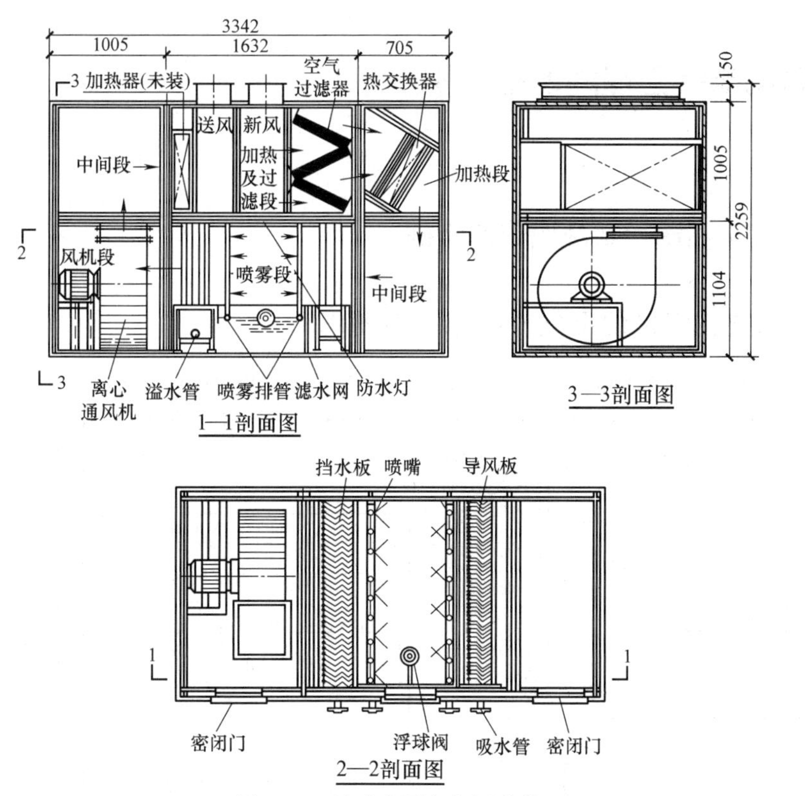

图 6-24　叠式金属空气调节箱

1）本图为空调箱的总图，分别为 1-1、2-2、3-3 剖面图。该空调箱分为上、下两层，每层三段，共六段，制造时用型钢、钢板等制成箱体，分六段制作，装上配件和设备，最后拼接成整体。

2）上层分为中间段、加热及过滤段和加热段。

① 左段为中间段，该段没有设备，只供空气通过。

② 中间段为加热及过滤段，左边为设加热器的部位（该工程未设置），中部顶上的两个矩形管，用来连接新风管和送风管，右部装过滤器。

③ 右段为加热段，热交换器倾斜安装于角钢托架上。

3）下层分为中间段、喷雾段和风机段。

① 中间段只供空气通过。

② 中部是喷雾段，右部装有导风板，中部有两根冷水管，每根管上有三根立管，每根立管上又接有水平支管，支管端部装有喷嘴，喷雾段的进、出口都装有挡水板，下部设有水池，喷淋后的冷水经过滤网过滤回到制冷机房的冷水箱循环使用，水池设溢水槽和浮球阀。

③ 风机段在下部左侧，有离心式风机，是空调系统的动力设备。空调箱要做厚30mm的泡沫塑料保温层。

4）由上可知，空气调节箱的工作过程是新风从上层中间顶部进入，向右经空气过滤器过滤、热交换器加热或降温，向下进入下层中间段，再向左进入喷雾段处理，然后进入风机段，由风机压送到上层左侧中间段，经送风口送出到与空调箱相连的送风管道系统，最后经散流器进入各空调房间。

6.4 建筑电气工程图识图实例

6.4.1 电气平面图、系统图识图实例

实例16：新建住宅区的电气外线总平面图识图

新建住宅区的电气外线总平面图如图6-25所示，从图中可以看出：

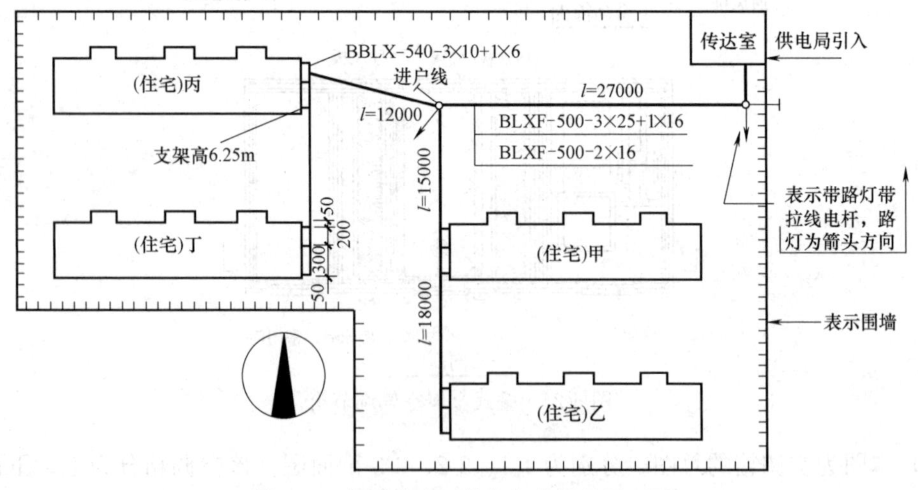

图6-25 新建住宅区的电气外线总平面图

1）该图是一个新建住宅区的外线线路图。图上有四栋住宅，一栋小传达室，四周有围墙。

2）当地供电局供给的电源由东面进入传达室，在传达室内有总电闸控制，再把电输送到各栋住宅。院内有两根电杆，分两路线送到甲、乙、丙、丁四栋房屋。房屋的墙上有架线支架通过墙穿管送入楼内。

3）图上标出了电线长度，如 l＝27000mm、15000mm 等，在房屋山墙还标出支架高度 6.25m，其中 BLXF-500-3×25＋1×16 的意思是氯丁橡皮绝缘架空线，承受电压在 500V 以内，3 根截面为 25mm^2 电线加 1 根截面为 16mm^2 的电线，另外还有两根 16mm^2 的辅线，BBLX 是代表棉纱编织橡皮绝缘电线的进户线，其后数字的意思与上述相同。

实例 17：某单元住宅电气系统图识图

某单元住宅电气系统图如图 6-26 所示，从图中可以看出：

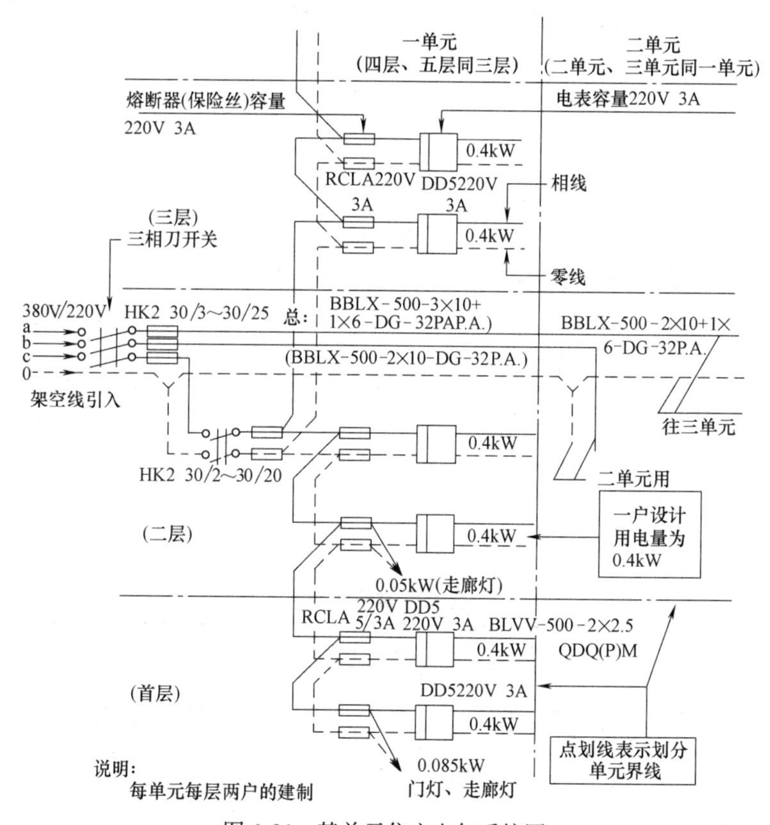

图 6-26 某单元住宅电气系统图

1）此图表明五层，三个单元住宅，一单元是两户建制的电气系统图。

2）进户线为三相四线，电压为 380/220V（相压 380V，线压 220V），通过全楼的总电闸，通过三个熔断器，分为三路：一路进入一单元和零线结合成 220V 的一路线，一路进入二单元，一路进入三单元。

3）每一路相线和零线又分别通过每单元的分电闸，在竖向分成五层供电。每层线路又分为两户，每户通过熔断器及电表进入室内。

4）首层中，BLVV-500-2×2.5QD，Q（P）M 的意义是：聚氯乙烯绝缘电线 500V 以内 2 根 2.5mm² 线路用卡钉敷设，沿墙、顶明敷。

6.4.2 建筑变配电、动力及照明工程图识图实例

实例 18：某小型工厂变电所主接线图识图

某小型工厂变电所主接线图如图 6-27 所示，从图中可以看出：

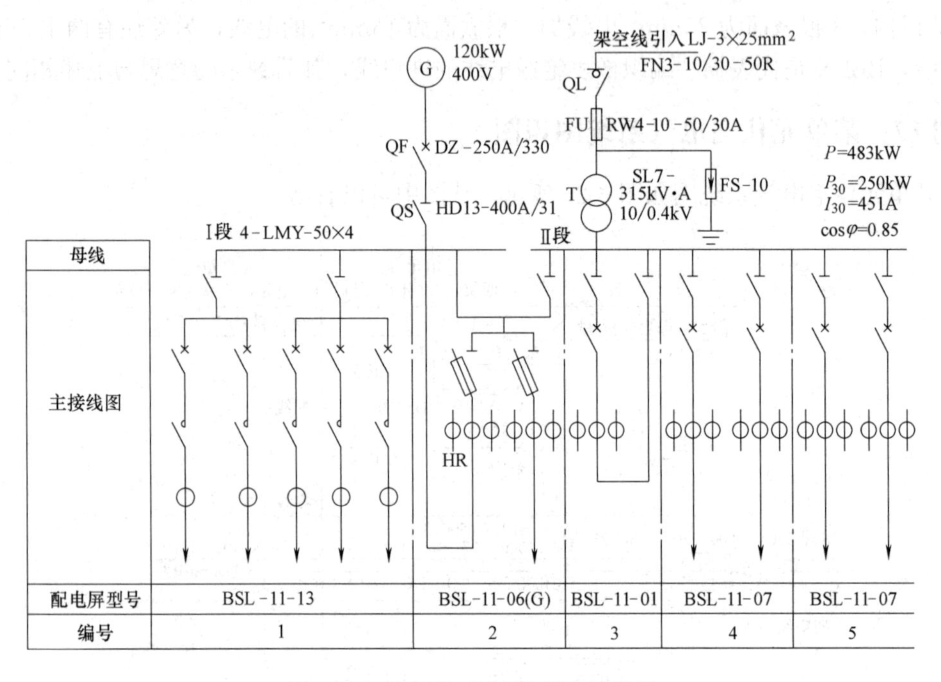

图 6-27　某小型工厂变电所主接线图

图 6-27 中，元器件材料参数见表 6-2。

元器件材料参数　　**表 6-2**

配电屏型号	BSL-11-13					BSL-11-06(G)		BSL-11-01		BSL-11-07		BSL-11-07	
配电屏编号	1					2		3		4		5	
馈线编号	1	2	3	4	5	—	6	—	—	7	8	9	10
安装功率(kW)	78	38.9	—	15	12.6	120	43.1	315	—	53.5	182	—	64.8
计算功率(kW)	52	26	—	10	10	120	38.1	250	—	40	93	—	26.5
计算电流(A)	75	43.8	—	15	15	217	68	451	—	61.8	177	—	50.3
电压损失(%)	3.2	4.1	—	1.88	0.8	—	3.9	—	—	3.78	4.6	—	3.9
HD 型开关额定电流(A)	100	100	100	100	100	400	100	600	600	200	400	200	200
GJ 型接触器额定电流(A)	100	100	100	60	60	—	—	—	—	—	—	—	—
DW 型开关额定电流(A)	—	—	—	—	—	—	—	600/800	—	400/100	—	—	400/100

续表

配电屏型号	BSL-11-13					BSL-11-06(G)		BSL-11-01		BSL-11-07		BSL-11-07	
配电屏编号	1					2		3		4		5	
DZ型开关额定电流(A)	100/75	100/50	100	100/25	100/25	250/330	250/150	—	—	—	—	—	—
电流互感器电流比	150/5	150/5	150/5	150/5	50/5	250/5	100/15	500/5	—	75/5	300/5	100/15	75/5
电线电缆型号	BLX	BLV	—	BLV	BLV	VLV2	LJ	LMY	—	BLV	LGJ	—	BLV
电线电缆导线根数×截面积(mm^2)	3×50+1×16	4×16	—	4×10	4×10	3×95+1×50	4×16	50×4	—	4×16	3×95+1×50	—	4×16
敷设方式	架空线	架空线	—	架空线	架空线	电缆沟	架空线	母线穿墙	—	架空线	架空线	—	架空线
负荷或电源名称	职工医院	试验室	备用	水泵房	宿舍	发电机	办公楼	变压器	—	礼堂	附属工厂	备用	路灯

1）电源进线是采用 LJ-3×25mm² 的三根 25mm² 的铝胶线架空敷设引入的，经过负荷开关 QL（FN3-10/30-50R）、熔断器 FU（RW4-10-50/30A）送入主变压器（SL7-315kVA，10/0.4kV），把 10kV 的电压转换为 0.4kV 的电压，由铝排送到 3 号配电屏，再进到母线上。

2）3 号配电屏的型号为 BSL-11-01。

3）低压配电屏有两个刀开关、一个万能型自动空气断路器。自动空气断路器的型号为 DW10，额定电流 600A。

4）为保护变压器，防止雷电波袭击，在变压器高压侧进线端安装了一组三个 FS-10 型避雷器。

5）该电路图采用单母线分段式，放射式配电方式，用 4 根 LMY 型、截面积 50mm×4mm 的硬铝母线作为主母线，两段母线通过隔离刀开关进行联络。

6）当电源进线正常供电而备用发电机不供电时，联络开关闭合，两段母线均由主变压器供电。当电源进线、变压器等发生故障或检修时，变压器的出线开关断开，停止供电，联络开关断开，备用发电机供电，此时只有Ⅰ段母线带电，供给职工医院、水泵房、办公室、试验室、宿舍等。只要备用发电机不发生过载，也可通过联络开关使Ⅱ段母线有电，送给Ⅱ段母线的负荷。

7）该变电所共有 10 个馈电回路，其中 3、9 回路为备用。其中，第 6 回路由 2 号屏输出，供给办公楼，安装功率 $P_e=43.1$kW，计算功率 $P_{30}=38.1$kW，需要系数为 $k_d=\frac{P_{30}}{P_e}=\frac{38.1}{43.1}=0.88$。

8）平均功率因数为 0.85，则第 6 回路的计算电流

$$I_{30}=\frac{P_{30}}{\sqrt{3}U_N\cos\varphi}=\frac{38.1}{\sqrt{3}\times0.38\times0.85}\text{A}=68\text{A}。$$

9）第 6 回路中有三个电流比为 100/15 的电流互感器以供测量用。馈线采用 4 根铝绞线（LJ-4×16mm²）进行架空线敷设，全线电压损失为 3.9%。

10）该变电所采用柴油发电机组作为备用电源，发电机的额定功率为 120kW，额定

电压为 400/230V，功率因数为 0.85，额定电流 $I_{30}=\frac{P_{30}}{\sqrt{3}U_{N}\cos\varphi}=\frac{120}{\sqrt{3}\times0.4\times0.85}A=$ 203.8A。因此，选用发电机出线断路器的型号为 DZ 系列，额定电流为 250A。

11）备用发电机电源经自动空气断路器 QF 和刀开关 QS 送到 2 号配电屏，再引至Ⅰ段母线。

12）从发电机房至配电室采用型号为 VLV2-500V 的三根截面积为 $95mm^2$（作相线）和一根截面积为 $50mm^2$（作中性线）的电缆沿电缆沟进行敷设。

13）2 号配电屏的型号是 BSL-11-06（G），有一路进线，一路馈线。进线用于备用发电机，它经三个电流比为 250/5 的电流互感器和一组熔断器式开关（HR），又分成两路，左边一路接Ⅰ段母线，右边一路经联络开关送到Ⅱ段母线。其馈线用于第 6 回路，供电给办公楼。

实例 19：某教学大楼 1～6 层动力系统图识图

某教学大楼 1～6 层动力系统图如图 6-28 所示，从图中可以看出：

1）电梯动力由低压配电室 AA4 的 WPM4 回路用电缆经竖井引至 6 层电梯机房，接至 AP-6-1 箱上，箱型号为 PZ30-3003，电缆型号为 VV-(5×10）铜芯塑缆。

2）AP-6-1 箱输出两个回路，电梯动力 18.5kW，主开关为 C45N/3P（50A）低压断路器，照明回路主开关为 C45N/1P（10A）。

3）动力母线是用安装在电气竖井内的插接母线完成的，母线型号为 CFW-3A-400A/4，额定容量为 400A，三相加一根保护线。

4）动力母线的电源是用电缆从低压配电室 AA3 的 WPM2 回路引入的，其电缆型号为 VV-(3×120+2×70）铜芯塑电缆。

5）各层的动力电源是经插接箱取得的，插接箱与母线成套供应，箱内设两只 C45N/3P（32A）、(50A）低压断路器，括号内数值为电流整定值，将电源分为两路。

6）1 层电源分为两路。其中，一路是用电缆桥架（CT）将电缆 VV-(5×10)-CT 铜芯电缆引至 AP-1-1 配电箱，型号为 PZ30-3004；另一路是用 5 根每根为 6mm。导线穿管径 25mm 的钢管将铜芯导线引至 AP-1-2 配电箱，型号为 AC701-1。

7）AP-1-2 配电箱内有 C45N/3P（10A）的低压断路器，其整定电流为 10A，B16 交流接触器，额定电流为 16A，T16/6A 热继电器，额定电流为 16A，热元件额定电流为 6A。

8）总开关为隔离刀开关，型号为 INT100/3P（63A）。

9）AP-1-2 配电箱为一路 WP-1，新风机 2.2kW，用铜芯塑线（4×2.5)-SC20 连接。

10）AP-1-1 配电箱分为四路，其中有一备用回路。第一分路 WP-1 为电烘手器 2.2kW，用铜芯塑线（3×4)-SC20 引出到电烘手器上，开关为 C45N Vigi/2P（16A），有漏电报警功能（Vigi）；第二分路 WP-2 为电烘手器，同上；第三分路为电开水器 8.5kW，用铜芯塑线（4×4)-SC20 连接，开关为 C45N Vigi/3P（20A），有漏电报警功能。

11）2～5 层与 1 层基本相同，但 AP-2-1 箱增了一个回路，这个回路是为一层设置的，编号为 AP-1-3，型号为 PZ30-3004，四路热风幕，0.35kW×2，铜线穿管（4×2.5)-SC15 连接。

12）5 层与 1 层稍有不同，其中 AP-5-1 与 1 层相同，而 AP-5-2 增加了两个回路，两个冷却塔 7.5kW，用铜塑线（4×6）-SC25 连接，主开关为 CA5N/3P（25A）低压断路器，接触器 B25 直接启动，热继电器 T25/20A 作为过载及断相保护。

13）5 层增加回路后，插接箱的容量也作相应调整，两路均为 C45N/3P（50A），连接线变为（5×10）-SC32。

14）1 层从低压配电室 AA4 的 WLM2 引入消防中心火灾报警控制柜一路电源，编号 AP-1-4，箱型号为 PZ30-3003，总开关为 INT100/3P（63A）刀开关，分 3 路，型号都为 C45N/ZP（16A）。

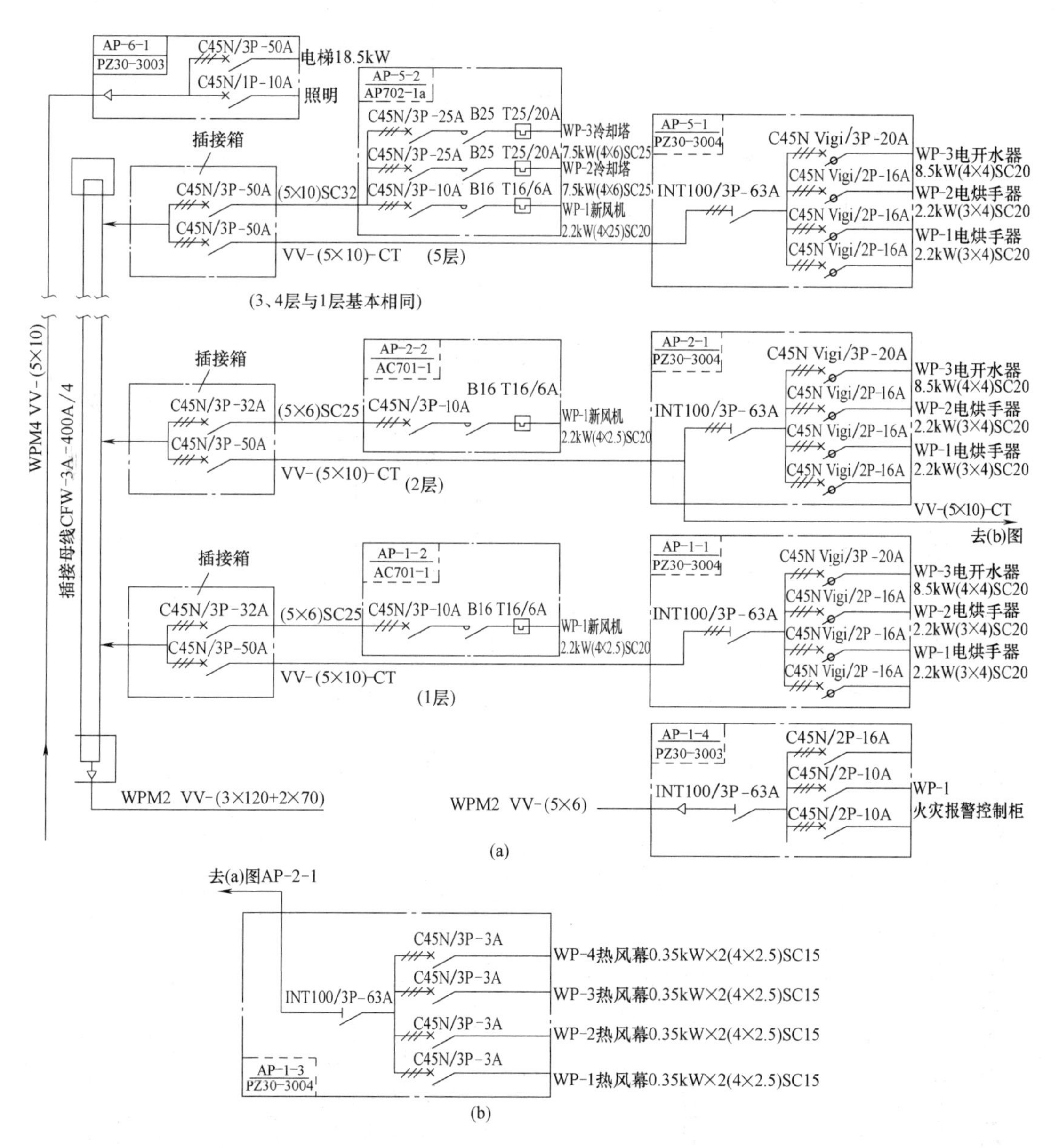

图 6-28　某教学大楼 1～6 层动力系统图

（a）带有 AP-2-1；（b）去除 AP-2-1

实例 20：某办公楼低压配电系统图识图

某办公楼低压配电系统图如图 6-29 所示，从图中可以看出：

LMY-100/10

由厂区配电所引来

VV22(3×185+1×95)×2

主电源

VV22(3×185+1×95)

备用电源

DWB

编号	AA5		AA4				AA3		AA2	AA1	
型号	GGD2-38-0502D		GGD2-39C-0513D				GGD2-38B-0502D		GGJ2-01-0801D	GGD2-15-0108D	
主电路方案	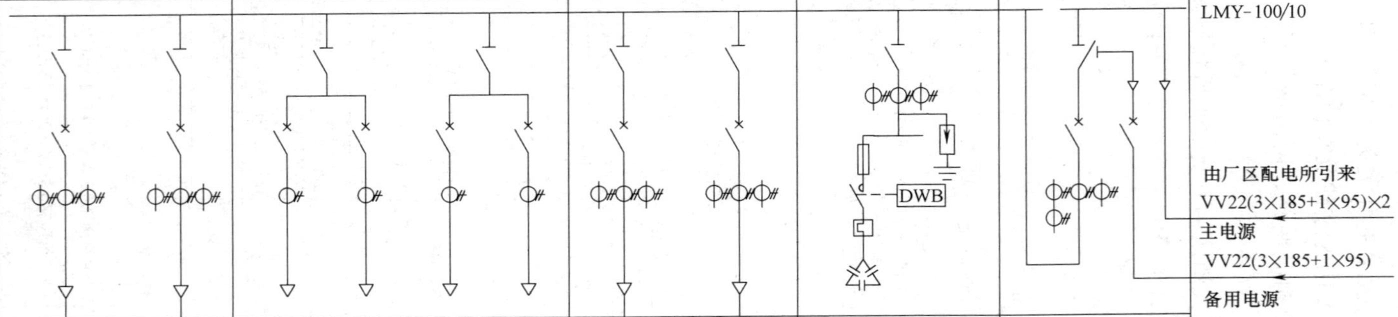										
设备(回路)编号		WLM1	WPM3	WLM2		WPM4	WPM2	WPM1			
用途	备用	照明干线	水泵房	消防中心	备用	电梯	动力干线	空调机房	无功补偿	引入线总柜	
容量/kW		153.5	66.9			18.5	113	156	160kvar	507.9	
主要设备 刀开关(HD13BX-)	600/31	600/31	400/31		400/31		600/31	600/31	400/31	HSBX-1000/31	
断路器(DWX15-)	400/3	400/3					400/3	400/3		1000/3	
断路器(DWX10-)			200	100	200	100					400
脱扣器额定电流/A	400	300	140	60	200	60	250	300		600	200
接触器									CJ16－32×10		
热继电器									JR16－60/32×10		
电流互感器(LMZ-0.66-)	300/5	300/5	200/5	50/5	200/5	100/5	300/5	300/5	400/5×3	800/5	
熔断器									aM3-32×30		
接闪器									FYS－0.22×3		
电容器									BCMJ 0.4－16－3×10		
管线电缆VV22		(4×150+1×75)	(3×70+2×35)	(5×6)		(5×10)	(3×120+2×70)	(3×150+2×70)			
备注(柜宽/mm)	800		800				800		1000	1000	

图 6-29　某办公楼低压配电系统图

1）系统有5台低压开关柜，采用GGD2系列，电源引入为两个回路，有一个为备用电源，系统送出6个回路，另有备用回路两个，无功补偿回路一个，总容量507.9kW，无功补偿容量160kvar。

2）进户电源两路，主电源采用两根聚氯乙烯绝缘钢带铠装聚氯乙烯护套电力电缆进户，这两根电缆型号为VV22（3×185＋1×95），经断路器引至进线柜（AA1）中的隔离刀闸上闸口；备用电源用1根电缆进户，这根电缆型号为VV22（3×185＋1×95），经断路器倒送引至AA1的旁路隔离刀闸上闸口。这3根电缆均为四芯铜芯电缆，相线$185mm^2$，零线$95mm^2$，由厂区配电所引来，380/220V。

3）进线柜型号为GGD2-15-0108D，进线开关隔离刀开关型号为HSBX-1000/31，断路器型号为DWX15-1000/3，额定电流1000A，电流互感器型号为LMZ-0.66-800/5，即电流互感器一次进线电流为800A，二次电流5A。母线采用铝母线，型号LMY-100/10，L表示铝制，M表示母线，Y表示硬母线，100表示母线宽100mm，10表示母线厚10mm。

4）低压出线柜共3台，其中AA3型号为GGD2-38B-0502D，AA4型号为GGD2-39C-0513D，AA5型号为GGD2-38-0502D。

① 低压柜AA3共两个出线回路，即WPM1和WPM2。WPM1为空调机房专用回路，容量156kW，其中隔离刀开关型号为HD13BX-600/31，额定电流600A；断路器型号为DWX15-400/3，额定电流400A；脱扣器整定电流300A；电流互感器3只，型号均为LMZ-0.66-300/5；引出线型号为VV22（3×150＋2×70）铜芯塑电缆，即3根相线均为$150mm^2$，N线和PE线均为$70mm^2$。WPM2为系统动力干线回路，供1～6层动力用，容量113kW，其中隔离刀开关型号为HD13BX-600/31；断路器型号为DWX15-400/3，整定电流250A；互感器3只型号均为LMZ-0.66-300/5；引出线型号为VV22（3×120＋2×70）铜芯塑电缆。

② 低压柜AA4共4个出线回路，其中有一路备用。WPM3为水泵房专用回路，容量66.9kW，隔离刀开关型号为HD13BX-400/31；断路器型号为DWX10-200，额定电流200A；脱扣器整定电流140A；电流互感器一只，型号为LMZ-0.66-200/5；引出线型号为VV22（3×70＋2×35）铜芯导缆。WLM2为消防中心专用回路，与WPW3共用一只刀开关；断路器型号为DWX10-100，整定电流60A；电流互感器一台，型号为LMZ-0.66-50/5；引出线型号为VV22（50×5）铜芯电缆。WPM4为电梯专用回路，容量18.5kW，与备用回路共用一只刀开关，型号为HD13BX-400/31；断路器型号为DWX10-100，整定电流60A；电流互感器一只，型号为LMZ-0.66-100/5；出线型号为VV22（5×10）铜芯电缆。备用回路断路器型号为。DWX10-200型，整定电流200A；电流互感器型号为LMZ-0.66-200/5型。

③ 低压柜AA5引出两个回路，有一路备用，WLM1为系统照明干线回路，与AA3引出回路基本相同，可自行分析。

5）低压配电室设置一台无功补偿柜，型号为GGJ2-01-0801D，编号AA2，容量160kvar。隔离刀开关型号为HD13BX-400/31，3只电流互感器，型号为LMZ-0.66-400/5。共有10个投切回路，每个回路熔断器3只，型号均为aM3-32，接触器型号为CJ16-32；热继电器型号为JR16-60/32型，额定电流60A，热元件额定电流32A；电容器型号为

BCMJ0.4-16-3，B表不并联，C表示电容器，MJ表示金属化膜，0.4表示耐压0.4kV，容量16kvar。刀开关下闸口设低压接闪器3只，型号为FYS-0.22，是配电所用阀型接闪器，额定电压0.22kV。

实例21：某照明配电系统图识图

某照明配电系统图如图6-30所示，从图中可以看出：

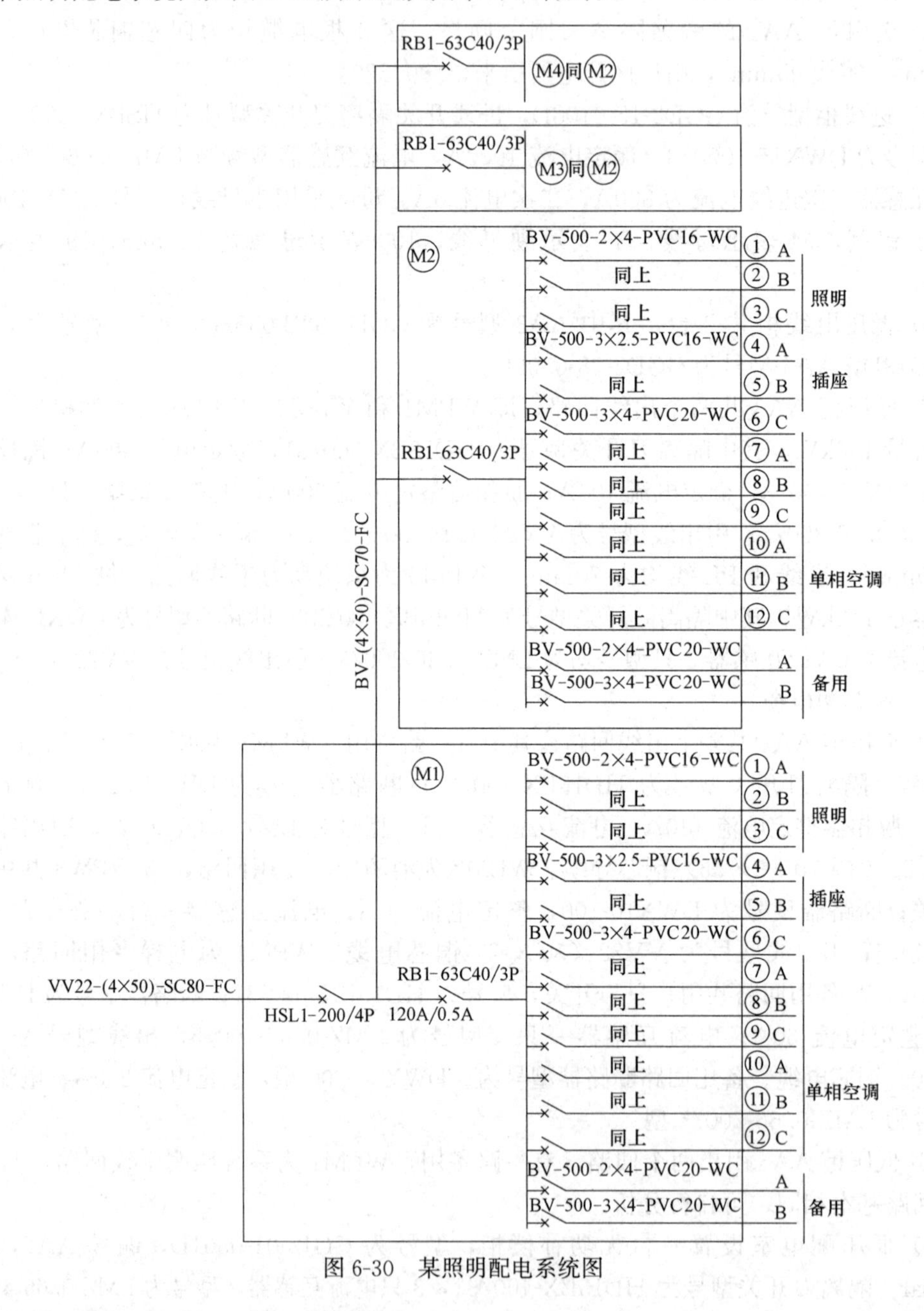

图6-30 某照明配电系统图

1）该照明工程采用三相四线制供电。

2）电源进户线采用BV22-（4×60)-SC80-FC，表示四根铜芯塑料绝缘线，每根截面为 60mm^2，穿在一根直径为 80mm 的水煤气管内，埋地暗敷设，通至配电箱，内有漏电开关，型号为 HSL1-200/4P 120A/0.5A；然后，引出四条支路分别向一、二、三、四层供电。

3）此四条供电干线为三相四线制，标注为 BV-4×50-SC70-FC，表示有四根铜芯塑料绝缘线，每根截面为 50mm^2，穿在直径为 70mm 的水煤气管内，埋地暗敷设。

4）底层为总配电箱，二、三、四层为分配电箱。每层的供电干线上都装有漏电开关，其型号为 RB1-63C40/3P。

5）由配电箱引出 14 条支路，其配电对象分别为：①、②、③支路向照明灯和风扇供电，线路为 BV-500-2×4-PVC16-WC，表示两根铜芯塑料绝缘线，每根截面为 4mm^2，穿直径为 16mm^2 的阻燃型 PVC 管沿墙暗敷。

6）④、⑤支路向单相五孔插座供电，线路为 BV-500-3×2.5-PVC16-WC。

7）⑥、⑦、⑧、⑨、⑩、⑪、⑫向室内空调用三孔插座供电，线路为 BV-500-3×4-PVC20-WC。

8）⑬、⑭支路备用。

实例 22：某综合大楼照明系统图识图

某综合大楼照明系统图如图 6-31 所示，从图中可以看出：

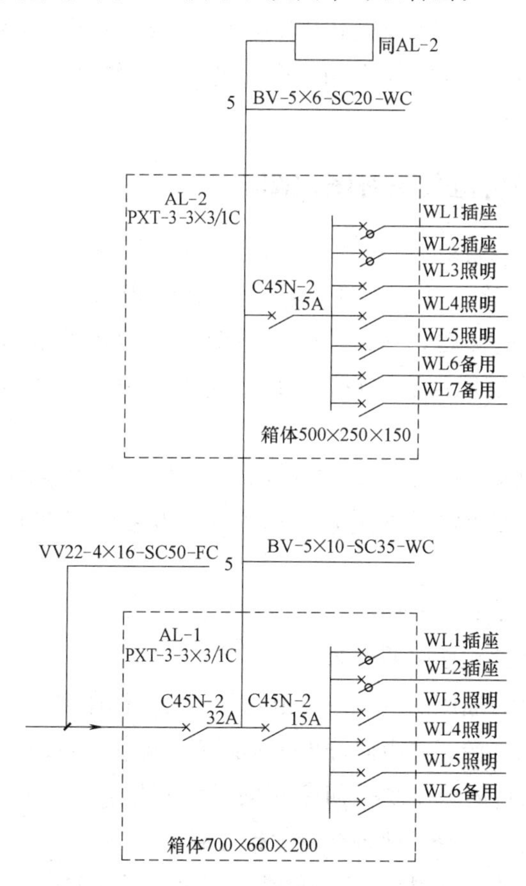

图 6-31 某综合大楼照明系统图

1）大楼使用全塑铜芯铠装电缆，规格为4芯，截面积16mm^2，穿直径为50mm焊接钢管，沿地下暗敷设进入建筑物的首层配电箱。

2）三个楼层的配电箱都为PXT型通用配电箱，一层AL-1箱尺寸为700mm×660mm×200mm，配电箱内装一只总开关，使用C45N-2型单极组合断路器，容量为32A。

3）总开关后接本层开关，使用C45N-2型单极组合断路器，容量为15A。

4）本层开关后共有6个输出回路，分别为WL1～WL6：WL1、WL2为插座支路，开关使用C45N-2型单极组合断路器；WL3、WL4及WL5为照明支路，使用C45N-2型单极组合断路器；WL6为备用支路。

5）1层到2层的线路使用5根截面积为10mm^{2}的BV型塑料绝缘铜导线连接，穿直径35mm焊接钢管，沿墙内暗敷设。

6）二层配电箱AL-2与三层配电箱AL-3相同，都为PXT型通用配电箱，尺寸为500mm×250mm×150mm。

7）配电箱内主开关为C45N-2型15A单极组合断路器，在开关前分出一条线路接往三楼。

8）配电箱内主开关后为7条输出回路：WL1、WL2为插座支路，使用带漏电保护断路器；WL3、WL4、WL5为照明支路；WL6、WL7两条为备用支路。

9）从2层到3层用5根截面积为6mm^{2}的塑料绝缘铜线进行连接，穿直径为20mm焊接钢管，沿墙内暗敷设。

实例23：某小型锅炉房电气系统图识图

某小型锅炉房电气系统图如图6-32所示，从图中可以看出：

1）系统共分8个回路。其中，PG1是一小动力配电箱AP-4供电回路，PG2是食堂照明配电箱AL-1供电回路，PG3、PG4是两台小型锅炉的电控柜AP-3、AP-2供电回路，PG5为锅炉房照明回路，PG6、PG7为两台循环泵的启动电路，另外一回路为备用。

2）AP-4动力配电箱分三路：两路备用，一路为立式泵的启动电路，因容量很小，直接启动。低压断路器C45NAD/10带有短路保护，热继电器保护过载，接触器控制启动。

3）AL-1照明配电箱有三个作用：

① 作为食堂照明及单相插座的电源。

② 作为食堂三相动力插座的电源，并由此分出两个插座箱。

③ 作为浴室照明的电源，并由此分出一小照明配电箱AL-2。

4）AP-2、AP-3两台锅炉控制柜回路相同，因容量较小，均采用接触器直接启动，低压断路器C45NAD保护短路，热继电器保护过载。

5）两台15kW循环泵均采用了Y-△启动，减小了启动冲击电流。

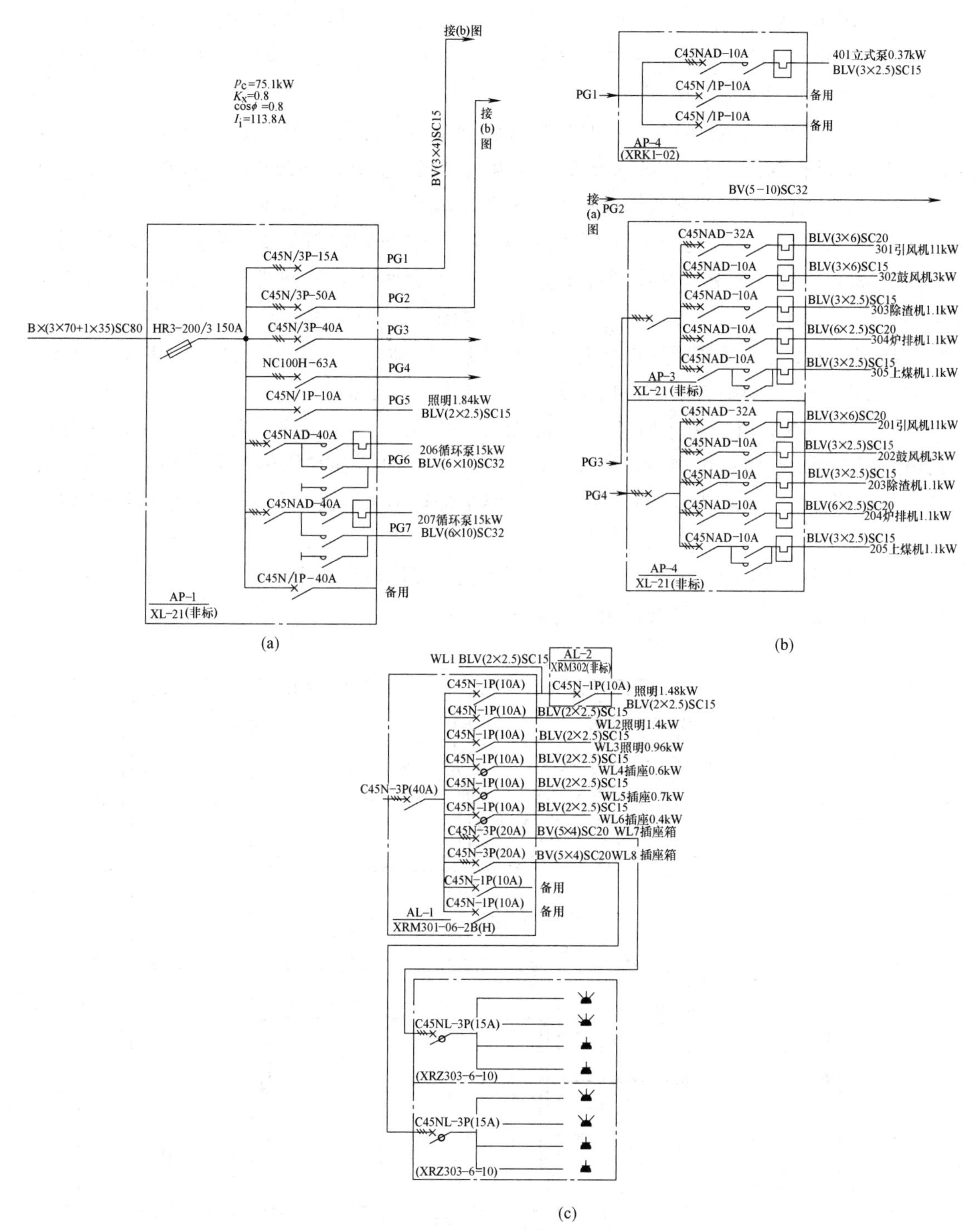

图 6-32　某小型锅炉房电气系统图

（a）总动力配电柜系统；（b）动力系统；（c）照明系统

实例 24：某小型锅炉房动力平面图识图

某小型锅炉房动力平面图如图 6-33 所示，从图中可以看出：

1）AP-1、AP-2、AP-3 三台柜设在控制室内，落地安装，电源 BX（3×70＋1×35）穿直径 80mm 的钢管，埋地经锅炉房由室外引来，引入 AP-1。同时，在引入点处⑬轴设置了接线盒，如图 6-33（b）所示。

2）两台循环泵、每台锅炉的引风机、鼓风机、除渣机、炉排机、上煤机 5 台电动机的负荷管线均由控制室的 AP-1 埋地引出至电动机接线盒处，导线规格、根数、管径见图中标注。其中有三根管线在⑫轴设置了接线盒，如图 6-33（b）所示。

3）循环泵房、锅炉房引风机室设按钮箱各一个，分别控制循环泵及引风机、鼓风机，标高 1.200m，墙上明装。其控制管线也由 AP-1 埋地引出，控制线为 1.5mm^2 塑料绝缘铜线，穿管直径 15mm。按钮箱的箱门布置，如图 6-33（c）所示。

4）AP-4 动力箱暗装于立式小锅炉房的墙上，距地 1.4m，电源管由 AP-1 埋地引入。立式 0.37kW 泵的负荷管由 AP-4 箱埋地引至电动机接线盒处。

5）AL-1 照明箱暗装于食堂Ⓔ轴的墙上，距地 1.4m，电源 BV（5×10）穿直径 32mm 钢管埋地经浴室由 AP-1 引来，并且在图中标出了各种插座的安装位置，均为暗装，除注明标高外，均为 0.300m 标高，管路全部埋地上翻至元件处，导线标注如图 6-8 所示。

6）接地极采用 ϕ25mm×2500mm 镀锌圆钢，接地母线采用 40mm×4mm 镀锌扁钢，埋设于锅炉房前侧并经⑫轴埋地引入控制室于柜体上。

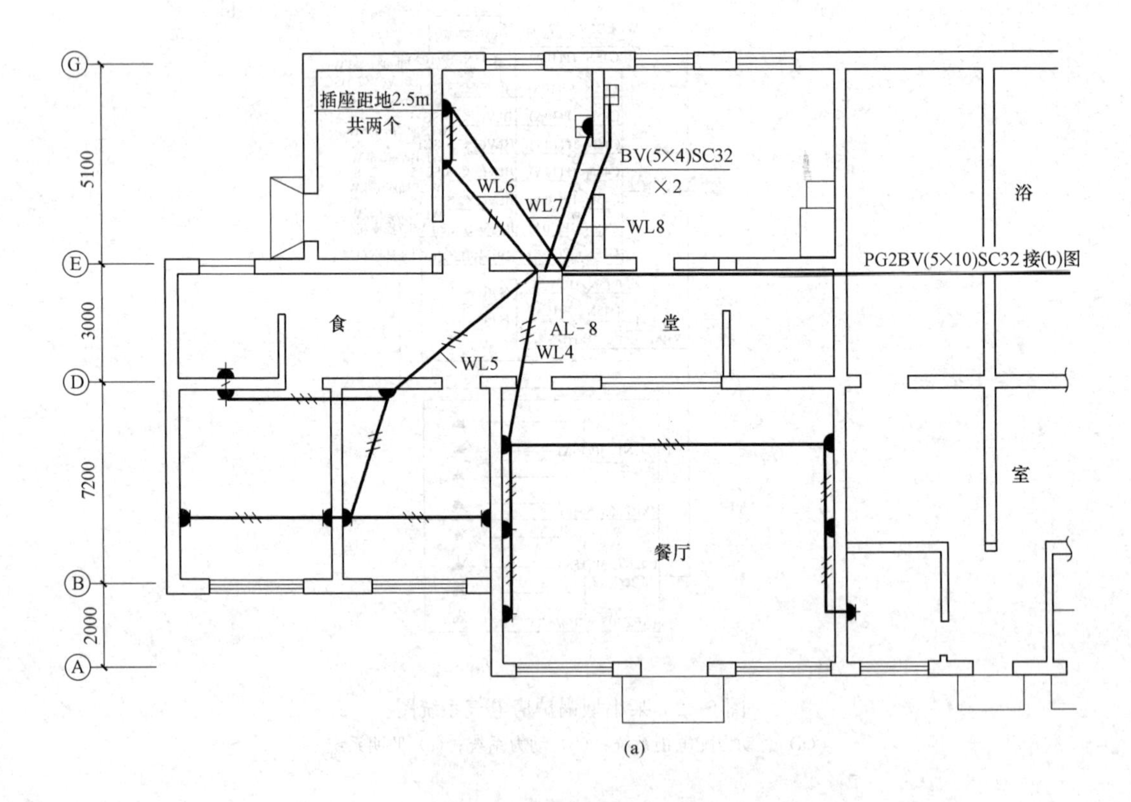

(a)

图 6-33　某小型锅炉房动力平面图（一）

(a) 生活区动力

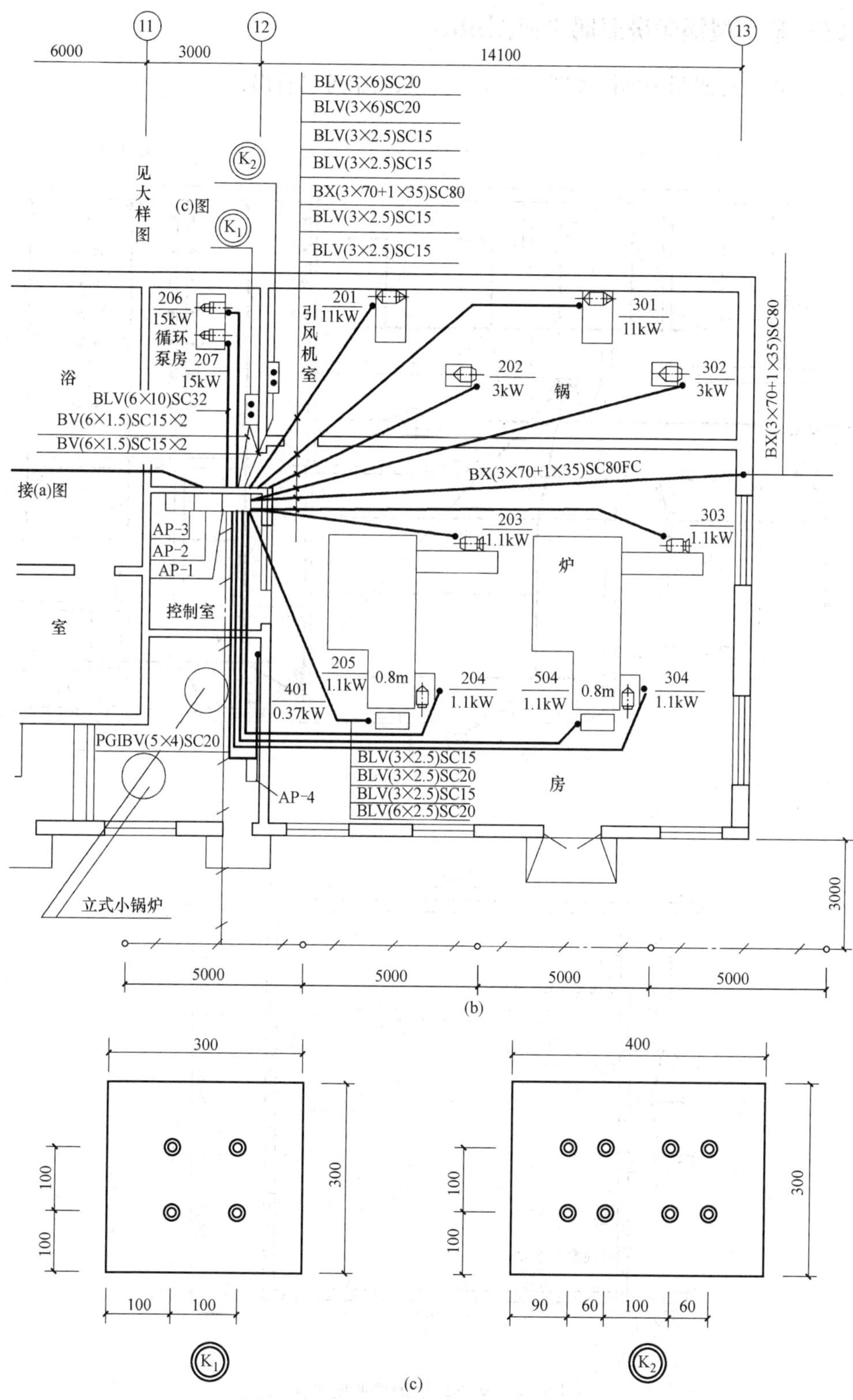

图 6-33　某小型锅炉房动力平面图（二）

（b）锅炉房动力；（c）按钮箱门大样图

实例 25：某小型锅炉房照明平面图识图

某小型锅炉房照明平面图如图 6-34 所示，从图中可以看出：

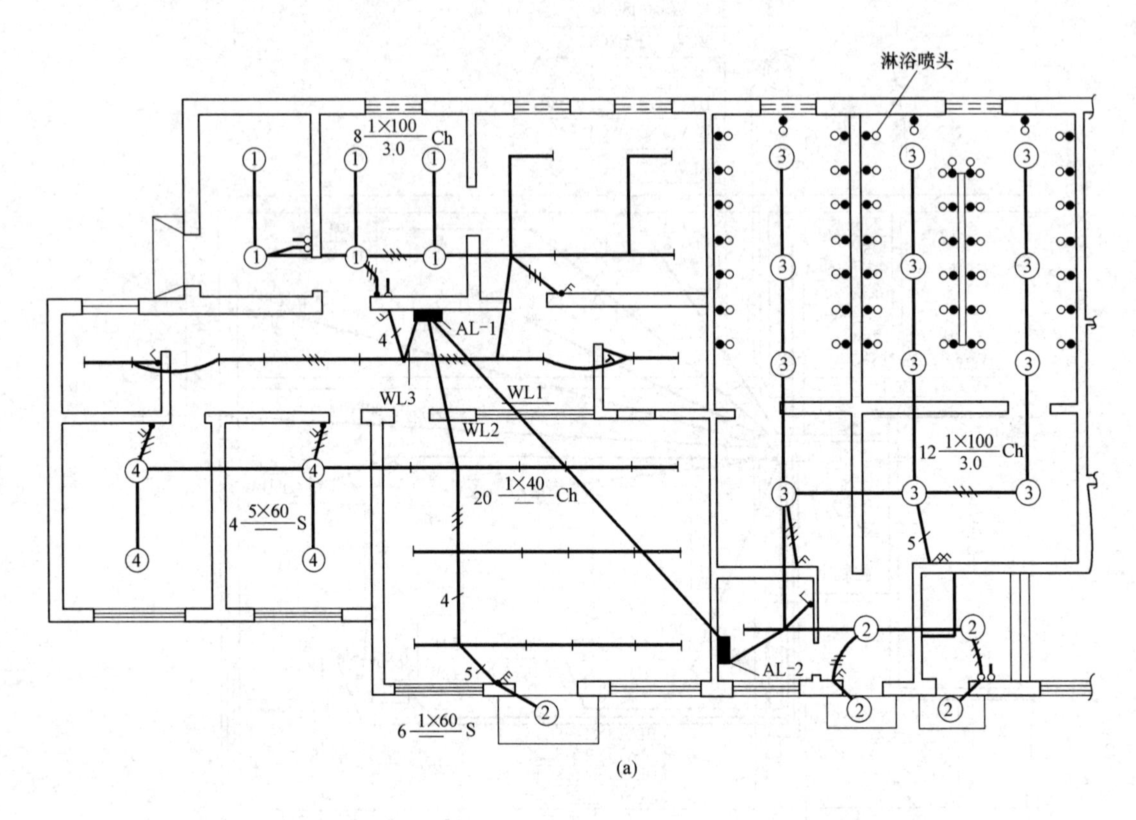

(a)

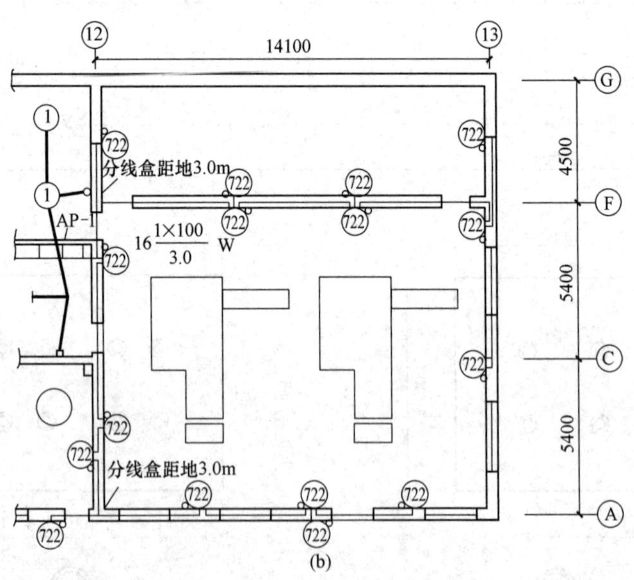

(b)

图 6-34 某小型锅炉房照明平面图

(a) 生活区照明；(b) 锅炉房照明

1）锅炉房采用弯灯照明，管路由 AP-1 埋地引至⑫轴 3m 标高处沿墙暗设，灯头单独由拉线电门控制。该回路还包括循环泵房、控制室及小型立炉室的照明。

2）食堂的照明均由 AL-1 引出，共分三路，其中一路 WL1 是浴室照明箱 AL-2 的电源。浴室采用防火灯。

6.4.3　建筑物防雷接地工程图识图实例

实例 26：某商业大厦屋面防雷平面图识图

某商业大厦屋面防雷平面图如图 6-35 所示，从图中可以看出：

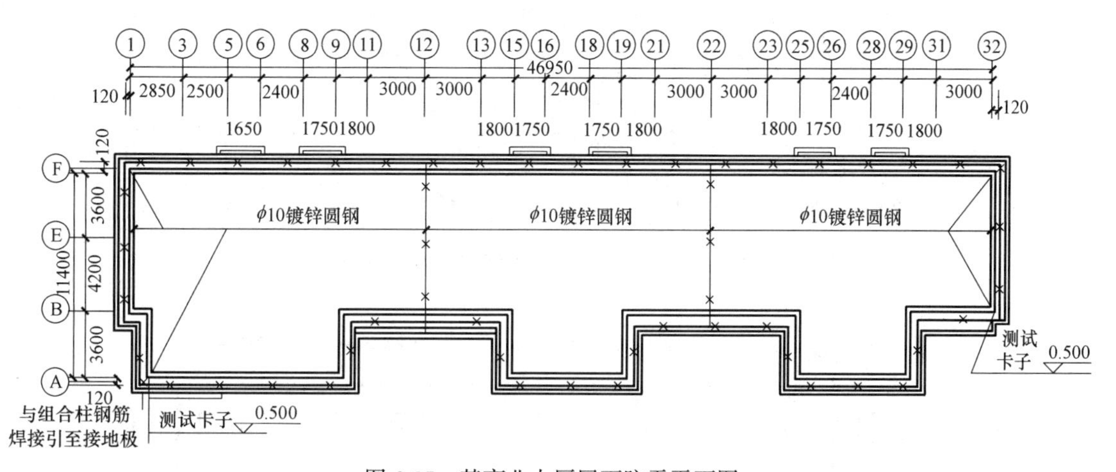

图 6-35　某商业大厦屋面防雷平面图

1）楼顶外沿处有一圈避雷网，在⑫轴线和㉒轴线处有两根避雷网线，将楼顶分为三个网格。

2）避雷网使用直径 10mm 的镀锌圆钢，避雷网在四个楼角处与组合柱钢筋焊接在一起，整个避雷系统有四根引下线。

3）图下部的两个楼角处标有测试卡子的字样，在这两根组合柱距室外地坪 0.50m 处，设测试卡子，以供检查接地装置接地电阻时使用。

实例 27：某综合大楼接地系统的共用接地体图识图

某综合大楼接地系统的共用接地体图如图 6-36 所示，从图 6-36 中可以看出：

1）周围共有 10 个避雷引下点，利用柱中两根主筋组成避雷引下线。

2）变电所设于地下一层，变电所接地引至－3.5m。

3）消防控制中心在地上一层，消防系统接地引至＋0.000。

4）计算机房设于 5 层，计算机系统接地引至＋20.00m。

5）该接地体由桩基础与基础结构中的钢筋组成，采用 40mm×4mm 的镀锌扁钢作为接地线，通过扁钢与桩基础中的钢筋来焊接，形成环状的接地网。

实例 28：某工厂厂房防雷接地平面图识图

某工厂厂房防雷接地平面图如图 6-37 所示，从图 6-37 中可以看出：

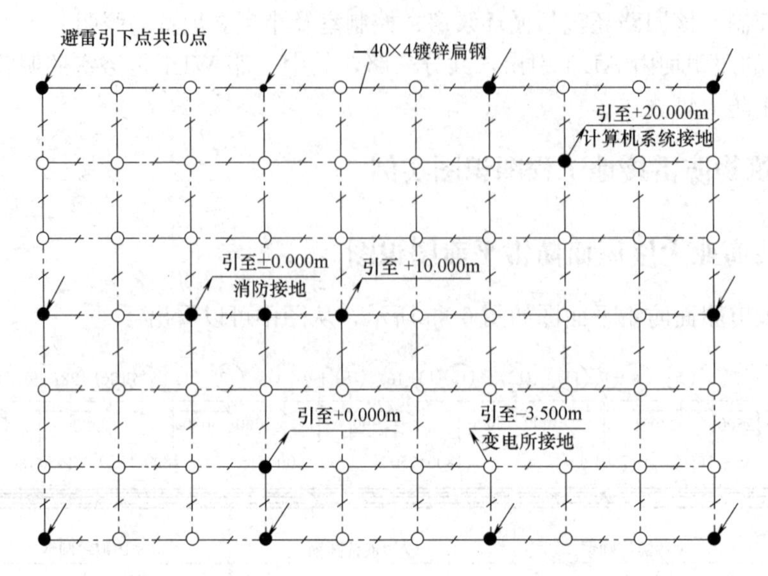

图 6-36 某综合大楼接地系统的共用接地体图

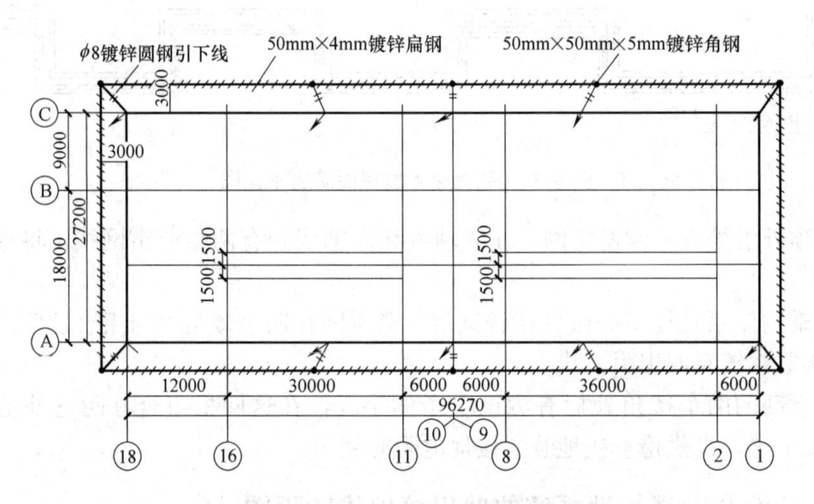

图 6-37 某工厂厂房防雷接地平面图

1）此厂房做了 10 根避雷引下线，引下线采用 $\phi 8$ 镀锌圆钢，在距地 1.8m 以下做绝缘保护，上端与金属屋顶焊接或螺栓连接。

2）此厂房用 12 根 50mm×50mm×5mm 镀锌角钢做了 6 组人工垂直接地体，水平连接用了 50mm×4mm 镀锌扁钢，与建筑物墙体之间的距离为 3m。

3）此厂房防雷与接地共用综合接地装置，接地电阻不大于 4Ω。实测达不到要求时，应补打接地体。

实例 29：某综合楼防雷接地工程图识图

某综合楼防雷接地工程图如图 6-38 所示，从图 6-38 中可以看出：

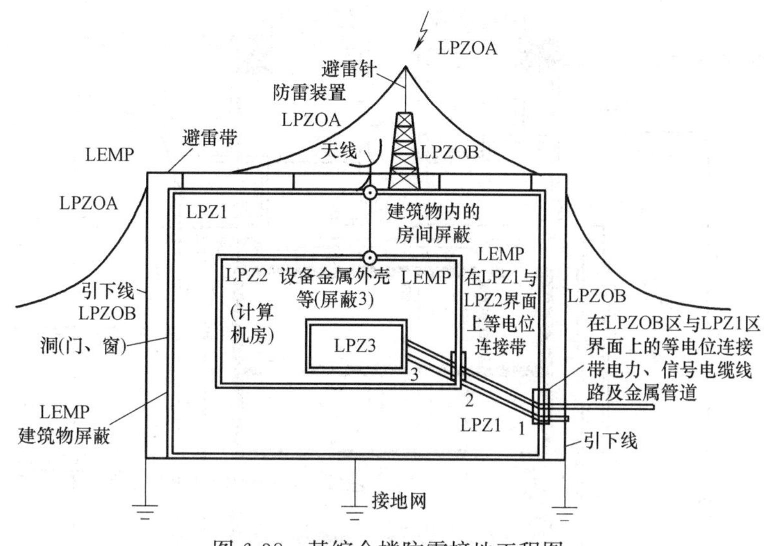

图 6-38 某综合楼防雷接地工程图

1）此综合楼以各部分空间不同的雷电脉冲（LEMP）的严重程度来明确各区交界处的等电位连接点的位置，将保护空间划分为多个防雷区（LPZ）。

2）图上，电力线和信号线从两点进入被保护区 LPZ1，并在 LPZOA、LPZOB 与 LPZ1 区的交界处连接到等电位连接带上，各线路还连到 LPZ1 与 LPZ2 区交界处的局部带电位连接带上。

3）建筑物的外屏蔽连到等电位连接带上，里面的房间屏蔽连到两局部等电位连接带上。

4）外部防雷采用了避雷针、避雷带、引下线及接地体；内部防雷利用避雷器、屏蔽物、等电位连接带及接地网。

5）防雷措施采取了防雷接地和电气设备接地两部分，从屋顶设置接闪器及引下线至接地体，防止直击雷，接地体与所有电气设备的接地构成等电位接地连接。

6.4.4 建筑弱电工程图识图实例

实例 30：某大厦二十二层火灾报警平面图识图

某大厦 22 层火灾报警平面图如图 6-39 所示，从图 6-39 中可以看出：

1）在消防电梯前室内装有区域火灾报警器（或层楼显示器），主要用于报警及显示着火区域，输入总线接到弱电竖井中的接线箱，再通过垂直桥架中的防火电缆接至消防中心。

2）整个楼面装有 27 只地址编码底的感烟探测器，采用二总线制，用塑料护套屏蔽电缆 RVVP-2×1.0 穿电线管（TC20）的敷设。

3）走廊平顶设置 8 个消防广播喇叭箱，用 $2\times1.5\text{mm}^2$ 的塑料软线穿 $\phi20$ 的电线管于平顶中敷设。

4）走廊内设置 4 个消火栓箱，箱内装有带指示灯的报警按钮。当发生火灾时，只需

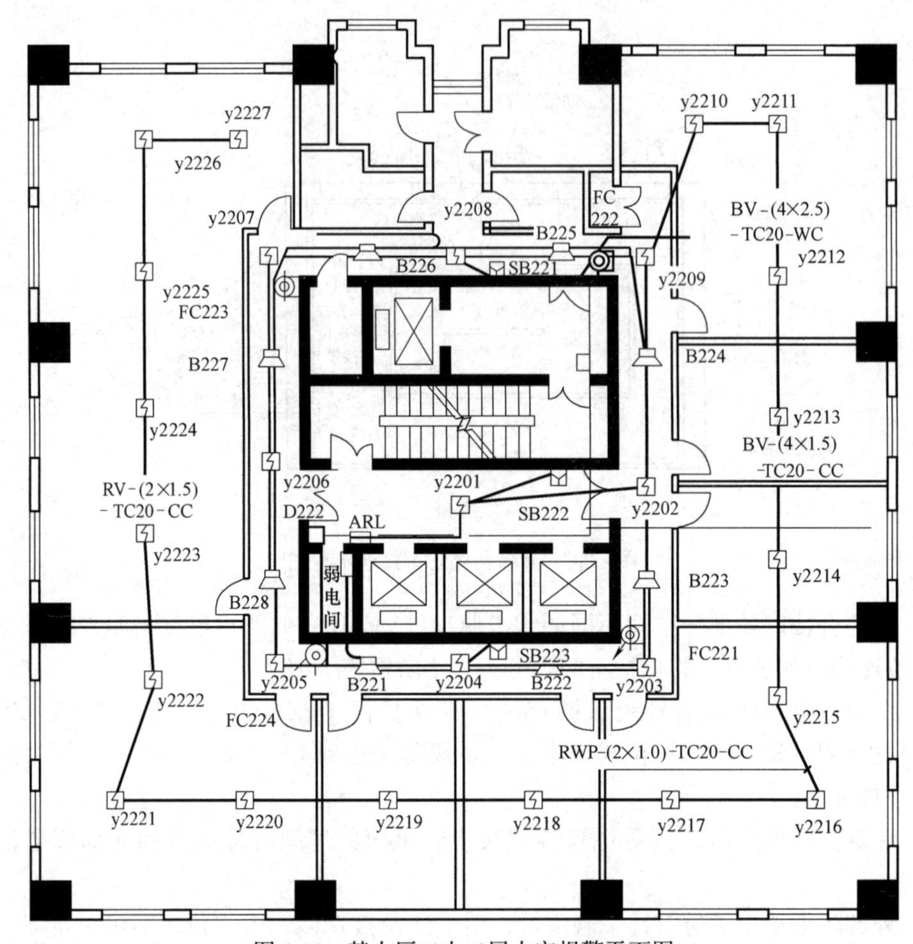

图 6-39 某大厦二十二层火灾报警平面图

敲碎按钮箱玻璃即可报警。

5）消火栓按钮线采用 $4\times2.5mm^2$ 的塑料铜芯线穿 $\phi25$ 电线管，沿筒体垂直地敷设至消防中心或消防泵控制器。

6）D 为控制模块，D221 为前室正压送风阀控制模块，D222 为电梯厅排烟阀控制模块，从弱电竖井接线箱敷设 $\phi20$ 电线管至控制模块，穿 BV-4×1.5 导线。

7）FC 为消防联动控制线。

8）B 为消防扬声器。

9）SB 为指示灯的报警按钮，含有输入模块。

10）Y 为感烟探测器。

11）ARL 为楼层显示器（或区域报警器）。

实例 31：某防盗安保系统图识图

某防盗安保系统图如图 6-40 所示，从图 6-40 中可以看出：

1）图的右部为保安监视主控制中心与副控制中心，监视器和摄像机采集来的信号通过处理设备进入控制室，在控制室形成多个画面处理器，可观看小区各个地点的情况。如

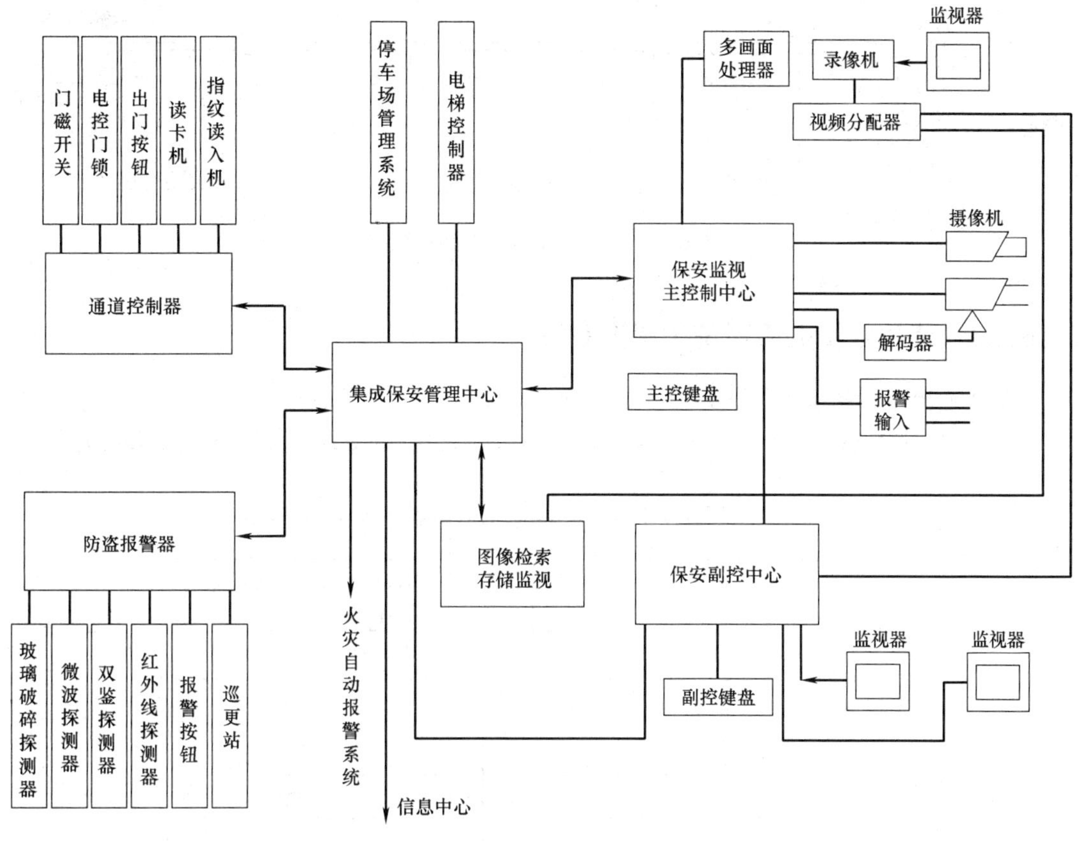

图 6-40 某防盗安保系统图

有意外情况，可通过报警器将报警信号传到保安监视控制器，以便采取下一步动作。

2）图的左部为通道控制器与防盗报警器，通道控制器主要包括：指纹读入机、读卡机、出门按钮、电控门锁、门磁开关，在进行信号处理后决定通道的控制。防盗报警器主要包括：巡更站、报警按钮、红外线探测器、双鉴探测器、微波探测器以及玻璃破碎探测器。集成保安管理中心上面为停车场管理系统与电梯控制器，停车场管理系统主要是对车辆的进出、停发进行管理，随时记录车辆情况；电梯控制器也可以监视电梯的运行情况，在发生意外的情况下，也可发出工作指令。

3）图的下部为火灾自动报警系统和信息中心，它们与集成保安管理中心相连。当出现火灾或是其他情况时，集成保安管理中心按照需要发出指令信号。集成保安管理中心同时也将小区里的信息传到信息中心。

实例 32：某宾馆出入口控制系统图识图

某宾馆出入口控制系统图如图 6-41 所示，从图 6-41 中可以看出：

1）各出入口的管理控制器电源由 UPS 电源通过 BV-3×2.5 线统一提供，电源线穿直径为 15mm 的 SC 管暗敷设。

2）出入口控制管理主机和出入口数据控制器间采用 RVVP-4×1.0 线进行连接。

3）该系统在出入口管理主机引入消防信号。如有火灾发生时，门禁将被打开。

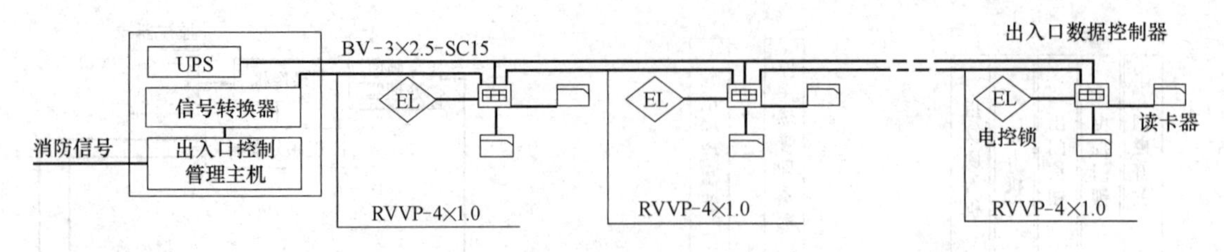

图 6-41　某宾馆出入口控制系统图

实例 33：某住宅楼电话系统工程图识图

某住宅楼电话系统工程图如图 6-42 所示，从图 6-42 中可以看出：

1）进户使用 HYA-50（2×0.5）型电话电缆，采用 50 对线电缆，每根线芯的直径为

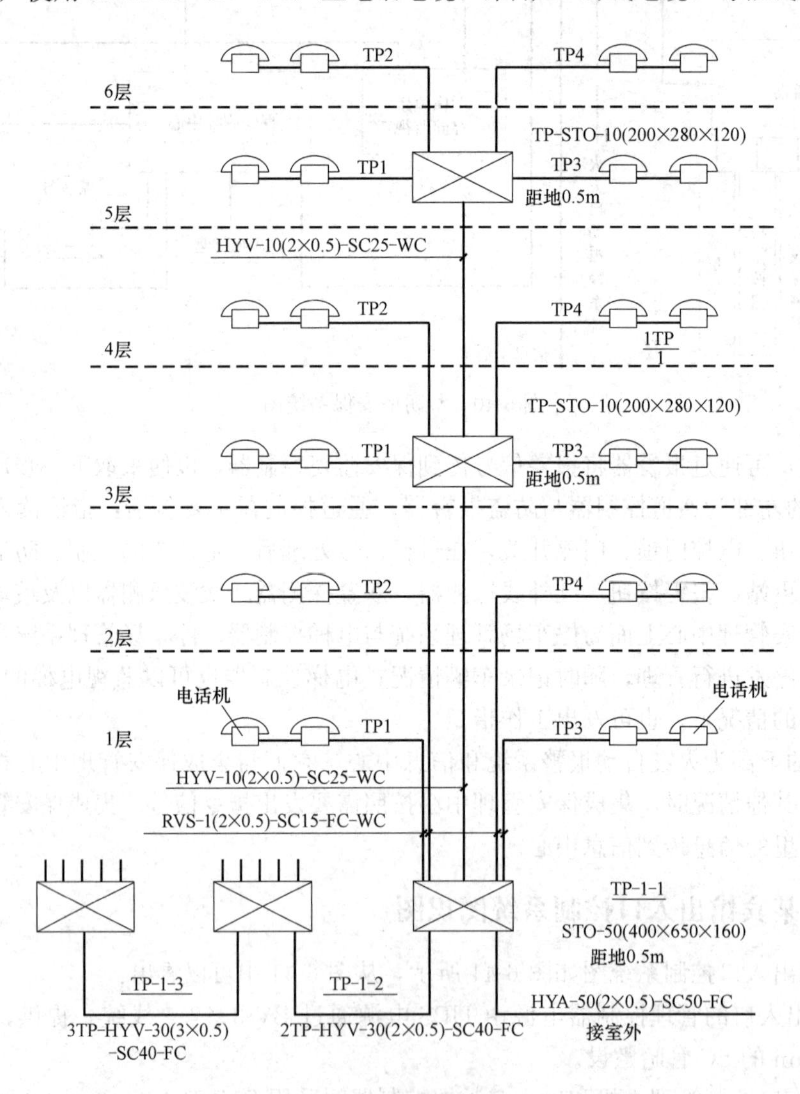

图 6-42　某住宅楼电话系统工程图

0.5mm，穿直径 50mm 的焊接钢管埋地敷设。

2）电话分线箱 TP-1-1 为一只 50 对线电话分线箱，型号 STO-50。箱体外形尺寸为 400mm×650mm×160mm，安装高度距地 0.5m。

3）进线电缆在箱内同本单元分户线和分户电缆以及到下一单元的干线电缆连接。

4）下一单元的干线电缆为 HYV-30（2×0.5）型电话电缆，电缆为 30 对线，每根线的直径为 0.5mm，穿直径 40mm 的焊接钢管埋地敷设。

5）1、2 层用户线从电话分线箱 TP-1-1 引出，各用户线使用 RVS 型双绞线，每条的直径 0.5mm，穿直径为 15mm 焊接钢管埋地、沿墙暗敷设（SC15-FC-WC）。

6）从 TP-1-1 到 3 层电话分线箱用一根电缆，为 10 对线，型号为 HYV-10（2×0.5），穿直径 25mm 的焊接钢管沿墙暗敷设。

7）在 3 层与 5 层各设一个电话分线箱，型号为 STO-10，箱体的外形尺寸为 200mm×280mm×120mm，都为 10 对线电话分线箱，安装高度为 0.5m。

8）3～5 层也使用一根电缆，电缆为 10 对线。

9）3 层和 5 层电话分线箱分别连接上下层四户的用户电话出线口，都使用 RVS 型双绞线，每条直径 0.5mm。

10）每户内有两个电话出线口。

11）电话电缆从室外埋地敷设引处，穿直径 50mm 的焊接钢管引入建筑物（SC50），钢管连接至 1 层 PT-1-1 箱。到另外两个单元分线箱的钢管，横向埋地敷设。

12）单元干线电缆 TP 从 TP-1-1 箱向左下到楼梯对面墙，干线电缆沿墙从 1 层向上到 5 层，3 层与 5 层分别装有电话分线箱，从各层的电话分线箱引出本层及上一层的用户电话线。

实例 34：某小区 1 号住宅楼有线电视干线分配系统图识图

某小区 1 号住宅楼有线电视干线分配系统图如图 6-43 所示，从图 6-43 中可以看出：

1）来自系统前端的信号被送至 12 层楼的分配箱的干线放大器，将信号放大 25dB 后，再由二分配器分配经 SYWV-75-9 型同轴电缆送至 1 号住宅楼及其他住宅楼。

2）1 号住宅楼的电视信号用三分配器分成三路分别向三个单元进行输送。

3）单元每层楼的墙上暗装有器件箱，器件箱内有分支器等器件。

4）为使各层楼的信号电平一致，所以四层楼分为一组，每层楼装有一个四分支器与一个二分支器。分支器主路输入端与主路输出端串联使用，由支路输出端经 SYWV-75-5 型同轴电缆将信号送到用户端。

实例 35：某住宅楼综合布线工程平面图识图

某住宅楼综合布线工程平面图如图 6-44 所示，从图 6-44 中可以看出：

1）信息线由楼道内配电箱引入室内，有 4 根 5 类 4 对非屏蔽双绞线电缆（UTP）和 2 根同轴电缆，穿 ϕ30PVC 管在墙体内暗敷，每户室内装有一只家居配线箱，配线箱内有双绞线电缆分接端子与电视分配器，本户为 3 分配器。

2）户内每个房间均有电话插座（TP），起居室与书房有数据信息插座（TO），每个插座用 1 根 5 类 UTP 电缆与家居配线箱连接。

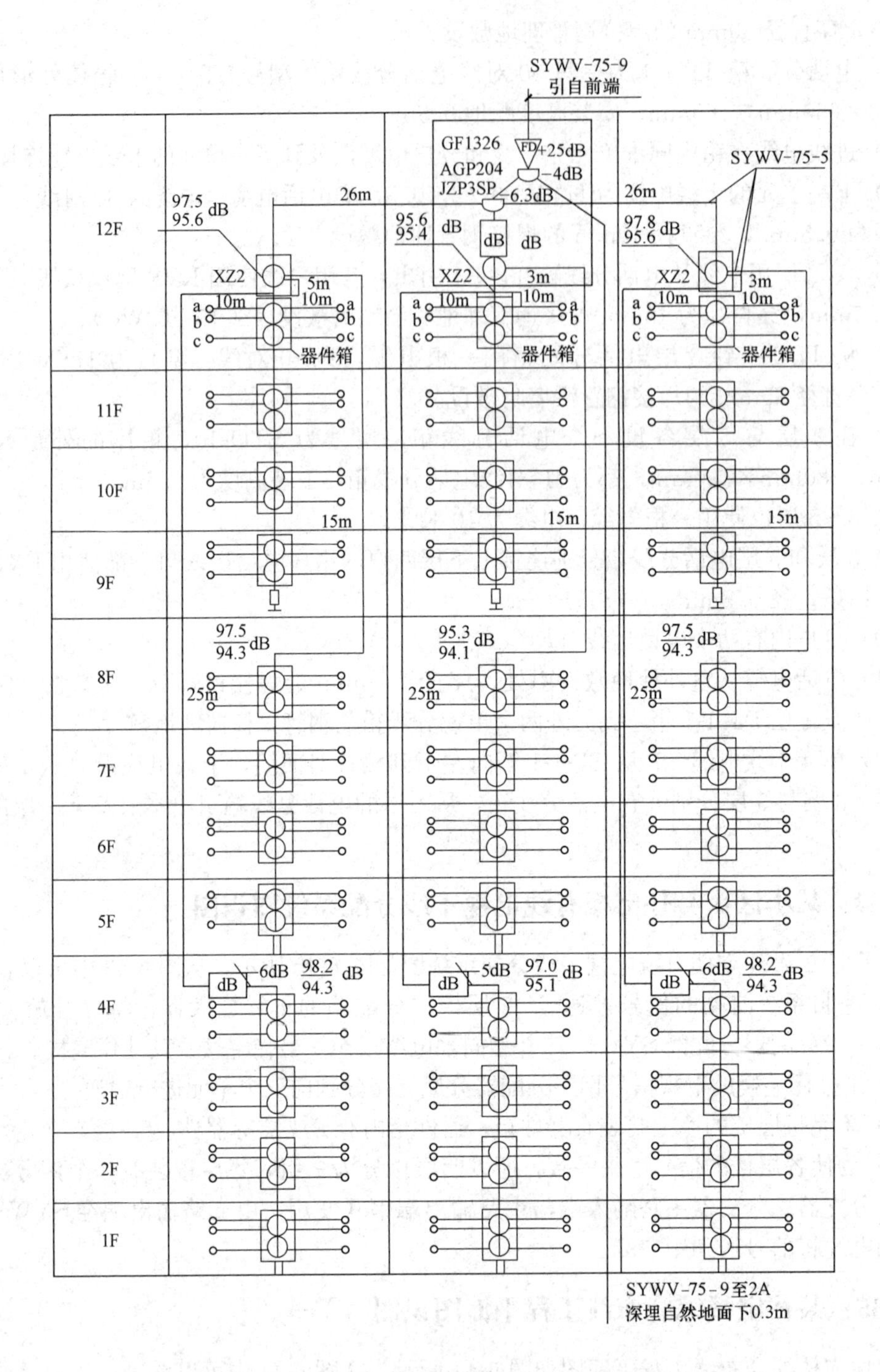

图 6-43 某小区 1 号住宅楼有线电视干线分配系统图

3）户内各居室均有电视插座（TV），用 3 根同轴电缆与家居配线箱内分配器相连接，墙两侧安装的电视插座用二分支器分配电视信号。

4）户内电缆穿 ϕ20PVC 管于墙体内暗敷。

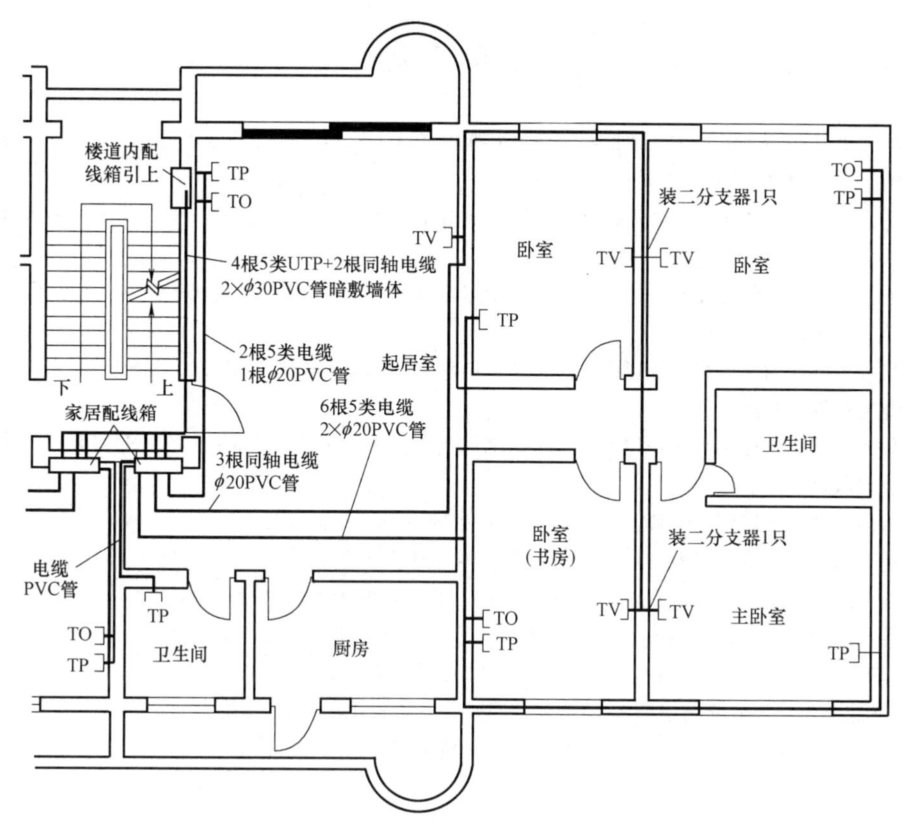

图 6-44　某住宅楼综合布线工程平面图

参 考 文 献

[1] 中华人民共和国住房和城乡建设部. 房屋建筑制图统一标准 GB/T 50001—2017 [S]. 北京：中国建筑工业出版社，2018.

[2] 中华人民共和国住房和城乡建设部. 总图制图标准 GB/T 50103—2010 [S]. 北京：中国计划出版社，2010.

[3] 中华人民共和国住房和城乡建设部. 建筑给水排水制图标准 GB/T 50106—2010 [S]. 北京：中国建筑工业出版社，2010.

[4] 中华人民共和国住房和城乡建设部. 暖通空调制图标准 GB/T 50114—2010 [S]. 北京：中国建筑工业出版社，2010.

[5] 中华人民共和国住房和城乡建设部. 建筑电气制图标准 GB/T 50786—2012 [S]. 北京：中国建筑工业出版社，2012.

[6] 曲云霞. 暖通空调施工图解读 [M]. 北京：中国建筑工业出版社，2009.

[7] 郭超. 水暖工程快速识图技巧 [M]. 北京：化学工业出版社，2012.

[8] 陈思荣. 建筑水暖电设备安装技能训练 [M]. 北京：电子工业出版社，2010.

[9] 朴芬淑. 建筑给水排水施工图识读 [M]. 北京：机械工业出版社，2009.

[10] 史新. 建筑工程快速识图技巧 [M]. 北京：化学工业出版社，2013.

[11] 吴光路. 怎样识读建筑电路图 [M]. 北京：化学工业出版社，2010.

[12] 夏国明. 建筑电气工程图识读 [M]. 北京：机械工业出版社，2010.